CORBEIL, imprimerie de CRÉTÉ.

ESSAI

SUR LA

CONSERVATION DE LA VIE

PAR

M. LE VICOMTE DE LAPASSE

Ultimus gradus est prolongatio vitæ humanæ
in magnum tempus; quod autem sit possibile
multa experimenta docuerunt.

ROGER BACON

PARIS

LIBRAIRIE VICTOR MASSON

PLACE DE L'ÉCOLE DE MÉDECINE

1860

on bâtit des théories. Mais le but que l'auteur cherchait à atteindre ne pouvait être approché que par des synthèses. Il fallait créer ces synthèses par induction et en s'appuyant sur la loi des analogies. L'expérience, qui cependant était indispensable, ne pouvait servir, dans des travaux de cette nature, qu'à démontrer l'exactitude ou la fausseté des théories. Enfin, pour savoir ce qu'il y avait de réel dans les espérances de ces adeptes qui avaient couru après l'élixir de longue vie et la panacée universelle, il fallait s'enfoncer dans tout ce que la vieille médecine avait de plus mystérieux et de plus bizarre. Étude difficile, ingrate, qui exposait au danger du discrédit et du ridicule et où le succès ne pouvait aboutir à aucun de ces résultats positifs qu'il est peut-être un peu trop de mode d'ambitionner aujourd'hui.

L'auteur a donc continué ses travaux sans autre secours que celui d'une ferme conviction et d'une infatigable persévérance. Il a parcouru l'Europe cherchant, dans la poudre des bibliothèques, les bouquins les plus oubliés, les manuscrits les plus obscurs, et s'efforçant d'en pénétrer le sens. Mais à mesure qu'il avançait dans cette voie laborieuse, il était soutenu par l'espoir d'arriver à démontrer des vérités utiles; les nuages s'éclaircissaient, l'horizon s'agrandissait devant lui : il entrevoyait une partie du secret de la vie. Cette vie, qui est une force, est homogène aux forces de même nature qui gouvernent les mouvements des choses terrestres et dont notre intelligence peut, dans une certaine limite, diriger l'action; par conséquent, l'homme peut s'assimiler ces forces et, en réparant ainsi les déperditions de sa vitalité, prolonger son existence d'ici-bas, jusques au terme qui lui a été assigné par le souverain maître, terme beaucoup plus éloigné que l'on ne le croit généralement.

Ceci bien établi, il ne restait plus qu'à indiquer des moyens d'application ; œuvre de patience où les théories des alchimistes pouvaient être mises à profit, grâce aux procédés plus simples et plus prompts du laboratoire moderne. D'ailleurs, quand bien même les élixirs et les poudres indiqués par cette théorie n'auraient pas eu toute l'efficacité désirable, il suffisait au but que l'auteur s'efforçait d'atteindre, d'en démontrer la possibilité et de tracer la route ; il importait peu que ce fût lui ou un autre qui obtînt l'honneur du succès. Mais, arrivé à cette période de son travail, il a vu se dresser devant lui une immense difficulté.

La théorie proposée devait avoir pour conséquence de prolonger la vie en conservant la santé et prévenant les infirmités de la vieillesse ; mais si cette théorie ne pouvait s'appliquer qu'à l'homme jouissant d'une santé parfaite, le bienfait en était, pour ainsi dire, illusoire ; enfin tous les médecins étaient autorisés à adresser une grave objection aux panacées indiquées comme préventives des infirmités de la vieillesse. Ces infirmités sont de véritables maladies ; les moyens thérapeutiques, qui les préviennent ou les font disparaître, doivent être des spécifiques qui guériront les maladies de même nature à tous les âges de la vie, ou bien ils ne sont que des illusions.

Le dilemme ainsi posé conduisait tout droit à la question des maladies incurables ; cette question a été acceptée loyalement et dans toute son étendue.

Le problème à résoudre pouvait être ainsi formulé :

Existe-t-il réellement des maladies dont les principes de la science autorisent à affirmer l'incurabilité ? Et si la théorie démontre que toutes les maladies peuvent être

guéries, comment l'art médical doit-il s'y prendre, pour
approprier une médication spécifique à chaque maladie
essentielle?

De là est résulté un nouvel ordre de recherches et de
travaux qui a demandé dix années entières. Arrivé à
l'âge où le repos commence à être un besoin, celui qui
trace ces lignes a dû manier tour à tour, de ses doigts
sexagénaires, le scalpel des dissections, les bandages de
pansement et le pilon de la pharmacie : écolier en cheveux blancs, il est venu s'asseoir sur les bancs des écoles ;
et, dans les hôpitaux, il a demandé le secret des guérisons au douloureux assemblage de toutes les infirmités humaines.

Enfin, ces pénibles études ont reçu leur récompense :
grâces en soient rendues au divin Maître qui a dit : *Cher-
chez et vous trouverez*, à Dieu qui bénit les travaux
consciencieux !

Un grand nombre de malades, atteints de ces terribles
affections réputées incurables, ont été guéris ; d'autres
notablement soulagés ; et des expériences cliniques, suivies pendant de longues années, ont démontré la spécificité des traitements proposés pour la guérison de la
plupart de ces maladies frappées par la science d'un
arrêt de mort.

Toutes les formules dont l'expérience a démontré l'efficacité sont aujourd'hui publiées sans réserve ni réti-
cence et chacune est appuyée d'un petit nombre d'observations cliniques.

Aux médecins maintenant à critiquer la théorie, mais
surtout à appliquer les traitements. L'efficacité d'un médicament n'est réellement acquise à la science, que lorsqu'il a été essayé par un grand nombre de médecins, dans

des localités variées, et pendant de longues années.

La publication de ce livre a pour but principal d'arriver à ce résultat.

On y trouvera donc des élixirs de Cagliostro, des poudres de longévité de l'école alchimique, et même quelques nouveaux moyens de produire les mystérieux phénomènes du somnambulisme magnétique. Mais on y trouvera surtout la démonstration claire et évidente de la connexité des forces qui gouvernent les mouvements des choses d'ici-bas, avec la force qui préside aux divers phénomènes de l'existence terrestre du roi de ce globe.

En se plaçant à ce point de vue, la médecine proprement dite n'est plus qu'un chapitre de la science de la vie; et cette science n'embrasse pas seulement l'étude des forces qui font vivre l'individu isolé, elle doit aussi s'étendre aux agrégations d'hommes. L'humanité, dans ses mouvements en apparence désordonnés, est soumise à des lois, comme le sont les volcans, la vaste étendue des mers, la plante qui sort de terre, fleurit et fructifie avec une ponctuelle régularité, et ces innombrables races animales qui se partagent les étincelles du grand flambeau de la vie. Il faut étudier ces lois, soit que l'on veuille guérir l'homme ou gouverner les nations, et plus on approfondira ces études, plus on découvrira des connexités mystérieuses entre les causes qui président aux mouvements des choses terrestres. Les grands comme les petits phénomènes, sont toujours le résultat d'une force. Ce sont des forces d'expansion qui ont soulevé les pics gigantesques de nos montagnes, quand leur dur granit a percé l'écorce plus molle des couches qui se sont ouvertes pour leur livrer passage. Leurs sommets altiers s'abaissent lentement sous l'action continue des force chimiques qui, peu à peu, pulvérisent le rocher et l'envoient rouler en sable vers les plaines éloignées. Les ouragans sont produits, on le sait aujourd'hui, par une force électrique. Ce sont aussi des forces déplacées qui déchaînent ces terribles tempêtes humaines que l'on appelle des révolutions; c'est l'ensemble des mêmes forces, combinant leur action dans une heureuse harmonie, qui réunit les éléments dont se compose un grand peuple et qui constitue un gouvernement régulier.

Peut-être, quelque jour, le vieux diplomate qui se présente pour la première fois au public, essaiera-t-il de généraliser ces rapports entre les forces en traitant un sujet encore neuf, la *Physiologie des nations*; mais, dans ce volume, il n'est question que de l'homme individu, de sa vie, de sa santé et des moyens de conserver l'une par l'autre.

Là encore, il s'agit d'une étude de forces. Un savant médecin de Montpellier a dit : « Ce qui fait vivre, comme « ce qui fait mourir, ce sont des forces. Une cause mor- « bide est toujours et partout le produit d'une force : « c'est une force, un souffle qui nous crée, nous con- « serve ou nous tue (1). »

Mais l'intelligence humaine dispose aussi d'une force qui s'appelle la volonté; et, quand cette force devient collective, elle augmente de puissance. C'est ainsi que chacun, par le concours de sa volonté intelligente, peut contribuer à la bonne direction des forces qui président à la vitalité de tous. Une pensée demeure inféconde aussi longtemps qu'elle est restreinte à l'individu qui l'a conçue; elle ne peut recevoir des applications utiles, qu'après qu'elle est devenue la pensée d'un grand nombre.

____

(1) Risueno d'Amador. *Mémoire sur l'action des agents imperceptibles.*

Voilà pourquoi ce livre, plus spécialement destiné aux médecins, est cependant recommandé à la sérieuse attention de tous les hommes d'intelligence et d'étude. L'intérêt ressort de la nature même du sujet ; il s'agit de savoir s'il est possible de prolonger la vie humaine en développant l'énergie des fonctions et conservant leur équilibre, qui constitue la santé. L'importance du problème, la nouveauté de quelques-unes des questions soulevées, feront peut-être oublier les imperfections de l'œuvre.

En de telles matières, il ne s'agit pas de faire parade d'esprit ou d'érudition ; l'essentiel est de présenter au public des idées utiles et susceptibles d'applications pratiques.

La possibilité de prolonger la vie humaine, l'indication des moyens à employer pour y parvenir, tel est, nous le répétons, le but de ce livre. Déjà, en 1845, l'auteur avait appelé sur cette idée l'attention du monde savant.

Dix ans plus tard, M. Flourens a traité le même sujet avec l'autorité de sa réputation et la supériorité de son talent ; il a démontré, par des considérations d'anatomie et de haute physiologie, que la loi de durée de la vie humaine est de cent cinquante à deux cents ans ; mais il n'indique aucun moyen nouveau de conservation.

Enfin, en 1858, M. Ed. Robin a publié un intéressant travail sur la même question. Pour cet éminent chimiste, la longévité n'est arrêtée que par l'incrustation des tissus ; il est persuadé qu'en usant de certains dissolvants chimiques, il est possible de prolonger la vie humaine à cent cinquante ou deux cents ans.

Voilà donc trois hommes, dont deux sont haut placés dans la science, et qui, sans s'être concertés, sont arrivés à la même conséquence. Cependant chacun avait

envisagé la question à des points de vue bien différents.
et ces divergences n'ont pas empêché l'identité de la conclusion. Voilà une coïncidence qui semble prouver en
faveur de l'idée aujourd'hui soumise au public.

Dans l'espoir d'être lu par d'autres que les savants
de profession, l'auteur s'est efforcé d'être clair, de suppléer, par une entière franchise, aux talents qui lui
manquaient ; il n'est pas donné à tout le monde d'écrire
comme Buffon, comme Cuvier ou comme M. Flourens ;
mais, au moins, on peut toujours exprimer sa pensée
sans réticences ni ambiguïté.

Quelques idées et quelques systèmes assez généralement adoptés par la science moderne, sont énergiquement attaqués dans les pages qui vont suivre. Il n'est
pas besoin de dire que de telles controverses ne peuvent
avoir rien de personnel pour les hommes éminents qui
ont soutenu ces doctrines. Honoré de l'amitié de quelques-uns des princes de la science, l'auteur de ce livre
professe, pour tous, admiration et respect ; il est fier d'a-
voir vécu le contemporain de ces noms illustres qui
jettent sur leur siècle un éclat impérissable.

Encore une dernière explication.

L'auteur a été conduit, par son sujet, à exposer ses
idées sur la nature de l'âme ; il les croit parfaitement
orthodoxes, mais si, contre son intention, il lui était
échappé quelque expression qui ne fût pas entièrement
conforme à la doctrine catholique, elle est désavouée
d'avance et avec une entière soumission.

TOULOUSE, décembre 1859.

LIVRE PREMIER

SOMMAIRE.

Le premier livre est consacré presque en entier à l'examen des doctrines des anciens et des modernes sur la conservation et la prolongation de la vie humaine.

Après avoir démontré que, théoriquement, l'homme devait vivre de
cent cinquante à deux cents ans, on jette un rapide coup d'œil sur
divers systèmes de médecine et sur les théories de l'hygiène et
du régime, pour en retirer quelques enseignements utiles au
point de vue de la conservation de la vie.

Toutes ces études amèneront le lecteur à une importante conclusion:
Jamais, depuis les patriarches, le problème de la longévité n'a
été complétement résolu ; mais en le considérant dans un sens
raisonnable, il ne présente aucune impossibilité.

ESSAI

sur la

CONSERVATION DE LA VIE

CHAPITRE PREMIER.

I. Considérations générales. — II. Double nature de l'homme. III. Matérialistes. — IV. Spiritualistes. — V. Anatomie. — VI. Chimie organique. — VII. La médecine et les médecins.

I. — La curiosité humaine a tout étudié, tout analysé ; mais quand elle arrive au phénomène de la vie, il semble qu'elle recule devant les impossibilités.

Nous avons une science qui essaie de soulager nos souffrances ; mais si nous lui demandons ce que c'est que la vie, comment la prolonger, elle répond : « J'ignore et ne sais posi- « tivement qu'une seule chose : la certitude de la mort ! »

Cependant l'homme est roi viager de cette terre. Les éléments lui ont été livrés pour les pétrir à son gré ; la foudre, les vents, la flamme, la vapeur, sont devenus ses esclaves, aussi bien que le cheval, le taureau et l'éléphant ; et l'on voudrait qu'il n'eût aucune action sur ce peu de matière dont l'assemblage forme son corps ! Supposition qui conduirait à une absurdité.

On répondra que « l'homme est maître de sa vie, qu'il peut « à son gré se suicider, ou bien abréger son existence par ses « désordres et ses passions. »

Mais de cette puissance de destruction, il résulte nécessairement que nous devons aussi posséder une faculté de conservation ; sans quoi il y aurait une loi de la nature demeurée imparfaite, et il faudrait admettre que la volonté créatrice aurait voulu à demi, ou n'aurait pu achever son ouvrage.

De ce que l'homme a une influence quelconque sur la durée de sa propre vie, il résulte encore que son action, dans ce sens, doit être soumise à certaines règles, à certains principes ; car rien, dans la nature, n'est déterminé par un hasard capricieux : tout est gouverné par des lois immuables.

L'étude de ces lois devrait former une science spéciale, que l'on cherche en vain dans la vaste encyclopédie des connaissances humaines. Singulière anomalie ! L'art de fabriquer des allumettes, celui d'élever des lapins ou de tirer les cartes ont chacun leurs doctrines et leur code spécial ; il n'y a que celui de prolonger notre vie, dont nous ignorions également la théorie et la pratique. Tout ce que nous en savons se borne à quelques secrets d'empiriques, à quelques vagues préceptes d'hygiène, dispersés çà et là dans les livres de médecine.

Il est temps d'appeler l'attention des hommes studieux et intelligents sur cette lacune de la science.

Une première question se présente à celui qui médite sur le phénomène de notre existence : A-t-on exactement défini la vie ?

Ici, déjà, commencent les difficultés : le vague des définitions indique assez l'incertitude des connaissances humaines en tout ce qui touche à la science de la vie. Il serait aisé de critiquer ces formules, qui représentent des systèmes, et vont bientôt s'engloutir avec eux dans l'océan de l'oubli. Mais, là où les faits ne sont pas bien solidement établis, les controverses ne sont qu'un vain bruit. Commençons donc par l'examen des faits.

II. — Le premier qui se présente avec un caractère de certitude, est la double nature de l'homme. Nous tenons à la terre par notre corps, au ciel par la pensée. D'un côté, une masse de matière identique, par ses éléments, à celle qui compose la croûte terrestre de notre globe ; de l'autre, un principe immatériel et intelligent.

Cette identité de composition entre les éléments du corps du roi de la création terrestre et la poussière qu'il foule à ses pieds, a été pour la première fois révélée à l'homme dans les livres de Moïse : *Formavit Deus hominem de limo terræ... terra de quâ sumptus es* (1)... Les savantes analyses de la chimie moderne ne sont pas autre chose qu'une démonstration, pour les yeux et les mains, de cette vérité incontestable, qui peut-être se rattache, par une liaison mystérieuse, aux harmonies de la création et aux lois de la vie universelle.

L'intelligence est, de sa nature, impérissable. Le sens intime nous l'apprend aussi bien que les livres saints ; elle est une dans son essence, qui, suivant la belle parole de la Genèse, est née un jour sous la puissante émanation du souffle divin : *Inspiravit in faciem ejus spiraculum vitæ, et factus est homo in animam viventem* (2). Mais, pendant la durée de la vie, elle est tellement et si étroitement liée à la matière, qu'elle subit les impressions de toutes les modifications de nos organes ; et aussitôt que ceux-ci, par une cause quelconque, viennent à s'arrêter dans le jeu de leur mécanisme, l'intelligence abandonne le corps, qui n'est plus désormais qu'une masse soumise à toutes les lois des affinités chimiques.

III. — Cette union si intime de l'âme et du corps, pendant la durée de la vie, a causé l'erreur des matérialistes, qui nient l'intelligence, parce qu'ils ne peuvent la rencontrer ni dans le creuset de l'analyse, ni sur le porte-objet de leur microscope, ni au bout du scalpel le plus délié. Ces savants sont à plaindre ; il leur manque un sens. A force d'analyser et de disséquer, ils ont matérialisé leurs sensations ; la faculté de voir par la

(1) Gen., ii, 7 ; iii, 19.
(2) *Ibid.*, ii, 7.

pensée, de sentir par le cœur s'est amortie en eux, et ils sont
en quelque sorte devenus semblables à ces pauvres ouvriers,
qui, condamnés à un travail pénible et uniforme, laissent
abrutir leur intelligence, et n'ont plus d'autres sensations que
les besoins les plus grossiers.

IV. — Les spiritualistes absolus et les ascétiques du moyen
âge étaient tombés dans une erreur tout aussi grave, quoique
diamétralement opposée. A force d'oublier le corps pour ne
s'occuper que de l'âme, ils sont arrivés, de conséquence en
conséquence, à nier la réalité de la matière. On se rappelle ce
sophiste grec, qui soutenait que toutes nos impressions n'é-
taient que des illusions des sens. Un logicien sévère lui répondit par des coups de bâton : argument peu logique, mais très-
démonstratif.

Il faut donc, dans l'étude des phénomènes de la vie, ne
jamais perdre de vue cette union intime du principe intelligent et de l'élément matériel. Cependant la pauvreté de nos
connaissances sur la nature de l'âme oblige à procéder à cette
étude par des classifications empruntées à la vie matérielle.
Avant de s'élever aux lois générales, il est donc nécessaire
d'examiner les diverses fonctions vitales.

Le corps vivant peut être considéré dans ses rapports avec
la mécanique,
la physique
et la chimie.

V. — L'étude de l'homme machine est l'objet de l'anatomie.
Cette science a fait des progrès incontestables et incontestés ;
mais la connaissance approfondie des organes les plus déliés
du corps humain n'a eu une véritable utilité pratique que pour
la chirurgie : la médecine proprement dite y a peu gagné. Les
discussions sont plus claires, il est vrai : on raisonne plus lo-
giquement ; mais, au fond, la théorie de la thérapeutique en
est encore aux aphorismes d'Hippocrate. On a fait de magni-

fiques livres sur toutes les parties du corps humain, mais le monde ne s'en porte pas mieux ; et Bichat, le prince des anatomistes, l'oracle des physiologistes modernes, est mort à trente-deux ans.

Il ne faut pas repousser l'étude pratique et la connaissance approfondie du mécanisme humain ; mais il ne faut pas non plus se flatter d'y trouver autre chose que des enseignements très-généraux et très-vagues sur les moyens de conserver la vie.

Cependant l'anatomie a été utile, en détruisant beaucoup d'erreurs et en simplifiant plusieurs questions médicales. On conçoit aujourd'hui très-clairement le mécanisme vital dans ses fonctions essentielles ; on connaît tous les détails de la charpente osseuse ; on sait à peu près les attributs des muscles et des cartilages ; on a étudié à fond l'appareil des veines et des artères, la circulation des fluides, les systèmes nerveux et cutanés ; enfin on peut construire un squelette de carton, qui offrira une hideuse représentation de nos organes, mais qui jamais n'aura une étincelle de vie, pas même celle de la plante ou du zoophyte.

Ici le physicien intervient, et nous fait faire un pas de plus. Il nous explique à peu près l'action de l'air atmosphérique sur les organes respiratoires ; il nous donne une idée vague, il est vrai, de l'action du froid et du chaud sur le corps humain, et enfin il commence à s'apercevoir que l'électricité joue un rôle très-important dans les divers phénomènes vitaux. Cependant il est une lacune de la science que l'on doit signaler : c'est l'effet de la lumière. Il est hors de doute qu'elle doit avoir une action essentielle sur notre organisme. La loi de l'analogie nous le démontre : l'homme purement mécanique est identique, dans sa construction, avec la plante ; comme la plante, l'homme a des vaisseaux où circulent des fluides alcalins ; comme elle, il aspire certains gaz pour en expirer d'autres. Si donc il est démontré que la lumière influe essentiellement sur les conditions de vitalité de la plante, ce principe doit avoir aussi une action quelconque sur la vie de l'homme.

Mais de quelle nature est cette action, comment s'exerce-t-elle, quels sont ses effets sur l'organisme? Voilà des problèmes qui sont encore à résoudre.

VI. — La chimie, dernière venue dans le grand tournois de la science, a fait faire des progrès réels à la connaissance de la vie. Nous en savons beaucoup plus qu'on n'en savait, il y a cent ans, sur la composition du chyle et du chyme, sur la nature de presque tous nos organes et même sur celle de nos nerfs. Mais tous les efforts de l'art pour appliquer la chimie pure à la thérapeutique, n'ont abouti qu'à des résultats incomplets. La raison doit en être cherchée dans cette différence mystérieuse entre la matière organique vivante, et la matière organique inanimée. Chimiquement parlant, une membrane ou un nerf enlevés à la pointe du scalpel à un cadavre, sont identiques à ces organes chez l'homme vivant; et, cependant, il manque à la matière morte des propriétés essentielles qui sont les attributs de la matière vivante. On n'explique ces différences que par une formule souvent répétée dans les livres de chimie moderne « *principe qui échappe à l'analyse.* » Cependant la science est arrivée à un merveilleux pouvoir de décomposition. Depuis le diamant jusqu'aux excréments des plus vils animaux, tout a passé dans les creusets et les cornues, tout a été dissous, évaporé, calciné, pesé ; mais à quoi est-on arrivé? A démontrer que les corps organisés sont des composés d'oxygène, d'hydrogène, de carbone et d'azote ; si nous devions en demeurer là, autant aurait valu conserver les quatre éléments des anciens.

La chimie commence à soupçonner que les corps, appelés corps simples parce qu'on n'a pas su les décomposer, pourraient bien n'être que des modifications de la matière élémentaire. Qui nous dit que les différences entre les molécules constituantes, ne sont pas le résultat de ces lois de la création, nommées par quelques-uns les forces de la nature, de sorte qu'on arriverait à l'identité des atomes primitifs, et toutes nos savantes analyses aboutiraient au même résultat que la synthèse des penseurs grecs, la division de la matière en atomes identiques.

Quand la science sera arrivée là, et elle n'en est pas éloignée, beaucoup de questions se trouveront simplifiées dans leur théorie. L'homme réduit à sa dernière expression sera un composé de deux atomes, l'un matériel, l'autre intelligent; et la connaissance des lois de la vie sera celle des lois qui gouvernent en même temps les mouvements de la matière et ses rapports avec l'intelligence.

En attendant, il faut prendre la chimie pour ce qu'elle est, et nous contenter des faits qu'elle peut nous démontrer.

Elle nous apprend que nos organes sont des composés plus ou moins solubles d'albumine et de divers sels; que leur mécanisme est facilité par certains fluides circulants dont elle nous donne la composition; que nos digestions sont aidées par des acides contenus dans certains appareils, elle a analysé nos sécrétions et enfin elle a reconnu, dans la plupart des fonctions vitales, l'action des agents les plus énergiques du grand laboratoire de la nature, l'électricité, l'oxygène et le calorique.

Telles sont les seules notions positives offertes par cette science à celui qui veut étudier la vie humaine et chercher les moyens de la prolonger.

Ces notions sont vagues et imparfaites sans doute; mais les autres sciences sont tout aussi incomplètes. La médecine elle-même ne nous apprendra guère davantage.

VII. — Dans les temps primitifs, un médecin était une sorte de demi-dieu. Les prêtres d'Esculape et quelquefois ceux d'Apollon montaient sur le trépied pour donner leurs ordonnances qui ressemblaient un peu à celles de nos somnambules. Hippocrate aussi s'exprimait en langage d'oracle;

mais ses préceptes sont demeurés et ont encore aujourd'hui force de loi.

Les médecins modernes ne sont pas tout à fait déifiés, mais la société les a investis d'une magistrature ; ils sont privilégiés devant la loi et, dans toute l'Europe, certaines charges et honneurs leur sont réservés.

La science dont ils sont les dispensateurs mérite, par sa vaste étendue, une attention toute spéciale, car elle embrasse les branches les plus importantes des connaissances humaines. Un médecin doit savoir l'anatomie, l'histoire naturelle, la botanique, la chimie ; il doit connaître les langues anciennes et les vertus de toutes les plantes, de tous les minéraux ; on exige de lui qu'il ait étudié d'abord dans les livres et ensuite sur les pauvres malades, la marche et les progrès de toutes les maladies ; et, enfin, on lui demande une sorte de faculté intuitive et divinatoire, qui est, à elle seule, une science et qui apprécie la maladie par la connaissance de certains symptômes extérieurs.

Certes, des hommes d'une aussi vaste érudition ne sauraient être trop honorés. L'art de prolonger et de conserver la vie devrait être l'objet principal de leurs études ; examinons donc comment s'y prend la médecine pour résoudre ce grand problème.

CHAPITRE II.

I. — Nous allons, dans ce chapitre, jeter un rapide coup d'œil sur les incertitudes de l'art médical ; et nous aurons beaucoup de doutes et d'anomalies à faire ressortir. Ailleurs, nous aurons à appuyer quelques-uns de nos raisonnements sur les principes mêmes de la science ; et là, nous trouvons un terrain plus ferme, des préceptes déduits des lois de la vie. Mais la nature des questions que nous cherchons à éclaircir nous oblige à commencer par les critiques.

Malgré la variété et l'étendue des connaissances que réclame l'exercice de la médecine, l'application de cette science est renfermée, par la nature même des choses, dans des limites assez étroites.

La première et la plus naturelle préoccupation du médecin a dû être de soulager les souffrances de ceux qui l'appelaient. De là, sont venues l'étude de chaque maladie, puis les classifications qui, à elles seules, forment une science que la vie d'un homme suffit à peine à approfondir ; et puis enfin, cette sorte d'ardeur qui anime les médecins à la vue de ce qu'ils appellent une *belle maladie,* comme le guerrier s'irrite et s'enflamme à l'aspect des batteries ennemies. On trouve des traces de ce sentiment dans les livres de médecine de toutes les époques, mais jamais il n'a été aussi prononcé que de nos jours ; nos médecins aiment à lutter contre la mort, à lui disputer sa proie, et ils accourent de tous les points de l'horizon, sans même trop songer à leurs intérêts, quand il s'agit d'une de ces horribles affections qui font d'un reste de vie un enfer anticipé.

De cette tendance naturelle de la science et de ceux qui l'exercent, il a dû résulter que la médecine s'est toujours fort peu occupée de l'homme en état de santé, et beaucoup de l'homme malade. Ces deux états de l'organisme en modifient toutes les conditions, de telle sorte, que l'effet de certaines substances est entièrement différent sur le corps malade, de ce qu'il est sur les organes faisant régulièrement leurs fonctions. Par exemple, il est de certaines maladies graves, dans lesquelles quelques praticiens n'hésitent pas à administrer de 20 à 30 grains d'émétique, et quelquefois ils sauvent le malade ; la moitié de cette dose emporterait, dans des conditions ordinaires, l'homme le plus robuste (1).

C'est ainsi que, préoccupés des conditions inhérentes à l'état de maladie, entraînés par leur zèle pour l'humanité, et souvent pressés par l'urgence du danger, les médecins en sont venus à s'occuper de guérir les maladies plutôt que de les prévenir.

Tel est même, dans l'opinion du vulgaire, le seul but de la médecine : la loi encourage ce préjugé, et elle rétrécit la science par le privilége qu'elle confère au bonnet de docteur. Pour le pouvoir comme pour le public, un médecin est un guérisseur patenté.

II. — Mais ce droit, qui est conféré par la loi, est-il exercé avec certitude? La médecine est-elle, comme la géométrie ou le droit naturel, fondée sur des principes absolus, d'où se déduisent des conséquences nécessaires?

Nullement, la médecine est de toutes les sciences la plus conjecturale dans ses applications.

(1) Système Rasori, assez généralement adopté en Italie. Il a été parfaitement résumé dans le bel ouvrage de M. le professeur Combes, sur la médecine en France et en Italie.

Vous êtes dans votre lit avec la fièvre, vous appelez un médecin et l'interrogez sur la nature et la cause de votre mal, ainsi que sur les remèdes à employer. Si vous avez affaire à un médicastre, il vous répondra par des raisonnements que je ne veux pas répéter ici, de peur d'être accusé de manquer de gravité dans un sujet sérieux ; et cependant je les aurais empruntés à des livres de médecine. Si, au contraire, vous avez appelé un homme d'esprit et de savoir, il vous dira :

« Votre état est défini par la science, une fièvre tierce; mais
« nous ignorons totalement ce que c'est que la fièvre en géné-
« ral et la fièvre tierce en particulier. Tout ce que je sais,
« c'est que des sauvages ont, par hasard, été guéris de cette
« maladie en mâchant l'écorce d'une certaine plante que
« nous administrons souvent avec succès, et je vous conseille
« d'en essayer. »

On ne saurait le dissimuler : tout ce qu'il y a de positif dans la médecine se réduit à ce qu'on appelle, dans le langage de cette science, des observations. Et, ce qu'il y a de plus désespérant pour les esprits positifs, c'est la certitude des nombreuses incertitudes. Par exemple, il est reconnu que l'effet thérapeutique de presque toutes les substances est sujet à varier suivant les circonstances atmosphériques, les âges, les sexes, les tempéraments.

De là, des perplexités continuelles dans la médicamentation.

Enfin en médecine on peut arriver aux mêmes résultats en employant des moyens diamétralement opposés.

Le système de Brown et celui de Broussais offrent un antagonisme complet dans leur médicamentation ; l'un et l'autre, cependant, ont eu leurs enthousiastes, leurs guérisons miraculeuses et leurs victimes.

De sorte, que la plupart des discussions entre les médecins, se résolvent en controverses statistiques, afin d'établir lequel a sauvé ou tué le plus de malades. A celui qui sait comment ils sont fabriqués, ces tableaux de cures merveilleuses, ils offrent un argument peu rationnel ; aussi les rieurs sont-ils toujours, de l'avis de quelque vieux disciple de l'école expectante qui vient mettre les rivaux d'accord, en leur disant : « Les malades qui ont été sauvés, n'ont été guéris qu'en dépit « de vos drogues, et ils se seraient rétablis mieux et plus vite, « si vous eussiez laissé faire la nature. »

Un savant médecin de l'École de Paris s'est élevé, il y a plusieurs années, contre cette inanité des preuves statistiques appliquées à l'art de guérir. Citons son opinion :

« En matière de statistique, le premier soin, c'est de perdre « de vue l'homme pris isolément ; il faut le dépouiller de son « individualité, pour arriver à l'élimination de tout ce que « cette individualité pourrait introduire d'accidentel dans la « question. »

« En médecine, au contraire, le problème est toujours « individuel ; les faits ne se présentent à la solution qu'un « à un. C'est toujours de la personnalité du malade qu'il « s'agit... les masses restent en dehors de la question. Mor-« gagni a dit : « Non numerandæ, sed perpendendæ sunt « observationes. » Pesez les faits, ne les comptez pas (1). »

Voilà ce qui explique comment certaines théories médicales tombent dans l'oubli après avoir cependant guéri, ou enterré leurs malades tout comme les autres.

Enfin, quelques-uns ont suivi une autre route, et, fatigués de cette lutte incessante entre des systèmes qui se détruisent, pour être, à leur tour, détrônés par d'autres, qui ne dureront pas plus longtemps, ils ont proposé de chasser de la médecine tout système, toute théorie. Ce retour à l'empirisme des sauvages n'est pas soutenable dans une saine philosophie ; parce que ni l'homme, ni le monde ne sont le produit du hasard ; mais il indique tout ce qu'il y a de difficile dans la pratique de l'art médical.

Quelle conclusion tirer de toutes ces perplexités ?

____

(1) Bouillaud, *Comptes rendus de l'Académie des sciences*, t. 1, p. 176.

Faut-il brûler les livres de médecine et fermer les écoles? Non sans doute : le nombre des faits recueillis, depuis deux mille ans, par les ministres de l'art médical est un complément indispensable de la masse des connaissances humaines, et les observations, aussi bien que les systèmes de la science moderne, ont ajouté des richesses à ces vieux trésors. Nos hardis expérimentateurs ont même, çà et là, soulevé quelques coins du voile qui recouvre le mystère de la vie. Le résultat de ces grands travaux est prêt à être mis en œuvre, comme ces matériaux tout taillés, dispersés sur le sol du chantier, qui n'attendent plus que la main de l'architecte pour s'élever en somptueux édifices. Quand l'art médical aura trouvé un de ces novateurs dont le génie ouvre des routes nouvelles, il aura sous sa main tous les éléments essentiels de la science de la vie !

III. — En attendant ce réformateur, tous les efforts seront utiles, s'ils ont pour but d'arriver à fixer les doctrines. Mais là se présentera toujours une grave difficulté qui a son origine dans l'essence même des choses. La double nature de l'homme, qui, dans la pensée créatrice, se rattache sans doute au grand dualisme de l'univers, l'esprit et la matière, a, de tout temps, placé la philosophie entre deux écueils ; les rêveries du mysticisme où la raison humaine, privée de guide, s'élève à la folie, et le matérialisme qui nous fait tomber dans le néant. De même, en médecine, il y a toujours eu, il y aura peut-être toujours, deux écoles ou tendances opposées sur lesquelles viennent se greffer les nombreux systèmes. D'un côté l'école matérialiste qui s'intitule aujourd'hui l'organicisme, parce qu'elle ne voit dans l'homme qu'une machine dont elle cherche à réparer un à un les divers rouages ; de l'autre, l'école vitaliste, qui admet pour la santé comme pour la maladie une cause supérieure à la matière, mais qui est sans cesse arrêtée dans les applications par son ignorance de la nature de cette cause.

Cet antagonisme des deux grandes sectes médicales a dû

nécessairement influer sur le traitement des maladies. L'organicisme affectionne les médications héroïques dont l'effet sur les organes est palpable et immédiat, et il se rapproche, dans la pratique, de l'empirisme des barbares.

Empruntons à un bouquin, vieux de deux siècles, une citation qui nous montrera le système des révulsifs ramené à sa dernière expression. « Les peuples de l'île Formose traitent « leurs malades d'une assez étrange manière... Quand quel- « qu'un se plaint de quelque douleur ou de quelque maladie, « ils le tirent en haut, une corde au cou, avec une machine « faite comme une estrapade et ils le secouent ainsi, de haut « en bas, jusqu'à ce qu'il soit guéri, ou qu'il ait trouvé une « mort plus douce et plus prompte que celle dont la maladie « le menace (1). »

On le voit, les révulsifs héroïques de nos facultés ne sont pas inventions nouvelles. Seulement, s'il avait le choix entre les tortures, le pauvre malade préférerait souvent l'estrapade de Formose à cette ingénieuse variété de supplices dont se compose l'arsenal thérapeutique de nos praticiens modernes; depuis les bains froids et les flagellations jusqu'aux moxas et aux ventouses, depuis les escadrons de sangsues, jusqu'aux larges vésicatoires. Il ne manquait à cette liste de tourments, qu'un procédé pour faire rôtir les gens tout vifs; aussi nos guérisseurs ont-ils essayé ce moyen (2) qui a eu, comme les autres, ses guérisons. Du reste, nous ne prétendons nullement le proscrire d'une manière absolue, car il peut quelquefois être utile et il est bien moins douloureux qu'on ne le pourrait croire.

Nous nous élevons seulement ici contre l'abus que fait l'école organicienne de l'emploi de la douleur comme agent curatif; mais il faudrait être profondément ignorant dans la science de

____

(1) *Ambassades mémorables vers les empereurs du Japon.* Amsterdam, 1680, 1 vol. in-folio, p. 35.

(2) **Guyot,** *Traité de l'incubation et de son influence thérapeutique.* Paris, 1840.

la vie, pour nier l'utilité des révulsifs appliqués avec prudence. Leur action curative est fondée sur un vieil aphorisme hippocratique dont vingt siècles d'expérience ont démontré la sagesse (1). Le phénomène sur lequel se fonde cette action curative a son origine dans la vitalité elle-même; aussi l'école vitaliste fait-elle, comme sa rivale, usage des révulsifs; seulement, elle y a recours un peu moins souvent; elle préfère stimuler la vitalité par des moyens plus doux et surtout laisser agir la vitalité elle-même.

IV.— De là est venu le système dit de médecine expectative qui est bien ancien, qui a pour lui des écoles entières, celles de Salerne et de Montpellier, et l'autorité de noms illustres. Ce système reparaît toujours dans toutes les écoles et sous l'empire de presque toutes les doctrines médicales par une tendance naturelle des médecins expérimentés à étudier la marche de la maladie et à peu droguer. Il est fondé sur un fait reconnu, il y a déjà bien des siècles, et confirmé par l'expérience, c'est que, dans beaucoup de cas, la maladie est, en elle-même, une sorte de médicamentation naturelle, un effort du principe vital qui, par des fermentations intérieures et mystérieuses, cherche à rétablir le jeu régulier des organes et l'équilibre de leurs fonctions (2).

Il ne faudrait pas cependant déduire de cette observation une règle générale et applicable à toutes les maladies; il faut, au contraire, s'empresser de reconnaître qu'il est des cas et des cas nombreux où le médecin doit agir avec promptitude et énergie (3); ces cas sont le triomphe et la gloire de l'art moderne. A aucune autre époque, la science médicale n'a eu à s'enorgueillir de cures plus brillantes.

<hr>

(1) « Duobus laboribus simul obortis, non in eodem loco, vehementior obscurat alterum. » HIPPOCRATE.

(2) « Febris spasmos solvit. » HIPPOCRATE.

(3) « Ad extremos morbos, summæ curationes, quoad rectitudinem, sunt optimæ. » HIPPOCRATE.

« Satius est anceps experiri remedium quam nullum. » CELSE.

Mais, quelque nombreux que soient ces cas, ils ne sont cependant que des exceptions à une règle encore plus générale, celle de laisser agir la nature.

En résumant succinctement toutes les observations qui précèdent, on peut établir que :

1° La science de la médecine est complexe ; l'art est incertain ;

2° Les maladies doivent quelquefois être combattues avec énergie ;

3° Le plus souvent, le médecin n'a qu'à se croiser les bras.

On a quelque peine à s'expliquer comment une science, dont les résultats et l'application journalière se renferment dans un cercle aussi étroit, a besoin de ces immenses développements qui menacent d'encombrer nos bibliothèques ; et l'on serait tenté de se demander si l'art de guérir les maladies n'est pas à peu près épuisé, et s'il ne serait pas temps d'étudier l'*art de les prévenir*.

V. — Il semble que la science aurait dû, depuis longtemps, diriger tous ses efforts vers ce but plus utile à l'humanité que les dissertations les plus ingénieuses ; car il vaut mieux encore ne pas être malade que d'être guéri par les plus savantes médicamentations.

Les Chinois sont de cet avis : on prétend que, chez eux, le médecin est responsable de la maladie. Sa Majesté Céleste a un conseil de docteurs qui sont grassement payés aussi longtemps que l'empereur se porte bien ; mais, sitôt que S. M. est malade, on retient leur solde, et quand elle décède, les docteurs sont mis à l'amende. C'est le principe de la responsabilité industrielle appliqué à la science dans toute sa rigueur ; une telle institution ne convient qu'à des barbares, nous sommes trop civilisés pour abaisser ainsi la dignité du bonnet de docteur. Mais, après tout, s'il en prenait fantaisie à notre siècle éminemment spéculateur, ne serait-il pas curieux de voir l'académie de médecine, transformée en société d'assurance ; son président souscrivant des polices de vie et de bonne santé, nous faisant visiter et soigner à domicile, et son secrétaire statuant sur les indemnités à payer aux héritiers en cas de sinistres ?

En attendant que la législation ait jugé à propos de nous enrichir de quelque institution de ce genre, il faut nous contenter de la responsabilité morale, seule garantie que nous offre la Faculté.

C'est donc aux médecins qu'il faut demander des conseils pour conserver notre santé et éviter les maladies.

Cette branche si importante de la médecine peut-elle être réduite en corps de doctrine et soumise à des principes rationnels ?

Théoriquement parlant, oui ; car l'action des causes extérieures, celle des aliments et des substances médicamenteuses est beaucoup moins incertaine sur l'homme en santé que sur le corps malade. Le médecin peut donc opérer sur le corps qui fait ses fonctions régulièrement avec une plus grande connaissance de cause que sur le malade. En outre, il est aidé par toute l'énergie de la force vitale.

D'où il résulte, que la médecine préventive et conservatrice de la vie pourrait offrir à la science un terrain moins mobile et plus facile à exploiter que les autres branches de l'art ; et cependant ce terrain est encore presque vierge.

Peut-être la faute en est-elle au public autant qu'à la science.

Le médecin n'arrive que lorsqu'il est appelé ; et, en général, on ne l'envoie chercher que lorsque l'on se sent malade, presque toujours après avoir été forcé de s'aliter.

On pourrait ici faire observer au public qu'il a tort d'appeler le docteur souvent trop tard dans les cas graves, sans nécessité dans la plupart des maladies, et qu'il serait plus logique de prévenir que d'attendre. Mais ces sortes de raisonnements ne seront bien compris que lorsque les lois de l'hygiène, formulées en principes théoriques et d'une application facile, seront entrées dans le cours des études générales.

En attendant, le public et les médecins roulent dans un cercle vicieux; les gens du monde oublient que la pire des maladies est l'usure du corps humain produite par le mouvement de la vie, et les docteurs se dégoûtent d'une étude où ils ne trouvent ni honneur ni profit (1).

Ne nous étonnons donc pas si le grand art de conserver et de prolonger la vie ne fait pas de progrès, et si l'hygiène forme à peine un court chapitre dans les traités de médecine.

Nos pères avaient ou plus de savoir ou plus d'ambition.

Ils prétendaient que la vie humaine peut être prolongée par des moyens artificiels. Des hommes d'une vaste érudition, d'un esprit élevé, ont étudié très-sérieusement ces mystérieuses compositions que l'on appelait l'or potable ou la panacée universelle, ils étaient loin de les considérer comme des illusions.

Les modernes ont donné à leurs études une direction diamétralement opposée; l'humanité y a-t-elle gagné? La science de la conservation de la vie a-t-elle fait des progrès?

Questions curieuses; mais pour les résoudre, il faut jeter un coup d'œil sur la médecine et l'alchimie du moyen âge. Tel sera l'objet du chapitre suivant.

---

(1) Déjà, depuis quelques années, on avait compris que la science médicale offrait à cet égard une lacune; et des chaires d'hygiène ont été fondées dans les écoles de médecine. L'auteur de cet aperçu n'a pas la prétention de s'ériger en critique des savants professeurs qui les remplissent : il a cherché à se frayer une autre route : voilà tout.

CHAPITRE III.

I. — L'histoire de la médecine est un livre encore à faire ; il n'existe, sur ce sujet, que des compilations indigestes ou des résumés trop succincts ; mais, un tableau complet des diverses phases de l'art médical resserré dans un cadre philosophique, serait aussi intéressant qu'instructif. On y verrait l'esprit humain, enfermé dans le cercle étroit dont l'observation entoure cette science, faisant de vains efforts pour en sortir, et y rentrant sans cesse.

II. — Les Chinois citent des médecins dès l'origine de leurs annales qui paraissent remonter avec une certitude historique jusques à une époque à peu près contemporaine de Noé. La médecine, disent leurs livres, a été fondée par l'empereur *Xin-Num,* qui apprit aux Chinois l'art de cultiver la terre et celui de guérir les maladies. Excellent médecin qui nourrissoit ses malades !

Après lui vint le grand Hoam-Ti, pour lequel les Chinois ont une vénération toute particulière et auquel ils font remonter plusieurs de leurs institutions, Hoam-Ti ne fut pas seulement conquérant et législateur, il perfectionna l'astronomie, la musique et la médecine. Les annales chinoises ne nous ont pas conservé les doctrines thérapeutiques de ce roi savant : elles affirment que, de son temps, la vie des hommes était plus longue qu'elle ne l'a été un peu plus tard.

III. — Les Égyptiens, à l'apogée de leur puissance, c'est-à-dire vers le commencement de la douzième dynastie, avaient déjà réduit la médecine en corps de science et les prêtres s'en étaient réservé le monopole. La thérapeutique faisait partie du code religieux ; l'emploi et la composition des médicaments étaient déterminés par des règlements que le médecin ne pouvait enfreindre sans s'exposer à des peines sévères. La pratique des embaumements avait sans doute perfectionné leurs connaissances anatomiques, et Pline l'Ancien dit positivement qu'ils disséquaient les cadavres pour étudier les causes des maladies (1). Aussi étaient-ils arrivés, de bonne heure, à séparer la pratique de la médecine de celle de la chirurgie. Il paraît même qu'ils allaient plus loin, et qu'ils avaient établi la spécialité des soins à donner aux diverses affections du corps humain : chaque médecin devait se consacrer à l'étude d'un genre particulier de maladies. C'était le triomphe de l'empirisme. Après quarante siècles, nos civilisations modernes reviennent au même point. Nous avons des dentistes, des oculistes, des auristes ; celui-ci ne guérit que la vessie, cet autre ne traite que les maladies de la peau et fait dériver toutes les souffrances humaines des affections cutanées. Cependant, si la civilisation égyptienne avait ses empiriques brevetés, elle reconnaissait aussi des doctrines, et le collège des prêtres formait des médecins dans l'acception générale de ce mot. L'histoire nous a conservé le souvenir de ce Iacchus qui combattait avec succès des épidémies meurtrières. La connaissance complète des théories médicales de l'antique empire des Pharaons, serait sans doute d'un grand intérêt.

(1) Lib. XIX, cap. v.

Peut-être, quelque jour, nous sera-t-elle révélée par les savantes investigations des successeurs de Champollion ; mais en attendant la découverte de quelque papyrus écrit par le médecin ordinaire du grand Rhamsès, on ne peut que conjecturer.

IV. — Nous n'avons guère plus de détails sur la médecine des premiers Hébreux : on peut s'en convaincre en lisant la docte dissertation de dom Calmet (1) sur ce sujet. Nous ignorons leurs théories médicales ; nous pouvons seulement présumer qu'ils employaient des simples, des frictions huileuses, et des applications de baumes et de résines. Jérémie dit : « Montez à Galaad, fille d'Égypte, et achetez de la résine « pour vous guérir (2). » Il paraît aussi que, dès cette époque reculée, les médecins formaient un corps et exerçaient une profession rétribuée, puisque la loi de Moïse condamne les agresseurs à payer le médecin et les frais du traitement nécessité par des violences (3). On doit croire aussi que ces traitements n'étaient pas bien efficaces, car nous lisons dans l'Ecclésiaste, « que celui qui pèche contre son Créateur puisse « tomber entre les mains des médecins (4). » Un savant commentateur ajoute naïvement au texte sacré : « En effet, le plus « grand châtiment dont Dieu puisse punir un homme sur la « terre, est de le livrer aux remèdes et aux médecins. » Le docte écrivain avait sans doute éprouvé les tourments de la médecine révulsive.

V. — Toutes ces recherches sur les origines de la médecine laissent dans le doute un problème historique, qu'il serait utile de résoudre, mais qui demeure entouré de mille obscurités.

L'art de guérir a-t-il commencé par le grossier empirisme

(1) *Commentaires sur la Bible*, in-fol., t. V, p. 250.
(2) Jérém., XVI, 11.
(3) Exod., XXI, 19.
(4) Eccl., XXXVIII, 15.

des sauvages, ou bien par l'application à la santé humaine
d'une connaissance primitive et antédiluvienne des lois de la
vie? Grave question, qui touche à l'origine de toutes nos connaissances, et soulève une question plus générale encore.

A-t-il réellement existé une science et une civilisation primitive, ou bien les nations ont-elles passé de l'état sauvage à
celui de barbarie, pour arriver enfin, après des milliers de
siècles, à la civilisation et à ce qu'on est convenu d'appeler le
progrès?

Un mot, en passant, sur ces deux systèmes, que l'on retrouve
dans l'étude de toutes les sciences, et qui ont de tout temps
divisé la philosophie en deux grandes écoles, entre lesquelles
la pensée humaine, livrée à une seule autorité, flottera toujours indécise, parce qu'il a été dans la volonté de Dieu de
laisser à l'homme son libre arbitre : « Nec desistent a cogitationibus (1). »

Il est certains esprits qui n'admettent comme positifs que ce
qu'ils peuvent voir et toucher, qui ne reconnaissent qu'une
seule autorité, celle des expériences, c'est-à-dire la sensation.
Cette école produit des philosophes matérialistes et des médecins organiciens et, quand elle cherche à s'élever, elle tombe
dans cet abîme sans fond qu'on appelle le Panthéisme, les
Allemands disent aujourd'hui la philosophie de la nature.
Dans ce système, qui, certes, n'a été inventé, ni par Vico, ni
par J.-J. Rousseau, les connaissances humaines sont le résultat de découvertes dues au hasard ou à l'observation. C'està-dire que l'analyse doit précéder la synthèse, et que l'homme
n'a pu généraliser aucune science, avant d'avoir réuni en
corps de doctrine un grand nombre de faits observés. Fort
bien ; mais alors et, en prenant en considération la lenteur
des progrès de l'esprit humain, quel nombre infini de siècles,
il va vous falloir pour arriver à cette civilisation si perfectionnée des Sésostris, civilisation qui n'est pas attestée seulement

____

(1) Gen., xi, 5.

par la beauté des formes architecturales, mais aussi par la
multiplicité des connaissances astronomiques, chimiques, mécaniques, médicales ? Si les Arago des prédécesseurs du grand
Rhamsès n'avaient pas connu les lois du mouvement des corps
célestes, comment auraient-ils pu diviser l'année en 365 jours :
division qui est de toute antiquité en Égypte, ainsi que l'a très-
bien démontré M. le vicomte de Rougé (1). Si on n'avait pas,
dès ces époques reculées, connu les lois de la mécanique,
comment aurait-on élevé ces masses énormes dont le déplacement étonne nos architectes modernes (2) ? La fabrication
des couleurs, celle des verres coloriés, suppose une connaissance des lois de la chimie, qui, du reste, n'est pas bornée à
l'antiquité égyptienne, mais qui doit avoir existé chez les peuples les plus anciens, car toutes les plus vieilles chroniques
parlent de bijoux précieux, de vases d'or et d'argent, d'étoffes
aux brillantes couleurs. Le livre de Job est d'accord, à cet
égard, avec les plus antiques traditions écrites de la Chine et
de l'Inde.

Le dogme de la métempsycose a été mêlé de rêveries et défiguré par les disciples grecs de Pythagore, mais il est d'une
rigoureuse exactitude, si on l'applique seulement à la vie matérielle, si on l'entend dans le sens de cette transmutation continuelle entre les arrangements moléculaires des atomes matériels, de cette reproduction incessante des corps animés, par
les débris des végétaux, par les atomes minéraux et les débris
des corps animés, enfin de ce grand mouvement de la nature,
que nos savants appellent la vie universelle. Mais où donc
Pythagore avait-il fait son cours de chimie organique ? Dans

(1) Mémoire inséré dans la *Revue archéologique*. Octobre 1847.

(2) L'illustre Brunel, ce savant ingénieur que les révolutions de France ont
jeté dans les bras de l'Angleterre, disait, il y a bien des années, à celui qui
trace ces lignes : « Je crois savoir, en mécanique, autant qu'aucun de nos
« contemporains; mais je serais fort embarrassé, s'il me fallait répéter les
« tours de force des mécaniciens de la vieille Égypte, et même quelques-uns
« de ceux d'Archimède. » Il est vrai que Brunel a été dépassé par Stephenson,
qui a élevé le pont-tube du détroit de Menai.

l'Inde, en Égypte ; peu importe, on pourra toujours se demander quel a été le maître de ces professeurs du vieux monde qui en savaient autant que M. Dumas ou M. Liebig ? que cette connaissance de la théorie de la nature ait été voilée d'allégories et de fables dans les temples de Ninive, ou dans ceux de Babylone ou de Thèbes, peu importe encore. De qui les prêtres d'Égypte et ceux du premier empire d'Afrique, avaient-ils reçu la connaissance des lois de la nature ? voilà la question.

Partout on retrouve des traces de ce savoir primitif. Le Chou-King nous raconte les grands travaux de l'empereur Jao et de ses successeurs, œuvres gigantesques, plus immenses peut-être que les immenses travaux des prédécesseurs de Sésostris ; mais Jao était contemporain des pères d'Abraham ; voilà donc une époque certaine et bien reculée où l'on trouve une masse de connaissances théoriques sans lesquelles l'exécution des grands travaux serait totalement impossible.

Il a dû en être de même, pour les sciences médicales. Un savant moderne (1) a fait remonter la doctrine du vitalisme de l'École de Montpellier, jusqu'aux plus vieilles civilisations de l'Orient. Le *Zend-Avesta* appelle le principe vital *Djan ;* son rôle est de conserver les forces du corps et d'entretenir l'harmonie de toutes ses parties. Le *Zend-Avesta* compare cette force vitale à *une vapeur légère qui s'élève du cœur.* N'y a-t-il pas, dans ce passage, une indication de connaissances physiologiques très-avancées ?

On le voit, la théorie de toutes les sciences remonte jusqu'à une époque peu éloignée de celle que nos livres saints assignent au grand cataclysme diluvien ; et, pour ceux qui veulent absolument que les civilisations ne se soient développées qu'en se succédant mutuellement, et que la science soit née seulement de l'observation des faits, il faut donner au genre humain une existence de plusieurs milliers de siècles, ou

____

(1) AD. FRANCK, *la Kabbale,* p. 376.

même supposer que l'homme n'est qu'un grand singe amélioré par l'éducation ; il faut supposer enfin que les germes de la vie humaine, comme ceux de la vie animale, ont, de tout temps, existé avec la matière et ont été développés par un aveugle hasard. Dans ce système, on tombe dans une foule d'absurdités réfutées par la tradition historique qui ne remonte pas au delà de quarante à cinquante siècles, par la géologie qui est d'accord, pour les grandes divisions, avec le récit biblique, et aussi par le bon sens, qui a bien aussi sa certitude.

Toutes ces difficultés disparaissent dans le système de la science chrétienne. Le monde, comme l'homme, est une création de Dieu ; la vie obéit, comme toutes les choses, à des lois immuables imposées par le Créateur aux mouvements de la matière. L'homme, dès l'origine, a vécu en société, ces sociétés ont commencé par une civilisation primitive, qui s'appuyait elle-même sur une science primitive, révélation plus ou moins étendue des lois naturelles. Dans cet ordres d'idées et de faits, tout s'explique.

Les premiers hommes conversaient face à face avec le Seigneur ; ils étaient souvent en rapport avec les intelligences d'un ordre supérieur ; c'est ainsi qu'ils avaient appris la véritable science, celle qui met à la disposition de la volonté humaine les forces qui gouvernent les combinaisons de la matière. Enivré de cette puissance sur les choses terrestres, l'orgueil humain entra dans cette lutte titanique avec la volonté de Dieu, qui eut pour conséquence le cataclysme de Noé et dont on retrouve des souvenirs plus ou moins défigurés dans toutes les traditions anciennes. Le séjour dans l'arche n'avait pu faire oublier à la famille de Noé toutes les connaissances antérieures ; aussi la civilisation, les empires, les grands monuments recommencent-ils avec la multiplication des races issues de Noé ; tout cela suppose une masse de savoir, qui s'obscurcit un peu plus tard, dans cette époque de troubles et de confusion appelée par la Genèse la dispersion des peuples : véritable moyen âge, premier exemple de

cette loi sociale qui gouverne et châtie les nations comme
êtres collectifs indépendamment du sort des individus.

Toutes les histoires de l'origine des peuples font allusion
à ces traditions. Les dieux sont un souvenir de l'époque
antédiluvienne ; et tous les peuples anciens leur ont attribué
les premières notions scientifiques, parce qu'ils avaient pos-
sédé ces connaissances dès leurs premiers pas dans la vie
sociale (1). Les héros se rattachent à l'époque intermédiaire
entre la dispersion dans les plaines de Ninive et la fondation
de chaque empire ; c'est alors que les peuples se sont divisés
en castes et que la science, devenue un arcane et un monopole
des races cléricales, a été obscurcie par les allégories ou des
mensonges. Mais nous retrouvons partout des allusions au
savoir primitif.

La Bible reconnaît la science des Orientaux et des Égyptiens, elle en parle souvent. Les prêtres des Pharaons luttent
de puissance avec Moïse ; et, quatre siècles plus tard, Salomon, ayant reçu de Dieu le don du savoir et la connaissance
de toutes les choses terrestres, surpasse même les Égyptiens
et les Orientaux (2). Salomon, du reste, était allié du roi
d'Égypte, dont il avait épousé la fille.

M. le comte de Vaudreuil fait observer, dans un ouvrage
très-curieux et déjà oublié (3), que les Grecs et les Romains
avaient perdu quelques-unes des notions cosmographiques
et astronomiques des peuples qui les avaient précédés en civilisation. La géographie n'est rien, si elle se borne aux des-
criptions des voyageurs ; elle ne devient une science exacte
qu'en se rattachant aux lois de la mécanique céleste ; et, à ce
point de vue, comme le dit très-bien M. de Vaudreuil, Strabon
et Pline sont inférieurs en connaissances exactes aux livres de
Moïse et de Job.

(1) *Revue archéologique,* loc. cit.
(2) III Rois, v, 30, 33 et *passim.*
(3) *Mœurs des anciens.* Paris, 1840, p. 74.

Plus tard nous retrouvons dans Josèphe (1) un souvenir de la science primitive dont les principes ont été gravés par Thot sur deux colonnes, l'une de bronze, l'autre de marbre. Tradition qui, soit dit en passant, paraît être l'origine des fameuses tables d'Hermès qui ont tant préoccupé les Alchimistes.

Cette science primitive était niée par quelques-unes des sectes de l'école philosophique d'Alexandrie, comme elle l'a été aux dix-septième et dix-huitième siècles par les sceptiques modernes, comme elle l'est encore aujourd'hui par certains savants ; mais elle était parfaitement admise par les Pères de l'Église. Saint Clément dit quelque part que la chimie a eu pour origine les amours des anges avec les filles des hommes. Tertullien pense aussi, en s'appuyant sur l'autorité des livres d'Enoch, que des anges coupables ont appris à des femmes coquettes l'art de fabriquer l'or et les bijoux et de teindre les étoffes aux brillantes couleurs.

Les alchimistes, eux aussi, faisaient remonter leurs doctrines à une science primitive ; cette tradition se retrouve dans tous leurs écrits, soit de l'école des Juifs et des Arabes espagnols, soit de celle de Salerne et de Montpellier; elle est longuement résumée dans une dissertation d'Olaüs Borrichius (2) dont je ferai grâce à mes lecteurs.

La science contemporaine a aussi une certaine tendance à revenir à cette idée d'une civilisation spontanée appuyée sur des connaissances primitives : on y arrive par l'archéologie, par l'étude comparée des langues et par l'unité de l'espèce humaine, grand fait biblique démontré par M. Flourens et admis par un des plus illustres adversaires de la doctrine d'une science primitive (3).

Les recherches philologiques des érudits modernes ont une tendance à faire remonter les langues les plus anciennes à une langue primitive. On explique les caractères cunéiformes

(1) Josèphe, liv. 1, c. III.
(2) Olaus Borrichius, *De ortu et progressu chimiæ.*
(3) Humboldt, *Cosmos*, t. I, p. 430.

par le curde, comme Champollion a interprété les hiéroglyphes à l'aide du cophte ; mais, ainsi que l'a fait observer
un savant, le chaldéen et l'hébreu n'étaient que deux dialectes
d'une langue plus ancienne ; et, encore aujourd'hui, les
Curdes de l'Asie centrale s'entendent avec les Juifs. D'un
autre côté, les naturalistes ont fait ressortir l'identité de type
entre les figures chaldéennes ou mèdes des plus anciennes
sculptures de l'Asie et les Juifs des bas-reliefs grecs et romains. C'est le type que nous offrent encore aujourd'hui les
Juifs du Ghetto, parce que cette colonie s'est, plus que
d'autres, préservée des alliances étrangères et a conservé le
caractère de sa race. Tous ces faits sont acquis à la science (1).
Ecoutons encore M. de Paravey : à propos du nom chinois de
la salamandre, ce savant fait observer que les traditions et les
préjugés des Grecs et des Romains se retrouvent à la Chine
et au Japon ; d'où il conclut à l'existence d'un ancien centre
de civilisation, source de la plupart des notions que nous ont
transmises les Grecs et que nous retrouvons dans les plus
vieux livres de la Chine (2).

Les recherches sur les temps primitifs ont amené tous les
bons esprits à des rapprochements qui font naître de curieuses
réflexions. — Un archéologue anglais, aussi aimable qu'il
était savant, s'étonne de trouver des rapports scientifiques
dans les noms et les attributs des planètes. Pourquoi, par
exemple, autant de métaux que de planètes ? Pourquoi une
divinité dans chacune ? Pourquoi Hécate, divinité lunaire,
préside-t-elle aussi à la terre et aux enfers ? Toutes ces vieilles
traditions doivent découler d'une science défigurée et perdue,
appuyée elle-même sur des connaissances primitives (3).

(1) *Comptes rendus de l'Académie des sciences*, t. IX, p. 705.
(2) *Ibid.*, t. VI, p. 245.
(3) Le lecteur me pardonnera cette citation d'une note manuscrite de sir
W. Gell, ami dont il m'est resté un bien tendre souvenir : « Names and attri-
« butes of planets might be parts of some original knowledge. Why is there
« a divinity in each ? Why the moon's divinity presides over earth and hell ?

L'étude de l'antiquité égyptienne inspire des réflexions analogues au plus illustre des historiens allemands. « Les « monuments de la vieille Égypte ont quelque chose de « mystérieux qui frappe d'étonnement. Chaque arête de la « base de la grande pyramide multipliée par 500, donne « les 56075 toises qui font le degré géographique ; le cube « du nilomètre multiplié par 200 donne exactement le même « résultat... (1) »

Il est temps de couper court à cette digression, déjà peut-être trop longue au gré de nos lecteurs : mais elle n'avait pas pour but le vain étalage d'une érudition si facile de nos jours ; elle était intimement liée à notre sujet. A côté de la doctrine d'une science primitive et révélée, vient se placer le fait non moins remarquable d'une longévité que nous chercherons ailleurs à apprécier, mais qui permet de supposer que les doctrines médicales des premiers savants valaient bien nos sangsues et nos vésicatoires.

Quoi qu'il en soit, nous devons encore faire observer que les plus vieux livres de médecine cherchent toujours à s'appuyer sur l'autorité des ancêtres.

VI. — Nous en avons un exemple dans le divin vieillard de Cos, considéré, par les Grecs, comme le disciple des Asclépiades qui, eux-mêmes, probablement, avaient reçu quelques doctrines médicales dérobées aux mystères des sanctuaires égyptiens. Nul sans doute ne voudrait reprocher à Hippocrate, si riche en sages préceptes, si admirable par son esprit d'observation, d'avoir manqué de théorie. Mais le respect dû au maître n'empêche pas la diversité des commentaires sur ses théories un peu vagues. Il est cité par les partisans de la

« Why as many planets as metals; seven at first? All these ancient traditions « as alchimy and astrology seem to belong to some lost science. »

(1) JOHAN VON MUELLER, *Allgemeine Geschichte.* « Wir wollen das uralte « Egypten so schnell nicht verdammen : seine Denkmale haben etwas « Geheimnissvolles das bewunderungswürdige Ideen verräth, etc..... »

doctrine *Contraria contrariis* tout aussi bien que par Hahnemann, qui soutenait que le principe *Similia similibus* était de l'hippocratisme pur (1).

Peut-être les uns et les autres avaient-ils raison.

Peut-être les deux systèmes sont-ils identiques dans leur principe ; peut-être n'y a-t-il pas de différence essentielle dans les résultats, entre stimuler et contre-stimuler. Qui sait si ces deux modes d'action sur l'organisme humain, ne se rattacheront pas à une même théorie, quand une connaissance plus approfondie des lois de la vie nous ramènera à une unité, souvent troublée, pour les esprits superficiels, par la diversité apparente des phénomènes ? Qui sait enfin si la science primitive, moins riche en observations, n'en savait pas plus que nous sur le secret de la vie ?

Quoi qu'il en soit, le divin vieillard a frayé à ses successeurs des sentiers que l'on suit encore ; et pendant plusieurs siècles la médecine n'a été exercée que par des disciples d'Hippocrate et des commentateurs de la parole du maître ; enfin est venu *Galien*, qui s'est efforcé de systématiser la science des observations et qui a cherché à expliquer les causes des maladies.

VII. — On fait aujourd'hui peu de cas de *Galien ;* on lui reproche l'absurdité de ses théories du sec et de l'humide, de ses classifications des affections froides et des affections chaudes, combattues par les médicaments chauds et les médicaments froids. Peut-être s'étonnerait-on du génie de l'Hippocrate romain, si l'on considérait son système comme une synthèse hardie qui cherchait à devancer les découvertes de l'analyse moderne. Nos théories sur les fluides et les solides du corps humain et sur le calorique intérieur ne sont peut-être pas très-éloignées de celles de Galien.

VIII. — On s'élève aussi contre la barbarie des médicaments

<hr>

(1) RISUEÑO D'AMADOR, *Mémoires de l'Académie royale de médecine,* t. II, p. 320.

composés de son école, préparations que les Arabes devaient
compliquer encore. Mais les modernes, qui vantent la théorie
des médicaments simples, l'appliquent-ils réellement ? Quand
vous donnez à un malade le médicament le plus simple, une
cuillerée de vin de quinquina, par exemple, ne lui avez-vous
pas prescrit une composition d'eau, d'alcool, d'acide tartrique,
d'huile essentielle inconnue, particulière à chaque espèce de
vin, de quinine, de cinchonine, de tannin, enfin de tous les
éléments constituant le quinquina ?

N'est-il pas aujourd'hui bien démontré que les plantes sont
des corps composés d'hydrogène, d'oxygène, de carbone, d'un
peu d'azote, de fibrine, de chlorophylle, d'huiles essentielles,
de divers sels et encore d'autres principes qui échappent à l'a-
nalyse ? Suivant l'expression d'un médecin alchimiste : *Ipsa
medicina composita est ex naturâ* (1).

Et même, quand aujourd'hui les maîtres de la science or-
donnent ce qu'on appelle le principe essentiel des plantes, les
alcaloïdes et leurs combinaisons, n'est-ce pas un composé
d'oxygène, d'hydrogène, de carbone et d'azote qu'ils administrent ?

La puissance thérapeutique des alcaloïdes est incontestable ;
mais ces corps, que l'on considère aujourd'hui comme renfermant toute la vertu médicale de la plante, sont-ils des corps
simples ? Non, sans doute ; le chimiste moderne n'y voit que
des combinaisons d'éléments gazeux solidifiés en diverses
proportions. La composition chimique de la morphine
($C^{38}H^{40}N^2O^6$) se rapproche beaucoup, à l'analyse, de celle de
la strychnine ($C^{44}H^{23}N^2O^8$) ; mais quelles énormes différences
dans les effets médicamenteux de ces deux substances dont
l'une amène la mort par la cessation des mouvements, tandis
que l'autre tue par une exaltation de mouvements désordonnés ? Du reste, l'étude des alcaloïdes offre bien des anomalies inexplicables pour la science actuelle. Pourquoi cer-

_____

(1) Arnaldus de Villanova.

tains de ces corps sont-ils à peu près inertes, administrés à l'état de pureté, tandis qu'ils acquièrent une puissante énergie sitôt qu'on les a combinés avec quelques gouttes de vinaigre? Pourquoi la quinine, chimiquement pure, est-elle presque sans action sur la fièvre, tandis que la préparation pharmaceutique appelée *quinine brute* produit presque toujours les plus heureux résultats. Fait remarquable qui, soit dit en passant, est beaucoup trop souvent négligé par les médecins : ils s'obstinent à gorger les fiévreux de sulfate de quinine, sel qui ne guérit pas toujours et qui agit sur la rate de la manière la plus funeste (1), tandis qu'ils arrèteraient les fièvres, sans danger, avec le lactate, le phosphate, ou le valérate de quinine et mieux encore avec des mélanges pharmaceutiques appropriés, dont la quinine brute ferait la base.

La science médicale du dernier siècle et des premières années du dix-neuvième, avait une tendance à repousser les préparations compliquées de l'ancienne médecine. On trouvait absurde de mélanger un nombre considérable de substances d'effets thérapeutiques analogues ou opposés ; on disait que si les substances mélangées étaient d'effets opposés elles se neutraliseraient et qu'alors l'effet du composé serait nul ; que, si elles étaient analogues, le composé ne produirait pas un effet qu'il fût possible de représenter mathématiquement par la somme de tous les effets des composants. Ces raisonnements ne sont pas en harmonie avec les véritables lois de la vie. On oublie, dans le fier mépris de la science de nos aïeux, que les mélanges forment des corps nouveaux dont les propriétés sont presque toujours différentes des propriétés des diverses substances mélangées. Il ne s'agit donc pas de savoir si les effets du composé sont en rapport avec ceux qu'aurait produits isolément chacun des composants, mais si l'effet unique produit par le composé est salutaire ou

____

(1) TROUSSEAU et PIDOUX, *Thérapeutique et matière médicale*, t. II, p. 333 ; *Comptes rendus de l'Académie des sciences*, t. XVI, p. 107 ; *Mémoire de* M. PIORRY.

nuisible. Voilà toute la question ; si l'on s'en écarte, on tombe
dans des discussions théoriques sans application. Cette question, du reste, a été ainsi posée, il y a près de quatre siècles,
dans un curieux traité de Laurent Majoli (1) auquel je ren-
verrai les amateurs de bouquins ; mais il me sera permis de
faire observer que l'opinion du médecin génois se rapproche
assez de celle des savants les plus modernes qui admettent que
les propriétés des corps résultent de l'arrangement de leurs
molécules, et non pas de leur composition atomique (2). Nous
reviendrons ailleurs sur cette question de la cause première
de l'effet des médicaments ; en attendant, terminons ces observations sur la polypharmacie, par quelques mots à propos
du bizarre médicament inventé par le médecin de Néron.

IX. — Nos pères avaient une entière confiance dans la thériaque ; on lui attribuait des vertus presque miraculeuses et sa
préparation était entourée d'une solennité officielle. A Venise,
les chefs de la république y assistaient. Les médecins
modernes ont cessé de l'ordonner, mais leurs malades ne s'en
sont pas mieux portés. On a dit que ce mélange de plus de
140 substances, chacune de propriétés ou identiques ou opposées, était absurde, et peu s'en est fallu que la thériaque ne
disparût tout à fait de nos pharmacopées. On ne lui a fait
grâce que comme à une vieille ruine, et à condition qu'elle
se moderniserait. En vertu de cette transaction, la thériaque
a été réduite, d'abord à trente substances, un peu plus tard,
je crois, à soixante ; peu importe.

Qu'est-il arrivé ? Que la thériaque moderne, au dire des
vieux praticiens, n'a plus les mêmes effets qu'autrefois. Je
puis, en ce qui me concerne, affirmer que des personnes
mordues par des vipères ont été, sous mes yeux, guéries en
peu de jours au moyen de la thériaque par des médecins de .

(1) *De gradibus medicinarum.* Neapoli, 1491.
(2) *Comptes rendus de l'Académie des sciences,* t. XVIII, p. 275 ; *ibid.,*
t. II, p. 328.

village. Il est vrai que c'était dans ma jeunesse et avant la réforme de notre pharmacopée. Enfin les praticiens de Sicile et de Calabre continuent à employer la thériaque dans les fièvres rebelles aux sels de quinine.

Il est à regretter, que l'on n'ait pas encore publié dans les traités modernes de thérapeutique et de matière médicale, une analyse exacte de la véritable et vieille thériaque de Venise. La formule chimique des éléments de ce composé, eût seule pu résoudre une question, qui peut-être a été tranchée un peu trop légèrement par nos praticiens français. — Puisque l'on parle tant de médecine rationnelle, définition qui, soit dit en passant, est fort sujette à contestation, on aurait dû, sans se préoccuper du mode de préparation de la thériaque, analyser ce composé. On aurait obtenu une formule analogue à celle des alcaloïdes avec l'addition de quelques atomes minéraux ; mais les potions ou pilules, ordonnés par les médecins les plus rationnels, ne sont pas autre chose au point de vue de la chimie.

Pour en finir avec la thériaque, rappelons une curieuse anecdote citée par Bordeu : « J'ai vu, pendant plusieurs an-
« nées, donner chaque soir un bol de thériaque à tous les
« malades de l'hôpital de Montpellier, tandis que les écoles
« de cette métropole de la médecine retentissaient d'invectives
« contre cette composition (1). »

X. — On le voit, dans la pratique comme dans la théorie, en médecine comme dans les sciences et les beaux-arts, l'esprit humain a une tendance à revenir au passé ; et ces axiomes vulgaires, la *sagesse des ancêtres ; rien de nouveau sous le soleil,* sont des vérités profondes. Serait-ce que , dans sa faiblesse terrestre, l'intelligence de l'homme n'est susceptible de produire qu'un nombre limité de combinaisons d'idées, et que lorsqu'il l'a atteint, il lui faut forcément revenir à des idées an-

____

(1) BORDEU, *OEuvres médicales,* t. II.

terieurement émises ? Ou bien, comme nous l'avons déjà dit, y a-t-il eu une science primitive et révélée, contemporaine des premiers peuples et à laquelle toutes les époques de civilisation doivent revenir, parce que cette science n'était pas autre chose que la connaissance des véritables lois de la nature ? graves questions bien dignes d'occuper les méditations des philosophes. Pour nous, sans prétendre à l'honneur de les résoudre, rentrons dans notre sujet par quelques curieux rapprochements, familiers à tous ceux qui ont parcouru les vieux livres.

Bien des bonnes gens croient que les eaux de la Chine et poudres merveilleuses pour teindre les cheveux sont des inventions de la chimie moderne ; si l'on veut feuilleter un bouquin peu connu (1), on trouvera, pour le même objet, des poudres et des eaux dont les bases sont des sels de chaux, de plomb et d'argent. De bonne foi, nos habiles et nos charlatans font-ils mieux ?

Le *Tyrocinium chimicum*, formidable bouquin, nous donne, contre le mal de mer, *ne quis in mare evomat*, une recette qui n'est ni meilleure, ni plus mauvaise que celles de contemporains, en y comprenant les bonbons de Malte.

Paracelse prétendait guérir la goutte par les alcalis, *lapides cancrorum, lynci, lazzuli, etc.*, les modernes sont revenus à cette méthode, sans que les goutteux s'en trouvent mieux (2). Les médecins arabes traitaient déjà la goutte et la gravelle par les alcalis, les balsamiques et de légers diurétiques (3).

L'école de Montpellier fait remonter ses doctrines vitalistes à Hippocrate ; nous en avons déjà vu l'idée première dans le *Zend-Avesta* et elle se retrouve fréquemment chez les an-

(1) VICKERUM, *De secretis*. Basileæ, 1542.

(2) HUFELAND, *Manuel pratique de médecine;* TROUSSEAU et PIDOUX, *Thérapeutique*, t. I, p. 357.

(3) RASIS DE LAPIDE, *Manuscrits du Vatican*. L'édition imprimée est moins complète.

ciens Kabbalistes. Citons le résumé de leur savant historien (1) :

« Il y a, dans l'âme humaine, trois puissances parfaitement
« distinctes et qui ne demeurent unies que pendant notre vie
« terrestre. Au degré le plus élevé, est l'esprit proprement
« dit, pure émanation de l'intelligence divine et destinée à
« rentrer dans sa source. Au degré le plus bas, immédiate-
« ment au-dessus de la matière, est le principe du mouve-
« ment et de la sensation , l'*esprit vital* dont la tâche ex-
« pire au bord de la tombe. Enfin entre ces deuxextrêmes
« vient se placer le *moi*, le principe libre et responsable, la
« personne morale. »

L'idée d'un fluide nerveux n'est pas nouvelle ; elle a été
clairement indiquée par plusieurs auteurs du moyen âge,
entre autres par Bernard Telesio (2).

Les chimistes modernes ont fait grand bruit des modifications que les divers états des corps apportent à la loi des
affinités ; et ils se servent souvent, pour exprimer une idée qui
ne leur est pas très-claire, de cette formule : *faites réagir à
l'état naissant*. Nous trouvons la même pensée et le même
précepte dans un bouquin alchimiste : *Neque metalla, neque
lapides recipiunt cœlestes quando sunt in metallorum
forma, vel lapidum, sed quando in forma vaporum el
donec durescant* (3).

La controverse sur la composition de l'air, qui divise encore
nos savants, n'est pas nouvelle : elle avait déjà été soulevée
dans le moyen âge. On peut s'en assurer en parcourant un
ouvrage curieux d'*Augustin Nifo* (4), qui soutient avec vi-
vacité, contre Averroès, que le ciel est un corps simple. Il ne
s'agissait, ni d'oxygène, ni d'azote, mais de savoir si l'atmo-

---

(1) Adolphe Frank, *la Kabbale*, p. 376 et seqq.
(2) B. Telesius, *De rerum natura*. Neapoli, 1557, fol. 134.
(3) *De ligno vitæ*. Basilea, 1561. (Recueil du Grattarolo.)
(4) Eutyci Augustini Niphi *Commentationes in librum Destructio destruc-
tionum Averroys. Impressum Venetiis per Petrum de Querengis, Bergœmen-*

sphère était un mélange de sec et d'humide, de froid et de chaud, comme on disait alors, un corps *sui generis :* la discussion était donc à peu près identique.

Le père François Lana, Jésuite (1), a indiqué comment on pouvait fabriquer un bateau qui se soutiendrait en l'air et marcherait à voiles et à rames. Son principe est au fond le même que celui des frères Montgolfier. Longtemps auparavant, Roger Bacon avait eu la même idée (2).

On considère le docteur Gall comme l'inventeur de la phrénologie : ce système a cependant été imprimé à Lyon en 1519. Je cite le titre de ce bouquin à cause de son originalité (3). Quelques bibliomanes le connaissent, mais personne ne l'a lu. Si quelqu'un avait pris cette peine, on y aurait trouvé toute une phrénologie illustrée d'une estampe sur bois indiquant le siége des sensations et des facultés mentales. C'est bien le système de Gall, mais jeté incidemment et comme conséquence d'une pensée plus large, la division des facultés humaines en trois grandes catégories dont l'ensemble constitue une sorte de trinité, image imparfaite du Créateur qui forma l'homme à son image et l'anima de son souffle divin.

Un auteur allemand déjà cité, Vicker (4), nous apprend à

sem, ann. Dom. MCCCCCIII. Die 3. aug. Fol. 53. Recto. Ce livre est une des éditions précieuses de la petite, mais très-riche bibliothèque des RR. PP. Bénédictins de la Cava.

  (1) *Prodromo all' arte maestra.*
  (2) R. BACON, *De instrumentis mirabilibus.*
  (3)   Philosophis, medicis
                   ac theologis, perne-
                   cessarium opusculū
                   de tribus virtuti-
                   bus aie : nusq̄
                   ante hac im-
                   pressum.
        Liber Joh. Balgenciasensis
          Edit. ab ANT. TOLEDO, med. doct. lugdunensi.
                    Lugd. 1519.
  (4) VICKERUM, *De secretis.* Basileæ, 1542.
Le lecteur excusera ces citations d'auteurs inconnus ; elles n'ont pas pour

faire parler le démon, *ut diabolus responsum dare videatur*.

« Vous fabriquez, dit-il une statue avec cornes et griffes vernissées en noir. Vous lui mettez dans la main un sceptre de fer doré, vous posez la figure sur un socle de cuivre poli : et ce socle, sur une base de verre ; puis, vous tenant en dehors du verre, vous interrogez la statue avec une baguette de fer magnétisée, le sceptre vous répondra, » dit l'auteur.

Ceci commence à ressembler à une machine électrique. Allons plus loin... «Il m'a été assuré qu'on avait fabriqué une « telle statue qui tenait dans sa main une pomme dorée ; et, « si quelqu'un touchait cette pomme, il se sentait aussitôt « frappé comme de plusieurs dards.... *Quod cùm quisquam* « *teligisset, statim quasi multis jaculis confossus.* » C'est bien la machine électrique tout entière, sauf le mouvement que l'on peut supposer.

Certes, ce passage d'un auteur obscur n'ôte rien à la gloire des physiciens et chimistes modernes, et ne prouve pas que l'électricité ait été utilement appliquée dans le moyenâge ; mais il paraît incontestable que nos pères en savaient plus que nous ne le supposons et, peut-être, gagnerions-nous à étudier encore ces auteurs trop méprisés des siècles passés. On peut y trouver des formules oubliées et qui, dépouillées du jargon mystique de l'époque, et préparées avec les ressources de la chimie moderne, deviendront des médicaments utiles à la conservation de la santé (1)

XI. — Tel était le but principal de l'école des Arabes et de la première école de Salerne. On faisait alors de la médecine

but un étalage d'érudition, mais elles sont peut-être plus adaptées à démontrer la pensée des temps anciens. Les grands écrivains imposent leur idée à leurs contemporains ; les auteurs du second ordre ne sont, pour la postérité, qu'un miroir qui a conservé l'empreinte des opinions de leur époque.

(1) On trouvera, dans l'appendice de cet ouvrage, quelques formules dont l'idée a été empruntée aux bouquins et aux manuscrits des alchimistes. L'efficacité de ces poudres et de ces élixirs semble démontrée par une expérience de plusieurs années.

préventive plus encore que de la médecine curative. Par
exemple, plusieurs des élixirs de cette époque sont recom-
mandés comme devant fortifier la santé et empêcher l'effet
des empoisonnements.

Quelqu'un de nos docteurs imberbes se récriera, et dira que
chaque substance vénéneuse a son action spéciale et aussi son
antidote ; qu'il faut appliquer, si on le peut, cet antidote, et
que tout le reste n'est qu'illusion.

Mais n'est-il pas évident que des préparations dont l'effet
était d'augmenter la force vitale, pouvaient, dans beaucoup
de cas, préserver de l'empoisonnement en donnant aux organes assez d'énergie pour éliminer la substance délétère.

C'est ainsi que l'on voit la morsure d'une vipère, mortelle
pour un enfant ou une personne délicate, ne produire sur un
homme robuste, qu'une maladie plus ou moins grave. Il faut
encore ajouter, à propos de ces antidotes mithridatiques des
anciens, que leur effet étant une surexcitation du système nerveux, de la circulation et des sécrétions, ils pouvaient neutraliser la plupart des poisons usités alors, qui appartenaient
à la classe des narcotiques.

Aujourd'hui, nous avons moins à redouter les empoisonnements ; mais l'usage habituel des préparations de nature à
soutenir les forces vitales, ne nous aiderait-il pas à surmonter les mille et un dérangements de santé occasionnés par les
influences atmosphériques, les embarras gastriques, etc., etc.?
Voilà la question.

Quoi qu'il en soit, on ne peut parcourir les vieux livres de
médecine et de philosophie, sans y trouver à chaque page une
distinction entre l'art de guérir et celui de faire vivre. Suivant
l'expression du Tolosan, la médecine a pour but de préserver,
de conserver et de rétablir la santé ; le médecin n'arrive qu'a-
près le physicien. « *Triplex medicina est, præservatrix, con-*
« *servatrix et restauratrix sanitatis : ubi desinet physicus,*
« *ibi medicus incipit* (1).» Écoutez encore Zwinger: *Medicina*

(1) Tolosani *Syntaxe* Ωη Venetiis. 1588.

*nihil aliud est quam particularis quædam et sensibilis
objecta philosophia naturalis* (1).

XII. — Mais, nous l'avons déjà dit, les adeptes allaient plus
loin ; ils prétendaient arriver à découvrir les secrets de la vie, le
moyen de rajeunir et de conserver presque indéfiniment l'existence. Cette étude du grand œuvre, de la panacée universelle,
de l'or potable, l'Alchimie enfin, a occupé, pendant plusieurs
siècles, les plus beaux génies et les hommes les plus graves.
Aujourd'hui, alchimiste ou chercheur de pierre philosophale,
sont synonymes d'insensé. Mais savons-nous réellement quel
était le but et la théorie des alchimistes ? J'en doute. Et, quoi
qu'il en soit, un coup d'œil rapide jeté sur cette science, ne
sera pas sans intérêt.

Il faut d'abord prévenir que la lecture des alchimistes présente quelques difficultés ; leurs livres ne sont pas seulement
écrits dans un latin barbare, mêlé de mots empruntés à toutes les langues, les auteurs se croient toujours obligés de s'entourer de voiles et de ne parler que par allégories. Peut-être
étaient-ils forcés à cette réserve pour échapper aux persécu-
tions contre la magie : peut-être ne faisaient-ils que continuer
les traditions d'un savoir mystérieux qui rattacherait les études du moyen âge aux sciences sacrées des plus vieilles civilisations, à la philosophie des Chinois, au mysticisme des In-
diens, aux mystères des sanctuaires égyptiens ? Souvent aussi
leur discrétion était une conséquence nécessaire de leur affi-
liation à quelque société secrète. C'est ce qui ressort de la
lecture des deux manuscrits fort curieux de la bibliothèque de
Rennes (2) sur lesquels nous avons à revenir : citons ici seulement ces passages où l'auteur s'adresse à son fils.

(1) ZWINGER, *Theatrum vitæ humanæ.* Basilea, 1571.
(2) *Traictez de la pierre*, etc., etc., etc., par NICOLAS GROSPARMY, auteur
des comtes de Flers en Normandie, et ses compagnons, Pierre de Vicot, prêb-
tre, Noël le Vallois, gentilhomme ; manuscrit in-folio du dix-septième siècle:
autre in-4°, plus récent et moins complet. Les annotations latines, d'une autre
main, sont aussi curieuses que le texte.

« Te deffendons sous peines d'anathématisement et malédic-
« tion divine, que ce secret ne veuilles révéler à nul homme
« vivant, ainsi comme à nous a été en charge de qui nous le
« tenons... si vous laissez, par négligence, tomber ces écrits
« des mains des méchants, malheur sur vous viendra et,
« à mon grand péril, j'en répondrai devant le juge sou-
« verain. »

Empruntons encore un passage à un bouquin de 1612 qui
est une compilation des traités plus anciens d'Artéphius,
de Nicolas Flamel et de Synésius, par le sieur de la Chevallerie (1).

« Les conceptions les plus subtiles des philosophes, très
« envieux, ne sont écrites que pour ceux qui savent déjà les
« principes, les sacrées et secrètes interprétations du premier
« agent, lesquelles ne se trouvent jamais en aucun livre,
« parcequ'ils les laissent à Dieu qui les révèle à qui luy plaist,
« ou bien les faict enseigner par un maistre par tradition
« cabbalistique, ce qui arrive très rarement ! » Et un peu
plus loin... « Les docteurs juifs, pour ayder leur captive
« nation à payer les tributs, lui enseignaient la transmutation
« métallique, sauf le premier agent, aucun ne les eût sçu
« comprendre sans être fort avancé dans la cabbale tra-
« ditive !... »

A chaque page des bouquins et des manuscrits alchimistes on trouve de semblables allusions à la kabbale. Notre
revue rétrospective des doctrines scientifiques des alchimistes, ne serait pas complète, si nous ne jetions pas un rapide
coup d'œil sur la science des kabbalistes.

XIII. — L'ensemble des théories de ces adeptes formait un
système qui a autorisé un savant moderne à considérer « la
« kabbale comme la base de cette philosophie hermétique dont
« Raymond Lulle a été le premier et Van Helmont le der-

(1) *Trois Traictez de la philosophie naturelle,* traduicts par P. ARNAULD,
sieur DE LA CHEVALLERIE, Poictevin. Paris, 1612.

« nier représentant (1). » Les kabbalistes croyaient à la possibilité de communiquer avec les intelligences supérieures à l'humanité ; ils cherchaient des rapports entre les lois de la nature et les vertus secrètes qu'ils attribuaient aux nombres et aux mots ; ils espéraient même arriver à dominer les forces naturelles par la puissance du saint nom de Dieu, branche de leur science qu'ils appelaient la *gématrie* et qui a été condamnée par la loi divine elle-même : Tu n'invoqueras pas en vain le nom de Dieu (2). Enfin les kabbalistes étaient poussés par leur mysticisme vers des extases pendant lesquelles ils se flattaient de converser avec les anges et s'imaginaient apercevoir les splendeurs de la lumière céleste (3). Il ne faut donc pas s'étonner si, entrés dans cette voie périlleuse, quelques kabbalistes étaient tombés dans des erreurs superstitieuses, que les illuminés de l'école de Swedenborg ont inutilement cherché à rajeunir : mais les protestations contre cette tendance sont déjà bien anciennes. Un des plus vieux commentateurs de ces sciences occultes, Wulfer, reste stupéfait et sans parole, devant les miracles des kabbalistes, jeux du démon. *Obstupesco certe et vox faucibus hæret, si animo mecum ea, ut appellant, kabbalistarum miracula volvo, diaboli lusus* (4).

Il n'est pas besoin d'une étude bien profonde pour s'expliquer ces anomalies de la kabbale qui nous apparaît tantôt comme une doctrine philosophique de l'ordre le plus élevé, tantôt comme un ramassis de honteux sortiléges et des plus grossières superstitions. Tous les auteurs anciens qui ont traité dogmatiquement de cette science, établissent deux grandes divisions :

Kabbale théorique,
Kabbale pratique.

(1) *La Kabbale,* par Ad. Frank. Paris, 1843, p. 387.
(2) Wolffii *Bibliotheca hebraïca,* t. II, p. 491 et seqq.
(3) J. Reuchlin, *De arte cabbalistica.* Tubingæ, 1528, fol. 24, recto
(4) Wulferii *Theriaca Judaïca,* p. 57 (Bibliothèque du Vatican).

La première est un système philosophique qui est présenté par ses adeptes comme remontant aux origines mêmes de la civilisation. Le savant historien moderne de la kabbale, **M.** Adolphe Frank, ne veut pas lui permettre de partir d'aussi haut ; d'après lui , cette doctrine philosophique aurait pris naissance entre le siècle qui a précédé et celui qui a suivi l'avénement du Sauveur. Il semble en effet résulter des doctes recherches de M. Frank que les deux codes de la doctrine kabbalistique, le *Sépher Jetzirah* et le *Zohar* ont dû être compilés à peu près à cette époque. Mais ces livres portent à chaque page le cachet de traditions bien plus reculées et que quelques-uns font remonter jusques aux dogmes de ces mages dont les Hébreux ont eu connaissance pendant la captivité de Babylone. Le livre de Daniel est un curieux monument de ces rapports ; et **M.** Frank lui-même admet que les matériaux de la kabbale ont été puisés dans les livres des anciens Parses. Mais le plus grand nombre des kabbalistes s'accordent à faire remonter leurs doctrines jusques à la science primitive des patriarches et de Moïse qui, conversant face à face avec le Seigneur et ses envoyés, en avaient obtenu la connaissance des lois de la nature (1). **M.** Frank reconnaît l'antiquité de cette tradition (2) ; et on ne voit réellement pas pourquoi on la repousserait, quand elle n'a rien de contraire à l'histoire écrite ; pourquoi on prétendrait mieux connaître la kabbale que les kabbalistes eux-mêmes. Cette opinion sur l'antiquité de la kabbale est admise par un de ses plus célèbres contradicteurs, le rabbin Maimonides, qui voit, dans quelques-uns de ses arcanes, des secrets révélés aux patriarches et à Moïse et tombés, plus tard, dans l'oubli (3). Reuchlin soutient le même système, en disant que toute la philosophie des Grecs remonte à Pythagore et que Pythagore avait appris des Égyptiens et des mages la

<hr>

(1) WOLFFII *Bibliotheca hebraïca,* vol. I, fol. 1205.
(2) *La Kabbale,* par AD. FRANK. Paris, 1843, p. 84 et 85.
(3) *Maimonides apud Wolffium,* t. II, fol. 1230.

connaissance des secrets de la nature, qu'ils tenaient des Hébreux, de sorte que c'est à ceux-ci qu'il faut faire remonter toute philosophie... « *Nihil esse in philosophia, quod non* « *ante Judæorum fuerit* » (1). Mais quelle que soit l'origine de cette doctrine, on ne peut lui refuser un caractère religieux et élevé dans sa mysticité. Voici les titres de quelques-uns des chapitres de l'un des plus curieux bouquins kabbalistiques de la bibliothèque du Vatican (2). Les Trente-deux semences de la sagesse, les Cinquante portes de la prudence, l'Or Haënsoph, les Dix séphiroth, figurés par neuf cercles tracés autour d'un seul centre ou trois trinités émanant d'une source commune (3) ; les Manifestations de Dieu dans le règne de la nature : les Émanations de l'essence divine dans les choses ; la Providence de Dieu et l'esprit universel du monde ; enfin la Trinité humaine. *De tribus hominis partibus.* Quand les kabbalistes arrivent à s'occuper de l'homme, ils montrent sur l'organisme et ses fonctions, des connaissances qui sont à peine dépassées par nos modernes physiologistes.

Mais aussi, quand on arrive aux applications de ces doctrines, c'est-à-dire à la kabbale pratique, on jette les bouquins avec mépris, parce que l'on trouve des amulettes, des sortiléges, une puissance superstitieuse attachée à la valeur de certains mots. — Cependant, il faut reconnaître qu'il y avait, dans ces sciences occultes, quelque chose de positif, de réel ; d'abord la connexité entre les forces de la nature : le *Zohar* dit formellement : « Toutes les forces de la nature sont concen- « trées en une seule, la voix qui sort de l'esprit. » Ils étaient aussi fondés à admettre la volonté humaine comme une force agissante ; nous établirons ailleurs que cette opinion n'a rien de contraire à la science de nos jours. Enfin si les kabbalistes ont exagéré la puissance des mots, ils étaient fondés, nous le

(1) J. REUCHLIN, *De arte kabbalistica,* fol. 22 et 26.
(2) *Systema theologiæ kabbalisticæ.*
(3) *Rhenferdius apud Wolffium,* t. IV, fol. 736 ; DORN, *Clavis chimistica* Lugduni, 1567.

démontrerons aussi un peu plus tard, à admettre des connexités entre le rhythme de la parole humaine et les mouvements vitaux.

Il ne faut donc aujourd'hui considérer la kabbale que comme une théorie ; l'alchimie, comme l'application de cette doctrine aux sciences naturelles ; la magie enfin comme un essai téméraire de la généralisation d'une idée vraie, la supériorité de l'esprit sur la matière.

Ceci nous conduirait à approfondir cette branche des sciences occultes ; mais la magie est en dehors du cercle que nous nous sommes tracé ; bornons-nous donc à une idée jetée en passant.

XIV. — Le monde, ainsi que l'homme qui en est la miniature, ne subsiste que par l'équilibre et l'action réciproque de deux éléments primitifs : l'intelligence, émanation de Dieu ; la matière, création de sa volonté. Cet équilibre et cette action sont maintenus par des forces, telles que l'électricité, le calorique, la gravitation, les affinités atomiques et moléculaires. D'où il résulte, que toutes les fois que l'intelligence exercera son action, c'est-à-dire sa volonté, dans les limites de ces lois immuables, elle pourra agir sur les combinaisons de la matière.

On conçoit donc que des hommes aient pu, sans témérité, se flatter d'arriver à des résultats surnaturels pour le vulgaire. On conçoit aussi qu'ils aient échoué dans leurs tentatives ; que certains, une fois entrés dans cette voie dangereuse, se soient laissé égarer par les hallucinations de leur esprit, et aient posé des synthèses insolubles, qui les ont conduits à un mysticisme extravagant ; que d'autres, matérialistes absolus, abusant de la connaissance exclusive de certains phénomènes, se soient posés en jongleurs. On conçoit enfin toutes les aberrations des passions humaines. Mais il n'en demeure pas moins positif, que les anciens étaient arrivés, par l'étude ou le hasard, à la connaissance de certaines lois de la nature. Les modernes,

de leur côté, ont recueilli une plus grande masse d'observations et de faits, qui ont amené, peu à peu, à des résultats qui auraient paru miraculeux avant qu'on n'en connût les causes. De même, chaque nouvelle page qui sera
déchiffrée par l'homme dans le grand livre de la création,
armera son bras d'un nouveau levier pour remuer la matière. Par exemple, la science a reconnu l'existence d'une
loi des affinités chimiques ; mais que sait-on des affinités
soit entre les intelligences, soit entre la matière et l'intelligence ?

C'est là cependant qu'est le secret de la véritable magie ; et
c'est dans cet ordre d'idées, que l'on peut dire : LE SAVOIR ET
LA VOLONTÉ, C'EST LA PUISSANCE.

Les bons esprits, qui, dans le moyen âge, s'étaient occupés
de magie et de kabbale, ne considéraient pas autrement ce
qu'on appelait alors les sciences occultes.

Cornélius Agrippa, qui a résumé les travaux de l'évêque
Albert, de Raymond Lulle, d'Arnaud de Villeneuve et de
Roger Bacon, définit la magie, « les sciences naturelles por-
tées à leur plus haute puissance. « *Naturalium scientiarum*
« *summa potestas.* » Il reconnaît que son but est de rechercher les forces occultes de la nature et les sympathies des
choses pour arriver à produire des miracles surprenants ; et
« ces prodiges, dit-il, ne seront pas une création de l'art, ils
« seront produits par la nature toujours prête à se révéler aux
« investigations de l'homme (1). »

Nous aurons occasion de résumer les opinions de la science
moderne sur ces connexités des forces naturelles ; mais il
nous faut d'abord achever ce qui nous reste à dire sur l'étude

____

(1) *Cornelii Agrippæ Opera.* Lugduni, 1510. Pars I, fol. 505 ; Pars II, fol. 71
Voici le passage : « Magia est quæ rerum omnium naturalium atque cœ-
« lestium vires contemplata, earumdemque sympathiam curiosa indagine
« scrutata, reconditas ac latentes in natura potestates, ita in apertum pro-
« duxit, ut exinde sæpe consurgant miracula. Neu tam arte, quam natura,
« cui se ars ista ministram exhibet hæc operanti. »

du grand œuvre et sur les difficultés dont nos pères semblaient s'être plu à l'entourer.

XV. — L'alchimie est pleine de mystères, dit un de ses adeptes : *ars mysteriorum plena* : « Quand les philosophes, « dit un autre, parlent de terre, ils entendent le sel des mé- « taux qui est la pierre des philosophes. *Philosophi per* « *terram intelligunt salem, salque metallorum lapis est* « *philosophorum* (1). » Un troisième va plus loin : « Quand « je jure de dire la vérité, crois que le sens littéral de mes « paroles est mensonge ; et, si je te parle de choux, cherche du « plomb (2). » *Quando tibi dico caules, intelligas plumbum.*

S'ils donnent des préceptes, c'est toujours dans leur langage allégorique. « Le philosophe doit prendre à la pipée « l'oiseau d'Hermès qui vole nuit et jour (3). Les deux dra- « gons ou serpents métalliques sont engendrés dans les en- « trailles des opérations des quatre éléments ; ce sont l'hu « mide radical du soufre et argent-vif, non les vulgaires qui « se vendent chez les marchands ou apothicaires, mais les « philosophiques (4). Prenez un morceau de soleil, ajoutez « immédiatement un fragment de lune, divisez l'œuf philoso- « phique en quatre parties égales, élevez votre mélange jus- « qu'au ciel des philosophes (5). »

Telles sont les curieuses formules que nous offrent les livres des adeptes. On y trouve souvent aussi des plaintes contre les faux frères qui abusaient de la crédulité du public et, suivant l'expression d'un auteur du temps, lui donnaient les coquilles au lieu de la noix. *Insignium medicinarum nomina clangunt, iis ipsis incognitis, et cortices dantur pro nucleis* (6).

Ces formes bizarres, cette obscurité étudiée dont s'entou-

(1) *Commentatio de Pharmaco catholico.* Lugduni Batavorum, 1696.
(2) SEGERI WEIDENFELD, *De secretis adeptorum.* Hamburg, 1556.
(3) Manuscrit de Rennes, déjà cité.
(4) ARNAULD, sieur DE LA CHEVALLERIE, Poictevin.
(5) *Bibliotheca chimica* (J. MANGETI), vol. I.
(6) SEGERI WEIDENFELD, *De secretis adeptorum liber.* Hamburg, 1555.

rent les adeptes, offrent sans doute quelques difficultés à ceux
qui, après des siècles d'oubli, essayent de soulever le voile
qu'on a laissé peser sur cette science ; mais avec un peu d'é-
tude, on arrive à la comprendre ; et l'on trouve alors cette
philosophie généreuse et élevée.

On croit assez généralement que les alchimistes travaillaient
à faire de l'or ; c'est ainsi qu'on entend aujourd'hui ces mots
recherche du grand œuvre, pierre philosophale. On pense
qu'il s'agissait d'un secret pour transformer en or les métaux
inférieurs.

C'est une erreur.

Il est vrai que les adeptes proclamaient hautement ce but,
afin d'obtenir l'appui des puissants de la terre toujours avides
d'or ; il est vrai aussi, qu'ils considéraient la transmutation
des métaux comme une conséquence nécessaire de l'accomplissement du grand œuvre ; mais le véritable objet de leurs
travaux, était la découverte d'une médecine universelle, d'un
breuvage de vie.

> Durch Kunst auch heilen alle Qual,
> Dies ist das Geheime der Alchimey.

« Guérir par la science tous les maux, tel est le secret de
« l'alchimie, » a dit un adepte du seizième siècle.

Le traducteur français de Nicolas Flamel spiritualisait cette
pensée des alchimistes. « La pierre, la voye linéaire de l'œu-
« vre étant parfaite par quelqu'un, le change de mauvais en
« bon, luy oste la racine de tout péché (qui est l'avarice), le
« faisant libéral, doux et pie, craignant Dieu, quelque mau-
« vais qu'il fust auparavant, car d'oresnavant, il demeure
« toujours ravy de la grande grâce qu'il a obtenue de Dieu et
« de la profondité de ses œuvres divines et admirables.....
« Bienheureux ceux qui savent les recueillir ! Car d'iceux,
« puis après, ils en font une thériaque qui a une puissance
« sur toute douleur, tristesse, maladie, infirmité et débilité,

« allongeant la vie, selon la permission de Dieu, jusques
« au temps déterminé, en triomphant des misères de ce
« monde (1). »

Le manuscrit de Rennes s'élève à des pensées plus hautes
encore, et les exprime dans ce beau français du dix–septième
siècle, que l'on se prend quelquefois à regretter... « C'est un
« secret réservé du bon Dieu pour ses eslèves qui suivent ses
« divins commandements et sont choisis selon la pureté de
« leurs cœurs. Cetty-cy est le grand et merveilleux secret des
« secrets, auquel quiconque mettra son cœur, comme il ap-
« partient, jamais de santé, ni de richesses ne manquera,
« ains joye et liesse, s'il marche en Dieu... Ce trésor n'est
« pas pour les plus grands de ce monde, ains pour les plus
« humbles de cœur qui sont charitables aux pauvres et à l'or-
« phelin... Icelui qui désire parvenir à l'art, doit marcher
« droitement, abandonnant tous vices, comme l'ont dit les
« sages, et aimer Dieu de toute son âme.

« *L'air* où notre *eau* prend tant de force, n'est qu'une
« terre spiritualisée et subtilisée, de sorte que c'est une ra-
« réfaction de tous les esprits des corps naturels. »

« L'oiseau d'Hermès qui vole nuit et jour et que le
« philosophe prend à la pipée, la pluye d'or de Danaé,
« la déesse des générations, c'est cette âme du monde.

« Les clefs de la maison de nature sont les premiers prin-
« cipes.

« La nature opère simplement, commençant toutes choses
« par un premier principe universel.

« Il se trouve une pierre de grande vertu, qui est dite
« pierre et n'est pas pierre ; elle est minérale, végétale et ani-
« male et se trouve en tous temps, en tous lieux, en toutes
« personnes.

« La pierre proprement dite n'est qu'une quintessence
« très-pure qui abonde plus en l'or qu'en autre chose. L'or

____

(1) *Trois Traictez de la philosophie naturelle*, par ARNAULD, sieur DE LA
CHEVALLERIE. Paris, 1612, p. 67.

« vulgaire est mort et n'est que terre ; dans laquelle pour-
« tant est caché l'or des philosophes qui est ladite quintes-
« sence, qui est la vie et l'âme dudit or vulgaire.

« Il faut noter qu'il y a une âme corporelle et une âme
« spirituelle.

« Dans la pomme est contenu le pepin, qui contient la
« semence végétale : ainsi l'or est la matière d'où se tire la
« matière des philosophes, c'est-à-dire la spiritualité susdite
« de l'âme corporelle. »

« La science des philosophes est la connaissance de la
« *puissance universelle des choses.* Au moyen d'icelle un
« homme d'esprit subtil pourra faire des choses qui sont ré-
« putées à miracle, comme faire naître raisins en mars, faire
« tonner ou gresler, etc., etc., etc., ce que ignorants ont
« cru estre œuvre de Sathan... (1). »

L'auteur du manuscrit de Rennes qui, par le langage et
l'écriture, doit avoir vécu au commencement du dix-septième
siècle, avait excessivement généralisé son art : le but des alchimistes est réduit à un terme plus précis par un adepte du
seizième siècle, qui dit positivement que « les philosophes
« travaillent à prolonger la vie et à différer la mort. » *Multi
enim priscorum philosophorum sic in hac re laborarunt ut
per eam hominis vitam nutrirent, foverent atque longissi-
mam tribuerent : mortem differrent statutumque naturæ
terminum attingerent* (2).

Un auteur plus ancien résumait en ce peu de mots, la
science :

« *Omnia chimiæ secreta ab uno tantum artis centro, ni-
« mirum cœlo philosophorum dependere spiritu vide-
« bitis* (3). »

« Tous les secrets de la chimie découlent d'un seul qui est

<hr>

(1) Manuscrit de Rennes, déjà cité, p. 50 et *passim.*
(2) Phil. Ulstadii. *Cœlum philosophorum seu liber de secretis naturæ.*
Lugdunum, 1553.
(3) *Theatrum chimicum,* vol. II, fol. 648.

« le centre et l'essence même de l'art, c'est le ciel des philo-
« sophes. »

Si les profanes demandent ce que c'est que le ciel des philosophes, on leur répond : « *Cœlum philosophorum est quinta*
« *essentia auri.* C'est la cinquième essence d'or (1). »

La confiance des adeptes dans cet or potable, cette panacée
universelle, égale leur enthousiasme. Écoutez un des plus
érudits.

XVI. — « Hermès a dit : Si tu prends de notre élixir gros
« comme un grain de moutarde pendant sept jours de suite,
« tes cheveux blancs tomberont et de noirs les remplaceront,
« et tu deviendras jeune et robuste. »

.....« *Et enim Hermes inquit : Si nostri elixiri assumpseris*
« *quantitatem seminis sinapi septem continuis diebus, tunc*
« *cani tui cecidunt et nigri successunt in locum illorum, ut*
« *robustus ac juvenilis evadas* (2). »

On pourrait multiplier les citations, et partout on trouverait chez les adeptes le même enthousiasme pour les vertus
de l'élixir miraculeux ; mais quelle était sa composition ?

XVII. — Il paraît que chaque adepte, chaque chef d'école
médicale avait ses formules très-compliquées qui variaient suivant les nécessités de l'application ; mais qui toutes contenaient
ou étaient censées contenir l'or potable. Il est indubitable que
ce médicament a été fréquemment administré pendant les
quinzième et seizième siècles. On le trouve classé dans tous
les ouvrages de thérapeutique jusques au milieu du siècle dernier (3). Il n'est pour ainsi dire pas un livre de médecine de
ce temps qui n'en parle avec une sorte de respect et d'admiration ; les guérisons opérées sont racontées avec de tels détails et d'une manière tellement authentique, qu'il est impos-

____

(1) *Theatrum chimicum, De preparatione q. essent. auri*, fol. 628
(2) Philaletus, *De metallorum*, p. 712.
(3) Helvétius, *Œuvres médicales*, t. II.

sible de douter. Écoutez, par exemple, le comte Pic de la Mirandole.

« Il est bien prouvé qu'Antoine, notre chirurgien, il y a
« quelques années, a guéri en peu de jours une dame d'Imola
« qui se mourait de la poitrine et l'a rendue à sa première
« santé, seulement avec l'or potable. »

« *Cum satis constet Antonium chirurgum nostrum su-*
« *perioribus annis, matronam ex foro Cornelii, phthisi mo-*
« *rientem, paucis diebus ab ipsâ tabe liberam, sanitati*
« *pristinæ restituisse, solo auro potabili.* (1) »

La gravité du caractère de Pic de Mirandole, son rang élevé, sa position même comme savant le plus éclairé de son temps, ne laissent pas de doute possible.

Il paraît aussi, qu'à l'époque de la renaissance, l'or n'était pas seulement employé comme *médicament*, mais comme un moyen puissant de développer les forces vitales et qu'on le donnait même aux enfants. Écoutons une anecdote de Brantôme. « J'ai ouy conter à feu madame la séneschalle de
« Poitou sa mère que lorsqu'il fust tiré de nourrice on lui
« faisait mêler en tous ses mangers et boires de la poudre
« d'*or*, d'*acier*, et de *fer* pour le bien fortifier ; remède sou-
« verain qu'un grand médecin de Naples lui apprit quand il
« y fust avec le roy Charles VIII. Ce qu'il luy continua sy
« bien jusqu'en l'âge de douze ans, qu'il le rendit ainsi fort
« et robuste, jusques à prendre un taureau par les cornes et
« et l'arrester en sa furie ; il n'y avait homme tant fort qu'il
« fust, qu'il ne portast par terre.... Bien était-il brunet ;
« mais le teint fort beau, délicat et fort aymable ; et pour ce,
« en son temps, fust-il bien voulu et aymé de deux très-
« grandes dames de par le monde, que je ne dis..... (2) »

La confiance des savants du moyen âge dans l'or en faisait une panacée universelle. Les médecins de nos jours, après l'avoir abandonné, y sont revenus et l'emploient quelque-

____

(1) *Opus aureum.*
(2) BRANTÔME, *Vies des hommes illustres,* t. III, p. 430.

fois contre une seule maladie ; mais ils pourraient bien être dans l'erreur, quand ils classent l'or parmi les médicaments *altérants* (1). De tous les médecins modernes, celui qui a le plus attentivement observé les effets des préparations auriques sur l'organisme humain, c'est sans doute M. Legrand. Cet habile docteur déclare formellement que l'or est un remède essentiellement vital, qui agit énergiquement sur la digestion et la nutrition ; il ajoute : « S'il fallait établir une « analogie entre les effets des préparations d'or et ceux de « quelque autre agent thérapeutique, les préparations ferru- « gineuses seraient celles que l'on pourrait le mieux rap- « procher (2). »

Nous reviendrons ailleurs sur l'utilité des préparations auriques pour la conservation des forces vitales et la guérison de plusieurs affections chroniques réputées incurables, mais, ici, nous devons faire observer, à l'honneur des alchimistes, qu'ils connaissaient peut-être mieux que nous l'art de manipuler l'or, pour le faire servir à la santé des hommes. En voici un seul exemple, il nous serait facile de les multiplier. Ouvrez au hasard tous les traités de chimie moderne et vous y verrez que l'or ne peut être dissous que par l'eau régale. Cependant les alchimistes connaissaient des affinités entre l'alcool et l'or divisé. Un des manuscrits de la bibliothèque du Vatican dit que l'on peut dissoudre l'or par l'alcool et le procédé qu'il indique est rigoureusement exact (3).

Il est évident, pour tout homme qui prend la peine de fouiller dans les livres et les manuscrits des adeptes, que, sous le règne de l'alchimie, on a employé des préparations d'or fort diverses. Ceci ressortirait au besoin seulement de l'énorme différence des doses. Nous venons de voir un auteur qui prescrit son or potable à la dose d'un *grain de moutarde ;* quelques autres vont jusques à un gros, et enfin un

(1) Trousseau et Pidoux, *Thérapeutique*, t. I, p. 314.
(2) *Comptes rendus de l'Académie des sciences*, t. VI, p. 358.
(3) *Manuscrits du Vatican*, nº 4093, fol. 9.

médecin permet *une once* par jour, mais en recommandant, pendant ce temps, de boire peu de vin. *Hoc mirabili potu potest senex mane et sero ad quantitatem semiunciæ... tamen cautela est, in hoc tempore, vino moderate uti* (1).

Si je ne craignais de fatiguer le lecteur de ces lambeaux de bouquins, je citerais encore un des plus violents antagonistes de l'école de Paracelse. Le médecin Herman considère certaines préparations d'or potable comme dangereuses, parce qu'elles contiennent des *menstrues corrosives,* reproche que nos contemporains peuvent adresser au chlorure d'or employé de nos jours : mais il reconnaît l'utilité de l'or convenablement préparé et administré à doses prudentes. Lui-même a guéri, par l'or potable, un malade attaqué d'un *abcès du poumon* et qui a vu, à la suite de ce traitement, renaître ses cheveux, qui sont revenus du blanc au noir.... *ut simul aliquot annorum calvorum et canities, capillitio copioso et nigricante fuerint emendata* (2).

Cet effet de l'or potable sur le système capillaire a quelquefois, de nos jours, été produit par des traitements ferrugineux et vient à l'appui de l'observation de **M.** Legrand ; mais on voit quelle importance les praticiens du moyen âge attachaient à la préparation du métal. Ici, nous avons encore le témoignage d'un auteur français, adepte et poëte qui a versifié la science hermétique.

..... « Nostre quintessence veut estre ornée du soleil... icelui « soleil est vrai or cucilli de vraye mine de terre ou de fleuve. « Car l'or d'Alkimie, qui est composé de choses corrosives, « détruit nature (3). »

Quoi qu'il en soit de l'efficacité de l'or potable comme médicament, la science moderne aurait tort de traiter légèrement

(1) *Theatrum chimicum de recuperanda juventute,* vol. I.
(2) Hermanni Corringii, *De hermetica et paracelsiorum nova medicina.* Basilea, 1548.
(3) *La vertu et la propriété de la quintessence de toutes choses,* mise en

les hommes dont les travaux lui ont légué ses principaux moyens d'action.

Le mercure,

l'art de distiller,

l'acide nitrique,

l'acide hydrochlorique,

l'acide sulfurique,

l'alcool,

les sels,

l'antimoine,

l'émétique.

On traite les alchimistes de visionnaires, parce qu'ils cherchaient un moyen de prolonger la vie ; examinons si leur théorie était plus folle que beaucoup d'autres, que nous voyons tous les jours arriver à l'état de système, et tâchons de nous faire une idée de leurs doctrines.

XVIII. — Voici la définition que donne un adepte de la régénération des vieillards.

« J'appellerai régénération un nouvel état de l'esprit et du « tempérament... Car le corps, qui auparavant était pa- « resseux, lourd, impur, infirme et impuissant, devient par « la régénération semblable à l'âme et à l'esprit. »

« *Regeneratio, inquam, est novus spiritualis et tempera-* « *tus status..... nam corpus quod antea segne, crassum,* « *impurum, infirmum ac impotens erat, animæ et spiritui* « *per regenerationem simile fit* (1). »

françois par Antoine du Moulin, Masconnois, valet de chambre de la Royne de Navarre. Lyon, 1581

(1) J. Grasseus, *Praxis chimica*, p. 616.

Cette pensée se trouve exprimée peut-être plus clairement dans le traité intitulé, *Veræ alchimiæ doctrina*, imprimé à Bâle en 1561. On y conseille, pour rendre les organes *durables* et *incorruptibles*, de retirer l'*esprit* des substances les plus durables de la nature terrestre, et d'en préparer une essence agréable au goût, et qui, pénétrant dans tout le corps, le rendra *quasi incorruptible*.

On voit qu'il s'agissait de modifier la matière humaine ;
de manière à exalter toutes les facultés. Il n'y a dans ces théories rien d'absurde, rien d'impossible. La physiologie moderne admet avec les mots de dynamisme, de principe vital,
quelque chose de semblable ; et l'on s'en rapproche encore
davantage, quand on arrive à méditer l'action de la volonté
concentrée sur la matière vivante.

L'erreur des alchimistes a été de croire que ce résultat
pouvait être obtenu par un seul composé qui réunirait toutes
les forces de la matière. Ils oubliaient leur propre axiome :
« *Natura nihil fixum nec simplex producit.* »

Écoutons le traducteur latin de Paracelse.

.....« *Quinta essentia nihil aliud est, quam bonitas na-*
« *turæ ita ut tota natura in spagiricam mixturam et*
« *temperamentum abeat, in qua nihil corruptibile, nihil-*
« *que contrarium fit invenibile* (1). »

« La quintessence n'est pas autre chose que la vertu de la
« nature, extraite de manière à ce que tous ses principes
« soient réduits en un seul mélange tempéré, dans lequel on
« ne trouve plus rien de contraire, rien de corruptible. »

Un médecin de Louis XIV qui, écrivant plus tard, a pu
résumer toutes les doctrines des alchimistes, s'explique encore plus clairement.

« Cette pure essence est donc triple, animale, végétale
« et minérale. Dans les animaux, elle est très-subtile et
« conséquemment volatile, combustible et destructible ; dans
« les végétaux, elle réunit les mêmes attributs et elle est de
« plus corruptible ; mais dans les minéraux, et surtout dans
« les métaux parfaits, elle est fixe et incorruptible. »

« *Itaque triplex est istud purum, animale, vegetabile*
« *et minerale..... In animalibus quidem est subtilissimum*
« *et proinde volatile omnino et ideo combustibile et destruc-*
« *tibile, in vegetabilibus itidem, et ideo etiam corrupti-*

____

(1) **Paracelsus** *De vita longa*, cap. II.

« *bile. In mineralibus autem, præsertim perfectis metallis,*
« *est omnino fixum et incorruptibile* (1). »

D'où il résulte que pour cette secte d'alchimistes, le secret du grand œuvre consistait à extraire le principe de vie répandu dans toute la nature, à l'emprunter aux trois règnes et ensuite à le fixer en une seule essence.

C'est ce que le traducteur allemand du *Testament* d'Hermès-Trismégiste a rendu dans son langage allégorique (2).

« Sein Vater ist die Sonne; und seine Mutter der Mond; die Luft
« tragtes gleich ab in ihrer Bärmutter; seine Säugamme aber ist die erde.»

Ou bien en latin :

« *Patrem (Q. Essent.) habet solem, matrem lunam; ab*
« *aere in utero quasi gestatur, nutritur a terra.* »

Nous dirions aujourd'hui :

« Le principe doit être extrait de l'or et de l'argent, les gaz
« le développent et les sels le complètent. »

Telle était la doctrine avouée des chimistes les plus habiles du moyen âge ; mais il existait une science plus mystérieuse professée par les Rose-Croix, société secrète, dont il reste encore de nos jours quelques adeptes. Le secret des Rose-Croix, autant que l'on peut le conjecturer, était une sorte de panthéisme qui confondait l'élément matériel et le principe intelligent, et ne voyait dans les lois de la vie que des modifications de la matière. Les adeptes disent positivement que leur secret se trouve *en tous lieux* et *en toute chose*, que leur or n'est pas l'or du vulgaire (3), que leur quintessence est l'âme subtilisée de tout ce qui a une forme et une substance (4).

Doctrine fausse dans un sens absolu ; mais vraie et utile si on ne l'applique qu'à la matière, et si elle aide à démontrer

(1) J. P. FABRE, *Epistolæ*. 1653.
(2) KRIEGSMANNI, *Testamentum Hermeti.*
(3) TALAUDANI *Animadversiones in Joannem Braceschum*
(4) PHILIPPI ULSTADII *Cælum philosophorum*, fol. 14. Lugduni, 1553.

l'unité de la création, ainsi que l'identité basique de tous les corps, qui ne varient dans leurs attributs que par les lois du mouvement. La science moderne commence à se rapprocher de ces idées, qui, seules, peuvent jeter quelque lumière sur les mystères de la vie et nous dévoiler ces lois immuables, que la volonté suprême imposa à la matière le jour de la création des choses. La classification de Guyton-Morveau et de Lavoisier, qui a été utile sous tant de rapports, a peut-être retardé le progrès, parce que les esprits superficiels sont sujets à envisager les nomenclatures comme des vérités absolues ; tandis qu'il ne faudrait les considérer que comme des jalons pour faciliter l'étude. On doute aujourd'hui, et avec raison, de l'existence de cinquante-cinq ou cinquante-huit corps simples et la science moderne se rapproche dans ses doctrines sur la constitution élémentaire des corps, du système des philosophes grecs (1).

Il y avait encore une autre théorie qui partait de cette idée que l'or, étant le plus parfait des métaux, doit nécessairement contenir une sorte d'essence, que les adeptes de cette école appellent *anima auri*. Pour obtenir cette essence, ils ont essayé deux sortes de procédés.

L'extraire du métal lui-même, et c'est ainsi qu'ils nous ont appris à dissoudre l'or.

Imiter les procédés de la nature dans la formation de ce métal. Les recherches dans cette voie ont conduit aux diverses préparations d'antimoine.

Le R. P. Lana (2) propose, comme panacée universelle, une essence composée de potasse et d'antimoine et soumise à de nombreuses manipulations chimiques. De telles préparations ne peuvent pas plus être considérées, comme une panacée, que les poudres de James ou de Dower ; mais peut-être les médecins ont-ils un peu trop négligé l'antimoine ; ce métal n'est employé

(1) BAUDRIMONT, *Traité de chimie*, t. 1, p. 275 et *passim*.
(2) *Prodromo all'arte maestra*.

que comme émétique : il a cependant des propriétés vitales.

Enfin, il existait une troisième théorie de longévité, que l'on pourrait appeler officielle, car elle était professée dans les écoles et qui supposait une sorte de rotation indéfinie entre les mouvements vitaux et l'absorption alimentaire. Les commentateurs d'Aristote comparèrent le feu vital à une flamme qu'il faut sans cesse alimenter. *Quæritur utrum per consumptionem alimenti possit vita perpetuari in aliquo vivente? Arguitur quod sic, quia sicut de igne videmus quod infinitum duraret, si semper apponerentur combustibilia ; ita pari ratione, videtur quod vivens in infinitum deberet durare, si apponeretur conveniens nutrimentum* (1).

Roger Bacon dit positivement que l'on peut prolonger la vie fort au delà d'un siècle : *Per centenarium annorum, vel plures* (2).

Ces opinions ne sont pas appuyées sur des expériences rigoureuses, il est vrai. Mais il y aurait encore quelque chose à apprendre dans ces vieux livres. Un savant moderne a dit (3) : « Si les alchimistes étaient partis de meilleurs prin-« cipes, ils seraient incontestablement arrivés à des résultats « prodigieux, que n'atteindront probablement jamais les « chimistes d'aujourd'hui trop pressés de jouir du présent. » Peut-être pourrait-on ajouter que, si les anciens ont posé quelquefois des synthèses trop hardies, les modernes en se renfermant trop strictement dans l'analyse, rétrécissent le cercle de leurs recherches.

Cette observation s'applique surtout au grand problème de la vie et aux moyens de la prolonger. Il résulte de tout ce qui a été dit jusqu'ici, que les anciens ont cherché la solution d'une manière trop absolue, qu'ils en ont approché, sans y arriver ; et que les modernes, considérant la question comme insoluble, ont dédaigné de s'en occuper.

(1) *Quæstiones et decisiones insignium virorum. Lutetiæ Parisiorum præclaro Montis acuti collegio.* MCCCCXVI, fol. 53, verso.
(2) R. BACCO, *De prolongatione vitæ humanæ.*
(3) FRÉD. HOEFFER, *Histoire de la chimie,* t. I, p. 302.

C'est ce qui résultera bientôt, pour nous, de l'étude de l'hygiène ; mais avant de l'aborder, il convient d'examiner la question en elle-même et de rechercher, avec les seules lumières du bon sens et de l'expérience, quelle est la durée naturelle de la vie humaine et s'il est possible de la prolonger. Tel est le but du chapitre suivant.

CHAPITRE IV.

I.— Dès l'origine de cet essai, nous avons établi une distinction entre le phénomène de la vie considérée chez l'homme en particulier, et la vie animale et végétale. La supériorité de l'intelligence humaine et son union intime à la matière, suffiraient seules pour établir des différences essentielles ; mais, en tenant compte de ces différences, il suffit d'ouvrir les yeux pour s'apercevoir qu'il est des conditions communes aux trois règnes.

La chimie moderne a peut-être établi une ligne de démarcation trop absolue entre les corps qu'elle appelle inorganiques et les corps organisés ; les uns et les autres obéissent à l'action des lois du mouvement et des affinités. Ne commence-t-on pas, par exemple, à s'apercevoir d'une certaine identité dans l'action des rayons lumineux, et de la force électrique, soit sur des plaques métalliques, soit sur les végétaux ? Les combinaisons des acides organiques avec les alcaloïdes, ne donnent-elles pas des sels analogues aux sels minéraux ?

Mais c'est surtout entre les corps organisés que les analogies sont nombreuses.

Tout ce qui a vie aspire certains gaz pour en expirer d'autres ; l'homme, les animaux et les végétaux sont également doués d'un système de circulation ; des fluides analogues circulent sans cesse dans des canaux destinés à régénérer les parties solides.

Pour le chimiste, ce n'est pas la faculté locomotrice qui distingue la plante de l'animal ; c'est la *cellulose*, base des tissus végétaux, élément essentiel de la trame qui relie toute leur structure. Ici, la science moderne a peut-être raison · certains animaux inférieurs sont privés de la faculté locomotrice, tandis que les graines, les spores et les sporules, qui contiennent tous les éléments rudimentaires des plantes et en offrent une image microscopique , sont continuellement transportés à de grandes distances par les courants atmosphériques.

Mais la cellulose elle-même, ainsi que les autres bases de l'organisme végétal, ne diffèrent chimiquement de la taurine, de la protéine et des bases de l'organisme animal, que par des arrangements moléculaires. La charpente de l'animal, comme celle de la plante, laisse, en dernière analyse, dans le creuset du chimiste, du carbone, de l'azote, de l'hydrogène et de l'oxygène avec quelques atomes métalliques. « C'est « ainsi, dit M. Payen, que l'on est conduit à reconnaître une « immense unité de composition élémentaire dans tous les « corps vivants de la nature (1). »

Cette magnifique simplicité du plan de la création serait altérée, si l'unité ne s'étendait pas à la force qui préside aux fonctions végétales, comme aux fonctions animales ; et ici, nous pourrions nous appuyer de l'opinion de M. Dutrochet (2).

Mais à quoi bon multiplier les citations, quand tous les grands faits de la science nous révèlent une admirable connexité entre les anneaux de cette vaste chaîne qui relie l'un à

---

(1) *Comptes rendus de l'Académie des sciences*, t. XVIII, p. 275.
(2) *Ibid.*, t. XII.

l'autre tous les êtres créés et constitue le phénomène de la vie universelle.

Voilà pour les similitudes : quant aux différences, elles sont familières à chacun.

Peut-être généraliserait-on ces rapports et ces différences, en disant que tous les corps doués d'organes végètent, que les animaux végètent, agissent et sentent ; et que l'homme, réunissant en lui-même, par un don magnifique du Créateur, tous les attributs de la matière vivante à une étincelle d'intelligence, peut à la fois végéter, sentir, réfléchir, agir et exprimer ses pensées.

D'où l'on conclut, qu'il est des lois vitales communes à tous les corps organisés et qu'il en est de spéciales propres à chaque espèce. Supposer que la vie des êtres n'est pas soumise à des règles fixes et invariables, ce serait méconnaître le principe qui gouverne les mondes, et ne voir, dans l'ordre admirable qui nous entoure, qu'un chaos en proie à un aveugle hasard.

Mais il résulte encore des distinctions qui viennent d'être établies, que les lois qui gouvernent la vie animale, et surtout la vie humaine, doivent offrir une certaine complication ; car les animaux ne sont point des machines simples et, chez l'homme en particulier, l'union de l'intelligence et de la matière vient encore compliquer les difficultés.

L'étude de ces lois, c'est la physiologie ; leur application aux phénomènes de la vie devrait constituer la science de l'hygiène, considérée sous un point de vue philosophique. Mais cette branche des connaissances humaines n'ayant pas encore été traitée dans les livres, d'une manière aussi large, on ne peut arriver à un résultat qu'en recherchant çà et là, dans les diverses sciences, des théories et des faits.

Si l'on veut essayer d'appliquer cette méthode à l'étude de notre existence, une première question se présente.

II. — L'homme vit, mais sa vie peut-elle durer indéfiniment ? Pourquoi doit-elle cesser ?

Ce problème considéré sous un point de vue purement philosophique, serait insoluble ; car l'homme est un composé de matière et d'intelligence ; et, si les lumières de notre seule raison nous permettent d'établir avec quelque certitude l'éternité de l'intelligence, elles nous laissent dans le doute sur celle de la matière. Il faudrait, pour que la question pût être résolue *à priori*, pouvoir démontrer si la matière a toujours existé, ou si elle a été créée ; et si, un jour, elle doit être annihilée. Vaste champ d'arguments philosophiques, qui est sans cesse labouré par la pensée humaine, et qui demeurera éternellement stérile.

Mais la difficulté disparaît, si l'on applique à la question la loi des analogies, celle des affinités et les principes de la mécanique.

La base de la vie animale étant une végétation, il ne s'agit plus que de savoir si la végétation des plantes est fondée sur un principe d'éternité. Or, la raison s'accorde avec l'expérience pour nous démontrer le contraire.

La plante s'assimile certains gaz et certains sels ; il se fait des composés, ces composés circulent dans des conduits, déposent un résidu qui grossit les organes, et les gaz en surabondance sont exhalés. Il est évident que les organes, arrivés à un certain point de développement, qui est déterminé dans le germe même de la plante, ne reçoivent plus qu'imparfaitement les sucs nourriciers et les rendent plus imparfaitement encore ; alors la végétation languit ; enfin, elle s'arrête et la plante est morte.

A cette explication fondée sur les lois de la mécanique, on en peut ajouter une autre toute chimique. Les fluides circulants répandent dans toute la plante des dépôts de sels et de diverses matières organiques ; ces dépôts, par la loi des affinités, s'amalgament et se durcissent. De là des obstacles à la circulation végétale, et, dans un temps donné, la cause de sa cessation totale.

Il est évident que cet ordre de raisonnements s'applique à

la vie animale, puisqu'elle est fondée sur une végétation. Mais s'il y a analogie entre les causes de cessation de vie chez la plante et chez l'animal, il n'y a pas identité parfaite ; et cela, parce que l'animal offre une organisation plus complète que celle de la plante.

Il résulte de toutes ces observations, qu'il est possible à la science de démontrer que la vie humaine doit cesser, quand les organes de circulation et de sécrétion ne font plus leurs fonctions, et que ces fonctions s'arrêtent par l'excès de solidification de certains organes, qui, réagissant à leur tour sur d'autres, leur ôtent leur élasticité et leur jeu mécanique.

Cette conclusion ne fait que confirmer une triste vérité déjà démontrée par cinquante siècles d'expérience ; mais elle ne nous apprend pas combien de temps nous devons vivre.

La durée nécessaire de la vie humaine soulève un nouveau problème qui n'a jamais, que je sache, été résolu *à priori* (1) : nous allons l'examiner avec quelque détail.

III. — La physiologie nous donne une connaissance assez exacte des phénomènes de notre existence. Nous ignorons les causes premières ; mais nous savons, à peu près, quelles sont les fonctions nécessaires à la vie, leur mécanisme apparent et le rôle que joue chacune d'elles. Ces notions, ainsi qu'il a été dit plus haut, permettent de classer les phénomènes vitaux en trois catégories : la vie végétative, la vie active et la vie intelligente.

Nous savons de la vie végétative, que nos organes, composés plus ou moins solubles, à bases de sel et d'albumine, sont sans cesse alimentés par les produits de l'assimilation ; mais que, par leurs frottements réciproques et par l'action de certains acides, ils perdent continuellement des fragments de leur propre substance ; car l'analyse les retrouve dans toutes nos sécrétions. Si cette usure était plus rapide que la repro-

____

(1) Le lecteur ne doit pas oublier que les pages qui vont suivre avaient déjà été imprimées et distribuées aux corps savants en avril 1845.

duction, nous cesserions de vivre par l'amoindrissement et l'extinction des organes internes ; mais c'est le contraire qui a lieu. La reproduction des organes, chez l'homme sain, est plus puissante que leur décomposition. La cessation naturelle de la vie, ainsi que nous l'avons déjà vu, est plutôt occasionnée par un épaississement et un endurcissement des organes. Il paraît même que ce que j'ai appelé l'usure des organes, c'est-à-dire la déperdition de la portion de leur substance qui est entraînée avec les sécrétions, au lieu d'être une cause de mort, facilite la vie, en donnant plus d'activité à l'assimilation et en favorisant la reproduction de ces organes, au moyen des substances continuellement assimilées.

D'où il résulte, que, chimiquement parlant, le terme nécessaire et naturel de la vie humaine pourrait être indéfiniment reculé ; il ne s'agirait, pour cela, que de prévenir les maladies qui, toutes, laissent après elles des principes de lésions organiques, et d'entretenir le jeu constant des sécrétions et de l'assimilation.

Mais la vie de l'homme n'est pas seulement végétative ou chimique, elle est liée à des conditions d'activité et régie surtout par l'intelligence. Envisagée sous ces deux rapports, sa durée doit avoir des bornes naturelles et nécessaires.

Quand des causes accidentelles ou organiques viennent arrêter les mouvements du mécanisme vital, la vie cesse, parce que l'équilibre est détruit. Or, pour que ces mouvements fussent éternels et indéfinis, il faudrait que tous nos organes fussent doués, dans leurs rapports mutuels, d'une force d'action et de résistance parfaitement égale, c'est ce qui n'est pas ; l'observation nous le démontre. Enfin, la cause motrice de notre existence, cette force mystérieuse appelée par les savants *Principe vital,* est encore une autre cause de la cessation naturelle de la vie. L'amalgame des molécules de matière et de l'étincelle d'intelligence qui constitue l'homme est tellement intime, que, pendant toute la durée de l'existence, les facultés morales suivent le développement des organes. Elles augmentent à mesure que le corps de l'enfant se fortifie ; elles acquièrent leur entier développement dans la virilité et, pendant la décrépitude, elles perdent leur énergie. La chimie et l'anatomie sont d'accord sur ce point.

M. Dumas, l'illustre chimiste, a mesuré la quantité d'acide carbonique expiré aux divers âges de la vie. Empruntons-lui une courte citation : « Chez l'homme, la quantité d'acide « carbonique exhalé par le poumon va toujours croissant de « l'âge de huit ans à celui de trente. De trente à quarante, elle « reste stationnaire, ou tend à diminuer un peu ; de quarante à « cinquante, cette diminution se prononce davantage. Enfin, « de cinquante ans à l'extrême vieillesse, l'exhalation de l'a-« cide carbonique diminue de plus en plus, de telle sorte que, « chez les vieillards, elle redevient à peu près ce qu'elle était « chez les enfants de dix ans... Chez la femme, l'accroisse-« ment de l'exhalation d'acide carbonique s'arrête subitement « aussitôt qu'elle est menstruée et reprend ensuite la même « marche que chez l'homme, quand elle a cessé d'être mens-« truée (1). »

La science anatomique nous révélera des faits du même ordre : écoutons M. Bourgery. Cet habile anatomiste a comparé l'état des tubes capillaires aériens des vaisseaux sanguins et des cavités pulmonaires aux divers âges de la vie, et il résume ainsi ses recherches... « Par les phases d'une seule « fonction, dont l'énergie domine toutes les autres, les diffé-« rences fondamentales de l'organisme, aux deux âges extrêmes « de la vie, se trouvent nettement exprimées. Dans la jeunesse, « l'activité des fonctions proclame la vive excitation imprimée « à tous les appareils par un sang *éminemment artériel*. Dans « la vieillesse, au contraire, la langueur des fonctions trahit « la présence, dans les artères, d'un sang *chaque jour plus* « *veineux*. Chez l'enfant, à mesure qu'il s'avance vers l'ado-« lescence, le poumon, d'année en année, offrant à l'air de

(1) *Comptes rendus de l'Académie des sciences*, t. XVI, p. 116. Mémoire de M. Dumas.

« nouvelles surfaces sanguines, la respiration par son déve-
« loppement ressemble à celle de l'oiseau. Chez le vieillard,
« le poumon se décomposant par degrés en cavernes aérien-
« nes qui diminuent les surfaces sanguines, la respiration, par
« son volume réel et par les altérations de structure de l'or-
« gane dans lequel elle s'opère, ressemble de plus en plus à
« celle du reptile (1). »

Nous aurons à revenir sur cette décadence des organes du
vieillard ; et nous espérons démontrer qu'il existe des moyens
de la combattre dans une certaine limite. Ici, nous devons
nous borner à constater, au point de vue purement *chimique
et anatomique*, l'impossibilité de prolonger indéfiniment la vie
humaine, ce qui ne nous apprend rien de nouveau. Mais,
pour rentrer dans la question qui nous occupe, la vie animale
comme la vie intelligente sont soumises à une période d'as-
cension et de décroissance : quelle en est la durée nécessaire ?

Les forces naturelles obéissent toujours à des règles invariables ; il doit donc y avoir aussi une loi générale qui déter-
mine la durée de la vie humaine.

La connaissance de cette loi se trouve dans l'analogie.

L'homme, nous l'avons déjà fait observer, a des conditions de vie communes avec les animaux ; il ne se distingue
des mammifères que par le raisonnement et la parole ; nobles
attributs, qui peuvent modifier quelques-unes des conditions
de la vie, mais qui n'en changent pas la durée, dans un sens
abstrait et général.

Or, la vie des mammifères à sang chaud est soumise à une
règle invariable. La durée de leur existence paraît être égale
à dix fois la durée de leur croissance.

L'éléphant emploie vingt-cinq à trente ans, avant d'atteindre
son entier développement ; il vit de deux cent cinquante à trois
cents ans.

(1) *Comptes rendus de l'Académie des sciences*, t. XV, p. 590. Mémoire de
M. Bourgery.

Le taureau croît de deux à trois ans; il vit de vingt à trente (1).

Le chat est entièrement formé au bout d'un an; sa vie ne dépasse guère dix à douze années, mais elle atteint le plus souvent ce terme.

Le chien croît de douze à quinze mois; il vit de dix à quinze ans.

Les quadrumanes, qui, dans l'échelle des êtres, sont les plus rapprochés de nous, semblent aussi vivre dix fois le temps de leur croissance. Deux mammifères seulement font exception à cette loi générale, le cheval et l'homme.

Le cheval a besoin, pour arriver à son entier développement, de trois à quatre années; et il ne vit guère que vingt à trente ans. Cependant on voit, chez les chevaux, des exemples de longévité qui semblent confirmer la règle générale. M. de Buffon nous cite le cheval d'un évêque de Nancy qui, à quarante-deux ans, jouissait encore d'une verte vieillesse. A la poste de Roquefort (département des Landes), un cheval de trente-deux ans faisait encore son service journalier en 1842, et on assure qu'un curé des environs possède un excellent bidet, qui a dépassé la quarantaine. On voit dans les parcs d'Angleterre, des coursiers favoris auxquels leur maître a accordé les invalides et qui, après trente ans, foulent encore le gazon, et répondent par des hennissements au départ de la chasse. Mais ces exceptions sont rares et, en général, le cheval n'arrive pas au terme naturel de ses jours. Après vingt ans de services, il est accablé de fatigues, hideux d'infirmités, et l'homme l'égorge pour profiter de sa dépouille. Cette caducité anticipée du plus utile serviteur de l'espèce humaine, s'expli-

(1) La vie des hongres paraît être plus courte. V. *Dictionnaire de médecine*, édition de 1825, t. XIII, p. 278.

Cependant l'histoire nous donne des exemples de longévité parmi les eunuques. Le célèbre chanteur Crescentini a atteint une belle et verte vieillesse. J'ai assisté à une leçon de chant qu'il donnait, en 1844, à une jeune personne. Il avait alors quatre-vingt-quatre ans.

(Souvenir de l'auteur.)

que par les durs travaux de son esclavage, et par toutes les conséquences d'une domesticité où le cheval est forcé de briser ses instincts et ses habitudes, pour les plier à la volonté de son maître. Si donc il n'atteint que rarement le terme de sa vie naturelle, c'est parce que l'homme l'a associé à ses passions et le surcharge de travaux.

Mais l'homme lui-même ?

La durée de sa croissance varie entre quinze et vingt ans ; il devrait donc vivre de cent cinquante à deux cents ans.

Comment se fait-il que les exemples de longévité les plus fameux dépassent rarement cent quarante ans, que les centenaires soient peu communs, qu'un octogénaire soit presque toujours privé de ses facultés les plus précieuses et que l'on considère le vieillard de quatre-vingt-dix ans, comme arrivé au terme de sa vie naturelle ?

Il faut aborder franchement la difficulté et avouer que les centenaires sont rares : cependant, si l'on voulait, on pourrait multiplier les exemples de longévité de manière à prouver que l'homme qui dépasse le siècle n'enfreint pas une loi de la nature.

Les auteurs de l'antiquité et du moyen âge, nous fourniraient de nombreux centenaires, mais ces exemples ne sont pas d'une certitude absolue, à des époques où les registres de l'état civil n'étaient pas tenus avec une rigoureuse exactitude. Bornons-nous donc à quelques modernes.

Les livres parlent d'un certain Parr, qui est mort âgé de 152 ans ; on cite Henry Jenkins, qui a vécu 169 ans et d'autres encore, dont les noms m'échappent, car je cite de mémoire ; mais le cas le plus remarquable est celui dont on conserve le souvenir au musée royal de Dresde. On y voit les portraits d'un homme et d'une femme qui habitaient près de Tameswart (aujourd'hui Prusse). Le mari a vécu 185 ans, la femme 172.

Parmi les centenaires contemporains, je pourrais citer une vénérable pensionnaire de l'ambassade de France à Naples,

Perrine Catheran, veuve Letellier, remarquable par la conservation de ses facultés physiques et intellectuelles. Son œil est vif et brillant, son appétit excellent ; elle l'entretient par des promenades de deux à trois milles ; l'ouïe et l'odorat sont aussi intacts que la mémoire et le raisonnement.

Voici un autre exemple curieux.

« Il existe près de Mion (Isère) un respectable vieillard qui
« a atteint sa 140ᵉ année le 9 avril 1845. Il n'a eu en sa vie
« qu'une seule maladie de trois jours occasionnée par le chagrin
« de la perte de sa femme, morte il y a 117 ans. Pas une noce,
« pas un baptême où le bon père Launoix n'ait la place d'hon-
« neur : il est toujours là pour ouvrir la danse avec la femme
« la plus âgée (1). »

Mais chose remarquable, c'est dans les pays chauds que nous trouvons les exemples les plus frappants de longévité. L'histoire de l'Inde contemporaine nous parle de ce vizir âgé de 107 ans qui commandait une armée indigène ; ses troupes plient devant la tactique anglaise ; il pousse alors son éléphant, au milieu de la mêlée, et tombe atteint d'une balle en s'efforçant de rétablir le combat (2).

La commission scientifique envoyée, en 1838, en Abyssinie, a trouvé, aux îles d'Halac, un vieillard âgé de 131 ans, dont le fils en avait atteint 95 et le petit-fils 70. La chaleur est extrême à cette entrée de la mer Rouge et les îles d'Halac sont privées d'arbres (3).

La Guyane passe pour malsaine, cependant nous trouvons, dans les annales de Surinam, de nombreux centenaires. Guillaume Petrus meurt à 135 ans, Blanca de Britto à 115, Sara de Vrie à 105.

Encore un exemple choisi parmi les centenaires contemporains ; je l'emprunte aux journaux du 28 février 1851. Marie Benton, fille d'un père qui vécut 150 ans, est née

(1) *Gazette du Languedoc*, 18 avril 1845.
(2) BARCHOU DE PENOHEN, *Histoire de l'Inde anglaise*.
(3) *Comptes rendus de l'Académie des sciences*, t. XVIII, p. 732.

dans le comté de Durham, le 12 février 1731. Elle a commencé par garder des troupeaux. A l'heure présente, elle jouit d'une bonne santé, se promène, vaque aux soins de son ménage, nourrit ses poules et lave son linge. Elle ne porte pas de lunettes.

Comme on lui demandait un jour si elle avait parfois recours au médecin, elle répondit :

Je n'en ai jamais fait quérir qu'une seule fois ; et encore, j'en pris une telle frayeur, que je me sauvai par une porte tandis qu'il entrait par l'autre (1).

Mais, nous le répétons, ces exemples sont des exceptions ; ils prouvent seulement la possibilité de vivre au delà d'un siècle, mais ils ne résolvent pas les conditions de longévité dans un sens absolu et général.

Ici se présentent plusieurs questions ; écartons, pour les examiner plus tard, toutes celles qui ont rapport à la caducité et aux infirmités de la vieillesse ; occupons-nous seulement des conditions de longévité humaine sans avoir égard aux maladies ou autres dérangements accidentels de l'organisme.

Nous venons de voir que la durée ordinaire de la vie humaine ne dépassait guère aujourd'hui quatre-vingt-dix années. Ce terme est-il celui qui nous a été assigné par la nature ?

Première question à examiner, qui, elle-même, en soulève une autre. La vie des temps primitifs était-elle plus longue que la nôtre ?

Ici, je prierai que l'on me permette encore une courte digression ; on verra qu'elle n'est pas étrangère au sujet.

IV. — Toutes les fois que l'on cherche à se rapprocher du berceau du monde, c'est à la Bible qu'il faut recourir. C'est que

(1) Ces pages étaient écrites depuis plusieurs années, quand l'auteur a eu connaissance d'un petit ouvrage fort curieux, sur l'art de prolonger la vie, par M. P. Lacroix. On y trouvera de nombreux exemples de longévité poussée à deux siècles et au delà, et un tableau statistique de 500 centenaires classés par professions.

ce livre, divin pour les chrétiens, est pour tous ceux qui ont une teinture d'histoire, un monument d'une haute antiquité ; on ne peut lui refuser ce caractère.

Que dit la Bible de la durée de la vie des premiers hommes ? Elle en parle souvent, et toujours avec cette précision et cette autorité qui caractérisent les livres de Moïse.

Le premier homme était âgé de cent trente ans, quand il engendra Seth ; il mourut huit cents ans plus tard, âgé donc de neuf cent trente ans ; le texte est positif. Seth vécut neuf cent douze ans, et ainsi de suite tous les patriarches jusqu'à Mathusalem vivent, les uns huit, les autres neuf siècles. Enfin, Mathusalem, aïeul de Noé, a atteint le plus long terme assigné par l'Écriture à une vie humaine, *neuf cent soixante-neuf ans* (1). Tout le chapitre qui donne la généalogie des premiers hommes est clair et précis ; pour un chrétien, il n'y a pas d'équivoque possible. Ce serait tout aussi inutilement que l'on chercherait à tourner la difficulté, en voulant supposer des erreurs de supputations, ou des années plus courtes. Dom Calmet a réfuté toutes ces hypothèses dans sa *Chronologie biblique*, avec cette abondance de doctrine qui n'appartient qu'aux Bénédictins (2).

Il faudrait citer toute la dissertation, mais je craindrais de fatiguer mes lecteurs ; je me borne au résumé.

Dom Calmet établit par des preuves solides, que l'année des Chaldéens, adoptée par Moïse et conservée par les Hébreux, était de trois cent soixante jours ; d'où il conclut, que toute la défalcation possible sur l'âge des patriarches est de cinq jours et une fraction par année ; à ce compte, Adam aurait encore vécu environ neuf cent dix-sept de nos années.

V. —Après le déluge, nous voyons la vie des descendants de Noé diminuer assez rapidement : cependant elle est encore plus longue que la nôtre. Noé vécut trois cent cinquante ans après

(1) Gen., v, 3, 4, 5, etc.
(2) *Commentaire général sur la Bible*. Paris, 1724, t. I, p. 64.

le déluge, en tout, dit la Genèse, neuf cent cinquante ans. Son fils Sem vit six cents ans : nous trouvons ensuite Arphaxad auquel la Genèse donne trois cent trente-huit années; deux générations après, vient Phaleg, qui vit deux cent trente-neuf ans ; puis Nachor, qui meurt à cent quarante-huit ans ; puis Tharé, père d'Abraham, qui vit deux cent cinquante ans, et enfin Abraham, dont la Genèse nous dit : « La vie d'Abraham « ayant été de cent soixante-quinze ans, il mourut de pure « défaillance dans une heureuse vieillesse »... *Fuerunt autem dies vitæ Abrahæ centum septuaginta quinque anni, et deficiens mortuus est in senectute bona* (1).

Ici nous sommes arrivés aux temps historiques et nous rentrons dans les limites qui paraissent naturelles à la vie de l'homme. Ismaël meurt à cent trente-sept ans, Isaac à cent quatre-vingts, Jacob à cent quarante-sept. Joseph, épuisé de travaux, de gloire et d'honneur, s'éteint à cent dix ans, en demandant que ses restes soient transportés dans la Chaldée; Lévi a vécu cent trente-sept ans, et enfin nous arrivons à Moïse. A l'âge de cent vingt ans, il jouissait de toutes ses facultés : « *Non caligavit oculus ejus nec dentes illius moti* « *sunt* » (2). Le texte chaldéen ajoute : « L'éclat de sa face « n'était point changé. » Ce fut alors qu'il se présenta devant le peuple et parla ainsi : « J'ai actuellement cent vingt ans et « ne puis plus vous conduire, car le Seigneur m'a défendu de « passer le Jourdain. » Puis il règle les choses d'Israël, et, après avoir rempli ce devoir, il monte sur la montagne de Nébo pour rendre son esprit au Seigneur, « suivant l'ordre « qu'il avait reçu : *Jubente Domino* » (3).

Après Moïse, l'Écriture sainte ne cite guère que Job dont l'existence dépasse deux siècles. Les successeurs immédiats de Moïse auraient eu ce que nous appellerions aujourd'hui une belle vieillesse, une vie exceptionnelle. Aaron vécut cent

----

(1) Gen., xxv, 7, 8 et *passim*.
(2) Deut., xxxiv, 7.
(3) *Ibid.*, xxxvi, 2, 5.

vingt-trois ans, Josué cent dix. Caleb, âgé de quatre-vingt-cinq ans, disait à Josué qu'il se sentait aussi bien portant et aussi vigoureux qu'à l'âge de quarante ans (1) ; mais, dans les livres postérieurs, il n'est plus question de la vie humaine que pour en déplorer la brièveté et toujours avec une expression de regret et de profonde mélancolie.

« L'homme est comme l'herbe, qui paraît le matin et qui « passe ; le soir, il tombe, s'endurcit et se sèche.

« C'est par votre colère que nous nous voyons réduits à « cet état de défaillance.

« Nos années se passent comme celles de l'araignée ; tous « nos jours ne vont ordinairement qu'à soixante-dix années ; et « si les plus forts vivent jusqu'à quatre-vingts, le surplus « n'est que peine et douleur (2). »

Ainsi s'écrie le Psalmiste. Déjà il considérait la vie comme plus courte que l'auteur de l'Ecclésiaste, qui en fixait le terme à cent ans, et déplorait cette brièveté. « Le nombre des jours « de l'homme est de cent années ; ce peu de jours se perd au « milieu de l'espace des temps, comme les gouttes d'eau dans « la mer, comme les grains de sable du désert (3). »

Écoutez encore Job : « L'homme né de la femme ne vit « qu'un instant, et il est rempli de misères. » Job cependant a vécu trois siècles.

Sans multiplier ces citations, il est impossible de se refuser à admettre trois faits qui résultent du texte même des saintes Écritures : 1° qu'avant le déluge, la vie des hommes durait de huit à neuf cents ans ;

2° Qu'immédiatement après le grand cataclysme, les hommes ont vécu de cent cinquante à deux cents ans ;

3° Que peu de siècles après le déluge, la vie humaine a été réduite à ses proportions actuelles.

(1) Jos., XIV, 10.
(2) Psalm. LXXXIX.
(3) Eccles., XVIII, 8.
(4) Job, XIV.

Ces trois faits sont incontestables pour tous ceux qui reconnaissent la vérité des livres saints ; et même en ne considérant la question que sous un point de vue purement scientifique, il est difficile de nier que la vie humaine a dû être plus longue dans les temps primitifs qu'elle ne l'est actuellement.

Si l'on ne veut pas admettre la Bible comme un livre *inspiré*, on ne peut du moins lui refuser le caractère d'une haute antiquité. Son témoignage est dans ce cas un commencement de preuve ; et il s'élève à la certitude historique, quand il est corroboré par la tradition de toutes les nations. Or, sur ce point, elles semblent unanimes.

Les Chinois nous donnent la chronologie de leurs anciens rois, et les premiers règnes sont de cent quarante, cent quinze, quatre-vingts, soixante-dix-huit, et enfin cinquante ans, ce qui établit une durée moyenne de vie de plus de cent cinquante ans ; car ces premiers rois n'offrent pas, comme postérieurement et à partir de la famille des *Hia*, une dynastie héréditaire ; ils étaient élus pour leurs vertus ou leurs talents ; ce qui fait supposer qu'aucun n'a dû arriver au trône dans la première jeunesse.

Tous les livres qui traitent des origines des peuples sont d'accord sur ce point. On pourrait citer de nombreuses autorités et enfler les notes des noms de Bérose, Manéthon, Éphore, Hésiode, Xénophon, Pline, Plutarque, Josèphe, etc., etc. ; mais cet étalage d'érudition n'apprendrait qu'une seule chose, l'uniformité de la tradition. Je renvoie donc les curieux à la dissertation de dom Calmet (1) ; et me borne à conclure, qu'il est historiquement prouvé que l'homme dans les temps primitifs, a joui d'une vie plus longue que celle qui lui a été assignée après un cataclysme ancien dont tous les peuples ont conservé une tradition quelconque.

VI. — Dom Calmet pense que Dieu avait accordé une plus longue vie aux premiers hommes, pour favoriser l'accroissement de

____

(1) *Commentaires sur la Bible*, p. 54 et 55, et aussi *Dissertations sur les géants et la langue primitive.*

population. Cette opinion a été approuvée par une de nos Académies qui l'a consignée dans ses mémoires, en ajoutant, que « la « fécondité de la terre et la bonté des aliments contribuaient à « cette longue vie, laquelle a diminué parmi les hommes à me- « sure que cette fécondité a cessé » (1). Nos savants de l'école sceptique ne sont pas de cet avis, ou, pour mieux dire, remplacent les systèmes par des doutes. A eux à s'arranger avec MM. Geoffroi Saint-Hilaire, Marcel de Serres et d'autres savants qui ne trouvent aucune difficulté à appliquer à la philosophie zoologique l'ordre de création indiqué dans le récit de Moïse (2), et qui ont une certaine tendance à revenir aux traditions de l'antiquité sur les formes colossales de première création. Ce n'est pas seulement sur les ossements fossiles qu'ils s'appuient, mais aussi sur les modifications des *milieux ambiants,* sur *une chaleur terrestre et atmosphérique plus intense,* sur une *plus forte proportion d'oxygène,* enfin sur les différences dans la nature de l'alimentation qui était, à cette époque primitive, puisée presque uniquement dans les plantes monocotylédones. Peut-être cette dernière considération est-elle susceptible d'être sérieusement controversée au point de vue scientifique : mais il est impossible de ne pas admettre des conditions de vitalité différentes des nôtres, pendant les époques géologiques qui ont précédé la création de l'homme. Quelques savants prétendent qu'alors les espèces colossales n'étaient pas les seules et que les Mammouths et les Dinothériums étaient, comme aujourd'hui l'éléphant et la baleine, contemporains d'une multitude d'espèces animales de toutes grandeurs. C'est fort probable. Mais, au moins, il est incontestable qu'à cette époque, les formes gigantesques ont été plus communes, la température plus élevée, et, suivant toute probabilité, l'atmosphère autrement composée.

La géologie nous apprend que la Sibérie, le nord de l'Amérique, l'Angleterre, l'Allemagne et la France ont été

(1) *Histoire de l'Académie des médailles et belles-lettres,* t. I.
(2) *Comptes rendus de l'Académie des sciences,* t. XV, p. 58-80, etc., etc.

habités, avant les temps historiques, par des espèces que l'on ne retrouve maintenant qu'aux environs de l'équateur. Il y avait donc sur notre planète, avant l'arrivée de l'homme, des conditions de vitalité différentes.

Mais qui nous dit que ces conditions, ou bien d'autres conditions, différentes aussi de celles qui existent aujourd'hui, ne dispensaient pas aux hommes anté-diluviens l'air, la lumière et la chaleur, ces grands éléments de la vie matérielle, autrement qu'ils ne lui sont arrivés à des époques postérieures : ce qui expliquerait d'autres formes organiques et d'autres phénomènes de vitalité. Il faudrait, sans doute, pour décider la question avec une certitude absolue, que l'on eût trouvé, ce qui n'a été rencontré nulle part, les ossements fossiles des hommes anté-diluviens. En attendant qu'un futur géologue de l'Asie centrale vienne exhumer les os de Seth ou de Jared, roulés dans le limon diluvien à côté de ceux de quelque monstrueux mastodonte, il faut se borner aux souvenirs historiques et au récit de la Genèse qui est parfaitement logique dans sa concision. Il suppose des conditions de vitalité différentes et il a soin d'indiquer l'âge de chaque patriarche quand il engendre son premier-né. Pour aucun il n'est moindre de **70** ans ; ce qui indique qu'alors la durée de la croissance humaine était aussi plus longue. Il n'y a donc rien d'absurde à supposer avec la tradition qu'Adam avait trente coudées de haut, ni à croire que Mathusalem, qui a eu son premier fils à 187 ans, ait vécu neuf siècles.

Enfin est venu le cataclysme : qu'il ait été produit par un dérangement dans l'inclinaison de l'axe de la terre, ou par tout autre phénomène astronomique, il est bien difficile de ne pas admettre qu'un tel dérangement n'ait pas eu un effet sur les phénomènes physiques qui influent sur la vie de l'homme.

De là aussi comme conséquence nécessaire, changements dans les fonctions vitales et, par la suite des générations, modifications dans les organes.

VII. — D'où il résulte, que depuis le déluge, l'homme est

réduit à ne pouvoir dépasser cent cinquante à deux cents ans
d'existence et que si, en général, il n'atteint pas ce terme,
c'est à des causes purement matérielles qu'il faut l'attribuer.

Or tout ce qui est matière est dans notre domaine ; nous
pouvons en varier à l'infini les combinaisons, pourquoi
n'aurions-nous pas une action sur celles qui conservent
notre vie ?

La digression nous a ramené à notre point de départ.

VII. — Nous pouvons maintenant affirmer avec une quasi-
certitude, que l'homme n'atteint pas, en général, le terme de
sa vie naturelle.

Serait-il possible de l'y ramener ?

La solution de ce problème est d'autant plus intéressante
pour l'humanité, qu'on ne peut le résoudre sans retarder en
même temps la caducité, prévenir les maladies et atténuer les
infirmités de la vieillesse.

Nous ne prétendons pas revenir encore sur la vieille controverse du vitalisme et de l'organicisme ; mais il nous sera permis d'établir que les maladies et souvent les remèdes sont la
cause immédiate et apparente des infirmités de la vieillesse,
qui, toutes, se déclarent à la suite d'un désordre plus ou moins
ancien dans un ou plusieurs organes.

Ceci posé, on m'accordera facilement, et sans fatiguer le
lecteur par de nouvelles dissertations, que le vieillard chez
lequel tous les organes remplissent leurs fonctions, pourra
arriver au terme de sa vie, libre d'infirmités ; et l'on me permettra de tirer de cette hypothèse souvent réalisée, une conclusion rigoureuse et fort importante ; c'est que le moyen de
prévenir les maladies, est aussi l'art de conserver aux organes
vitaux leur jeu et leur énergie.

D'où résultent encore d'autres conséquences :

Que l'hygiène et la médecine préventive ne sont qu'une
seule et même science ;

Que cette science doit être complexe, car elle agit sur une machine très-compliquée ;

Que sa théorie doit découler de la connaissance des lois de la vie ; c'est-à-dire, qu'il faut étudier les effets, pour remonter aux causes.

Mais avant d'aborder ces grands problèmes, il convient de jeter un coup d'œil sur l'hygiène privée, telle qu'elle a été jusqu'ici enseignée dans les livres. On croit assez généralement que le régime et l'exercice offrent seuls des moyens de conserver la vie ; il est donc nécessaire d'apprécier l'influence de ces causes sur l'organisme humain. Nous allons examiner, dans le chapitre suivant, comment s'y prend l'hygiène, pour résoudre un des plus importants problèmes que présente la science de la vie.

CHAPITRE V.

1. — On a dit, depuis bien des siècles, que le seul moyen de conserver la santé, c'est la tempérance. Les poëtes ont écrit, sur ce thème, force lieux communs ; les médecins anciens ont répété les vers des poëtes, et des médecins modernes ont copié leurs devanciers.

De sorte que, pour le vulgaire, l'hygiène est tout entière condensée dans cet aphorisme de l'école de Salerne. « *Si tibi defi-* « *ciant medici, medici tibi fiant hæc tria : mens læta, requies,* « *et moderata dicta* (1). Si les médecins manquent, il reste « trois grands médecins, la satisfaction de l'âme, le repos et « une diète modérée. » Préceptes fort innocents en eux-mêmes, mais qui deviennent dangereux par les interprétations. Si par *repos*, on entend qu'il faut éviter les fatigues exagérées, c'est fort bien ; mais si on interdit l'exercice du corps, sans lequel il n'y a pas de santé possible, on tombe dans l'absurde. Il en est de même pour la nourriture ; si, par *diète modérée*, on veut dire seulement qu'il convient d'éviter les indigestions, on reste dans le domaine des lieux communs ; mais si on prétend que la conservation de la santé est liée à la frugalité de la vie, on tombe dans une erreur. C'est cependant ainsi que l'entendent les apôtres de l'hygiène par famine ; ils s'efforcent de per-

(1) *Regimen sanitatis Salernitanum.* Neapoli, 1491.

suader aux bonnes gens que tout le secret de la vie consiste à manger le moins possible.

Cette doctrine est parfaitement résumée dans le régime appelé, du nom de son auteur. *Système Cornaro.* Écoutez les conseils de ce noble Vénitien.

II. — « *Farieno gran bene, se passati li trenta anni, se met-« tessero a vivere con pane e vino e con panella di pane ed « ovi. E questa è la vita per conservare l'uomo ; ed è vita « più larga di quella ch'era tenuta dalli SS. Padri antichi « nelli deserti, i quali mangiavano solamente frutti selva-« tichi e radici d'erbe, e bevevano aqua pura ; e pur vivevano « lungamente, sani, allegri, e contenti* (1). »

« Il faudrait, qu'après trente ans, on se mît à vivre de pain « et de vin, de panades et d'œufs. C'est le secret pour conserver « l'homme, et ce régime est plus généreux que celui des saints « Pères du désert qui ne mangeaient que des fruits sauvages « et des racines et ne buvaient que de l'eau. Cependant ils vi-« vaient longuement, sains, dispos et contents. »

Les livres modernes ne s'écartent guère de cette doctrine. Que trouvons-nous, par exemple, dans le Dictionnaire des Sciences médicales à l'article *Hygiène ?*

Que le seul moyen de conserver la vie des vieillards est de les faire manger, comme les enfants, peu et souvent, et de les nourrir de bouillie et d'autres aliments légers.

En un mot, pour les gens du monde et pour beaucoup de médecins l'hygiène, réduite à sa plus simple expression, se résume ainsi :

Manger pour ne pas mourir de faim,

Se nourrir d'aliments aussi simples que possible, c'est-à-dire rôtis ou bouillis ou grillés.

Il ne faut pas hésiter à le déclarer : ces doctrines sont absurdes et leur antiquité ne leur donne aucune autorité. Une

____

(1) *Trattato della vita sobria di Luigi Cornaro, nobile Veneto.* Venezia, 1657.

sottise, pour avoir été mille fois répétée, n'en est pas moins une sottise.

On cite des exemples de longévité choisis parmi des personnes qui ont mené une vie d'anachorète.

Que prouvent ces exceptions?

Que les uns avaient reçu de la nature une organisation hors ligne ; que d'autres ont été soutenus par l'enthousiasme et par une force morale dont nous parlerons bientôt; que d'autres, enfin, ont vécu en dépit d'une mauvaise nourriture, parce que l'homme s'habitue à tout.

Les Esquimaux vivent de lard de veau marin rance, fricassé dans de l'huile de baleine pourrie : il est vrai qu'ils sont décrépits à quarante ans, et qu'à cinquante, les vieillards prient leurs gendres ou leurs neveux de les ensevelir dans un trou de glace. Mais en dépit de tout, ils vivent ; et leur horrible nourriture est devenue nécessaire à leurs organes ; ils ne peuvent plus s'en passer. S'ensuit-il qu'un élégant du café de Paris pourrait facilement prendre la même habitude, et qu'elle soit bonne en elle-même?

Évidemment non.

Aux exemples de longévité pris parmi des personnes qui ont vécu sobrement, on pourrait en opposer d'autres choisis parmi des vieillards qui n'ont jamais observé aucun régime ; mais ce n'est ni par des exceptions, ni par des citations, que l'on résout les problèmes de physiologie ; c'est par l'étude des faits et la connaissance des phénomènes vitaux.

Essayons donc de traiter la question en elle-même.

Elle doit être considérée sous un double aspect.

Il s'agit d'abord de savoir si nous devons chercher à soutenir notre vie avec la plus petite quantité possible de nourriture.

Cette question en soulèverait plusieurs autres; nous nous bornerons à deux très-essentielles. Pouvons-nous vivre sans manger? Quel rôle joue l'alimentation dans les phénomènes de la vie?

Certes, notre intelligence peut concevoir des êtres qui vivraient sans manger. Il est possible, probable même, que la céleste Providence a jeté, sur quelqu'un de ces globes qui brillent dans l'immensité des espaces, des créatures qui se nourrissent seulement des éléments volatils répandus dans l'atmosphère de leur planète. Une telle supposition n'a rien qui ne soit conforme aux lois de la physique et de la chimie. Des êtres ainsi organisés nous sont supérieurs sans doute ; leur esprit n'a pas besoin, pour briller, d'être réveillé par la mousse du vin de Champagne, et leur cœur n'attend pas, pour aimer, que le notaire ait compté la dot ! Mais nous ne sommes pas ainsi faits. Il faut prendre l'homme tel qu'il est.

Tous les jours, une fois au moins, le besoin impérieux de la faim nous avertit que notre estomac est fait pour digérer, comme nos poumons pour respirer, nos jambes pour marcher, nos yeux pour regarder. S'étudier à manger le moins possible est tout aussi insensé que ne pas marcher pour conserver ses jambes, ou couvrir ses yeux d'un bandeau pour ménager sa vue. Dans le premier cas, les jambes s'engourdissent et les forces se perdent ; dans le second, on devient aveugle.

Pour vivre, il faut donc nous alimenter en quantité suffisante.

Mais quelles sont les bornes que la sagesse, autant que l'instinct animal, doivent mettre à l'alimentation ?

Nous en avons la mesure dans les facultés digestives et dans le peu que nous savons sur l'assimilation des substances alimentaires.

III. — Il est d'abord bien évident que nous ne devons manger que ce que nous pouvons digérer, et que toute indigestion altère nos organes. Mais au delà de cette règle générale, dont nous avons en nous-mêmes le sens intime, il n'y a d'autres bornes à l'alimentation que la diversité des organisations.

En effet, nous savons que le phénomène de l'assimilation n'a lieu que lorsque la digestion a livré un premier produit aux organes destinés à l'élaborer. Or, la digestion se compose au moins de deux actions : une décomposition chimique et une trituration opérée par le mouveme nt péristaltique des intestins. Ces deux opérations demandent une masse alimentaire suffisante ; sans quoi, il y aurait dans l'estomac surabondance de sucs gastriques, et les intestins mâcheraient pour ainsi dire à vide. Quelques auteurs prétendent même que l'irritation produite par la faim n'a d'autre cause que l'action corrosive des sucs gastriques sur le pylore ; et c'est ainsi qu'ils expliquent un phénomène assez commun. L'heure de votre repas a été retardée, vous souffrez ; si un ami trop officieux vous offre quelques aliments légers en attendant le dîner, vous ne pouvez plus ensuite rien prendre. Ce peu de nourriture vous a, suivant l'expression vulgaire, *coupé l'appétit*. Ce qui, soit dit en passant, prouve combien est absurde le préjugé trop généralement répandu, surtout en Angleterre, que pour se bien porter, il faut manger peu et souvent. Ces petits repas fréquents ne conviennent qu'aux convalescents ou aux organisations qui ont perdu le jeu intestinal, conséquemment à un état de maladie.

Venons à l'assimilation.

Cette distillation vitale a pour résultat d'enlever à la masse alimentaire, déjà réduite par la digestion, les sucs nourriciers qui sont ensuite répandus dans la circulation et, peu à peu, apportés à chaque organe. Admirable mécanisme qui répare ainsi la déperdition matérielle produite par le mouvement, les sécrétions et les autres causes de l'usure vitale ! Ainsi, quand l'équilibre des fonctions vitales n'a pas été troublé par quelque dérangement, plus la masse du chyle contient d'éléments réparateurs, plus les organes y puisent de force et d'action. Ces organes, à base de sels et d'albumine, languissent s'ils ne sont pas suffisamment alimentés par l'assimilation ; ou bien encore, ils se durcissent, comme un savon trop chargé de sels, faute d'une quantité suffisante d'albumine, et l'on vieillit avant le temps. Enfin, il ne faut pas perdre de vue que l'assimilation apporte continuellement aux organes de l'encéphale leur aliment ou plutôt leur stimulant. La masse cérébrale, instrument essentiel de la force qui nous fait vivre, est entretenue par l'afflux du sang artériel; et le sang lui-même puise ses éléments dans les produits de la digestion.

Peut-être objectera-t-on qu'une assimilation désordonnée peut apporter et apporte quelquefois un excès surabondant de matières sur tel ou tel organe : de là, une perturbation qui serait évitée par une diète sévère.

Nous répondrons :

Ces désordres, dans l'économie animale, ne peuvent provenir que de trois causes :

Un état maladif;

Une mauvaise nourriture ;

Un manque d'air et d'exercice.

Sur la première, on pourrait faire observer que ce n'est pas la quantité des aliments, qui a produit les amas de matières qui gênent tel ou tel organe, mais un dérangement dans l'équilibre des fonctions vitales. Prenons pour exemple la goutte et l'obésité; la cause de ces maladies est identique, bien que les effets soient différents. Dans l'une, il arrive que certains sels qui devraient, soit être entraînés par les sécrétions, soit plutôt aller s'incorporer aux nerfs ou aux membranes, sont, au contraire, apportés dans les articulations. Pour les obèses, même phénomène. Les atomes ou globules albumineux, au lieu de se répandre également dans le système nerveux et la chair musculaire, viennent former des amas de matière adipocireuse, qui pèsent sur les organes voisins.

Dans l'un ou l'autre cas, le malade a beau se soumettre au régime le plus sévère, tout ce qu'il peut espérer est de diminuer les douleurs, mais le mal reste stationnaire ; souvent même les dépôts se durcissent. Si, au contraire, vous guérissez la goutte par un traitement rationnel en rétablissant peu à peu les opérations de l'assimilation, le malade est bientôt en état de se livrer à tout son appétit, sans craindre de nouvelles formations pierreuses dans les articulations. De même, soumettez l'obèse à un traitement efficace, et il retrouve son appétit en perdant son excès d'embonpoint. Mais ces considérations rentrent dans la médecine proprement dite, ou l'art de guérir les maladies. Il suffit à la solution de la question qui nous occupe d'avoir fait observer que, dans ces cas, la diète sévère peut quelquefois être une nécessité, jamais un traitement. La maladie est, Dieu merci, un état exceptionnel pour l'homme ; on ne doit donc, au point de vue le plus général, s'occuper de l'alimentation que dans l'état de santé. Ici les travaux des physiologistes et des chimistes modernes ont fait faire, il faut le reconnaître, un pas à la science de la vie. Nous n'essayerons pas de récapituler ces ingénieuses analyses, ces savantes recherches, qui nous entraîneraient trop loin ; il suffira au but que nous nous proposons de résumer en peu de mots la substance d'un mémoire de M. Milne Edwards sur l'alimentation :

« On ne doit pas chercher dans un aliment particulier
« une nourriture complète : mais dans l'ensemble des ali-
« ments qui constituent le régime ;

« Il faut que, dans ce régime, se trouvent tous les éléments
« basiques du corps humain ;

« Les aliments doivent être combinés, sous les rapports
« physiques et chimiques, de façon à être assimilés et à
« entretenir la substance du système nerveux et des autres
« organes (1). »

Nous voilà donc arrivés à ne plus nous occuper de la quantité des aliments, qui n'a de bornes que dans les facultés digestives de chacun, mais de leur qualité.

Ici, nous devrions peut-être entrer dans quelques détails sur l'alimentation publique et démontrer combien il est nécessaire à l'entier développement des forces humaines, de procurer aux masses populaires une nourriture aussi variée

(1) *Comptes rendus de l'Académie des sciences*, t. VI, p. 852.

que possible. Mais ces considérations trouveront leur place dans une autre partie de cette œuvre, lorsque nous nous occuperons de l'étude des lois éternelles imposées aux nations par la sagesse divine. Dans ce volume, nous traitons de l'homme isolé ; et il suffira à l'élucidation de la question alimentaire, de faire observer que, si les classes ouvrières n'ont pas les moyens de se procurer une nourriture aussi variée qu'il serait désirable, la pauvreté, sous ce rapport, comme sous bien d'autres, a aussi ses compensations.

Sans doute une nourriture légère et succulente est nécessaire aux organisations délicates, à ceux qui usent leur vie dans les pénibles labeurs de l'intelligence. Il faut une nourriture facile à assimiler pour réparer les funestes effets que produisent sur l'organisme les passions, les chagrins, l'atmosphère empestée des salons et tout ce triste cortége de fléaux de la haute civilisation, qui assiégent, comme des fantômes, la porte des hôtels dorés. Mais ces fléaux, le pauvre honnête et laborieux ne les connaît pas ; il n'a qu'un seul souci, celui des besoins du lendemain. D'ailleurs, il fait plus de mouvement ; et, en général, il est plus longtemps au grand air : deux causes qui facilitent grandement la digestion. Il peut donc, sans de graves inconvénients, être nourri d'aliments plus grossiers. L'important, nous le répétons, serait que ces aliments fussent variés.

Et, ici, faisons observer combien la divine Providence est bienfaisante pour l'humanité. Dans le nord de l'Europe, où la rigueur du climat rend plus nécessaire une nourriture azotée et riche en carbone, l'humidité constante facilite la culture des graminées et l'élève des bestiaux. Le pauvre peut donc ajouter de la viande aux substances féculentes qui font la base de sa nourriture. Un garçon de ferme hanovrien ou saxon qui a dîné avec un plat de *choucroute* et un morceau de saucisse, a mis dans son estomac des aliments complets qui lui apportent la quantité de carbone, d'azote, de phosphates, de lactates et de sucre nécessaires à l'assimilation. Dans le Midi, la viande est un luxe réservé pour les jours de fête ; mais là le pain du pauvre est plus riche en gluten et le gluten, la chimie nous le démontre, c'est de la viande. De même, les légumes du Midi contiennent en général une plus grande quantité de caséine, c'est-à-dire de soufre, d'azote et de phosphore tout prêts à être assimilés. Enfin le soleil du Languedoc, de l'Italie et de l'Espagne réchauffe ces grands vignobles qui produisent des flots de vin assez abondants pour désaltérer l'ouvrier, et le vin est un aliment complet.

Mais, ainsi que nous l'avons déjà dit, pour certaines organisations, il ne suffit pas que les aliments soient complets, il faut encore qu'ils évitent à l'estomac une partie du travail de la digestion, et, pour cela, ils doivent être convenablement préparés.

Ici se présente une nouvelle question. Existe-t-il une théorie pour la préparation des aliments ? cette théorie est-elle complexe ? faut-il préférer ce que l'on appelle la cuisine simple à la cuisine composée ? Devons-nous borner notre nourriture à des racines et des dattes comme les Pères du désert, à du roast-beef, du poisson bouilli et des pommes de terre à l'eau, comme les Anglais de vieille roche ; ou bien faut-il préparer les aliments de manière à en faciliter la digestion ?

Pour éclaircir ces doutes, il faut encore une digression. Peut-être me reprochera-t-on d'en être prodigue. Je marche un peu, dans ce travail, comme ce pèlerin qui allait à Jérusalem en faisant trois pas en avant et deux à reculons, mais il arriva et, comme lui, j'espère atteindre au but.

IV. — La science a trop négligé une des plus utiles applications de la chimie, l'art de préparer les aliments.

Il est sans doute très-agréable d'avoir des étoffes bien teintes, des bougies bien épurées, des médicaments efficaces ; mais un bon dîner est encore plus nécessaire. On n'achète que deux ou trois habits par an, on prend médecine le plus rarement possible, et l'on dîne tous les jours. Il ne faut pas non plus oublier l'influence de l'opération journalière de la digestion sur nos facultés morales et nos passions.

Considéré sous ce point de vue, l'art culinaire acquiert une véritable importance, et cependant il est livré, depuis un temps immémorial, à des mercenaires presque toujours illettrés.

Un illustre académicien ne dédaignera pas de manipuler de ses doctes mains du guano, ou même certains résidus de l'espèce humaine que je ne veux pas nommer par respect pour les dames : c'est fort bien. Mais, si vous lui demandez comment rendre telle viande moins indigeste, tel légume plus nutritif, il vous renverra à sa cuisinière ; un prince de la science rougirait de jeter un regard sur des casseroles.

C'est donc la cuisinière qui est, en général, l'arbitre suprême de notre alimentation ; elle choisit nos aliments et les prépare à son gré ; mais si vous lui demandez pourquoi un canard doit être étuvé, plutôt que rôti ou grillé, elle n'en sait pas plus, à cet égard, que son maître l'académicien ; et elle vous renvoie au *Cuisinier royal*, qui ne vous en apprendra pas davantage.

Toutes les nations arrivées à ce haut degré de luxe et d'égoïsme, qu'on est convenu d'appeler la civilisation, ont eu des livres de cuisine. Certains curieux en ont fait de volumineuses collections commençant à Athénée et finissant à Carême, le seul peut-être qui se soit douté que l'art culinaire pourrait, comme les autres, avoir ses principes et sa théorie. Mais aucun de ces ouvrages ne s'est occupé d'avoir un système et de le démontrer par des analyses.

Voilà un terrain vierge à défricher, une mine féconde d'expériences chimiques ; mais en attendant que les savants aient bien voulu s'en occuper, il faut se contenter du *Cuisinier royal*. Je vais tâcher d'en exposer la théorie, puisque ce code suprême ne donne que des préceptes.

L'homme a été créé omnivore ; d'où il suit, que l'alimentation, pour être conforme à notre nature, devra être variée. Par conséquent la diversité des mets, au lieu d'être nuisible à l'estomac, rend un dîner plus facile à digérer. Ce principe a été démontré scientifiquement par l'illustre professeur de Giessen... (1).

Nos intestins ont besoin, pour bien exercer leur action, d'une masse suffisante de substances. Donc, l'art du cuisinier ne doit pas se trop égarer dans les extraits et les quintessences. Pour un estomac vide, un chiffon de pain et une tranche de jambon rassasieront plus complétement qu'une tasse du jus le plus savant.

Enfin, nous ne mangeons que pour digérer ; d'où il résulte que les aliments doivent être d'une trituration facile, afin de ne pas trop fatiguer le jeu mécanique des intestins; et qu'ils doivent, autant que possible, apporter avec eux quelques élé-ments dissolvants, afin d'aider l'action chimique des organes digestifs.

Ces trois principes me semblent renfermer toute la théorie de l'art culinaire. Il ne s'agit plus que de les développer et de les appliquer convenablement. C'est un soin que je laisse à de plus habiles.

Quelques mots seulement sur l'ordre dans lequel doivent être servis les mets et sur les assaisonnements à ajouter à certains aliments.

Il résulte de tout ce qui a été dit jusqu'ici sur le phénomène de la digestion et de l'assimilation, qu'il n'est pas indifférent de manger certains aliments avant ou après d'autres. Le plus mince écolier de chimie pourrait le démontrer par des expériences.

Sous ce rapport, le service français me paraît, sans con-tredit, le meilleur de tous. L'ordre dans lequel on fait succé-der les potages, les hors-d'œuvre, les relevés, les rôtis, les en-tremets et le dessert, est on ne peut mieux calculé pour la santé ; je n'aurai qu'un seul reproche à faire. L'usage de servir les boissons appelées digestives après le repas.

Ces liqueurs sont en général ou de l'alcool ou un mélange

(1) LIEBIG, *Chimie appliquée à la physiologie végétale et à l'agriculture.* 2º édition, p 516.

d'alcool et d'amers ; en supposant que ces boissons aient réellement une vertu digestive, ce n'est que par l'excitation qu'elles donnent au mouvement péristaltique des intestins. Il serait par conséquent plus sensé de faire usage de ces liqueurs avant le repas.

En Russie et en Suède, on sert dans une pièce séparée une sorte d'avant-repas composé de hors-d'œuvre salés et apéritifs et de liqueurs stomachiques. Après avoir pris debout quelques anchois ou autres aliments salés et épicés, arrosés d'un verre de vermouth ou de curaçao de Hollande, on passe dans la salle à manger, où l'on dîne tout de bon, et avec beaucoup plus de chances de bonne digestion ; car on aura, par les boissons stomachiques, stimulé le mouvement péristaltique des voies digestives ; et par le chlorure de sodium, les lactates et les phosphates contenus dans les anchois, les harengs ou le schaabzieger, on aura développé l'intensité des sucs gastriques. Ceci paraît ressortir des ingénieuses expériences des docteurs Bouchardat et Sandras (1).

Les Chinois, grands maîtres dans l'art de la gueule, ont fait mieux encore : ils servent à leurs convives des nids d'hirondelles qui ne sont autre chose que du suc gastrique concret, digestif par excellence (2).

Maintenant que mes lecteurs sont à table, il est temps de dire deux mots de la préparation des mets.

Les uns, tels que certaines viandes et la plupart des poissons, ne sont de difficile digestion que par un excès de fibrine sur l'osmazôme. La chimie culinaire doit sans cesse avoir présent, dans ces cas, le grand principe de l'école de Salerne : *Non agunt corpora, nisi soluta ;* et s'étudier à apprêter ces aliments de manière à faciliter leur dissolution, ils n'en sont que plus savoureux. C'est ce qui explique par exemple comment une oie, qui, rôtie, est un mets grossier et lourd, devient une nourriture saine et délicate quand elle a

(1) Bouchardat, *Annuaire de thérapeutique* pour 1843.
(2) Itier, *Voyage en Chine.*

été bouillie à grand feu, dans de l'eau acidulée, et passée ensuite à une sauce convenable. C'est aussi, pour cela, que des côtelettes de mouton grillées, sont de digestion encore plus facile qu'une tranche de gigot rôti. Les savants observent à ce propos qu'en plaçant la tranche de viande sur le feu, il se fait une sorte de croûte extérieure qui concentre les jus, c'est-à-dire l'osmazôme, et que ces jus ont la propriété d'aider à la dissolution des parties fibrineuses (1). Rien n'est plus probable ; mais alors, des filets de mouton cuits dans un bon jus convenablement assaisonné et acidulé, seront encore préférables aux côtelettes grillées ; car, par ce procédé, toute la masse aura été rendue soluble et notre estomac ne sera pas chargé du poids de la croûte carbonisée, formée à l'extérieur par le procédé du gril ou de la broche.

Enfin, certaines viandes et surtout quelques poissons ont besoin d'être accompagnés d'un assaisonnement acidulé. Il est évident, par exemple, qu'un turbot au bleu, c'est-à-dire bouilli dans de l'eau mêlée de vin, de vinaigre et de légers aromates, sera plus sain que bouilli à l'eau pure. A de tels plats, on ajoute toujours une sauce acidulée ; mais le cuisinier ne doit pas perdre de vue, quand il prépare des sauces piquantes, froides ou chaudes, que, pour ne pas irriter l'estomac, les acides ne doivent y arriver que combinés avec un corps onctueux. D'où il résulte que les meilleures sauces, en de tels cas, sont les rémoulades avec des jaunes d'œufs, ou les mayonnaises. C'est à la fois un aliment et un digestif.

D'autres substances, telles que les légumes et certains poissons, ne contiennent pas assez d'éléments nutritifs ; il faut donc chercher, par la cuisson et l'assaisonnement, à leur donner ce qui leur manque. On sert quelquefois en Angleterre des cardons bouillis ; c'est détestable, même pour des palais anglais ; tandis que des cardons au jus et à la moelle sont un

---

(1) Docteur PHILLIPS, *Treatise on indigestion*. London, 9ᵗʰ édition.

La grande vogue de cet ouvrage prouve qu'il était plus nécessaire en Angleterre que partout ailleurs.

mets nourrissant et délicieux. En général, il faut éviter de faire bouillir les végétaux ; on dissout ainsi leurs sels de potasse et de soude, et il ne reste qu'un *caput mortuum* insipide et indigeste. Certaines plantes, il est vrai, renferment des sucs âcres, ou des huiles essentielles malsaines ; il faut les enlever par un lavage à l'eau bouillante, ce qu'on appelle, dans le langage du *Cuisinier royal* blanchir ; après quoi on les prépare.

J'aurais encore à parler des œufs, cette manne du convalescent ; cette admirable nourriture des estomacs faibles ; mais je me fatigue autant que mes lecteurs de ces détails par trop techniques, et je crois en avoir dit assez pour que chacun puisse juger le grand procès entre la cuisine savante et la cuisine simple.

L'une est l'art de préparer les aliments conformément à la nature de nos organes, de conserver la santé en facilitant les digestions, et d'embellir l'heure la plus sociable de la vie, celle des repas, en nous permettant d'offrir à nos amis des mets qui flattent la vue, l'odorat et le palais.

L'autre, la cuisine des barbares, nous ramène à ces temps où un athlète assommait un bœuf d'un coup de poing, pour en dévorer ensuite les morceaux ; où Achille, après avoir fait le métier de boucher, ne pouvait offrir à ses convives d'autre variété qu'un mouton calciné sur les charbons ardents, un veau rôti tout entier et la moitié d'un bœuf bouilli.

Ces plats monstrueux sont le beau idéal de la cuisine simple ; leur résultat est de charger l'estomac d'une quantité de graisse et de chair accompagnée de légumes sans saveur.

Maintenant que l'on prononce.

Mais, me dira-t-on, les Anglais aiment beaucoup la cuisine simple ?

Il est vrai, et voici pourquoi.

L'Angleterre est un pays éminemment aristocratique, où chacun façonne ses habitudes d'après celles des hautes classes.

Or, jusques à ces derniers temps, l'aristocratie anglaise a mené la vie la plus active, sans cesse aux champs ou à la chasse. On conçoit donc que lorsque des gentlemen rentrent à la maison, harassés de fatigue et l'estomac creusé par les exercices les plus violents, ils recherchent la quantité plutôt que la qualité ; c'est ce qui les a fait rester fidèles aux grossiers aliments de leurs barbares ancêtres. Mais toute cette chair bouillie ou rôtie s'arrêterait à l'œsophage, si l'on n'y ajoutait avec profusion du poivre, du piment, et l'infernal *currie* détestables stimulants qui irritent le système nerveux sans rien ajouter aux sucs gastriques. Enfin, malgré le poivre, le piment et le gingembre, la masse indigeste pèse encore sur l'estomac ; et il faut, au dessert, la noyer dans un torrent de vin d'Oporto (*crusty old Port*), digne bouquet de ces grossiers festins qui commencent par la gloutonnerie, pour finir par l'ivresse. Quel est, au bout de quelques années, le résultat d'un tel régime ? La goutte, l'inappétence, les affections bilieuses et intestinales. Telles sont, en effet, les maladies les plus communes en Angleterre.

Laissons enfin toutes ces mangeries.

La digression nous a ramené un peu plus loin que notre point de départ, et nous pouvons maintenant établir, 1° que la variété des aliments et leur bonne préparation en facilitent la digestion ; 2° que des aliments bien digérés sont entraînés dans le torrent de la circulation, fortifient toutes les fonctions vitales et apportent aux organes leurs éléments matériels ; 3° que le but de l'alimentation doit être de nous faire digérer et assimiler la plus grande dose possible de principes réparateurs.

Mais ces éléments réparateurs où existent-ils ? Dans les plantes, qui les empruntent au sol et à l'atmosphère, dans les animaux qui se sont nourris de ces plantes et en ont élaboré les sucs. De sorte que l'homme qui entretient journellement sa vie matérielle aux dépens des végétaux et des débris animalisés, est maintenu dans un rapport constant avec ce limon terrestre où le Créateur a pris la matière de son corps. Il y a 'là, sans doute, quelque loi mystérieuse qui se rattache à ces harmonies de la vie universelle, dont la pensée humaine entrevoit toujours quelque reflet, sous quelque point de vue qu'elle considère les phénomènes naturels. Buffon a dit : « Il « existe un dessein primitif et universel où l'on peut suivre « très-loin les transformations. » C'est qu'en effet tous les mouvements des choses sont gouvernés par des lois qui semblent compliquées, pour nos sens imparfaits, mais qui, pour l'intelligence suprême, constituent une unité. L'homme, roi de la création terrestre, ne conserve son corps qu'en le nourrissant des atomes matériels qui composent le globe sur lequel l'a jeté la volonté divine. Mais ces atomes sont inertes dans leur essence. Ils n'acquièrent des propriétés, que par leurs arrangements moléculaires et par l'action des forces interposées qui, tantôt les maintiennent unis en vertu du principe d'agrégation, tantôt les sollicitent à des combinaisons nouvelles par l'effet de la loi des affinités. Il y a donc, dans les substances dont l'homme fait sa nourriture, autre chose que la matière brute ; il y a des forces dont l'action est nécessaire aux phénomènes de fermentation et de combustion, et à tous ces actes si multipliés qui constituent la vie organique.

La preuve que la nutrition apporte avec elle des forces qui développent d'autres forces, pourrait être donnée scientifiquement. Mais à quoi bon? n'en avons-nous pas tous les jours le sens intime ? N'éprouvons-nous pas l'effet produit par un bon repas, sur l'organisme, sur l'ensemble des facultés, et même sur celles de l'intelligence?

C'est à ce point de vue élevé, que l'hygiène doit se placer pour envisager la nutrition, parce que c'est dans l'action journalière des forces apportées à l'organisme par les aliments, que la force vitale puise un de ses éléments les plus essentiels. Mais la machine est compliquée, les forces sont complexes ; et celles que l'homme emprunte à l'acte isolé de la nutrition seront insuffisantes, la plupart du temps, pour prévenir les maladies ou les infirmités et, par conséquent, pour la conservation de la vie.

L'hygiène le reconnaît; aussi nous dit-elle qu'il faut ajouter, à une bonne alimentation, plusieurs autres moyens dont l'ensemble constitue toutes les applications modernes de ce chapitre de la science. Nous ne suivrons, pas les traités d'hygiène dans l'examen des précautions recommandées pour la conservation de la santé; nous ne parlerons ni des cosmétiques, ni du choix des vêtements; nous laisserons aussi de côté ce qui a rapport aux bains, ainsi qu'aux moyens de se garantir des influences atmosphériques; peut-être trouverions-nous sur notre route quelques erreurs à réfuter, quelques observations curieuses à faire ressortir; mais nous risquerions aussi de tomber souvent dans les lieux communs, et nous avons hâte d'arriver. Bornons-nous donc à quelques mots sur l'utilité de l'exercice.

VI. — Le célèbre Tronchin avait coutume de dire à ses amis : « Toute l'hygiène se résume en deux préceptes : *mâcher* et « *marcher*, » maxime plus spécieuse que solide, et exprimée avec le cynisme dogmatique de l'école voltairienne : elle serait vraie, si l'homme n'était qu'une machine jetée sur ce globe seulement pour dévorer les substances assimilées par la plante et les animaux, et les rendre ensuite à la terre. Mais il y a, dans le phénomène de la vie humaine, autre chose que la digestion et le jeu des muscles.

Il ne suffit pas, pour digérer, d'avoir bien trituré les aliments, et d'aider ensuite à l'assimilation par un exercice modéré; mille causes physiques et morales sont là, toujours prêtes à apporter le trouble dans les fonctions vitales, même après avoir *mâché* et *marché*. Cependant, nous le répétons, le mouvement et l'exercice, au grand air, sont un complément essentiel de l'acte tout aussi nécessaire de l'alimentation. Un bon repas, bien digéré, stimule l'ensemble de l'organisme; mais, en même temps, il dispose certains organes à un état de pléthore, qui amènerait de graves perturbations, si le mouvement des muscles ne venait pas dépenser cet excès de force : l'exercice agit ici comme une sorte d'électrisation négative qui rétablit l'équilibre.

Aussi voyons-nous tous ceux qui ont écrit sur la santé s'accorder à recommander le mouvement musculaire comme le complément indispensable de toutes les fonctions vitales. Ceci est incontestable. Mais il ne faut pas s'exagérer l'importance de la gymnastique, art dont certains modernes, dans leur enthousiasme organicien, ont beaucoup trop vanté la puissance. On avait été jusques à se flatter de guérir le rachitisme par les exercices gymnastiques : illusion à laquelle il a bientôt fallu renoncer. Nous reviendrons ailleurs sur le traitement qui convient au rachitisme ; ici, nous ne nous occupons que d'hygiène. A ce point de vue, la gymnastique n'est pas sans quelque importance ; mais c'est encore une invention moderne renouvelée des anciens. Le moyen âge avait conservé toutes les traditions gymnastiques des Grecs et des Romains ; la preuve en est dans les vigoureux exercices des chevaliers bardés de fer. Nos contemporains fléchiraient sous le poids de leurs pesantes armures : mais, eux, les portaient légèrement et elles n'empêchaient pas *ces grands coups d'épée* qui charmaient madame de Sévigné.

Il reste, du moyen âge, un traité de gymnastique cité quelquefois, mais fort peu lu de nos jours. Nous lui emprunterons, à cause de son originalité, un bizarre exercice. L'auteur recommande de serrer le corps au moyen d'une bande de forte étoffe que l'on applique sur les épaules, que l'on fait passer sous les bras, pour presser en diagonale, les côtes et l'estomac et venir s'attacher en ceinture sur le bas-ventre : le reste du corps est nu. Après avoir été ainsi emmaillotté, le patient s'exerce à aspirer fortement ; ensuite, à retenir son haleine aussi longtemps que possible (1).

___

(1) Hieronymus Mercurialis, *De arte gymnastica,* fol. 153.

Le bouquin en question vante les bons effets de cet exercice qui, assure-t-il, facilite toutes les sécrétions et aide puissamment aux digestions.

Pourquoi pas ?

Scientifiquement parlant, il n'y a là qu'un moyen de faire arriver à l'intérieur un excès d'acide carbonique, et il est meilleur marché que le vin de Champagne et l'eau de Seltz. 

Un de mes amis a imaginé, pour se débarrasser d'un asthme qui l'étouffait, un traitement à peu près semblable ; et quelquefois il se persuade qu'il va guérir. Le fait est qu'il soulage souvent ses souffrances, en opposant à l'action morbifique, une force morale, dont nous nous occuperons bientôt, celle de la volonté.

C'est à cette force qu'il faut attribuer les effets les plus bienfaisants de l'exercice sur l'organisme humain. Les mouvements musculaires ne sont qu'une fatigue pour le corps, s'ils n'exercent pas en même temps l'intelligence. La roue à marcher *(Tread mill)* des pénitentiaires anglais est considérée, par les condamnés, comme un supplice qui les exténue, tandis que les rudes travaux du chantier conservent leur santé, parce qu'ils laissent quelque chose à faire à la volonté intelligente. On a aussi observé (1) que, parmi les vieillards admis à Bicêtre, les jardiniers, les pépiniéristes, les élagueurs sont en majorité. Pourquoi une plus grande longévité, parmi cette classe d'ouvriers, et non parmi les terrassiers ? Les uns et les autres travaillent au grand air, mais les travaux du jardinage exercent l'intelligence, en même temps que les muscles.

L'examen critique de l'hygiène, telle qu'elle est entendue aujourd'hui, démontre cette grande vérité que toutes les fonctions de l'organisme humain sont gouvernées par des forces. C'est donc à l'étude et à l'application des forces naturelles à la vie humaine, que doit tendre la science de sa conserva-

____

(1) *Dictionnaire de médecine* de 1825, art. *Longévité*, t. XIII.

tion. Voilà aussi pourquoi les précautions de l'hygiène laissent tant à désirer, surtout si l'on rapproche cet étroit chapitre de la science moderne, des espérances ambitieuses conçues par les médecins alchimistes.

Nous verrons bientôt que tout n'est pas illusion dans ces travaux du passé et qu'il reste quelque chose encore à faire pour conserver la santé et prolonger la vie.

C'est dans l'étude des forces de la nature, dans leurs rapports avec les phénomènes vitaux, qu'il faut chercher la solution du problème, au moins autant qu'il est permis à l'homme d'en approcher.

Nous aborderons bientôt ces hautes questions ; mais, auparavant, il convient de jeter un rapide coup d'œil sur quelques systèmes qui touchent plutôt à la médecine proprement dite, qu'à l'art de conserver la vie. Ces systèmes se rattachent cependant à notre sujet, puisqu'ils sont fondés sur des théories de forces, plutôt que sur des combinaisons matérielles : il est important d'apprécier jusqu'à quel point ils ont fait avancer la science de la vie : cet examen va remplir le chapitre suivant.

CHAPITRE VI.

I. — La science moderne a fait de louables efforts pour systématiser la médecine; elle n'y a réussi qu'imparfaitement, peut-être à cause d'une certaine tendance à se trop préoccuper de la matière et des rouages de la machine humaine, héritage que le dix-neuvième siècle a reçu de la mauvaise moitié du dix-huitième. Depuis quelques années, il se manifeste, dans les écoles, une réaction en sens opposé. Dieu veuille qu'elle nous débarrasse de l'organicisme et des organiciens ! En attendant, il n'est pas hors de propos de faire observer que jamais les systèmes bizarres et les traitements empiriques n'ont été plus nombreux que sous le règne du *positivisme*, de l'organicisme et de la médecine rationnelle. Depuis les *sanguinaires* disciples de Broussais, qui ont dépensé énormément de science et d'esprit pour ravaler la thérapeutique à n'être plus qu'un calcul de sangsues et de coups de lancette, jusqu'à la secte dite chimique, qui assimile l'être humain à une cornue; depuis la médecine Raspail, jusques à la méthode hydro-sudo-pathique de Priessnitz, que de systèmes, grand Dieu! qui, tous, s'accordent sur un seul point, à savoir que tous les autres sont absurdes et meurtriers. Chacun est plein de verve et de logique, quand il démontre la fausseté des systèmes opposés ; mais il est plus faible, quand il arrive à prouver l'excellence de sa propre doctrine. On ne l'appuie guère que sur une énumération de cures merveilleuses, qui ne manquent jamais aux nouvelles méthodes médicales. Argument de peu de valeur, pour les grands médecins, et qui faisait dire au spirituel Alibert : « Hâtez-vous d'essayer de ce nouveau traitement « pendant qu'il guérit encore. »

Nous n'entrerons point dans l'examen de tous ces nombreux systèmes ; cette critique nous mènerait trop loin ; et ce livre, d'ailleurs, n'a point la prétention d'être un traité de médecine ; notre but est de chercher dans l'art médical, comme dans les autres sciences naturelles, seulement ce qui a rapport à la conservation de l'homme et d'étudier les forces qui agissent sur le phénomène de la vie. Nous nous bornerons donc à jeter un rapide coup d'œil sur deux systèmes, remarquables l'un et l'autre, par l'enthousiasme de leurs adeptes et l'acharnement de leurs détracteurs, et qui se rattachent aux études qui nous occupent, par l'emploi des agents imperceptibles, substitués aux moyens mécaniques et aux combinaisons chimiques des substances médicamenteuses.

II.—Qui n'a ouï parler de la méthode homœopathique? L'engouement avec lequel elle a été accueillie par le public n'a été égalé que par la violence des médecins à proscrire cette hérésie ; et peut-être les colères des médecins ont-elles quelque peu contribué à jeter une partie du public dans les bras des homœopathes. La science parle une langue particulière qui n'est entendue que dans les écoles et les académies et pour laquelle il a déjà fallu composer un dictionnaire (1) ; bientôt il lui faudra une grammaire. Cette langue se traduit, pour les malades, en potions nauséabondes, en sangsues, vésicatoires, sinapismes, sétons et tous les autres supplices de la médecine révulsive : faut-il donc s'étonner, si certains malades ont écouté d'autres médecins prêchant une théorie un peu moins obscure que beaucoup d'autres, l'appliquant avec des culerées d'eau sucrée et des globules, et guérissant quelquefois ?

____

(1) *Dictionnaire des termes de médecine.*

Aujourd'hui, trente ans d'expérience ont passé sur le système fondé par Hahnemann, et il subsiste encore ; c'est beaucoup pour une doctrine médicale. Examinons impartialement s'il est aussi absurde que le prétendent ses adversaires.

Il faut distinguer la théorie des moyens d'application.

La théorie, nous l'avons déjà fait observer, peut être rattachée, par ses points principaux, aux doctrines hippocratiques professées par les grands médecins de tous les siècles. Le principe thérapeutique *similia similibus* est universellement reconnu comme applicable à un grand nombre d'affections. Deux savants professeurs de Paris, qui, certes, ne sont pas favorables aux homœopathes, l'admettent formellement.

— « De toute évidence, les phlegmasies locales guérissent « souvent par l'application directe des irritations qui causent « une inflammation analogue, inflammation thérapeutique « qui se substitue à l'irritation primitive (1). » Sur ce point, les disciples d'Hahnemann sont donc d'accord avec leurs adversaires et les reproches qu'on leur adresse peuvent se réduire à un seul chef, d'avoir trop généralisé leur théorie et d'avoir voulu l'appliquer à des affections internes spéciales, qui demandent des traitements spécifiques.

Peut-être ce reproche est-il fondé ; peut-être aussi a-t-on raison d'objecter à l'homœopathie de ne pas constituer une véritable doctrine médicale, et d'être seulement une méthode de traitement? Peu importerait, si cette méthode avait plus d'efficacité que les autres? mais c'est précisément l'utilité de ces moyens d'application qui est contestée. A quoi servirait alors de démontrer que les deux camps rivaux ont à peu près les mêmes théories?

Hahnemann n'était pas organicien ; il était vitaliste jusqu'au mysticisme peut-être ; il était persuadé que tous les actes vitaux, dans l'état de santé comme dans l'état de maladie,

(1) Trousseau et Pidoux, *Traité de thérapeutique*, t. I, p. 460.

résultent de l'action d'une force ; il avait aussi remarqué les grands effets produits par une très-petite force agissant sur les forces vitales, phénomène qui réellement se représente souvent dans les maladies ; il était convaincu que l'action des substances médicamenteuses n'est due qu'à des forces interposées entre leurs molécules ; enfin, habile manipulateur, il avait observé que la trituration de ces substances poussée jusques à complète porphyrisation augmente excessivement leur puissance d'action (1). De tous ces faits, il avait tiré la conséquence que l'on peut guérir les maladies avec des doses infiniment petites ; et de syllogisme en syllogisme, de controverse en controverse, il est arrivé jusques à ses globules imprégnés d'un quatrillionième de grain de sel, à ses dilutions, comparées par un bel esprit de l'école rivale, à une goutte de médicament jeté dans la Seine au Pont-Neuf, pour la repuiser au pont Royal. Les académies n'ont pas eu assez de mépris, les écoles assez d'indignation, les médecins assez de sarcasmes, pour proscrire cette méthode, qui cependant a survécu aux critiques. Peut-être les homœopathes ont-ils trop généralisé ; peut-être l'effet des petites doses, incontestable dans certains états de l'organisme humain, est-il contrarié ou inappréciable dans d'autres ; peut-être aussi les médecins ont-ils tort de ne pas préférer, dans certains cas, l'action vitale et dynamique des petites doses, à l'action perturbatrice des révulsifs. La machine humaine est trop compliquée, elle est soumise à l'influence constante d'agents imperceptibles trop multipliés, pour qu'il soit possible de garantir ou de proscrire d'une manière absolue l'effet d'un seul agent curatif, d'une seule méthode thérapeutique.

Après que les controverses auront cessé, quand les jalou-

____

(1) Ici, j'aurais peut-être dû citer les ouvrages d'Hahnemann ; mais j'ai plutôt consulté des souvenirs que des livres. Honoré de quelque amitié par le vénérable fondateur de l'homœopathie, je ne crois pas avoir manqué au respect dû à sa mémoire, en puisant, dans des entretiens confidentiels, une impartiale appréciation de sa doctrine.   (*Note de l'Auteur.*)

sics scientifiques auront perdu de leur âcreté, l'homœopathie
deviendra peut-être un des chapitres de la science de la vie.
Les théoriciens, après y avoir plus mûrement réfléchi, recon-
naîtront qu'il n'y a rien d'absurde à croire aux effets des petites doses ; ils diront, avec un savant professeur de l'école de
Montpellier.... « Quand des atomes peuvent engendrer un
« être tout entier, avons-nous le droit de les taxer d'impuis-
« sance, alors qu'il ne s'agit que de le modifier ? Si un atome
« donne la vie, est-il plus difficile de concevoir qu'il puisse
« en changer les conditions (1) ? » Les praticiens, de leur
côté, daigneront expérimenter sans prévention, et ils reconnaî-
tront qu'il y a quelque utilité à retirer de ces globules qui
produisent des effets appréciables sur des vaches et des
chevaux.

Quel que soit l'avenir réservé à la méthode homœopathique,
elle n'offre, telle qu'elle est aujourd'hui pratiquée, que des
moyens de guérir les maladies, mais on ne l'a pas encore appliquée à l'hygiène, telle que nous l'entendons, c'est-à-dire à
la conservation de la santé par le complet développement des
forces vitales. Examinons donc si nous ne trouverons pas
mieux dans un système qui consiste tout entier dans l'effet
d'une force, et jetons un coup d'œil sur ces bizarres phénomènes, dont l'ensemble constitue ce que l'on appelle assez
improprement le *magnétisme animal*.

III. —Ici encore, nous nous trouvons placé entre des adeptes enthousiastes qui font du magnétisme une puissance surnaturelle, et des adversaires qui nient les faits, qui qualifient
les magnétiseurs de charlatans ou d'imposteurs et qui divisent tous ceux qui osent croire au magnétisme, en dupes im-
béciles, ou en complices d'un vaste système de fourberie.
Quelquefois, en présence de ces dénégations formelles, l'observateur impartial se prend lui-même à douter. Il se de-

____

(1) Risueño d'Amador, *Mémoire sur l'action des agents imperceptibles.*

mande si sa raison n'est pas dupe d'une illusion des sens et s'il existe réellement, pour l'homme, un état mystérieux qui n'est ni la veille ni le sommeil, ni la maladie ni la santé, qui tantôt, suspend tous les mouvements vitaux jusques à l'insensibilité cataleptique, tantôt surexcite à volonté toutes les forces musculaires et fait maîtriser trois hommes robustes par une faible jeune fille! État bizarre qui semble dépasser les limites reconnues jusqu'ici aux facultés humaines et renverser momentanément les lois de la vie, pour permettre à notre essence immortelle de se dégager des liens de l'organisme, de voir par l'intelligence, de sentir par la pensée, d'éprouver des sensations, par le seul effet de la volonté d'un autre et de lire, comme dans un livre ouvert, toutes les impressions qui se gravent sur les organes cérébraux de celui qui vous interroge! Puissance que l'on serait tenté d'appeler surnaturelle, car les magnétiseurs prétendent réaliser et réalisent en effet, quelquefois, tous ces merveilleux phénomènes que l'antiquité attribuait à ses Pythonisses; que le moyen âge appelait des sorcelleries et que l'Écosse reconnaît encore aujourd'hui sous le nom de seconde vue.

Il y a réellement une apparence de surnaturel dans quelques-uns de ces phénomènes somnambuliques. Tous ceux qui ont eu la patience de magnétiser et de suivre des expériences de magnétisme sérieux (1) ont vu des somnambules haletants, agités, obéir avec des mouvements automatiques à une volonté qui leur est transmise par un geste ou une pensée et, souvent, d'une assez grande distance. D'autres somnambules sont plongés dans une rigidité cataleptique; mais il semble que leur être immatériel a quitté le lieu où leur corps est immobile, pour assister, invisibles, à des scènes qui se passent ailleurs; ils en décrivent les incidents, et ils en ressentent les émotions. Enfin, des témoins dignes de foi attestent qu'il en est certains qui peuvent, en touchant la main

<hr>

(1) On ne peut appeler expériences sérieuses, ces séances publiques où l'on paye à la porte, et où le somnambule est soumis à des exercices de bateleur.

d'une personne, ou même une mèche de ses cheveux, apprécier avec exactitude l'état de ses organes, lire dans sa pensée
et faire, en quelque sorte, l'histoire de sa vie.

A des faits si curieux et qu'il serait si intéressant d'approfondir, pour le progrès de la science de l'homme, les Académies ont d'abord répondu par l'incrédulité et, plus tard, par
des refus formels de s'occuper des phénomènes qui touchent
au somnambulisme magnétique.

Les magnétiseurs, de leur côté, en ont appelé au public et
les arguments ne leur ont pas manqué. Ils disent : « Les
« académiciens ont quelquefois inventé, les académies ja-
« mais : ces corps ont été institués pour examiner les faits
« nouveaux et, quand ils refusent de les apprécier conscien-
« cieusement, ils manquent à leur mission, ils commettent
« un déni de justice. » On ajoute : « Repousser, par des dé-
« négations absolues, des faits attestés par des témoins nom-
« breux et dignes de foi, est un système de discussion très-
« commode et qui abrégerait beaucoup le travail de la
« critique. Si on l'appliquait, par exemple, à l'histoire, il
« n'y aurait qu'à dire que l'on ne croit pas qu'il ait jamais
« existé ni royaume de Macédoine, ni empire des Perses, et
« qu'Alexandre le Grand est un mythe : alors messieurs de
« l'Académie des inscriptions et belles-lettres en auront bien-
« tôt fini avec le passage du Granique et la bataille d'Ar-
« belles. » On demande enfin, « s'il est possible d'admettre
« que, depuis soixante ans, des centaines et des milliers de
« témoins aient pu s'accorder, sur tous les points de l'Eu-
« rope, à voir des faits, là où il n'aurait existé que des illu-
« sions ? »

Nous ne prétendons point nous ériger en arbitre entre les
académies et les magnétiseurs : nous nous bornerons à apporter au débat quelques observations dans l'intérêt de la
vérité. Est-il exact de dire que les phénomènes du magnétisme animal sont absurdes, incroyables, et méconnaît-on
tous les principes de la science, en admettant leur existence ?

Peut-être ici suffirait-il de répondre, que les faits, quelquefois brutaux à l'égard des systèmes, ne peuvent jamais être absurdes. Mais la question doit être traitée *à priori*.

Il n'y a rien d'absurde à soutenir qu'un somnambule peut *voir* par le creux de l'estomac ou par le bout des doigts, que son cerveau peut recevoir des sensations autrement que par les yeux ou les oreilles. Les livres de médecine offrent des cas nombreux dans lesquels *les organes percepteurs* des sensations ont été modifiés par la maladie. Le plexus gastrique, entre autres, est sujet, dans les affections hystériques, à acquérir une sensibilité qui va jusques à égaler celle des organes de la vue et de l'odorat. Les annales de la science ont conservé le souvenir de cet officier de l'Empire qui, opéré par Larrey, à la suite d'une blessure reçue à Wagram, *entendait* par la cicatrice de sa plaie (1).

Mais, dit-on, cette puissance de fascination exercée par le regard et la volonté du magnétiseur sur la volonté du somnambule ?

Là, non plus, aucune impossibilité.

La puissance de fascination, attestée par tous les auteurs anciens et par la tradition des siècles, a été niée par quelques savants modernes; on pourrait leur opposer le témoignage de tous ceux qui ont assez vécu dans l'isolement de la solitude pour observer les habitudes des reptiles; mais ils ne sauraient récuser celui de M. de Castelnau, ce voyageur dont la véracité ne peut pas plus être mise en doute que le talent d'observation. Empruntons-lui un petit drame de fascination. La scène se passe dans les forêts vierges de l'Amérique.

« Un écureuil, perché sur une branche à environ vingt
« pieds de terre, semblait immobile, tenant la queue re-
« dressée au-dessus de sa tête. Bientôt je le vis sauter ou plu-
« tôt se laisser tomber sur une branche inférieure, un autre

(1) *Comptes rendus de l'Académie des sciences*, année 1838; *Mémoire* du baron Larrey, p. 24.

« sant le conduisit plus près encore de terre..... Je m'appro-
« chai sans bruit et je distinguai un gros serpent noir (*colu-*
« *ber constrictor*) arrondi en spirale et tenant sa tête élevée
« dans la direction de la pauvre victime, qui bientôt, par un
« dernier bond, tomba à environ un pied du reptile. Sur-le-
« champ, je déchargeai mon fusil sur le serpent et le mis en
« pièces. Le pauvre écureuil, immobile et raide, me parut
« d'abord mort; mais, bientôt, il revint à lui et, en moins
« de dix minutes, je le vis avec plaisir s'élancer dans les
« branches (1). »

Voilà une action à distance sur l'organisme et sur la volonté : c'est une magnétisation plus puissante que celle qui
produit les phénomènes qui nous occupent, car elle surmonte
l'instinct de conservation.

Peut-être, si nous voulions creuser la question plus profondément encore, trouverions-nous la véritable cause de
l'aversion invincible de certaines écoles scientifiques pour
les phénomènes magnétiques. C'est que l'on ne peut reconnaître leur existence, sans admettre une action de la volonté
humaine sur la matière; c'est qu'il résulte de cette action, que
la sensation peut exister indépendamment des sens, ce qui ren-
verse le fameux axiome sur lequel reposent la philosophie moderne : « *Nihil est in intellectu, quod prius non fuerit sub
sensu.*» Maxime abrutissante, qui fait de l'intelligence une an-
nexe de la matière et dont il serait aisé de démontrer la fausseté,
si cet ouvrage avait la prétention d'être un traité de philosophie. Mais nous ne voulons pas trop abuser de la patience de
nos lecteurs ; nous aurons d'ailleurs occasion de revenir plus
loin sur la puissance psychique et l'action des forces morales sur l'organisme humain. Ici, nous nous bornerons à faire
observer que les phénomènes magnétiques convenablement
étudiés, ouvriraient aux savants des horizons nouveaux et
pourraient peut-être éclaircir bien des points obscurs de

(1) *Comptes rendus de l'Académie des sciences*, t. XIV, p. 497 ; *Mémoires*
de M. de Castelnau.

l'histoire de la nature. Cependant les magnétiseurs, il faut l'avouer, n'ont pas encore retiré de leurs doctrines ces applications fécondes qui révolutionnent la science. Ils se bornent, en général, à des expériences de curiosité, et à employer cette force qu'ils appellent le fluide magnétique, à la guérison des maladies. Ils se flattent de trouver une panacée universelle dans les passes magnétiques. Espoir chimérique, pour celui qui réfléchit sur la complication de l'organisme humain, et sur la multiplicité des forces qui l'influencent ; mais qui repose sur un fait, dont nous donnerons ailleurs l'explication, la possibilité de soulager certaines douleurs par la triple action de la volonté, du geste et de l'insufflation.

Mais si le magnétisme essaye de guérir les maladies, il se reconnaît impuissant à les prévenir, plus impuissant encore à prolonger la vie et conserver la santé dans un sens absolu et général. Cette conséquence résulte d'un fait admis par tous les magnétiseurs ; c'est que le magnétisme n'a d'action bien caractérisée que sur des organisations exceptionnelles, ou dans des affections chroniques. Quand, après de longs traitements magnétiques, on a obtenu la guérison, le sujet cesse d'être impressionné par le magnétisme, à moins, comme nous venons de le dire, qu'il ne soit doué d'une organisation exceptionnelle et assez rare.

Ce n'est donc ni dans l'homœopathie, ni dans le magnétisme, que l'on trouvera la solution complète du problème que nous nous sommes proposé. Tous les systèmes médicaux ont pour objet la guérison des maladies ; ils agissent en employant des forces plus ou moins bien appliquées. Il nous reste à étudier l'action de ces forces sur la vitalité humaine, afin de voir si elles ne pourraient pas être dirigées dans le sens de sa conservation. Ce sera l'objet du livre suivant.

LIVRE DEUXIÈME

SOMMAIRE.

Cette seconde partie est consacrée à l'étude des forces qui président aux fonctions de la vie humaine, ou qui sont de nature à les influencer. On y trouvera donc une rapide revue de toutes les causes qui peuvent agir sur les phénomènes de la maladie et de la santé. Les substances médicamenteuses, et les forces qui s'en dégagent, l'oxygène considéré comme agent d'impulsion de la circulation, les forces caloriques et électriques, les forces instinctives et morales, seront tour à tour étudiées, en se plaçant, autant que possible, sur le terrain de la science contemporaine et de l'expérience, cherchant partout des moyens de prolonger la vie en conservant la santé.

CHAPITRE VII.

I. — Le nouveau-né sortant des entrailles de sa mère est
déjà animé de l'étincelle de vie, en même temps que ses organes recèlent le germe de la mort qui, tôt ou tard, séparera
l'être immatériel et immortel de son enveloppe terrestre.
Notre vie d'ici-bas n'est donc qu'une lutte constante entre
deux forces opposées qui semblent, elles-mêmes, participer
de la double nature de l'homme. D'un côté, l'élément morbifique, obéissant à quelque connexité mystérieuse des lois générales de la nature, tend sans cesse à ramener les atomes
matériels de nos corps dans ce grand mouvement de décomposition et d'agrégation qui est la vie universelle de notre
globe, de l'autre, la force vitale agit continuellement sur les
organes pour la conservation de cette union intime de l'âme,
de l'instinct et de la matière, qui constitue à la fois le fait et
le mystère de notre existence. Ces deux principes sont eux-
mêmes sans cesse sollicités par des forces qui agissent sur
l'homme, soit dans le sens de sa conservation, soit dans celui
de sa destruction. Le premier mouvement vital est occasionné
par la première aspiration d'oxygène atmosphérique et, pendant tout le reste de notre vie, la circulation du sang qui entretient le jeu de tous nos organes, est elle-même entretenue

par un air pur ; mais aussi, l'air peut nous apporter et nous apporte souvent des principes de maladie et de mort. Il en est de même de l'électricité, du calorique, ces grands agents de la vie universelle qui sont tour à tour, pour l'homme, princi pes de conservation et causes de destruction : enfin, en ne considérant que les forces pures, n'est-il pas incontestable que les causes morales ont une influence réelle sur la santé et la maladie et qu'elles suffisent quelquefois pour occasionner la mort ?

C'est donc dans l'étude des forces qu'il faut chercher le secret de la conservation de la vie. Nous allons glaner dans ce champ si souvent labouré par la pensée humaine ; mais avant de nous élever aux forces pures, il est peut-être plus logique de jeter un coup d'œil sur l'application la plus vulgaire et la plus élémentaire des forces naturelles à la santé des hommes, c'est-à-dire les substances médicamenteuses. Cette marche est conforme à la réalité des faits. A côté du premier malade, il s'est trouvé une main amie, qui a cueilli des simples pour le guérir.

Quelquefois le médicament est salutaire, quelquefois aussi il est nuisible ; et, ici encore nous retrouvons l'antagonisme des principes de vie et de mort. Mais l'action salutaire ou nuisible des substances médicamenteuses sur le corps humain, est un fait ; et les faits n'ont pas besoin d'être démontrés. Les complications et les obscurités ne commencent que lorsque l'on veut remonter aux causes premières et en tirer des conséquences. Essayons cependant d'éclaircir quelques-unes des difficultés de ces questions de pharmacie et de thérapeutique ; la science ne peut qu'y gagner. Ce ne sont pas les faits isolés qui lui manquent, mais peut-être ne sont-ils pas toujours rapprochés les uns des autres, dans un ordre logique qui permette de suivre l'enchaînement des effets et des causes.

Il semble, au premier coup d'œil, que c'est à la chimie qu'il faudrait demander l'explication de tous les phénomènes qui accompagnent les médications, et cependant la chimie pure

nous serait un guide souvent infidèle, plus souvent encore insuffisant.

On a dit avec raison que le corps de l'homme n'est pas une
cornue ; les réactions du laboratoire ne donnent qu'une
idée bien imparfaite de ces mystérieuses transformations, de
cette incessante combustion pulmonaire, de ces fermentations
vitales, qui apportent aux organes les globules matériels qui
reconstituent leur substance, à la vitalité elle-même, la réparation des forces, dont chaque acte de la vie entraîne une
déperdition constante. L'analyse chimique peut quelquefois
venir en aide à l'art de guérir : il peut être utile de vérifier
jusques à quel point la maladie a modifié la composition du
sang, de rechercher, dans les déjections humaines, quelques
indices des perturbations intérieures ; il n'est pas sans intérêt,
non plus, de connaître tous ces corps nouveaux dont les chimistes modernes ont enrichi leurs collections : quand M. Pelouze, par exemple, a fait l'histoire des acides gras, et quand
il nous a appris que l'acide butyrique attaque et désorganise
la peau comme les corrosifs les plus puissants, il a révélé un
fait curieux pour l'hygiène : de même, quand M. Bouchardat
a reconnu que « les matières albumineuses peuvent se trans-
« former spontanément, dans quelques circonstances rares et
« indéterminées, en globules organiques d'une belle cou-
« leur bleue » (1), il a probablement ouvert à la science un
nouveau champ d'expériences et de découvertes. La cause
première de la coloration des corps, sa connexité avec les
lois qui président aux arrangements moléculaires, et avec
celles qui dirigent les fonctions vitales : tout cela est encore
bien peu connu. Cependant la science a déjà enregistré
des expériences curieuses par leurs rapprochements. Toutes
les personnes qui s'occupent de chimie ont constaté l'action des
alcalis et des acides sur les teintures de tournesol, de violettes
et de curcuma ; il n'est pas démontré que les mêmes phéno-

(1) BOUCHARDAT, *Annuaire de thérapeutique*, année 1843, p. 140.

mènes dans la coloration soient produits par des courants électro-positifs ou électro-négatifs ; mais on sait que d'autres phénomènes organiques sont produits indistinctement par des alcalis, ou par un courant positif, par des acides ou par un courant électro-négatif ; on sait aussi que certaines plantes dégagent de l'électricité positive par la surface verte et antérieure de leurs feuilles, négative, par la surface rouge et postérieure. Il y a, dans ces analogies, de quoi faire réfléchir aux mystérieuses connexités de cette trinité de forces qu'on appelle ÉLECTRICITÉ, LUMIÈRE, CALORIQUE.

Quoi qu'il en soit des découvertes de la chimie moderne et de celles qui lui restent à faire, il ne faut pas s'exagérer leur importance en médecine, il faut surtout bien répéter qu'au point de vue de la connaissance des maladies, la clinique en apprendra toujours beaucoup plus que le laboratoire. Les plus savantes analyses des tubercules fourniront bien peu d'indications pour guérir la phthisie. Ceci tient à deux causes qu'il est bon d'indiquer en passant.

L'incertitude des analyses chimiques en ce qui touche à la composition des matières organiques et à leur état moléculaire ;

Les modifications profondes apportées par les forces vitales aux combinaisons des divers corps et à leurs réactions dans l'organisme vivant.

II. — Nous ne citerons ici qu'un seul exemple de l'incertitude des analyses chimiques. MM. Danger et Flandin (1) ont démontré, en 1843, qu'il n'existe, dans le sang humain, à l'état normal, ni un atome de cuivre, ni un atome de plomb. Leurs analyses étaient exactes à un cent-millième près ; on a donc admis le fait, et, déjà, les médecins chimistes s'apprêtaient à en tirer des conséquences ; on aurait pu, entre autres, s'en servir pour expliquer comment les préparations de plomb et de cuivre sont vénéneuses : on aurait dit : « C'est

____

(1) *Comptes rendus de l'Académie des sciences*, t. XVII, p. 155.

« parce qu'elles apportent au corps humain des éléments qui
« lui sont étrangers. » C'eût été une grande victoire pour les
organiciens et les matérialistes.

Mais voici arriver M. Milon (1) qui a trouvé, en 1848, dans
le sang humain, du plomb, du cuivre, et une assez forte
proportion de manganèse. Il a extrait ces métaux des globules sanguins et les a montrés à tous venants, à leur état palpable, métallique.

Que conclure de ce fait? que MM. Danger et Flandin ont
fait de fausses analyses? Il y aurait impossibilité morale à le
supposer ; que M. Milon s'est trompé? C'est tout aussi impossible.

Peut-être quelques-uns verront-ils là un nouvel indice de
l'unité de la matière, ils supposeront que, dans le procédé
d'analyse employé par M. Milon, les métaux en question
se sont formés de toutes pièces pendant l'opération et que
MM. Danger et Flandin, ayant opéré autrement, n'ont rien
trouvé. Hypothèse qui renverserait toutes les théories chimiques fondées sur la classification des corps simples de Guyton-
Morveau et de Lavoisier. Ce n'est pas ici le lieu de discuter
ces hautes questions : bornons-nous à faire observer qu'en
présence de cette discordance dans les résultats de deux analyses qui offrent les mêmes caractères d'exactitude, il est permis de ne pas s'en rapporter exclusivement à l'analyse chimique dans l'appréciation des phénomènes vitaux.

Cette considération nous conduit à une autre, qui, elle-
même, se rattache à la seconde proposition établie plus haut.

La science reconnaît que « les réactions chimiques ne con-
« stituent pas une *loi* de la nature, dans l'acception rigoureuse
« du mot, car elles sont subordonnées à divers phénomènes de
« température et de pression (2). » Elles ne sont donc *causes*
que dans un sens restreint ; si on les envisage au point de vue
de l'harmonie générale, elles ne sont plus que des *effets*.

(1) *Comptes rendus de l'Académie des sciences*, t. **XXVI**, p. 41.
(2) *Ibid.*, t. **XX**, p. 193.

Écoutons un autre savant : « Il faut reconnaître que l'affinité
« est subordonnée à des conditions dans lesquelles on a tou-
« jours opéré, sans se rendre exactement compte de leur in-
« fluence (1). » Cette remarque de M. Fremy à l'occasion de
ses travaux et de ceux de M. Pelouze, prouve que la chimie
de Lavoisier a eu tort d'ériger en loi générale l'affinité des
acides pour les bases ou le déplacement des acides faibles par
les acides forts. Ces phénomènes ne se reproduisent avec régularité, que lorsque l'on opère dans les mêmes milieux, dans
l'eau, par exemple, ou dans l'air et sous la même pression ;
mais si l'on dissout les substances dans l'alcool, ou dans un
autre liquide, les réactions sont différentes ; elles sont aussi
modifiées, si l'on opère dans le vide, ou sous des pressions autres que la pression atmosphérique.

On ne doit donc pas considérer les *petites lois* des chimistes
et des physiciens comme des *lois générales* de la nature, tout
au plus d'étroits chapitres de la science, des anneaux isolés de
cette vaste chaîne qui réunit l'un à l'autre, pour n'en former
qu'un seul tout, les atomes élémentaires de la matière primitive et les forces qui modifient sans cesse leurs combinaisons.

Mais quand la volonté suprême anima ces atomes de matière d'un souffle d'intelligence et de vie, elle modifia leurs
combinaisons plus profondément encore. Tous les physiologistes sont d'accord à reconnaître que les fermentations intérieures qui accompagnent l'acte de la digestion, ainsi que les
phénomènes compliqués qui constituent l'assimilation, sont le
résultat d'autres forces que celles dont dispose le chimiste
opérant avec des cornues et des capsules. Ceci est démontré
par une expérience que chacun répète tous les jours. Vous
avez fait votre repas d'une demi-livre de pain, fécule et gluten ; de quelques onces de viande et de poisson, albumine et
phosphates alcalins ; plus enfin quelques légumes et quelques

(1) *Comptes rendus de l'Académie des sciences*, t. XVIII, p. 1044.

fruits, matières saccharines, pectine et acides végétaux. Cette masse va, dans votre estomac, se changer en chyme, puis en chyle, puis enfin en cruor et en sang, dont les globules microscopiques, apporteront, peu à peu, à chaque organe les éléments réparateurs de sa composition matérielle. Essayez, au contraire, de triturer la même masse alimentaire dans un appareil chimique, et vous n'obtiendrez que des fermentations putrides, des gaz méphitiques et des résidus dont aucune partie ne sera semblable ni au sang, ni à la matière organisée des nerfs ou du cerveau (1).

III. — Il est donc permis de soutenir que les lois de la vie animale dominent celles qui régissent les mouvements de la matière brute : nous pourrions ajouter qu'elles sont subordonnées jusqu'à un certain point, et dans certains cas, à des forces d'un ordre plus élevé encore; mais nous aurons à revenir sur ces considérations, quand nous traiterons des forces morales; ici nous ne nous occupons que des phénomènes physiques et organiques, et les faits que nous venons d'établir éclairciront ce qu'il nous reste à dire sur l'action des substances médicamenteuses.

Elles peuvent agir sur le corps humain : chimiquement, par l'assimilation de leurs atomes aux organes; physiquement, par les réactions qu'elles déterminent ; enfin dynamiquement, par l'action des forces qu'elles dégagent ou qu'elles sollicitent.

Si votre sang appauvri ne contient pas assez de fer, des préparations de ce métal agiront peut-être chimiquement, en fournissant à l'assimilation les atomes ferrugineux qui lui

---

(1) Ici l'on pourrait peut-être m'objecter l'expérience de Spallanzani, qui est répétée tous les jours par les physiologistes modernes. On peut faire du chyme artificiel, il est vrai; mais comment? En employant du suc gastrique tout élaboré. Avec les éléments qui le composent, on n'obtiendrait rien. Si quelque jour on parvenait à changer du chyme en chyle, ce serait par un procédé analogue ; mais jamais avec de la matière brute, on ne fera ni un nerf, ni un œil, ni même une feuille de chou.

manquent. On pourrait aussi, jusqu'à un certain point, expliquer chimiquement l'action bienfaisante de l'acide phosphorique sur la carie des os (1). Mais ces exemples sont rares ; et l'effet purement chimique des substances médicamenteuses sera toujours compliqué par des actes physiologiques et des phénomènes vitaux.

Si vous soupçonnez que l'intérieur des intestins n'a pas le degré de chaleur nécessaire pour accomplir le travail de la digestion, vous le faciliterez, en maintenant la région gastrique à une température suffisante ; voilà un exemple d'une médication purement physique. Il en est de même quand vous appliquez de la glace sur la tête. Cependant, dans ces deux cas, il y a eu action ou neutralisation de forces ; et c'est dans ce sens que les médecins rangent le calorique dans la classe des stimulants et considèrent le froid comme sédatif par excellence.

IV. — On le voit, l'action des médicaments est presque toujours, nous pourrions même dire toujours, dynamique. C'est dans ce sens, qu'un savant professeur de Montpellier a désigné les substances médicamenteuses sous l'appellation plus générale et plus exacte d'agents *pharmaco-dynamiques* (2). Leurs effets sur le corps humain sont donc toujours le résultat d'une force qui, tantôt viendra en aide aux forces vitales, tantôt les contrariera dans leur action.

Voilà ce que l'on peut affirmer, dans l'état actuel de la science ; mais si l'on veut expliquer cette action, en préciser la nature, on est arrêté par mille obscurités. Pour bien comprendre l'action des forces curatives dans l'état de maladie, il faudrait connaître l'essence même de la force qui nous fait

---

(1) L'acide phosphorique est un des moyens les plus puissants pour diminuer les suppurations abondantes et pour arrêter la carie des os.

(*Note manuscrite du docteur Koreff.*)

(2) GOLFIN, *Études thérapeutiques sur la pharmacodynamie.* Montpellier, 1845, p. 15.

vivre et ses rapports avec les autres forces qui gouvernent tous les mouvements des choses. C'est ce qu'avait compris la haute intelligence de Platon, quand il a dit, après Hippocrate, que la science de l'homme est la connaissance de la nature entière.

Ces obscurités ne ressortent jamais avec plus d'évidence, que lorsque l'on veut essayer d'expliquer l'action délétère des poisons. Les expériences des laboratoires de chimie, comme celles des physiologistes, présentent, en fait de toxicologie, des contradictions apparentes, des anomalies bizarres qui démontrent la pauvreté de nos connaissances en tout ce qui touche aux causes premières.

Déjà, ailleurs, nous avons fait observer que la morphine et la strychnine, poisons violents qui tuent, l'un en stupéfiant, l'autre en surexcitant les mouvements vitaux, ont à peu près la même composition chimique et nous en avons tiré la conséquence, que les propriétés des substances ne dérivent pas des atomes qui les constituent, mais de leur arrangement moléculaire. Les traités spéciaux de toxicologie offrent, à chaque instant, des anomalies de cette nature et des faits à l'appui de cette hypothèse scientifique.

Le cuivre n'est pas vénéneux en lui-même, et la preuve, c'est que les ouvriers qui sont exposés, dans l'industrie, à avaler continuellement des particules de ce métal en sont rarement indisposés. Le cuivre, ainsi aspiré en excès, donne quelquefois des coliques ; mais essentiellement différentes de la colique de plomb et sans beaucoup de gravité (1). Si l'on administre à un homme sain une dose modérée de limaille de cuivre, il n'en résultera aucun effet fâcheux. Au contraire, tous les sels de ce métal sont essentiellement vénéneux. Si la médecine chimique veut essayer d'expliquer ce fait en disant que les sels de cuivre sont solubles ou le deviennent, dans l'intérieur des organes, tandis que le cuivre métallique n'est

____

(1) *Comptes rendus de l'Académie des sciences,* t. **XX,** p. 443 ; *Mémoire* de **M. Blandet.**

pas assimilé et est repoussé intact dans les sécrétions, on lui répond par d'autres faits. On lui demande comment il est possible d'admettre que la limaille de cuivre, échappe à l'action des sucs gastriques qui décomposent l'or, métal bien moins facilement attaqué que le cuivre, et il est incontestable que l'or métallique ingéré dans l'estomac produit des effets analogues à ceux qu'auraient produits ses sels. Mais quand même les chimistes auraient démontré que le cuivre traverse nos organes sans être aucunement attaqué, ils n'auraient pas avancé vers la solution du problème, ils ne pourraient pas expliquer pourquoi l'acétate de cuivre désorganise à la fois et si rapidement les organes et la vitalité : de quoi donc est composé ce sel? De cuivre ; mais nous venons de voir que ce métal n'a en lui-même rien de vénéneux, on pourrait même dire qu'il nous est homogène, depuis que M. Milon en a retiré des parcelles du sang humain. D'acide acétique? Mais l'acide acétique est bien loin de posséder des propriétés délétères : on le retrouve au contraire dans certains liquides essentiels aux fonctions vitales.

Nous rencontrerions les mêmes anomalies dans d'autres substances vénéneuses. Comment se fait-il, par exemple, qu'en ajoutant à du sucre, aliment essentiellement ami de l'homme, quelques atomes d'oxygène, qui est un des principes de notre vie, on obtienne un poison, l'acide oxalique ?

Mais l'arsenic lui-même, ce métal si hautement vénéneux qui tue les hommes et les animaux, soit qu'on l'ingère à l'état métallique ou à celui de combinaison, qui frappe de mort les plantes arrosées d'une de ses dissolutions, l'arsenic n'a-t-il pas une végétation organique qui se forme dans les vases où on le conserve? Plante funèbre et mystérieuse que l'on serait tenté de comparer à celles dont l'imagination des poëtes avait peuplé les fleuves de l'Enfer !

On pourrait aussi demander pourquoi certaines plantes, certains fruits, sont vénéneux pour quelques animaux, inoffensifs pour d'autres? Un perroquet mourra, toutes les bonnes femmes le savent, s'il a mangé du persil ; mais les canards de nos volières en avalent tous les jours. Cependant ces deux oiseaux n'offrent pas de différences notables dans leur construction intérieure, ni dans les phénomènes chimiques de leur vitalité.

Pourquoi enfin le venin des reptiles ophidiens, qui est si meurtrier, quand il est mêlé au sang par inoculation, est-il sans effet ingéré dans l'estomac ? Quelques savants répondront que, dans le premier cas, le venin agit à la manière des ferments et décompose le sang. Explication qui n'explique rien ; car on ne comprend pas pourquoi ce ferment si puissant n'agirait pas de la même manière dans les intestins et ne décomposerait pas d'abord les sucs gastriques, ensuite le chyme et le chyle où le sang vient puiser ses éléments tout formés.

Si l'on veut un phénomène qui aide à comprendre, si ce n'est la cause elle-même, au moins la nature de la cause de l'action des poisons, les annales de la science nous offriront la belle expérience de M. Breschet qui jette une vive lumière sur ces questions difficiles et qui cependant est à moitié oubliée parmi la multitude des expériences. M. Breschet a neutralisé les effets du venin des reptiles ophidiens au moyen d'un courant électrique. Voici comment a procédé M. Breschet. Il a inoculé le venin à un oiseau qui au bout de quelques minutes est entré en convulsions, puis l'animal tombe sur le dos et expire. Mais d'autres oiseaux qui, après les premiers symptômes, ont été traités par un courant galvanique, ont été tous sauvés. On a mis un des réophores de la pile en communication avec la petite plaie de l'inoculation, l'autre avec un autre point du corps de l'animal : alors on voyait tous les accidents morbides disparaître peu à peu et l'animal revenir à la vie et à la santé (1).

Nous aurons peut-être à rappeler ailleurs cette expérience,

____

(1) *Comptes rendus de l'Académie des sciences*, t. XI, p. 495; *Mémoire* de M. Breschet.

d'un haut intérêt au point de vue thérapeutique, ici, nous ne la considérons qu'au point de vue théorique, et elle démontre qu'il y a eu, dans l'action du venin, une force perturbatrice neutralisée par une autre force. On arrive aussi à cette conclusion par d'autres expériences, dont les médecins n'ont pas voulu retirer d'applications utiles, on ne sait en vérité pourquoi.

Il est reconnu, par de nombreuses observations, que les individus soumis à l'usage de la strychnine acquièrent une extrême sensibilité aux excitations électriques, qui persiste même plusieurs semaines après qu'ils ont cessé de faire usage du médicament. Mais chose bizarre, la morphine, poison dont les effets sont totalement opposés à ceux de la strychnine, produit sur l'organisme humain la même sensibilité aux excitations électriques. Et, à cette occasion, un médecin de l'école de Paris disait, il y a déjà bien des années : « Cer-« tains médicaments pourraient bien posséder la faculté « d'imprimer le mouvement à l'électricité naturelle du corps, « de la décomposer, de l'accumuler, puis de la distribuer « à des points inaccoutumés (1). »

Nous reviendrons ailleurs sur les propriétés électriques des agents pharmaco-dynamiques ; il suffit, ici, de bien constater que les effets des poisons, comme ceux des substances médicamenteuses, sont le résultat d'une force inhérente à ces substances, force perturbatrice venant contrarier les forces vitales dans le cas des poisons, force réparatrice, quand le médicament est bien choisi. Nous pourrions entasser les preuves ; mais, nous nous bornerons, pour épargner nos lecteurs, à une dernière expérience. C'est le savant historien de la chimie qui nous la fournira. Le 12 octobre 1840, M. Frédéric Hoefer avala 6 grains de perchlorure de platine et éprouva des symptômes analogues à ceux de l'empoisonnement arsenical : l'expérience avait eu lieu dans l'intérieur

---

(1) V. Bailly, *Mémoires de l'Académie royale de médecine*, t. I, p. 158.

d'un appartement. Deux jours après, M. Hoefer la répéta en plein air, sur la butte Montmartre, par un temps serein et dans un équilibre électrique parfait : les mêmes symptômes se reproduisirent, mais excessivement affaiblis et sans gravité (1). N'est-il pas évident que l'action de la lumière, la pression atmosphérique, et l'état électrique avaient modifié l'action du poison? Mais tout cela, ce sont des forces, et puisque ces forces ont modifié une certaine action , c'est que cette action était produite par une autre force. Du reste, le même phénomène se reproduit toutes les fois que l'on administre une potion fortement antispasmodique, composée de narcotiques et d'acide prussique dilué, à une personne sous l'empire d'une violente émotion. Ici, c'est une force morale qui apporte la perturbation organique ; la force stupéfiante agit dans un sens de conservation, en rétablissant l'équilibre.

Cette digression sur l'action des poisons va abréger notre tâche en ce qui touche à l'action des médicaments. Nous pouvons désormais établir avec certitude que cette action n'est pas produite par la matière inerte en elle-même, mais par une force.

Les médecins, même ceux qui demeurent encore dans les ténèbres de l'organicisme, reconnaissent implicitement cette vérité, quand ils divisent l'action des substances médicamenteuses en deux grandes catégories :

Action physiologique sur les organes ;

Action thérapeutique sur la vitalité.

Classification qui est adoptée dans tous les livres modernes qui traitent de la matière médicale et qui, en effet, éclaircit bien des difficultés.

Nous n'avons point à entrer ici dans le détail des médicaments, mais en demeurant dans les généralités, nous pouvons tirer des conséquences utiles des faits déjà établis.

_____

(1) *Gazette médicale*, nº du 28 novembre 1840.

On conçoit, par exemple, comment, en médecine, il est possible de guérir la même maladie par des remèdes très-différents les uns des autres, par exemple, avec de l'aloès, qui est rangé parmi les excitants, échauffants, disent les bonnes femmes, ou bien avec du sirop d'asperges qui est sédatif, c'est-à-dire rafraîchissant dans l'acception vulgaire. C'est que l'un des agents pharmaco-dynamiques a agi d'abord physiologiquement sur le tube intestinal en y apportant une utile révulsion, et ensuite thérapeutiquement sur la vitalité elle-même en stimulant son énergie médicatrice, tandis que l'autre a produit une révulsion sur la vessie et, ensuite, a aussi agi thérapeutiquement sur la vitalité elle-même, en modérant ce qu'il pouvait y avoir d'exagéré dans la réaction et rétablissant l'équilibre entre les fonctions. Cette observation est rassurante pour les malades ; elle leur laisse des chances d'échapper aux bévues des médecins.

On peut aussi s'expliquer, en quelque manière, l'utilité et les inconvénients des révulsifs : ils agissent d'abord physiologiquement sur un organe ou un système d'organes et, en vertu de l'aphorisme hippocratique, du déplacement des causes morbides « *Duobus laboribus simul obortis, non in eodem loco, vehementior obscurat alterum* », ils viennent en aide aux forces vitales ; et un peu plus tard, ces forces réagissent d'après cette autre loi générale qui veut qu'il n'y ait pas d'action sans réaction, mais la réaction produite par les révulsifs est plus souvent fâcheuse qu'elle n'est utile. L'action physiologique du révulsif n'est donc que le premier pas vers son action thérapeutique qui est compliquée par la réaction physiologique et par la force propre de l'agent révulsif. Un médecin suppose, d'après certains symptômes, qu'il existe une irritation sur un point de la muqueuse, il applique un vésicatoire : qu'en résulte-t-il ? Au bout de quelques heures, l'action désorganisatrice des cantharides sur la peau, a dégagé la muqueuse, cette doublure du tissu cutané ; c'est un effet physiologique. Mais bientôt, une petite dose de

cantharidine qui a été absorbée par les tubes capillaires de la
peau est entraînée dans le torrent de la circulation, et cette
énergique substance agit sur l'ensemble de l'organisme
par sa force propre et produit des phénomènes qui peuvent
être funestes, tout aussi bien que favorables. Enfin, un peu
plus tard, l'ampoule est formée, le sang blanc s'y accumule,
on l'en extrait, et la nature est forcée à un travail pour le
remplacer. Tout cela sont des complications dont le médecin
a rarement prévu toutes les conséquences. Si, au lieu d'un
vésicatoire, le médecin a ordonné 15 grains d'ipécacuanha,
les choses se passeront à peu près de même. Il y aura excitation d'abord vomitive, puis drastique du tube intestinal,
et, à cette secousse, succédera l'action de l'émétine sur la
vitalité elle-même, action qui est sédative.

On pourrait tirer de ces observations bien des conséquences : nous nous bornerons à celles qui nous ramèneront au but
de cet ouvrage.

On peut d'abord avancer, avec quelque confiance, que les
praticiens feraient bien d'être un peu plus sobres de ces révulsifs dont la méthode physiologique se montre trop prodigue.

On peut aussi conclure, que, si les traitements révulsifs
peuvent être quelquefois utiles dans les maladies aiguës, il
faudra presque toujours les proscrire dans les affections chroniques. Ici, nous laisserons parler un grand médecin. « Il faut
« le plus souvent des remèdes qui aident à vivre, qui donnent
« des forces, qui remuent les *passions* nécessaires dans les
« divers états où les hommes se trouvent. C'est à la médecine
« à trouver ces remèdes... La thériaque et ses diminutifs, le
« vin et ses diverses combinaisons réveillent l'activité et sou-
« tiennent la vie au lieu de l'affaiblir. Il est pourtant vrai
« qu'il y a quelques occasions où les véritables cordiaux sont
« des aqueux ou des relâchants telles sont, par exemple, les
« maladies aiguës (1). »

____

(1) BORDEU, *OEuvres médicales*, t. II, p. 564.

Voilà, clairement indiquée, la différence profonde entre le traitement des maladies aiguës et celui des affections chroniques, en même temps que la nature de ce traitement. L'illustre Barthez a été plus précis encore quand il a dit : « Tout « le traitement de ces maladies consiste dans des alternatives « assidues d'excitations et de relâchement (1). »

On ne guérit donc les affections chroniques au moyen des médicaments, que parce que ces médicaments ont aidé la vitalité. Mais la vitalité est une force ; donc le médicament a agi en développant une force dont il apportait le principe. Mais nous avons vu que cette force médicamenteuse n'est pas inhérente aux atomes chimiques qui composent la substance : il faut bien cependant qu'elle soit quelque part. D'où il résulte nécessairement qu'elle ne peut se trouver qu'entre les molécules. Cette conclusion pourrait au besoin êrte appuyée sur la belle application de M. Biot à l'analyse moléculaire par les appareils de polarisation. Ce savant a presque tranché la question quand il a dit... « Des substances « absolument identiques dans la nature et les proportions de « leurs éléments chimiques peuvent avoir des constitutions « moléculaires très-différentes. (2) »

C'est donc de la constitution moléculaire d'un médicament que dépend son action thérapeutique et, par conséquent, les médecins alchimistes avaient raison de chercher des forces dans les médicaments composés, car ces combinaisons de substances amènent de nouvelles combinaisons de forces faciles à décomposer et à mettre en rapport avec les forces vitales.

Sous quelque point de vue que l'on envisage la question, on revient toujours à cette conclusion, que la médecine a fait fausse route, quand elle a proscrit d'une manière trop absolue l'emploi des médicaments composés et qu'il est temps d'y revenir, surtout lorsqu'il s'agira de traiter les maladies chroniques.

Mais il ne faut pas, de cette conclusion logique, passer à

____

(1) BARTHEZ, *Consultations de médecine*, t. II, p. 87.
(2) *Comptes rendus des séances de l'Académie des sciences*, t. XI, p. 323.

une autre qui ne le serait plus et nier l'existence des médicaments spécifiques, en même temps que celle des affections essentielles. A côté de chaque maladie, la divine Providence a permis qu'il se trouvât un remède : c'est à l'intelligence qu'il appartient de le distinguer, à la main de le recueillir. On peut dire, dans un sens général, qu'il n'existe pas des maladies incurables, mais des maladies dont la médecine ne connaît pas le spécifique. C'est, pour la science, un vaste champ de recherches, où elle est souvent aidée par le hasard, il s'agit seulement de ne pas se laisser étourdir par la multiplicité des faits et de les classer dans un ordre logique qui permette à la mémoire de recourir, à chaque occasion, au médicament ou à l'association de médicaments qui lui est propre.

Le docteur Cartwright, le célèbre inventeur de la machine à carder, avait observé que lorsque, chez les brasseurs, on suspendait une pièce de viande qui commençait à se décomposer au-dessus d'une tonne de bière en fermentation, la putridité s'arrêtait et la chair reprenait l'aspect qu'elle offrait en sortant de l'étal du boucher. Frappé de ce phénomène, son esprit ingénieux conçut l'idée d'appliquer la levûre de bière au traitement des affections putrides, et il obtint les plus heureux résultats. Pourquoi ce médicament a-t-il cessé d'être employé? comment n'a-t-il pas pris sa place parmi les spécifiques? voilà des questions qui, aujourd'hui, n'aboutiraient qu'à des controverses : il suffit de les poser ; c'est au temps à les résoudre.

V. —Reprenons le fil de nos raisonnements.

Les affections chroniques peuvent être combattues par des médications spécifiques. Mais ces maladies, qui se manifestent par une perturbation dans telle ou telle fonction organique, ont toujours, pour cause première, une perturbation des forces vitales, par conséquent le traitement qui les aura guéries est venu en aide à ces forces ; par conséquent aussi des moyens analogues peuvent agir jusques à un certain point sur les mêmes forces, quand elles seront troublées par les infirmités de l'âge et l'affaiblissement de la vieillesse. Ceci est d'une logique rigoureuse.

Il est impossible de nier la connexité qui existe entre les infirmités des vieillards et certaines affections chroniques de l'âge mûr, entre la décadence des forces dans la décrépitude, et la vieillesse anticipée de ces jeunes hommes qui ont épuisé leur vie dans l'excès des jouissances. Or, si dans ce cas, comme dans celui des affections chroniques, il est possible, ainsi que nous venons de l'établir, d'opposer des traitements spécifiques qui agiront sur les forces et rétabliront jusqu'à un certain point l'équilibre des fonctions, il est bien évident qu'il est possible aussi, par des traitements de même nature, de modifier les infirmités des vieillards et de conserver intacte, jusqu'au dernier moment l'intégralité des forces dont la volonté toute-puissante a animé la machine humaine.

Mais, dira-t-on, si les forces médicamenteuses peuvent agir sur les forces vitales dans un sens de conservation, pourquoi ne les conservent-elles pas indéfiniment ? Si elles ne le peuvent, on niera l'action conservatrice.

L'objection est plus spécieuse que solide. Les agents immatériels, que la science moderne a nommés des forces, ne gouvernent les mouvements des choses, que dans le cercle des lois générales de la nature ; et quand les lois de la vie amènent cette modification que nous appelons la mort, rien ne peut arrêter leur effet, si ce n'est une intervention plus haute encore de la volonté divine, c'est-à-dire un miracle. Mais aussi longtemps que la force vitale demeure unie au corps, elle agit dans le cercle qui lui a été tracé, c'est-à-dire la conservation de l'être humain, et, dans ces limites, il est loisible à l'homme d'aider son action, tout aussi bien que de la contrarier.

Passons à une autre objection qui soulève des difficultés plus graves.

Nos arguments principaux reposent sur la possibilité de

modifier toutes les affections chroniques ; on niera cette possibilité en s'appuyant sur un fait malheureusement trop réel, c'est qu'il est un grand nombre de maladies chroniques que la médecine ne peut pas guérir.

Ici, nous pourrions répondre par de nouveaux arguments *à priori* ; mais les lecteurs se fatigueraient de ces discussions abstraites ; il est plus simple d'opposer un fait à un fait.

La preuve qu'il est dans l'ordre des choses possibles de découvrir des spécifiques contre toutes les maladies, c'est que tous les jours on en trouve. Ni Hippocrate ni Galien ne connaissaient aucun *véritable* spécifique contre les fièvres d'accès ; les modernes, plus avancés en ce sens, possèdent le quinquina.

Nous pourrions aussi faire observer que l'or, le mercure et l'iode peuvent, jusques à un certain point, être considérés comme des médicaments spécifiques de certaines affections chroniques ; et si ceux-là ont été découverts, il est possible d'arriver à en trouver d'autres. Le brôme, par exemple, peut devenir un précieux adjuvant de l'iode, pour la guérison des affections chroniques où domine l'élément douleur. On pourrait aussi utiliser quelques-uns de ces corps nouveaux dont les travaux des savants modernes ont enrichi les nomenclatures chimiques. L'alloxane, entre autres, pourrait fournir un excellent spécifique dans certaines affections de la rate et du foie.

Mais, soit que l'on ait recours, pour guérir les maladies et pour conserver la santé, à des substances déjà connues ou à des médicaments nouveaux, il ne faudra jamais perdre de vue que les agents pharmaco-dynamiques agissent sur la vie en dégageant des forces qui viennent tantôt stimuler, tantôt aider son travail réparateur ou conservateur. On facilite ce dégagement, on en obtient une action plus homogène à la complication des actes vitaux, en employant, au lieu de médicaments simples, des associations de médicaments. C'est ainsi que l'or, cet excellent stomachique nervin, produit souvent des accidents s'il est administré par quelque médicastre, sous forme de chlorure ; mais il sera parfaitement toléré, par les femmes les plus délicates, sous forme de cyanure d'or et de fer, ou, encore mieux, sous celle de succino-phosphate d'or et de fer. Tantôt, dans les associations de médicaments, les forces de même nature s'aident mutuellement dans leur action, tantôt les forces contraires se neutralisent pour former une sorte de résultante d'un effet nouveau et qui peut être utilisé par l'habileté du médecin.

Enfin nous sommes autorisés à répéter ce que nous disions, il y a bien des années, de l'utilité des associations de phosphates et de benzoates pour combattre ou prévenir un grand nombre d'affections chroniques. Quinze années d'études et d'expériences ont fait passer nos convictions à l'état de certitude ; et quand les médecins entreront sérieusement dans cette voie, ils trouveront des moyens nouveaux, et auxquels personne ne songe aujourd'hui, de rétablir et de conserver l'équilibre des fonctions. Nous reviendrons ailleurs sur cette importante question ; il suffit, ici, d'avoir établi qu'elle n'est pas aussi insoluble qu'on le croit en général.

Terminons donc en affirmant la possibilité de prévenir la plupart des infirmités de la vieillesse, qui résultent presque toutes d'une affection ou d'une prédisposition maladive ; par conséquent, de combattre la caducité et de conserver la santé jusques au terme de la vie naturelle, qui, nous l'avons déjà démontré, devrait dépasser un siècle. Il résulte aussi des faits qui ont été établis dans le livre précédent et de ceux qui viennent d'être exposés dans ce chapitre, que l'hygiène et le régime ne suffisent pas pour atteindre ce résultat, et qu'il faut souvent venir en aide aux forces vitales, par les forces empruntées aux agents pharmaco-dynamiques. Mais si les forces développées par les substances médicamenteuses, et mieux encore par les associations de substances médicamenteuses, peuvent aider les forces vitales à lutter contre les affections chroniques, ou contre les prédispositions maladives, à plus forte raison peuvent-elles les aider aussi quand il ne s'agit que de faciliter le mouvement régulier des fonctions vitales.

Les alchimistes n'étaient donc ni ignorants, ni insensés, quand ils cherchaient à composer des élixirs de longue vie ; leur erreur a été de trop généraliser une pensée vraie, la connexité des forces répandues dans toutes les substances, avec la force qui nous fait vivre. Ils ne tenaient pas assez compte de la diversité des organisations et de la complication des causes qui agissent sur la vie ; ils dépassaient probablement les limites de la puissance humaine, en espérant trouver une panacée universelle. Ils seraient demeurés dans le vrai, s'ils s'étaient bornés à demander à la pharmaco-dynamie des préparations adaptées aux diverses organisations et aux divers tempéraments. Tel est le problème que nous nous sommes proposé et que nous ne nous flattons certes pas d'avoir complétement résolu. Mais avant d'en venir à exposer le résultat de nos travaux dans ce sens, il nous reste à passer en revue l'action de toutes les forces susceptibles d'agir sur la vitalité humaine.

CHAPITRE VIII.

I. — Toutes les fonctions de l'organisme, avons-nous dit,
sont gouvernées par des forces ; ces forces, conditions nécessaires des combinaisons de la matière, ne sont pas la matière
elle-même, mais elles sont liées à ses transformations et elles se
manifestent par des phénomènes d'action et de réaction. C'est
ainsi que la loi du mouvement, cette conséquence de la loi
plus générale encore de la gravitation des corps, agit sur la
machine humaine en imprimant à la masse du sang une impulsion qui entretient le jeu de tous les organes. Cette circulation, qui est à la vie animale ce que le balancier est à l'hor-
loge, commence avec la première aspiration d'oxygène, qui fait
jeter à l'enfant, sortant des entrailles de la mère, son premier
vagissement ; elle ne finit qu'avec la vie ; et la vie elle-même
s'arrête toutes les fois que l'oxygène n'arrive plus aux globules
sanguins. C'est donc une matière pondérable à l'état gazeux,
l'oxygène, qui transmet à nos organes la loi du mouvement,
qui est une des conditions essentielles de la vie universelle.

Les premiers chimistes qui ont vu sortir de leurs appareils
ce merveilleux agent des principales combinaisons chimiques,
Protée aux mille formes, que nous respirons, que nous bu-
vons, qui est mêlé à notre nourriture, qui alimente, en même

temps, la combustion du foyer et les mouvements de la vie, l'ont appelé *air de feu, air vital.* C'est qu'en effet, il doit exister quelque mystérieuse connexité entre l'oxygène, le calorique lumineux, l'électricité et ce grand principe de vie répandu dans la nature entière, que les panthéistes ont divinisé sous le nom d'*anima mundi.* Les expériences du laboratoire révèlent quelques-unes de ces analogies.

Comprimez une masse d'oxygène pur dans une pompe de verre et elle deviendra lumineuse.

Autre expérience.

Un charbon à demi consumé, ne montre plus qu'une faible étincelle ; approchez-le d'un courant d'oxygène, il s'embrase et s'enflamme.

Enfin si des organes animaux, fatigués par des secousses galvaniques trop souvent répétées, cessent de répondre à l'action de la pile ; imbibez ces organes dans un liquide saturé d'oxygène, ou faites-leur arriver un courant de ce gaz, et ils recommenceront à se contracter énergiquement.

De ces faits, et de bien d'autres encore qu'il serait fastidieux d'énumérer, on peut déduire deux conséquences :

Qu'il y a connexité entre les diverses forces qui agissent sur la vie ;

Que l'oxygène est, dans ses rapports avec l'organisme humain, l'agent principal de l'une de ces forces, l'auxiliaire de plusieurs autres.

Ce n'est donc point s'éloigner de l'étude de forces, que de consacrer quelques instants à l'oxygène. Il serait plus satisfaisant, sans doute, pour les esprits philosophiques, de n'envisager que les forces pures et de traiter les questions *à priori* indépendamment de la matière. — Mais, pour cela, il faudrait que la volonté créatrice nous eût révélé l'ensemble des causes premières, il faudrait que notre faible intelligence pût s'élever jusques à deviner comment s'y est prise la suprême intelligence pour répandre autour d'elle la lumière, le mouvement et la vie.

La science humaine ne monte pas aussi haut : force nous

est donc de demeurer, avec elle, dans l'observation des phénomènes palpables. Ils sont tous d'accord pour nous montrer
l'oxygène jouant un rôle essentiel dans les mouvements vitaux : c'est aujourd'hui un fait admis par la science et qu'il
suffit d'énoncer sans commentaires. Les divergences d'opinion et les discussions scientifiques ne commencent que lorsque l'on entre dans les détails et que l'on veut essayer de suivre
les transformations du moindre atome d'oxygène dans son
contact avec les divers organes. Peut-être ces obscurités de la
physiologie générale ne seront-elles éclaircies que lorsque l'on
sera bien fixé sur la véritable nature de l'oxygène.

Ce gaz est-il un corps simple? Il est fort permis d'en douter,
depuis que la science est arrivée à poser cette autre question,
qui attend encore une solution : Qu'est-ce que l'ozone? On ne
sait réellement encore si l'ozone, qu'il n'a pas été possible d'isoler, et qui ne se révèle aux savants que par ses propriétés, est
une modification de l'oxygène, ou bien s'il faut y voir un des
constituants élémentaires de ce corps, qui alors deviendrait un
composé. Quoi qu'il en soit de ces deux hypothèses, l'une et
l'autre également permises dans l'état actuel de la science, la
manière dont se produit l'ozone par une succession d'étincelles électriques qu'on fait passer à travers une masse
d'oxygène bien pur et bien sec, nous révèle une nouvelle connexité entre la force dégagée de nos appareils électriques et
celle qui donne à l'oxygène ses propriétés(1). Nous reviendrons
peut-être ailleurs sur ces relations entre les diverses forces qui
influent sur la vie : ici nous ne nous occupons que de l'oxygène,
tel que tout le monde le connaît.

L'oxygène, avons-nous dit, est l'agent matériel qui transmet à nos organes la loi ou la force du mouvement physiologique élémentaire : le mécanisme, de la respiration est, à la
fois, un effet et une cause ; on ne peut vivre sans respirer, ni
respirer sans vivre (2). Mais en outre de l'action imprimée à la

(1) *Comptes rendus de l'Académie des sciences*, t. XX, p. 1291.
(2) Les annales de la science ont enregistré certains cas, très-rares, où les

circulation du sang par l'oxygène respiré, nous savons que ce gaz joue un rôle important dans la plupart des phénomènes vitaux quand il arrive à l'intérieur des organes, soit sous forme liquide, combiné avec les boissons, soit sous forme solide, combiné aux aliments.

Il y avait, dans l'ensemble de ces faits, de quoi justifier les espérances de nos pères, qui se flattaient de trouver dans l'*air vital* un moyen de guérir les maladies et de prolonger la vie. Malheureusement les résultats n'ont pas justifié ces espérances ; serait-ce à cause de la lenteur de l'esprit humain à trouver les applications utiles des découvertes, ou faudrait-il accuser les savants de s'être égarés dans leurs recherches ? Une courte récapitulation de ce qui a été tenté dans ce sens, permettra au lecteur de juger par lui-même.

Examinons donc les expériences des médecins et des savants.

Les applications de l'oxygène à la vie animale ont été jusqu'ici de deux sortes :

Ou bien on a cherché un remède à certaines maladies ;

Ou bien on a expérimenté l'action de ce gaz à l'état de pureté sur des animaux, afin d'éclaircir la question théorique ; c'est-à-dire de savoir si la vie animale pouvait se maintenir dans une atmosphère d'oxygène pur.

Les essais dirigés vers la guérison des maladies sont déjà anciens. Après le premier enthousiasme de la découverte, la science a voulu constater les faits et en régulariser l'application. De nombreuses tentatives eurent lieu, et les expériences de Fourcroy parurent décisives. Vingt phthisiques pulmonaires furent soumis à des courants d'oxygène pur, et aucun n'éprouva un véritable soulagement. Écoutons le compte que rend un grand médecin de cette expérience.

« Dès les premiers instants, sans doute, les symptômes

mouvements vitaux sont suspendus, même la respiration, par une force supérieure; mais ce sont de ces exceptions qui confirment les règles. On peut consulter, à cet égard, un curieux article du *Journal de la Société de médecine pratique de Montpellier*, t. XV, p. 123.

« paraissaient s'affaiblir ; le thorax se dilatait avec plus d'ai-
« sance ; la respiration devenait plus pleine et plus facile ; la
« face se colorait et le sang circulait avec plus d'agilité dans
« ses canaux ; les douleurs de poitrine étaient apaisées et les
« quintes de toux moins fréquentes. Mais ce mieux appa-
« rent et perfide n'était que momentané ; les symptômes
« ne tardaient pas à renaître avec plus de fureur qu'aupa-
« ravant. Le marasme recommençait ; tous les organes de la
« respiration étaient envahis par un torrent de chaleur que
« les malades avaient peine à tolérer. Le gaz oxygène attisait,
« s'il m'est permis de le dire, la fièvre ardente qui consumait
« le poumon, et la vie s'usait encore plus vite par l'accéléra-
« tion de ses propres mouvements (1). »

Après ce triste résultat, il ne fut, pour ainsi dire, plus
question de l'oxygène pour la guérison des maladies de l'appareil respiratoire, seules affections auxquelles on eût songé
à l'appliquer.

Les expériences très-souvent répétées sur les animaux ont
encore ajouté au discrédit de l'oxygène, comme agent thérapeutique.

On prend un petit oiseau ; on le place sous une cloche remplie d'oxygène ; l'animal donne d'abord des signes
évidents d'un redoublement de vitalité ; puis, au bout d'un
temps plus ou moins long, il languit et finit par mourir.

En rapprochant ces diverses expériences, on a conclu que
l'oxygène pur devait être malfaisant pour l'organisme ; et tous
les ouvrages de chimie et de physique moderne ont répété,
que l'homme ne pouvait en respirer de grandes quantités sans
éprouver immédiatement une inflammation des poumons.

II. — Cette opinion a reçu une sanction officielle, dans le
Codex pharmaceutique dont les savants auteurs ont partagé
l'erreur commune : ils ont dit: « L'oxygène mélangé, en plus

____

(1) ALIBERT, *Éléments de thérapeutique*, vol. I, p. 626.

« ou moins grande proportion, à l'air atmosphérique, a été
« essayé et recommandé contre un grand nombre de maladies,
« et notamment contre la phthisie, les affections asthéniques,
« les scrofules, la chlorose. C'est un excitant, qui, respiré pur,
« ne tarderait pas à donner la mort ; il est généralement aban-
« donné(1). »

Nous aurions beau jeu, aujourd'hui que la science a réfuté
ces erreurs, à venir les attaquer *à priori*, à démontrer, comme
nous l'avons fait en 1845, que l'expérience de l'oiseau était
une expérience incomplète, que la question physiologique et
thérapeutique était mal posée. Mais à quoi bon cette facile victoire ? Il vaut mieux achever le narré des faits.

En 1843, l'auteur de cet ouvrage a constaté par des expériences sur lui-même, que l'on pouvait vivre plusieurs heures
dans une atmosphère fortement saturée d'oxygène, sans éprouver d'autres symptômes qu'un redoublement de vitalité ; il est
parvenu à se débarrasser d'atroces migraines par l'usage fréquent des aspirations oxygénées ; plusieurs personnes atteintes
de névralgies ou d'affections chroniques des voies respira-
ratoires, ont été soulagées ou guéries par ce moyen. Au mois
d'avril 1845, une expérience décisive fut faite au laboratoire
de l'École de médecine de Toulouse, sous la direction de M. le
professeur Filhol, ce savant distingué dont l'habileté n'est
égalée que par sa modestie. Un oiseau fut enfermé sous la
cloche de la machine pneumatique, où on lui fournissait de
l'oxygène pur sous une pression constante de 76 centimètres ;
il y passa soixante heures en parfaite santé, en sortit avec la
plénitude de ses facultés et a continué, longtemps après, à
charmer, par ses chants, les loisirs du concierge de l'École.
Enfin, en 1846, le résultat des expériences de l'auteur fut
soumis à l'Académie des sciences, qui l'inséra dans le compte
rendu de ses séances.

Pendant que l'oxygène était ainsi expérimenté, dans le Midi,
M. le docteur Hatin, de son côté, à Paris, en étudiait, dans sa

(1) *Appendice thérapeutique du Codex*, p. 1, édition de 1841.

clientèle, les effets thérapeutiques ; et il obtenait de nombreuses guérisons dans des cas de névralgies, d'hystéries et
de même des affections des voies respiratoires (1).

Cependant, il faut le dire, ces expériences n'avaient pro
duit d'autre résultat que celui d'inspirer des doutes à un petit
nombres de savants, mais le public y était demeuré indifférent,
beaucoup de professeurs continuaient à démontrer, *ex cathe-
dra*, que l'oxygène pur tue les petits oiseaux ; la plupart des
médecins l'envisageaient comme un poison redoutable.

Aujourd'hui la question théorique est résolue par l'autorité
du nom de M. Regnault. Ce physicien a prouvé en 1847 et 1848,
que les animaux pouvaient vivre soit dans l'oxygène pur, soit
dans divers mélanges gazeux, pourvu que ces mélanges fournissent une suffisante quantité d'oxygène. Les expériences de
M. Regnault sont trop décisives, elles ont été conduites avec
une précision trop mathématique, pour que personne ait pu
songer à les contester ; il demeure donc acquis à la science,
que nous pouvons vivre dans l'oxygène pur et que l'excès de ce
gaz n'est pas délétère en lui-même. Mais son application à la
thérapeutique et à l'hygiène soulève d'autres considérations.

De ce que l'homme peut vivre dans l'oxygène pur, il n'en
résulte pas nécessairement que ce gaz soit un médicament
universel, encore moins qu'il faille, pour prolonger la vie humaine, renfermer l'homme, dès son berceau, dans une atmosphère d'oxygène pur et l'y laisser indéfiniment. Il y a ici
deux questions qui doivent être examinées séparément.

III.—L'emploi de l'oxygène comme moyen curatif, a son utilité pour entretenir la santé, en soutenant les forces vitales. Si
l'on veut se rendre compte des effets thérapeutiques de l'oxygène, il faut d'abord bien préciser ses effets physiologiques sur

(1) Il doit être bien entendu que l'auteur ne prétend élever contre personne,
ni surtout contre M. le docteur Hatin, aucune prétention de priorité. Ces
sortes de réclamations ne sont souvent qu'un vain bruit, qui fatigue le public,
sans profit pour la science. L'essentiel est que la chose soit utile, et, tôt ou
tard, l'opinion rend justice au véritable inventeur. Il faut savoir attendre.

l'organisme humain. Le passage d'Alibert cité plus haut décrit admirablement les symptômes éprouvés par les phthisiques soumis à l'expérience de Fourcroy et Chaptal, mais ces malades étaient dans des conditions qui ne décident rien quant à ce qui aurait eu lieu pour des asthmatiques, ou des fiévreux en convalescence, encore moins pour des personnes en état de santé. Il faut donc s'en tenir aux effets généraux constatés par tous les observateurs. Nos propres observations nous permettent de préciser un peu plus les effets physiologiques des aspirations d'oxygène.

Accélération du pouls d'environ dix pulsations par minute ; ce symptôme persiste pendant une heure, ou environ, après l'expérience ; accélération des fonctions digestives et redoublement marqué d'appétit, sensation générale de force et de bien-être ; facilité bien caractérisée dans les fonctions respiratoires. Souvent cependant, quand on expérimente avec l'oxygène pur, au lieu d'oxygène mêlé à l'air atmosphérique, une irritation assez vive du larynx, qui persiste quelque heures ; enfin coloration marquée du sang artériel et même du sang veineux (1).

Ces divers symptômes s'accordent parfaitement avec les notions d'une saine physiologie sur le rôle de l'oxygène dans les divers phénomènes de la vie, et ils indiquent suffisamment la nature des affections qui pourraient être combattues par des aspirations d'oxygène. Ce gaz sera indiqué toutes les fois qu'il s'agira de réveiller la vitalité, de régulariser ou d'activer les nombreuses fonctions sur lesquelles le sang artériel exerce son action, surtout quand on voudra agir sur le système nerveux *sanguis nervorum moderator*. Il est même à supposer que dans plusieurs cas, les aspirations d'oxygène pourraient remplacer avec avantage la saignée : par exemple, dans le traitement préventif de la prédisposition aux congestions sanguines, même dans les congestions déclarées de plusieurs organes. Cependant jusqu'à de nouvelles expériences, il serait imprudent

(1) Expériences de l'auteur.

d'appliquer ce moyen héroïque aux congestions cérébrales.
Mais si, dans ces cas graves, le médecin peut craindre l'effet
momentané de l'afflux du sang artériel au cerveau, il n'a rien
à redouter et beaucoup à espérer de ce phénomène physiologique, dans les affections nerveuses, ou contre ce fléau aux mille
formes, du sexe féminin, qu'on appelle hystérie et chlorose.
Il pourra aussi appliquer utilement l'oxygène dans l'asthme
ou même dans quelques autres affections des poumons.

M. le docteur Hatin, nous l'avons déjà dit, a quelquefois
employé l'oxygène avec succès dans le traitement de la phthisie; mais il s'est servi d'oxygène pur qu'il fait respirer en
même temps que l'air atmosphérique. Nous pensons qu'il eût
obtenu de meilleurs résultats encore et sans aucun risque d'irriter les bronches ou le larynx, s'il eût fait arriver aux organes de la respiration l'oxygène mélangé à des vapeurs balsamiques. Ce procédé, qui a été soumis par l'auteur de ce
livre, au jugement des corps savants, est aujourd'hui entré
dans le domaine public (1). L'art médical en profitera, ou bien
le laissera tomber dans l'oubli, avec la foule des idées sans
application. Il ne nous appartient pas d'insister, une fois de
plus, sur le mérite de cette invention, bornons-nous seulement à exprimer le regret que la médecine n'ait pas retiré
de la méthode des aspirations gazeuses tous les avantages
qu'elle est susceptible d'offrir. Les puissants effets produits
sur l'organisme par les aspirations des vapeurs d'éther et de
chloroforme, indiquent assez qu'il y a beaucoup à trouver
dans cette voie. Un observateur moderne a éprouvé que le
chlore humide respiré par des phthisiques agissait favorablement sur leur maladie et il attribue ces bons effets à l'oxygène
à l'état naissant qui se dégage par suite de la décomposition
de l'eau pendant l'expérience (2). C'est fort probable; mais
alors pourquoi contrarier les effets de cet oxygène salutaire en

(1) *Annuaire de chimie,* de MILON et REISET, année 1847, p. 787.
(2) *Comptes rendus de l'Académie des sciences,* t. **XXVI,** p. 178; *Mémoire*
de M. Bobière.

le faisant arriver à l'organe malade avec des vapeurs de chlore, gaz dont l'effet irritant sur les organes est bien connu? Pourquoi, si l'on craint, et avec raison, que l'oxygène pur n'augmente momentanément l'inflammation des tubercules, ne pas envoyer ce gaz aux poumons avec les vapeurs de ces carbures d'hydrogène gazeux qui font la base des essences et des baumes? L'expérience nous a appris l'action favorable de ces substances sur tous les tissus mous du corps humain et principalement sur les organes de la respiration.

Ce n'est pas ici le lieu de s'appesantir sur ces considérations qui nous entraîneraient dans le domaine exclusif de la médecine pratique. Si nous avons dit quelques mots de l'action thérapeutique de l'oxygène, c'est pour faire voir qu'elle est analogue à son action physiologique. La pathologie et la physiolologie sont deux sœurs que l'on ne devrait jamais séparer ; chacune d'elles tient à la main un flambeau, qui ne brille que d'une lueur douteuse; mais, réunies, ces deux lumières jettent une vive clarté sur les profondeurs de la science. L'analogie des phénomènes produits par l'oxygène sur l'homme malade, comme sur l'homme sain, indique admirablement cette connexité, qui, elle-même, est liée à la connexité des forces qui influent sur la maladie et sur la santé.

Le principe de la vie est une force : les phénomènes physiologiques résultent toujours d'une force ; les maladies sont produites par des forces perturbatrices ; et, quand les traitements médicaux viennent rétablir l'équilibre, on retrouve ce que les médecins appellent l'effet thérapeutique des médicaments, c'est-à-dire l'action d'une autre force sur la force vitale.

Il est donc permis de demander à l'oxygène, ce puissant auxiliaire de tous les mouvements vitaux, une action dans le sens de la conservation de la vie. Toutes les expérimentations du gaz vital par excellence sur l'organisme humain, développent un redoublement de force et d'énergie, qui indique assez qu'il y a là un moyen de maintenir l'équilibre des fonctions et de prolonger la vie en conservant la santé.

Mais avant de s'occuper de l'oxygène à ce point de vue prophylactique, il convient de l'étudier mêlé à ces gaz de l'atmosphère, qui nous pressent de toutes parts de leur masse élastique.

IV. — Quand l'homme entretient sa vie en aspirant l'oxygène atmosphérique, il obéit à une loi commune à tous les animaux. L'aigle aux puissants poumons qui s'élève dans les hauteurs de l'océan aérien, en remplissant les cavités de son organisme d'un gaz chaud et raréfié, va y respirer un oxygène plus pur et plus frais. Le poisson qui descend dans les abîmes de l'Océan, y respire aussi de l'oxygène, combiné ou mélangé aux diverses eaux, en proportions très-variables. Si nous n'étions effrayés, pour nos lecteurs, de l'ennui d'une nouvelle digression, peut-être entrerions-nous ici dans quelques détails sur la différence de composition des diverses grandes masses d'eaux terrestres. Nous indiquerions pourquoi les poissons d'eaux douces ne sont pas les mêmes que ceux de mer, pourquoi ceux de la Méditerranée, diffèrent de ceux de l'Océan. Nous chercherions à expliquer comment le beton de la digue de Cherbourg résiste depuis près d'un siècle aux vagues de l'Océan, tandis que des masses de la même composition ont été dissoutes en quelques semaines, par les eaux de la Méditerranée dans le port d'Alger. Mais ces dissertations nous entraîneraient trop loin ; restons à l'oxygène.

Nous disons donc que l'homme, en le respirant, obéit à une loi qui lui est commune avec les animaux, nous pourrions peut-être même ajouter, à une loi universelle pour tout ce qui a vie. Car la plante, comme l'animal, respire ; il paraît même assez probable qu'elle respire de l'oxygène, surtout la nuit. Pendant longtemps on a cru et beaucoup de savants pensent encore, que les plantes aspirent le carbone répandu dans l'air, à l'état gazeux, et rendent à l'atmosphère de l'oxygène pur. En sorte que, par un admirable mécanisme, les produits de la respiration animale servent à la nutrition des plantes, et qu'à leur tour, celles-ci restituent à l'air, l'oxygène qui entretient la vie animale. D'autres savants pensent avec M. Dutrochet, que les choses ne se passent pas tout à fait ainsi et que les plantes, comme les animaux, respirent et s'assimilent l'oxygène, mais avec cette différence que, le jour, les feuilles le fabriquent, sous l'influence de la lumière solaire, et, la nuit, absorbent celui de l'atmosphère (1). C'est pendant ces actes de la vie végétale, que la plante s'assimile le carbone de l'acide carbonique et l'hydrogène de l'eau, pour expulser, par les feuilles, un excès d'oxygène. Cette opinion est plus satisfaisante pour les esprits philosophiques, parce qu'elle est plus conforme à l'unité des lois de la création. Mais de quelque manière que l'on veuille expliquer les divers phénomènes liés à la respiration des plantes, toujours est-il que les végétaux entretiennent la pureté de l'air, en restituant continuellement de l'oxygène à l'atmosphère.

L'homme a donc là, toujours sous sa main, la possibilité de purifier l'atmosphère qui l'entoure ; les végétaux qui fournissent à son alimentation, les arbres qui, plus tard, lui livreront leurs troncs et leurs branches, élaborent, par les pores de leurs feuilles l'oxygène qu'il respire. On ne saurait trop souvent répéter combien il est important de multiplier les plantations dans les grandes villes et combien la santé du pauvre a perdu à la destruction de ces jardins aristocratiques qu'il voyait peut-être avec envie, mais qui lui fournissaient un air balsamique et fortifiant.

Du reste, il semblerait que la divine Providence, prévoyant qu'un jour l'incurie des hommes déracinerait ces grands arbres, ornements et source de salubrité pour la terre, ait voulu assurer par d'autres moyens encore, la reproduction de l'oxygène atmosphérique. La décomposition lente et journalière des minéraux et l'agrégation de leurs éléments en nouvelles

(1) *Comptes rendus de l'Académie des sciences*, 2ᵉ semestre de 1836, p. 499.

combinaisons, fournissent continuellement à l'air des masses d'oxygène très-considérables (1).

Il n'est pas à craindre que, dans un sens général, le gaz vital manque jamais à l'espèce humaine ; mais quand on en vient aux applications particulières, quand on veut examiner si l'air est plus salubre, dans certaines localités que dans d'autres, si l'atmosphère des grandes villes, celle des habitations apportent à nos organes tous les éléments de vie, on est forcé de toucher à d'autres questions.

La composition de l'air atmosphérique a soulevé de graves controverses : deux systèmes divisent encore les savants.

D'après les uns, l'air est un composé chimique formé par la combinaison de 20 volumes d'oxygène contre 80 d'azote et, par conséquent, tout à fait invariable.

Une autre école ne voit dans l'air qu'un mélange d'oxygène et d'azote en proportions à peu près invariables à la surface ; mais où la quantité d'oxygène diminue à de très-grandes hauteurs.

De sorte que les savants sont d'accord sur le point essentiel, l'immutabilité de composition de la couche d'air qui sert à la respiration des hommes. Il faut bien que cela soit, puisque la science le veut ainsi ; force sera donc de renoncer à ces désignations, un air lourd et un air léger, un air sec et un air humide, un air salubre et un air malsain. Peut-être cependant les ignorants sont-ils excusables d'avoir cru qu'il existait des combinaisons atmosphériques plus ou moins salutaires ; ils ne faisaient qu'exprimer leurs sensations.

Quel est celui de nous qui n'a pas éprouvé ce sentiment de bien-être et d'énergie qui se répand dans tous les organes, quand nous quittons ces labyrinthes de boue et de plâtre qu'on appelle une grande ville, pour respirer l'air pur d'une verte campagne ? Comment, vous dira-t-on, l'air qui circule sous les vergers fleuris de Sorrente ou d'Ischia, celui qui s'exhale

____

(1) *Comptes rendus de l'Académie des sciences*, t. XX, p. 1422 ; *Mémoire* de M. Ebelmen.

des berceaux d'orangers de Palerme ou de Catane, serait le
même que celui des sables de l'Arabie, des arides steppes de
la mer d'Aral, des marais glacés qui environnent Saint-Pétersbourg, ou de ces cloaques impurs qu'on appelle à Paris le
faubourg Saint-Marceau et la Cité ?

Absolument identique, répondent les savants. Peut-être
l'avocat des ignorants pourrait-il demander encore : Pourquoi
les analyses sur lesquelles on se fonde diffèrent-elles sensiblement entre elles ; comment la science n'a-t-elle pas pu
s'accorder sur une formule rigoureuse de la composition de
l'air ? On ne sait réellement s'il faut adopter celle de :

700 parties d'azote,
209 d'oxygène,
1 d'acide carbonique.

ou bien cette autre, qui ne tient pas compte de l'acide carbonique :

20,81 d'oxygène,
79,19 d'azote.

Mais toujours est-il que la proportion d'acide carbonique est
fort variable. Il résulte des expériences faites simultanément,
en 1843, au collège de France à Paris et à Andilly près de
Montmorency, que l'air de Paris, au mois d'octobre, ren-
fermait plus d'acide carbonique que celui d'Andilly, dans le
rapport de 100 à 94 (1).

Ainsi donc, que ce gaz délétère soit combiné avec l'air,
ou bien qu'il y flotte, suspendu, comme la vapeur d'eau et
quelques autres gaz, peu importe à l'effet produit sur les
organes humains. L'essentiel pour la santé est de trouver,
dans l'atmosphère qui nous entoure, des éléments de force
et de vie et de neutraliser ceux qui pourraient être nuisibles.

De là, deux questions qui demanderaient peut-être d'assez
longs développements, mais que nous devons nous borner à
indiquer.

(1) *Comptes rendus de l'Académie des sciences*, t. XVIII, p. 473.

Quelles sont les conditions atmosphériques les plus favorables au développement des forces humaines?

Jusques à quel point l'homme peut-il neutraliser les éléments nuisibles à sa santé que l'atmosphère met en contact avec ses organes?

V. — Forcé de nous en tenir aux généralités, nous dirons brièvement :

1° Qu'un air trop calme, trop humide, prédispose aux affections chroniques, et certaines affections putrides et aux fièvres pernicieuses ;

2° Qu'un air où les courants atmosphériques se font trop vivement sentir, ou qui n'est pas suffisamment saturé de vapeur d'eau, expose aux maladies aiguës et nerveuses (1);

3° Que l'air le plus sain se trouvera dans des vallées ouvertes du nord au sud, abritées de l'est et de l'ouest, où l'atmosphère sera constamment vivifiée par des courants modérés (2), la fraîcheur entretenue par des eaux rapides et l'excès d'humidité neutralisé par des terres et des roches d'une nature absorbante, et où enfin, de grands arbres renouvelleront sans cesse l'oxygène ;

4° Qu'un bon système de ventilation peut corriger, dans l'intérieur des habitations, les inconvénients qui résultent d'une atmosphère viciée.

Ici tout le monde est d'accord à reconnaître l'utilité des appareils de ventilation qui remplacent un air devenu impropre à la respiration, par un air nouveau et plus pur : c'est une application devenue vulgaire des principes élémentaires de la physique. Mais il est une autre observation sur laquelle on n'a peut-être pas assez insisté, c'est l'effet produit sur nos organes par l'agitation de l'air atmosphérique.

Quand les dames, oppressées par l'atmosphère suffocante

____

(1) *Comptes rendus des séances de l'Académie des sciences*, t. XII, p. 981; *Mémoire* de M. Fourcaut.

(2) PELLETAN, *Physique médicale*, t. I, p. 534.

d'une salle de bal ou de théâtre, ont recours à leur éventail, elles croient respirer un air plus frais et plus pur. Les savants leur démontreront, le thermomètre et l'eudiomètre à la main, qu'elles sont dans l'erreur, que la température n'a pas varié, que l'air est resté composé des mêmes éléments. Les savants peuvent avoir raison, mais les dames continueront à s'éventer, et elles feront bien.

La science explique à peu près les effets produits par l'agitation violente des grandes masses d'air atmosphérique, elle ne se rend peut-être pas un compte aussi exact de ce qui se passe quand on agite modérément l'atmosphère renfermée dans de plus petits espaces ; mais quoi qu'il en soit des théories, l'observation démontre que l'air modérément agité devient d'une respiration plus facile.

A côté de ce fait important par les applications qu'il peut fournir pour la conservation de la santé (1), nous placerons une autre observation. C'est que les effets produits sur l'organisme par l'éventail des dames sont semblables à ceux que l'on obtient par des aspirations d'oxygène, seulement ils sont moins caractérisés. Si par une chaleur d'août ou de juillet, vous vous enfermez, comme l'a fait à Naples, en 1843, l'auteur de ce livre, dans un petit cabinet hermétiquement fermé, vous éprouver un sentiment d'oppression et d'abattement insupportable, vous êtes baigné de sueur, vous étouffez ; faites alors arriver un courant d'oxygène mêlé à des vapeurs balsamiques, aspirez de larges bouffées de ce gaz, laissez le surplus se répandre dans l'appartement, et, aussitôt, vous respirez librement, la sueur s'arrête, et vous ressentez un sentiment général de force et de bien-être. Vous pouvez même demeurer plusieurs heures dans cette petite pièce, pourvu que vous ayez eu le soin de placer à côté de vous un

____

(1) Le docteur Reid a employé, en 1845, la ventilation comme agent digestif. C'est une idée heureuse et féconde en applications utiles, mais peut-être d'une exécution difficile. Il est plus aisé de dégager de l'oxygène d'un appareil.

vase contenant de la chaux et de la potasse, pour absorber l'acide carbonique de vos émanations ; vous sortirez de cette étuve frais et dispos, avec un excellent appétit et, la nuit suivante, vous dormirez d'un sommeil profond et paisible.

Cette expérience nous ramène à l'une des questions posées plus haut : comment employer l'oxygène à prolonger la vie, en conservant la santé ?

VI. — De digression en digression, nous sommes arrivé à une réponse nette et précise.

On approchera de la solution du problème en faisant arriver aux poumons des vapeurs oxygénées et balsamiques appropriées aux diverses organisations.

Ici se présente une difficulté à éclaircir, une objection à réfuter par anticipation.

Les physiologistes et les médecins nous diront : « Si vous « accélérez les mouvements vitaux, vous userez la machine. « La respiration est une véritable combustion ; l'oxygène de « l'air atmosphérique *brûle* le carbone dégagé des aliments « par l'acte de la digestion ; si vous augmentez la proportion « d'oxygène, vous *brûlerez* aussi les organes. »

L'objection est plus spécieuse que solide.

Les recherches ingénieuses d'un illustre savant (1) ont assimilé les animaux et l'homme lui-même à un fourneau dans lequel on brûle du charbon ; de sorte qu'il évalue la combustion vitale par le carbone consommé, comme on évalue la puissance d'une machine à vapeur par le poids de la houille ou du coke qu'elle aura dévoré dans un temps donné. Cette comparaison manque d'exactitude, si on la prend dans un sens trop absolu. Il y a, entre l'homme et le fourneau, une différence essentielle ; l'homme vit et le fourneau est inerte ; les organes de l'homme se fortifient et même se reproduisent par le jeu de l'assimilation, phénomène qui est lié avec celui

____

(1) M. le professeur Dumas.

de la combustion vitale, tandis que les parois du fourneau sont usées par la flamme du foyer.

Il est incontestable que si l'on augmente la quantité d'oxygène qui arrive aux poumons, on facilitera la transformation du sang veineux en sang artériel, et, sans doute aussi, l'on activera les mouvements de la circulation sanguine ; dans certains cas ces effets peuvent être un bien, quelquefois un mal ; mais on pourra toujours modérer cette accélération, en fournissant à l'assimilation une masse de carbone en rapport avec l'excès d'oxygène. On aura ainsi maintenu l'équilibre, seulement l'ensemble des fonctions vitales sera plus actif et plus énergique.

Peut-être, pour résoudre complétement le problème, faudrait-il une expérience qui n'a jamais été tentée, qui ne le sera probablement jamais. Il faudrait qu'un enfant fût dès sa naissance, placé dans une atmosphère d'oxygène pur et que, là, on lui fournît, pendant toute sa jeunesse, toutes les conditions d'alimentation, d'exercice, de lumière et d'électricité nécessaires au développement de la vie matérielle. Si, comme tout porte à le croire, le sujet de cette expérience en sortait avec des organes plus fortement constitués et une vitalité plus énergique, on pourrait songer sérieusement à fortifier les races humaines, en multipliant les éléments de force et de vie libéralement dispersés, sur le globe terrestre, par le Créateur tout-puissant.

Mais ces spéculations humanitaires, qui demandent à être tempérées par une froide raison, sous peine de tomber dans des rêveries, comme celles des disciples de Fourrier, ne sont pas du domaine de ce livre ; il n'est ici, question que d'hygiène et de prophylactique, nous ne nous occupons que d'améliorer, dans des limites possibles la santé des individus placés dans les conditions ordinaires de la vie civilisée. Or, nous le répétons, l'oxygène est, sous ce rapport, un utile auxiliaire dont on néglige trop souvent l'emploi.

Partout où, dans une enceinte fermée, un grand nombre

d'hommes sont réunis ; dans les cours de justice, dans les assemblées délibérantes, dans les salles de spectacles, on éprouve les graves inconvénients de l'insuffisance de l'oxygène et de l'excès d'acide carbonique expiré par la foule. On remédie à cet inconvénient par des ventilateurs qui apportent l'air du dehors. Nous pensons qu'on atteindrait plus utilement le but en plaçant, dans ces enceintes, des appareils absorbants et en y faisant arriver un courant d'oxygène.

De même, dans la vie privée, quand arrive l'heure de la convivialité, vos parents et vos amis sont venus s'asseoir à la table hospitalière : vous leur prodiguez les mets succulents, les vins généreux ; mais leur fournissez-vous l'oxygène qui fait respirer, qui aide à digérer ? Presque jamais. Les lumières qui éclairent la table, consomment une partie de l'air vital, le reste suffit à peine aux poumons des domestiques et des convives, et cette atmosphère est encore épaissie par les vapeurs lourdes qui s'exhalent des mets. De sorte que chacun, avant le dessert, se sent pesant et fatigué, et on attend avec impatience le moment de se lever de table et d'aller, dans une autre pièce, chercher un air plus pur. Il est bien évident qu'on remédierait à cet inconvénient au moyen d'un appareil qui dégagerait de l'oxygène pendant toute la durée du repas. Cette conviction n'est ni une hypothèse ni une illusion ; elle résulte d'expériences plusieurs fois répétées.

Enfin, le savant et l'écrivain dans leur cabinet, l'employé dans son bureau, éprouvent trop souvent les inconvénients d'un air renfermé, augmentés, pour eux, par l'absence de mouvements musculaires ; ils voudraient aller chercher l'air et la vie dans une verte campagne ; mais le devoir les enchaîne. En posant, sur un coin de leur bureau, un petit appareil qui dégagera des vapeurs balsamiques et oxygénées, vous leur composerez une atmosphère semblable à l'air qui circule sous les bosquets d'orangers de Sorrente ou d'Ischia ; et, tout en continuant les pénibles labeurs de l'intelligence, leurs organes seront vivifiés par une circulation sanguine accélérée par l'oxygène.

Ces conseils, ou plutôt ces vœux, nous les avons soumis, il y a bien des années, aux savants, qui les ont dédaignés ; aujourd'hui, nous les adressons au public : seront-ils mieux écoutés ? Nous ne savons ; mais celui qui écrit pour propager des vérités utiles, remplit une mission et un devoir ; il fournit sa course, sans s'inquiéter de ce bruit qu'on appelle un succès. Quoi qu'il en soit donc de nos travaux sur l'oxygène, passons à l'étude des forces dont l'action influe sur la force vitale.

CHAPITRE IX.

I. Les rapports intimes entre le calorique et le principe vital avaient été devinés longtemps avant que la science moderne eût étudié les effets généraux de la chaleur, et eût osé mesurer avec un instrument les degrés de son intensité.

Hippocrate définissait le principe de vie, une chaleur innée ; Aristote a déclaré hautement que l'on ne pouvait séparer la vie de la chaleur ; *Vita in calido consistit*, suivant l'expression d'un de ses commentateurs. La plupart de ceux-ci ont considéré le calorique comme cause de longévité.

Un de ces docteurs dont s'enorgueillissait notre vieille Sorbonne, Jean Buridan, a posé cette question : « La chaleur qui est la cause de la longévité, est-elle une chaleur ignée ou aérienne ? » *Utrum calidum quod est causa longævitatis, sit calidum igneum, aut calidum aerium?* et il déduit d'une suite de syllogismes très-subtils, cette conséquence : « Que la « chaleur vitale n'est ni absolument ignée, ni absolument « aérienne, mais qu'elle possède des propriétés semblables « aux propriétés du feu et à celles de l'air. »

« *Iste calor vitalis non est simpliciter igneus aut aereus ;*
« *sed illi calori conveniunt quœdam proprietates similes*
« *proprietatibus ignis, et quœdam aliœ similes proprietati-*
« *bus aeris* (1). »

Il semblerait que maître Buridan ait eu une sorte de prescience des impondérables et de leurs effets. Il y a dans ce peu de mots quelque indication des phénomènes produits par l'électricité, le calorique et l'oxygène dans leurs rapports avec la vie ; mais ces notions étaient vagues ; et le vulgaire les matérialisait sous forme du feu qui se voit et qui se sent. De là, ces mots encore usités aujourd'hui, la *chaleur de la jeunesse* et les *glaces de l'âge,* expressions pittoresques et exactes, parce qu'elles représentent un fait.

La physiologie moderne, partant de bases opposées, est arrivée, après trois siècles de dissections et de recherches, au même résultat.

On admet un calorique vital, on démontre que son intensité varie suivant les âges et qu'elle est plus élevée chez l'adulte que chez le vieillard ; on établit aussi, par des expériences, que la chaleur humaine est moindre dans les membres et qu'elle augmente à mesure que l'on se rapproche des organes essentiels à la vie. La science en a même fixé le maximum aux environs de 38 degrés ; mais l'on serait tenté de supposer que souvent les viscères intérieurs sont doués d'une température plus élevée. Les analogies du laboratoire conduiraient à comparer à une sorte de fournaise ardente l'officine où s'élaborent ces merveilleuses opérations de la chimie vitale, qui ne peuvent s'effectuer sans un dégagement de calorique. Cette hypothèse, qu'il serait difficile d'appuyer sur des expériences, car nos physiciens n'ont pas encore plongé, Dieu merci, le thermomètre au fond des entrailles vivantes ; cette hypothèse, disons-nous, devient un fait, aussitôt que l'on observe l'homme malade. Pendant la chaleur de la fièvre,

_____

(1) Joh. Buridani, *De longœvitate et brevitate vitœ quœstiones.* Lutetiæ Parisiorum. MCCCCXVIII.

sous l'empire de cette cause morbide que l'on appelle *irritation*, le corps de l'homme est élevé à une température qui lui serait intolérable en état de santé.

L'homme cependant peut supporter une grande intensité de calorique extérieur et résister à des températures élevées dont l'action est mortelle pour les petits animaux. Banks, Blagden et Fordyce sont restés quelques instants exposés à une température de + 125°. M. Blagden est demeuré sept minutes dans une chambre chauffée de, + 92°à + 99° (1). M. de la Roche est resté pendant 16 minutes dans une étuve à + 90° (2). Les filles de service du four banal de La Rochefoucauld, supportent pendant dix minutes, dit M. Fillet, une chaleur de + 112° (3).

La science admet donc, suivant l'expression de M. Becquerel dans le mémoire que nous venons de citer, que « l'homme « peut vivre dans une atmosphère ayant une température « qui diffère de la sienne de près de 80°. »

De savants observateurs embarqués à bord de la *Bonite*, ont constaté que la température humaine s'abaisse ou s'élève suivant les variations de l'atmosphère; mais dans une faible proportion : 1 degré contre 40 de variation extérieure.

Enfin tout le monde sait que les habitants des régions polaires résistent à un froid de — 45° à — 55°. Il est vrai qu'ils sont frottés de graisse et vêtus d'épaisses fourrures pour arrêter le rayonnement du calorique intérieur. Ceux des régions équatoriales qui vivent sous une température de + 40° à + 50°, sont aussi, en général, barbouillés de corps gras : mais c'est, comme protection contre les moustiques et pour arrêter l'évaporation des liquides.

(1) *Comptes rendus de l'Académie des sciences*, t. XX, p. 797. *Mémoire* de M. Letellier.

(2) *Comptes rendus de l'Académie des sciences*, t. VI, p. 435. *Mémoire* de M. Becquerel.

(3) *Histoire de l'Académie des sciences*, année 1764. (Citation de M. Letellier.

Nous pourrions pousser beaucoup plus loin ce résumé de l'état actuel des connaissances humaines en ce qui touche la chaleur et la vie; nous trouverions de curieuses expériences, des investigations savantes, mais nous arriverions toujours au même résultat, une intime connexité entre ces deux principes; la science aura beau faire, elle ne pourra jamais empêcher que l'on n'énonce un fait en disant le froid de la mort, la chaleur de la vie. Aussitôt que la vie a abandonné le cadavre, la chaleur disparaît aussi; et si plus tard, cette dépouille mortelle, revenue sous l'empire des lois physiques et chimiques, éprouve des décompositions et des fermentations d'où résultera un dégagement de calorique, qui oserait soutenir que cette chaleur soit identique dans ses propriétés et ses effets au calorique vital? L'association de l'idée de *flamme* et de *vie* fait en quelque sorte partie du sens intime du genre humain; et ces mots sont synonymes dans presque toutes les langues. Cette remarque n'a pas échappé à un écrivain qui a essayé de résumer la doctrine de l'illustre école de Montpellier (1). En général, les médecins vont plus loin que les physiciens et les chimistes dans l'appréciation du calorique vital. Un des oracles de la médecine moderne appelle la chaleur humaine une *faculté pyrétogénésique* et la considère comme la puissance vitale par excellence (2). Telle n'est point notre pensée assurément; pour nous le calorique humain ne constitue pas la vie, mais il est un des modes d'action de la force qui nous fait vivre.

II. — Nous voilà donc amenés, d'induction en induction, à considérer le calorique comme une force et à repousser cette bizarre et vague dénomination des physiciens et des chimistes, les *impondérables*. La science moderne, avec ses tendances matérialistes, en voulant tout peser, tout disséquer, tout décomposer, est arrivée à imposer à la foi des jeunes bacheliers des mystères bien autrement incompréhensibles que

(1) ALQUIÉ, *Précis de la doctrine médicale de Montpellier*, p. 83.
(2) TROUSSEAU et PIDOUX, *Thérapeutique*, t. II, p. 501.

ceux qu'elle reproche au catéchisme. Nous voyons, nous sentons la matière, notre esprit, quand il se replie sur lui-même par la contemplation, peut concevoir l'existence de l'intelligence pure ; mais il se refuse à comprendre un corps qui n'aurait aucune des propriétés de la matière, une substance qui ne serait pas un corps, une sorte d'*esprit matériel*, assimilé aux fluides et composé de molécules et d'atomes à tout jamais impossibles à saisir. Il y a là un mysticisme scientifique, que l'on ne parvient à faire entrer dans les jeunes intelligences, qu'à l'aide de certaines fictions caractérisées par un savant professeur de l'école de Paris « d'*heureuses suppositions* » (1). Pour les hauts conseils de l'instruction publique, « *la cause de la chaleur est le principe qui produit les phénomènes caloriques, une matière propre* » (2). Les médecins de Molière expliquaient tout aussi clairement la puissance soporifique de l'opium. Certains savants ont revêtu leur théorie d'une forme plus élégante et plus aérienne, mais au fond de leur pensée, on trouve toujours la matière. Pour eux le calorique, comme la lumière et l'électricité, dérive « *d'un seul principe de nature éthérée répandue dans* « *l'espace et dans tous les corps* » (3). L'éther ! voilà donc le dernier mot de cette superbe science qui ridiculise les atomes crochus de l'antiquité, tout comme la matière tourbillonnante de Descartes ! Mais, qu'appelez-vous éther ? Je comprends parfaitement celui qui est là dans mon flacon, liquide à une certaine température, gazeux ou cristallisé, suivant qu'il obéit aux lois imposées par la volonté toute-puissante aux mouvements de la matière ; mais votre éther qui n'est ni esprit ni matière, qui serait, à la fois une cause du mode d'être des substances, tout en étant lui-même une substance ; celui-là, je ne le conçois pas, parce qu'il est incompréhen-

---

(1) PELLETAN, *Physique médicale*, t. II, p. 2.
(2) *Manuel du baccalauréat ès sciences*. Paris, 1850, p. 202.
(3) *Comptes rendus de l'Académie des sciences*, t. VII, p. 368 ; *Mémoire* de M. Becquerel.

sible ; quand les panthéistes ont divinisé la matière, quand ils l'ont supposée douée de la propriété de reproduction et de création, je les ai compris. L'homme ne peut se passer de l'idée d'un Dieu : ils ont détrôné le leur, pour se mettre à adorer des pierres, de l'eau, des gaz, ce qu'ils appellent la nature ! Ceci est clair et net ; c'est la négation de toute intelligence, la souveraineté de la matière. Mais je ne comprends plus nos savants et nos facultés avec leurs obscurités ambiguës ; ils veulent se maintenir dans ce juste milieu entre l'erreur et la vérité qu'on appelle l'éclectisme ; mais alors, il leur faut supposer des absurdités dont rira bien le vingtième siècle.

Puisqu'il faut absolument des hypothèses, là où la matière échappe, où le flambeau de l'expérience ne peut plus éclairer nos sens, pourquoi la science craint-elle d'emprunter à l'idée chrétienne ; pourquoi ne viendrait-elle pas, le Catéchisme et la Genèse à la main, le saint nom de Dieu à la bouche et l'humilité dans le cœur, déclarer hautement que l'univers entier n'est qu'un grand dualisme, Dieu et les choses créées ; que tout ce qui est en dehors de Dieu, n'existe que par la volonté toute-puissante, et que cette volonté, en façonnant la matière, lui a imposé des lois qui gouvernent ses combinaisons. Dans ce système, tout s'enchaîne, tout s'explique : la matière est inerte, mais sans cesse sollicitée par des forces ; ces forces, dont la science admet déjà quelques-unes, sous le nom de gravitation, d'affinité, de cohésion, de force vitale, se manifestent à nos sens seulement par les phénomènes qu'elles occasionnent ; et, par conséquent, la chaleur, la lumière et l'électricité, causes de modifications analogues dans l'état moléculaire des corps, devront aussi être rangées parmi les forces. En attendant que les savants aient consenti à admettre une telle classification et à rayer de leurs nomenclatures cette absurde dénomination d'impondérables, nos lecteurs nous permettront de considérer comme des forces, et non pas comme des fluides, les trois principes de tous les grands mouvements de la vie universelle.

11

Pour nous donc, le calorique est une force : force d'expansion et de dilatation de la matière brute, force stimulante de toutes les fonctions vitales dans les corps vivants. Mais cette force, intimement liée à la force vitale, en est-elle séparée dans son essence, ou bien, comme le pensent quelques auteurs, ne font-elles qu'un seul tout? Voilà ce qu'il est bien difficile à la science de décider. Peut-être ne connaîtra-t-elle jamais le dernier mot de ces hautes questions : si l'homme savait tout, il pourrait tout ; et telle n'est pas sa destinée ! Bornons-nous donc, en ce qui touche le calorique humain, à étudier les faits et à en déduire des conséquences. Ici, l'on marche sur un terrain solide.

Tous les phénomènes vitaux indiquent une intime connexité entre la puissance qui nous fait vivre et le calorique, de sorte que, dans la pratique, on peut admettre, ainsi que nous l'avons établi plus haut, une identité d'effets et de causes. D'où il résulte qu'il est possible d'agir sur la vitalité elle-même en diminuant, développant ou conservant le calorique humain.

Ceci bien compris, nous arrivons à deux questions souvent confondues, mais qu'il convient de séparer pour plus de clarté :

Nécessité de conserver la chaleur intérieure, en arrêtant son rayonnement au dehors ;

Utilité et possibilité de développer au plus haut degré d'intensité le calorique humain, et par conséquent, l'énergie du principe vital.

Nous allons jeter un coup d'œil rapide sur ces deux questions. La première rentre dans le domaine de l'hygiène enseignée dans les livres ; l'autre se rattache plus particulièrement aux problèmes que nous cherchons à résoudre ; et peut-être nous fournira-t-elle quelques observations nouvelles.

III. — Les vêtements sont la plus ancienne et la plus simple des précautions, pour conserver notre chaleur intérieure. Dieu, en donnant à l'homme un tissu cutané dont la porosité le livre sans défense aux intempéries des saisons, lui a appris en même temps qu'il devait veiller sans cesse sur ces étincelles de vie, qui tendent toujours à s'échapper et que l'industrie humaine doit arrêter au passage.

Mais les vêtements ne sont pas le seul moyen de conserver le calorique intérieur ; les aliments y contribuent. Ceci est assez généralement admis, pour qu'il ne soit pas nécessaire d'entrer dans de longs développements. Chacun sait que dans la funeste expédition de Russie, le manque de nourriture ou les mauvais aliments, ont tué plus de braves que le froid. Nous avons tous le sens intime de cette nécessité de l'espèce humaine, qui nous fait rechercher une plus grande masse de substances alimentaires, à mesure que la chaleur atmosphérique diminue d'intensité. C'est que la nourriture habituelle de l'homme lui apporte par la digestion et l'assimilation, une double cause de chaleur vitale. La digestion nécessite des décompositions et des recompositions, qui ne peuvent s'opérer sans un dégagement de calorique ; et l'assimilation fortifie nos organes en leur incorporant des éléments dont l'essence même est de conserver le calorique ; tels que le carbone, le soufre et le phosphore.

Ces deux dernières substances existent dans tous nos aliments les plus habituels, en quantités infiniment petites, il est vrai, mais enfin on en trouve des traces. Admirable mécanisme humain, qui concentre dans cette machine si frêle en apparence, les éléments de vie dispersés sur un globe tout entier, et qui rétablit sans cesse l'équilibre par les causes mêmes qui tendent à le troubler ! Sagesse et puissance infinies, que l'on aperçoit dans le grain de sel et dans l'animalcule microscopique ; mais qui éclate surtout dans l'homme, merveille et roi de ce monde !

Enfin, nous cherchons à conserver notre chaleur naturelle, en créant dans nos habitations des atmosphères factices, qui rétablissent l'équilibre entre la chaleur ambiante qui nous entoure et celle que nous portons en nous-mêmes.

Ici nous devrions peut-être envisager sous le point de vue hygiénique les divers modes employés dans' les pays froids, pour échauffer les appartements, et ceux que l'on pratique dans les climats chauds pour les ventiler et les assainir. Mais en traitant ainsi cette importante question, nous tomberions dans les lieux communs et les vulgarités ; il vaut mieux, pour l'éclaircir, se placer un peu plus haut, et examiner, si la chaleur est en elle-même plus appropriée que le froid à la conservation de la vie humaine.

Cette controverse est aussi vieille que la science.

IV. — Il serait plus curieux qu'utile de citer les diverses opinions soutenues à cet égard par les plus beaux génies de l'antiquité. Au moyen âge, la question n'était pas résolue ; car nous voyons quelques-uns des commentateurs d'Aristote oser soutenir, contre la parole du maître, « que les habitants « des pays froids vivent plus longtemps que ceux des pays « chauds. » *Quæritur, utrum habitantes in regionibus frigidis sint longioris vitæ quam habitantes in calidis ? et arguitur, quod non* (1).

Encore aujourd'hui c'est une opinion assez généralement admise, même parmi les savants. Il n'est pas sans intérêt de la discuter, car, dans la pratique, elle conduit à de graves erreurs.

« On observe, dit le profond Stahl, que les personnes ac-« coutumées à vivre dans un air froid sont moins facilement « affectées par une extrême chaleur que celles qui vivent dans « un climat chaud ne le sont par un froid excessif. » Un grand médecin tire de cette remarque la conséquence que, « chez les premiers, le corps contracte une fermeté qui est à « l'épreuve des vicissitudes des saisons, tandis qu'il s'énerve « dans l'air où réside une constante chaleur (2). »

(1) *Quæstiones et decisiones insignium virorum.* Parisiis. MCCCCCVIII, fol. L.

(2) ALIBERT, *Éléments de thérapeutique*, t. II, p. 29.

Malgré toute la déférence due à deux maîtres de la science, on doit repousser cette assertion basée sur une observation juste en elle-même, mais dont on tire une conséquence qui n'est ni logique, ni conforme aux faits.

La théorie d'Alibert a été bien souvent répétée depuis Tacite, qui l'a exprimée avec son éloquente concision (1); elle n'en est pas plus exacte. Pour qu'elle fût vraie, il faudrait que toutes les nations qui habitent les pays chauds fussent languissantes et énervées; c'est ce qui n'est pas, ce qui n'a jamais été. L'antiquité a vu Babylone et Ninive tomber sous les coups d'un peuple venu du nord; mais ce n'était pas le climat qui avait énervé les Assyriens; ils ont succombé par les vices de leurs institutions. Nous reviendrons ailleurs sur cette influence des institutions sur le moral et le physique des peuples; ici, il nous suffira de faire observer en passant que les physiologistes sont d'accord avec les politiques à admettre le fait. M. Virey (2) dit formellement que « la forme des gouvernements « contribue avec la nature des religions à comprimer ou à « exalter l'énergie des peuples et peut accroître ou diminuer « la force nerveuse dans une nation. » M. le professeur H. Combes (3) a comparé les crânes des vieux citoyens de la république trouvés dans les catacombes, avec ceux des Romains de notre époque; et il a reconnu des différences marquées.

Chez les uns, il a trouvé des fronts déprimés, des crânes rétrécis dans leur partie antérieure et supérieure, tandis que leur partie postérieure présentait une extension peu commune; un large trou occipital, qui devait donner passage à une moelle épinière d'un fort volume, enfin tous les caractères d'une race adonnée aux exercices du corps, d'un peuple belliqueux et féroce.

Chez les Romains de notre époque, au contraire, il a observé des conditions organiques entièrement différentes. La partie

<hr>

(1) *De moribus Germanorum.*
(2) *De la physiologie dans ses rapports avec la philosophie*, p. 209.
(3) *De la médecine en France et en Italie*, p. 416.

frontale vaste et proéminente ; l'occipitale petite, l'arcade zygomatique à peine convexe ; le point du temporal où s'attache le masséter à peine sensible ; tous les caractères enfin d'un peuple pacifique et plus disposé aux exercices de l'intelligence qu'aux rudes travaux de la guerre.

Ici la phrénologie s'accorde avec l'histoire. Rome antique a vaincu le monde par l'épée, Rome moderne l'a gouverné, le dirige encore par la plus noble des facultés de l'espèce humaine, l'instinct religieux.

Cette digression nous écarte de notre sujet ; nous y rentrons en disant, avec le savant professeur de l'école de Paris déjà cité : « L'homme n'a, dans son état naturel, que des « moyens très-bornés de résister aux effets du froid, tandis « qu'il est éminemment propre à supporter une température « élevée ; ce qui démontre qu'il est indigène des climats chauds « ou tempérés (1) ; » observation qui est prouvée par les faits : l'homme se multiplie et devient robuste dans les sables de l'Asie et de l'Afrique, pourvu qu'il y trouve quelques dattes et de l'eau ; les populations énergiques de ces déserts brûlants sont incontestablement supérieures à la race chétive des Lapons et des Esquimaux.

Nous voilà donc ramené à notre point de départ.

V. — La chaleur est, en même temps, un des éléments du principe de vie et une force répandue dans tous les corps de la nature ; l'homme, en s'assimilant cette force, augmente son propre calorique analogue, au moins dans ses effets appréciables, à celui qui est développé par les combinaisons des corps. Un fait décisif prouvera cette dernière assertion. L'homme, sous l'empire d'une passion violente, par exemple, en proie à un brusque mouvement de colère, a la faculté de développer instantanément un haut degré de calorique mesurable au thermomètre, comme celui qui serait dégagé par une

____

(1) PELLETAN, *Physique médicale*, t. II, p. 210.

combustion. De même, une frayeur subite produit un frisson, une sensation de concentration intérieure, bientôt suivie d'un abaissement de température dans tous les organes. Voilà des phénomènes caloriques produits soit par la force instinctive, soit par la force intellectuelle, mais qui sont de même nature que ceux qui auraient été produits par des causes physiques ou chimiques. On est donc autorisé à penser que l'homme peut modérer ou développer l'intensité d'action de ses forces vitales, en diminuant ou augmentant son propre calorique. C'est ce que font les médecins dans la plupart des maladies ; c'est pour cela que les thérapeutistes classent la chaleur parmi les médicaments stimulants et emploient la glace comme le sédatif le plus puissant. Presque tous les médicaments développent ou modèrent la chaleur vitale et on les applique plus ou moins à propos, d'après ces propriétés. Un homme vient d'éprouver une chute grave, ou bien une violente émotion morale ; les effets sur l'organisme sont identiques, quoi qu'en puissent dire MM. les organiciens : dans l'un ou l'autre cas, saignerez-vous immédiatement, appliquerez-vous les sédatifs, les antiphlogistiques? Non sans doute ; car il y a diminution de forces, et frissons : la puissance vitale, la force médicatrice naturelle, abandonne les extrémités, se réfugie dans les profondeurs intimes de l'existence, pour y préparer une crise de réaction qui se manifestera, quelques heures plus tard, par une fièvre d'irritation accompagnée d'un grand développement de chaleur. Pour traiter ce malade rationnellement, il faut aider ces mouvements naturels et, d'abord, avoir recours aux médicaments stimulants qui raniment la chaleur, des vulnéraires, du thé, du vin ; plus tard, quand la réaction a lieu, si elle est trop violente, la modérer par des saignées et des antiphlogistiques.

Ce travail réparateur de la force médicatrice aidé par la force calorique est surtout utile au chirurgien. Le célèbre Larrey a constaté que les blessés et les amputés de l'armée d'Égypte guérissaient plus vite et plus sûrement que dans les guerres d'Allemagne. Observation profonde qui a conduit à inventer les appareils à air chaud. Il est vrai, comme nous venons de le dire, que dans certains cas, il y aura irritation, c'est-à-dire excès du calorique vital et qu'il faudra le modérer par les moyens réfrigérants, tels qu'un filet d'eau froide tombant continuellement sur l'organe irrité. Mais dans ces deux modes d'agir, c'est toujours le calorique vital que l'on modifie. Ce que l'on fait sur l'homme malade, on peut le faire plus facilement encore sur l'homme sain ; par conséquent, dans un sens général, il sera toujours possible d'agir sur la vitalité elle-même en développant, ou modérant le calorique humain.

Mais, avons-nous dit, cette chaleur humaine est une force, sinon absolument identique, au moins analogue et homogène à la force calorique répandue dans la nature entière ; d'où il résulte que l'on pourra agir sur le calorique humain, soit par la chaleur propre du rayon solaire, soit par la température du milieu atmosphérique dans lequel on se trouvera.

Nous serons bref en traitant du calorique lumineux ; non qu'il n'y eût beaucoup à dire, mais pour ne pas abuser de la patience de nos lecteurs, qui doivent désirer de savoir où nous en voulons venir. Nous aussi, nous avons hâte de laisser les citations et d'exprimer notre pensée tout entière.

VI. — On a disputé bien longtemps sur la lumière et la chaleur ; on a demandé s'il y a identité parfaite entre la flamme d'un brasier, celle d'une lampe et le rayon solaire. Bernard Telesio a soutenu l'affirmative, contre l'opinion d'Averroès (1). Les modernes ont continué la controverse. Mais enfin les expériences de M. Delarive semblent avoir décidé la question dans le sens du philosophe calabrais, au moins en ce qui touche la lumière électrique. Ce savant, « en

____

(1) B. Telesius Cosentinus, *De rerum natura*. Neap. 1597, fol. 155.

« éclairant, dans une chambre parfaitement obscure, un
« buste en plâtre avec la lumière des pointes de charbon pla-
« cées entre les pôles d'une forte pile de Grove, a obtenu une
« empreinte du buste au daguerréotype (1). »

Par conséquent, si la lumière d'un brasier ou d'une lampe
ne produit point, sur l'organisme vivant, les effets du rayon
solaire, on les obtiendra par la lumière électrique. Ceci est
précieux et pourra mener à des applications importantes ;
car l'action du rayon solaire sur la vie est incontestée et incontestable. La plante qui a germé à l'abri de la lumière
perd le vernis verdoyant de ses feuilles et les brillantes couleurs de ses fleurs ; et les sucs essentiels sécrétés par ses organes intimes n'ont plus les mêmes propriétés. L'homme
aussi, dans l'obscurité d'un cachot, blanchit et s'étiole : les
longues nuits des régions polaires contribuent, autant que le
froid, à la dégradation de la race chétive des Esquimaux
et des Lapons.

Les maladies développent quelquefois cette susceptibilité
de l'organisme aux rayons lumineux. Mademoiselle X...
phthisique, frêle, nerveuse, impressionnable, a observé que
son état s'aggravait, même avec une température douce, toutes
les fois que les nuages voilent la lumière ; quand, au contraire, le soleil brille de tout son éclat sur un ciel pur, elle se
sent mieux, ses forces reviennent ; et elle tousse moins.

Si la science voulait diriger dans ce sens ses recherches et
ses observations, peut-être arriverait-elle à trouver dans l'action des rayons solaires un utile auxiliaire au traitement de
plusieurs affections chroniques ; mais au moins on ne peut
nier une connexité quelconque entre les progrès du soleil sur
notre horizon et les symptômes qui se développent dans certaines maladies. C'est une preuve incontestable des rapports
qui doivent exister entre la lumière et la vitalité.

Reconnaissons donc la puissance du calorique lumineux et

_____

(1) *Comptes rendus de l'Académie des sciences*, t. XII, p. 910.

ses rapports avec le principe même de la vie; mais, en même temps, ne négligeons pas une distinction essentielle. Les rayons du soleil de mars et d'avril, dans nos climats tempérés, produisent sur l'organisme humain un effet qui n'est pas celui du soleil de juillet. Dans l'état actuel de la science, il est fort difficile d'expliquer ce fait incontestable cependant et d'expérience vulgaire, peut-être la question s'éclaircirait-elle si l'on approfondissait les phénomènes produits par le rayon violet. Une petite barre de fer doux soumise à son action est magnétisée pendant la canicule, elle ne l'est pas sous le plus brillant soleil de l'hiver du Languedoc, même de Naples (1). Nous aurons bientôt à revenir sur cette action du rayon violet sur l'organisme vivant; en attendant, bornons-nous à constater qu'il existe des connexités, mal définies par la science, entre la chaleur qui nous éclaire et celle qui nous fait vivre, et, de même, des connexités plus intimes encore, entre le calorique, la lumière, l'électricité et ce grand mouvement de tous les corps animés que quelques-uns ont appelé la vie universelle.

Arrivons enfin à la seconde question posée plus haut, l'action des hautes températures sur le corps humain.

VII. — L'excès du calorique produit un effet délétère sur nos organes; c'est incontestable. Mais à quel degré précis, la chaleur extérieure commence-t-elle à être nuisible? Voilà ce qu'il est bien difficile de préciser, parce que les effets varient suivant l'intensité de notre propre chaleur et suivant diverses autres circonstances.

Par exemple, renfermez un animal dans un four chauffé seulement à 40 degrés; il sera d'abord asphyxié et bientôt décomposé. Cependant ce même animal s'accommodera parfaitement au Sénégal d'une température semblable, et il n'é-

____

(1) Expériences de l'auteur, à Naples, en 1843 et 1844; en Languedoc, en 1846 et 1847.

prouvera aucun accident dans une atmosphère de forge ou de verrerie tout aussi élevée.

Mais chacun de nous n'a-t-il pas quelquefois ressenti en entrant dans ces usines aux ardentes fournaises, un malaise marqué ? Les femmes, les personnes faibles, ne peuvent supporter cette atmosphère brûlante ; cependant les ouvriers y vivent, y agissent ; il est même certaines industries où leur santé n'en est pas sensiblement affectée.

On dira que ces ouvriers sont plus robustes. Sans doute ; et de cela qu'ils sont plus robustes, il résulte aussi qu'ils ont une chaleur naturelle plus intense. Mais comment ont-ils pu demeurer robustes à ce pénible métier ? Par habitude ; mais si l'on peut s'y habituer, c'est que la chaleur n'a rien en elle-même de délétère aux organes humains. Voilà pourquoi les Européens s'acclimateraient au Sénégal, s'ils n'avaient pas à y lutter contre les maladies. Ils y meurent de la fièvre et non pas du chaud, à côté des indigènes qui y vivent et y vieillissent.

Encore quelques mots sur les effets de la chaleur des usines

Les impressions délétères qu'on y ressent paraissent occasionnées par l'insuffisance de ventilation ; souvent aussi. par les évaporations des matières élaborées, plutôt que par le calorique. Cette assertion pourrait, au besoin, se démontrer par la plus simple des expériences.

Entrez, un thermomètre à la main, dans quelqa'un de ces laboratoires, que les nécessités de la fabrication obligent à tenir clos, vous éprouverez un malaise marqué, à 25 ou même 20 degrés ; tandis que, dans une usine bien aérée, une laminerie de fer, par exemple, vous pouvez vous approcher sans inconvénient des masses incandescentes, et supporter une chaleur radiante de plus de 40 degrés indiquée par votre thermomètre.

Le docteur Ure a jeté un grand jour sur cette question dans un curieux article de son ouvrage sur les arts. Que l'on me permette d'en citer un passage ; il exprime ma pensée

mieux que je ne saurais la dire. « Quand une colonne d'air
« balaie avec fureur les déserts brûlants de l'Afrique, et
« forme ce phénomène que les indigènes appellent *simoun*,
« cet air ne devient pas seulement très-chaud et très-sec,
« mais il est fortement électrique, ainsi qu'il est démontré
« par les éclairs et le tonnerre. »

« *When a column of air sweeps furiously across the burn-
ing desert of Africa, constituting the phenomen called' si-
moon' by the native, this air becomes not only very hot and
dry, but highly electrical, as is evinced by lightning and
thunder* (1). »

Ce n'est donc point, je le répète, le calorique qui est nuisible à l'homme dans les pays chauds ; mais certaines combinaisons atmosphériques.

Pendant que les belles dames et les élégants en gants jaunes,
de Naples ou de Palerme, languissent sur des coussins et succombent sous le poids du sirocco, on voit le robuste ouvrier
de ces contrées extraire de la pierre sur les flancs de la montagne voisine. Le bonnet de laine rouge ou violet des Phry-
giens protége seul sa tête contre les rayons du soleil réver-
bérés par la carrière ; son corps à moitié nu est ruisselant de
sueur; il prend haleine quelques instants, vide d'un seul trait
une cruche de vin et se remet à l'ouvrage.

Cet ouvrier résiste mieux que les classes aristocratiques aux
ardeurs du soleil, parce qu'il a de bonne heure fortifié ses
nerfs par le travail, parce qu'il laisse un libre cours aux transpirations, parce qu'il remplace par des bains de mer fréquents l'eau et les sels basiques évaporés, et parce qu'il vit
toujours au grand air. Cette absorption constante d'oxygène
entretient dans son intérieur un calorique humain qui fait
équilibre avec celui de l'atmosphère ; et si l'ardeur du soleil
brunit et écaille sa peau, elle lui communique, par un excès
d'électricité positive, une force qui lui permet de soutenir le
choc des gaz électrisés, que le sirocco chasse devant lui ; en-

(1) URE, *Dictionary of Arts and manufactures. Art. Stove*, p. 1187.

fin l'excès d'électricité négative lui est soutiré par le mouvement et les transpirations.

Résumons toutes ces observations.

Les fortes chaleurs énervent, les forces digestives diminuent ; les transpirations sont trop abondantes, et, par certains vents, on éprouve un redoublement d'abattement et d'oppression que l'on exprime par ce mot pittoresque, « Le « temps est lourd. »

Il résulte de ces symptômes extérieurs, que la circulation des fluides est troublée, que leur sécrétion est trop rapide, que les sels basiques qu'ils tiennent en suspension se trouvent en quelque sorte à sec et peuvent produire des irritations locales ; enfin que certains vents chauds nous arrivent trop chargés d'électricité et dépourvus d'une suffisante quantité d'oxygène.

Ces effets ont une curieuse analogie avec ceux que produit le grand froid ; mais le résultat est bien différent. Les accidents produits par l'excès du froid coûtent presque toujours à l'homme un de ses membres, souvent la vie. Ceux du grand chaud n'excitent, en général, que des indispositions qui cèdent au premier changement de température et qu'il serait possible de prévenir par de sages précautions. Les Anglais établis dans l'Inde, ces princes du commerce, ces nababs en épaulettes, ces vizirs de la compagnie, qui rapportent en Europe leurs lacs de roupies, leurs visages jaunis par la bile, leurs obstructions et leurs regrets de ces splendeurs orientales, où ils n'ont pu vivre, ceux-là peut-être ne seront pas de mon avis (1). Cependant il est permis à la philosophie médicale de croire que s'ils eussent adopté les précautions hygiéniques et les habitudes des indigènes, ils auraient supporté tout aussi bien qu'eux le soleil vivifiant de Calcutta et de Delhy.

Quoi qu'il en soit de l'hygiène observée à Calcutta, il résulte de tous les faits que nous venons de grouper autour de la question, qu'un certain degré de chaleur intérieure assez

____

(1) Il est bien évident que cette page était écrite longtemps avant les troubles de l'Inde.

élevé, est nécessaire au développement et à la conservation
de la vie et que cette chaleur dont nous portons en nous le
principe, peut être augmentée ou diminuée par la force calorique dégagée par des agents extérieurs. Ici donc, comme à
propos des éléments, nous trouvons un nouveau lien entre
l'homme et ce monde terrestre dont la divine Providence lui
a accordé la royauté viagère. Tout s'enchaîne, dans la nature,
par des gradations insensibles ; les effets et les causes réagissent sans cesse les uns sur les autres et intervertissent leurs
rôles ; la matière humaine, identique à la matière terrestre,
se renouvelle continuellement aux dépens des atomes de
poussière que naguère nous foulions à nos pieds ; les forces
humaines, causes des fonctions vitales, s'assimilent les forces
naturelles, qui, elles-mêmes, sont sans cesse dégagées par
les combinaisons de la matière.

Ceci bien établi, si, d'un autre côté, nous reportons nos
méditations sur la merveilleuse organisation de la machine
humaine, où rien n'est inutile, où tout sert à des fonctions et
se reconstitue par des fonctions, nous arriverons à conclure
que, puisque le calorique est un des principes de la vie, il
doit exister, dans le corps humain, une sorte d'agent spécial
du calorique, un organe ou un système d'organes, chargés de
le produire et de le répandre ; une substance qui, par son
énergie de combustion, contienne en elle-même une sorte de
feu concret, et qui ait la propriété de conserver la chaleur
mieux que tous les autres corps.

Ces organes sont les poumons et l'estomac ; cette substance
ne peut être que le phosphore.

VIII. — Nous nous garderons, en traitant du phosphore,
d'exprimer notre pensée sur la nature de cette curieuse substance ; car nous serions conduit à énoncer des paradoxes,
sans posséder assez de science pour les défendre. Du reste, il
importe peu au sujet que nous traitons, que le phosphore
soit un corps simple ou un composé ; les faits admis, les

expériences constatées suffisent à l'ordre de nos raisonnements ; et nous voulons d'autant moins nous permettre des hypothèses, que nous allons arriver à des applications positives et pratiques.

La chimie nous démontre que le phosphore est le plus éminemment combustible de tous les corps, et par conséquent, celui qui a le plus d'affinité avec le calorique, celui enfin qui a la propriété de le conserver le plus longtemps.

La physiologie nous apprend que cette substance est répandue sous diverses formes dans tout notre corps, qu'elle y joue un rôle actif ; car elle est sans cesse expulsée dans nos sécrétions. Enfin, l'analyse l'a retrouvée dans le cerveau, cet organe qui semble à quelques-uns le siége de la pensée et la source des mouvements vitaux. Et là, le phosphore n'est pas déguisé sous forme de phosphate (1), il est à l'état de simple amalgame (2).

Il semble qu'en voilà assez pour établir que le phosphore, ce combustible par excellence, doit être l'agent de la chaleur vitale ; car si tel n'est pas le rôle qu'il joue dans nos organes, on pourrait demander ce qu'il y vient faire. Une substance aussi énergique ne saurait être passive dans notre organisation ; car il ne s'y trouve rien d'inutile.

Ainsi, soit que, suivant notre opinion, le phosphore agisse sur l'organisme humain en conservant et développant la chaleur vitale, soit qu'il serve de lien intermédiaire entre la substance grise du cerveau, le nevrilemme des nerfs et les solides les plus importants de notre machine, on ne peut se refuser à le considérer comme un des éléments les plus essentiels du principe de vie.

Malheureusement, la science n'a étudié le phosphore que

(1) RICHERAND, *Éléments de physiologie*, t. II, p. 140. — LIEBIG, *Chimie organique, appliquée à la physiologie*, p. 330.

(2) On pourrait aussi inférer des travaux les plus récents des chimistes, que le phosphore se trouve, dans la pulpe cérébrale, à l'état de cérébrate, ou même, comme dans le jaune d'œuf, d'acide phosphatoglycérique ; peu importe à l'ordre de nos raisonnements.

comme un de ces mille médicaments qui encombrent les pages des livres de thérapeutique. On a essayé de l'appliquer à certaines maladies presque toutes désespérées ; les guérisons n'ont pas toujours eu lieu et les médecins sont revenus à leurs habitudes. Un peu plus tard, quelques imprudents s'étant brûlés par des doses de phosphore, ou trop fortes, ou prises mal à propos, on a déclaré le phosphore poison, et on l'a condamné à ne paraître que dans des pommades destinées à frictionner des membres déjà atteints de paralysie ; il est donc aujourd'hui en quelque sorte à l'index.

Une analyse un peu sévère des expériences cliniques faites sur le phosphore prouverait, peut-être, qu'elles n'ont été ni plus rationnelles, ni plus concluantes que celles relatives à l'oxygène.

Un médecin (1) avale un beau matin trois grains de phosphore mêlés à de la thériaque ; il éprouve une assez grave indisposition, qui, du reste, cède à de nombreux verres d'eau fraîche ; et on a conclu qu'il ne fallait jamais administrer le phosphore à l'intérieur. Il semble que la seule conséquence logique eût été que la thériaque est un mauvais véhicule du phosphore et que trois grains en une pilule sont une trop forte dose. Le même médecin a ranimé le flambeau de la vie près de s'éteindre chez un vieillard, au moyen du phosphore. Bayle cite de nombreux exemples d'affections diverses guéries par l'usage du phosphore ; enfin, en Angleterre, plusieurs médecins ont essayé avec succès cet héroïque médicament. Il semblerait qu'après de tels résultats le phosphore aurait dû prendre rang parmi les agents thérapeutiques les plus utiles, surtout comme moyen prophylactique, destiné à conserver les forces vitales. Cependant, au moment où nous écrivons, on en fait fort peu d'usage. Pourquoi ? Serait-ce parce que l'empire de la mode s'étend jusques aux médicaments ? ou bien parce que la Faculté, dans sa passion

(1) Alphonse Leroy.

de nous guérir, néglige les moyens de nous faire vivre ?

Pour expliquer l'injuste discrédit où est tombé le phosphore, il faut remonter à d'autres considérations. Nous avons déjà reconnu que plusieurs fois, l'usage du phosphore a amené, chez des malades, des combustions spontanées ; mais pourquoi ces accidents ont-ils eu lieu ? parce que l'on a voulu employer le phosphore, comme les autres médicaments aussi près que possible de ce que l'on appelle l'état de pureté. Pourquoi les médecins se sont-ils obstinés à cette faute, pourquoi ne savent-ils pas trouver un juste milieu entre brûler les entrailles de leurs malades, ou renoncer à un médicament éminemment vital ? Parce que la médecine a oublié l'ancien axiome de nos pères, *nihil simplex, nihil fixum, natura producit*, et qu'elle n'a voulu employer que ce qu'elle appelle des médicaments simples. Mais ces médicaments prétendus simples, sont des produits de l'art et n'ont rien d'homogène à nos organes. Si, au lieu d'expérimenter cette substance appelée phosphore par les chimistes, et qui pourrait bien n'être qu'une des formes d'un principe à découvrir, on eût cherché des combinaisons ou des amalgames nouveaux, il eût été facile d'en trouver qui auraient agi sur l'ensemble de l'organisme, sans brûler les organes. Une saine théorie nous démontre donc que les préparations phosphorées doivent être compliquées pour être assimilées.

IX. — L'étude des procédés de la nature en eût appris tout autant.

De quelque manière que se forme ou s'agglomère le phosphore que l'analyse chimique retrouve dans nos principaux organes, il n'est pas arrivé dans nos entrailles sous la forme que nous lui connaissons : car nulle part dans la nature, il n'existe à l'état libre. Cette substance est mêlée, il est vrai, à plusieurs de nos aliments, mais dans un état d'infinie divisibilité et à des doses tout à fait homœopathiques.

On n'a peut-être pas assez insisté sur les rapports entre la

composition chimique des aliments les plus usuels et celle de
nos organes. Les cervelles d'animaux, les laitances des poissons, les huîtres, en un mot toutes les nourritures que l'on
considère comme légères et qui sont conseillées aux convalescents, sont aussi celles qui, proportionnellement à leur
masse, renferment le plus de phosphore. Un médecin allemand, le docteur Siemerling, a même prétendu que l'on
pouvait guérir la phthisie en nourrissant les malades de laitances de harengs (1).

Bien avant lui Morton, qui a laissé un si beau travail sur
cette cruelle maladie, la traitait par des mélanges où les
combinaisons phosphorées jouaient un grand rôle (2).

Mais si l'on veut absolument des preuves expérimentales
établissant que le phosphore, en lui-même, n'a rien de contraire à la vie humaine, on les trouvera dans un mémoire du
docteur Théophile Roussel (3) sur les maladies des ouvriers
employés dans les fabriques d'allumettes phosphorées. Enfin
l'action vitale du principe phosphoré est démontrée par
l'utilité de l'acide phosphorique pour combattre les plaies de
mauvaise nature (4). Déjà nous avions cité ce fait remarquable.

C'est ainsi que la clinique médicale peut servir à éclaircir
les obscurités de la science de la vie.

Nous répétons donc ce que nous avons dit en parlant de
l'oxygène.

La nature ne fait point arriver le phosphore à nos organes
à l'état libre ; nous le suçons avec le lait de notre nourrice, il
est mêlé au gluten du pain de l'adulte ; on le retrouve dans
les aliments généreux qui soutiennent les forces du vieillard.
Tels sont les enseignements qui doivent nous guider dans

(1) HUFELAND, *Journal der praktischen Heilkunde*, September 1821.
(2) MORTON, *Phthisiologia*, Lugduni, 1737, 2 vol. in- 4°, passim.
(3) *Mémoire* inséré dans les *Comptes rendus de l'Académie des sciences*,
t. **XXII**, p. 292.
(4) Note manuscrite du docteur Koreff.

l'application du phosphore à la conservation de la vie humaine.

Il s'agira, par conséquent, de faire arriver à nos organes le phosphore toujours à l'état de combinaison, ou, pour mieux dire, d'association et divisé en molécules infiniment déliées ; car il serait fort imprudent d'exposer les organes internes à des combustions spontanées. Sous ce rapport, nous doutons beaucoup que l'éther ou l'alcool, ou l'huile, dissolvants ordinaires du phosphore, soient des véhicules convenables. Nous pourrions, au besoin, nous appuyer de l'opinion du sage Alibert qui, dans une sorte de prescience des services que le phosphore pourrait rendre à la santé des hommes, s'est écrié : « Il ne faut, pour l'appliquer sans danger à l'intérieur, que trouver un dissolvant (1) ! »

Du reste, les difficultés seront beaucoup moindres, si, au lieu de s'obstiner à employer le phosphore en bâtons, les médecins se bornent à essayer les combinaisons du phosphore. Les beaux travaux de M. Paul Thenard ont fait connaître plusieurs de ces composés qui seraient susceptibles d'être utilement employés dans la thérapeutique. Citons entre autres les sels de ce curieux liquide nommé par le savant qui l'a découvert, le cacodyle du phosphore. Ses effets sur l'organisme humain sont très-caractérisés et n'ont rien de dangereux (2).

Laissons enfin toutes ces applications matérielles, pour revenir aux théories. Il est déplorable que, là où l'on voudrait demeurer dans le domaine de la pensée et ne calculer que des forces, on soit toujours conduit à parler de drogues ! C'est que l'intelligence humaine, obscurcie par son union intime avec la matière, ne peut apprécier les causes que par les

____

(1) ALIBERT, *Éléments de thérapeutique*, t. I, p. 199.

(2) L'acétate de cacodyle du phosphore, versé dans un bain, produit un peu d'irritation à la peau, et, dans tout l'organisme, une sensation de force et de bien-être. Des chiens et des cabiais ont supporté des doses élevées de cette substance, sans en paraître incommodés.   (*Expériences de l'auteur.*)

effets matériels qu'elles produisent. Résumons cependant les principes établis dans ce trop long chapitre.

La vie de l'homme n'est entretenue que par des forces ; le calorique est une des plus essentielles de ces forces, et elle se lie au principe même de la vie, par des connexités tellement intimes, que l'on peut modifier les conditions de l'existence, en agissant sur la chaleur vitale. Cette action peut être dirigée dans deux sens opposés : ou bien on cherchera à tempérer l'excès de chaleur vitale, ce qui n'est nécessaire que dans quelques cas de maladies aiguës ; ou bien, au contraire, on voudra développer l'énergie de vitalité, en conservant et développant le calorique humain, ce qui conduira à de nombreuses applications. Ces applications, si elles sont conformes aux lois de la vie, auront pour résultat, de régulariser les fonctions, en leur donnant plus de force et d'activité ; par conséquent, d'éviter beaucoup de maladies et de prolonger la vieillesse sans infirmités.

Mais, ainsi que nous l'avons déjà dit, les phénomènes caloriques ont eux-mêmes d'étroites connexités avec ceux produits par la lumière et par l'électricité ; il nous reste donc, pour compléter l'étude de l'action des forces physiques et chimiques sur l'organisme humain, à envisager l'électricité dans ses rapports avec la vie. Cet examen sera l'objet du chapitre suivant.

CHAPITRE X.

I. — L'industrie humaine a déjà obtenu de merveilleuses applications de ces phénomènes appelés électriques, galvaniques, magnétiques ; peut-être conduiront-ils la génération qui va nous succéder à des résultats plus surprenants encore. Mais quand on demande à la science de définir la cause même de ces phénomènes, elle répond par des dissertations et des hypothèses qui n'aboutissent qu'à des complications et à des obscurités. On avait d'abord pensé pouvoir suppléer à une définition, en appelant l'électricité un *impondérable*, mot vague et qui ne peut servir qu'à fausser les idées ; nous l'avons déjà démontré. D'autres ont supposé un *fluide*, expression évidemment impropre ; car l'hypothèse toute gratuite de ce *fluide* impossible à saisir ne peut expliquer tous les phénomènes électro-magnétiques, et elle ramène à cette autre supposition des théories panthéistes, l'*éther* doué de facultés inhérentes à son essence, c'est-à-dire la divinité de la matière. Peut-être quelques savants de notre époque ont-ils fait un pas vers la vérité, en considérant l'électricité comme une propriété des corps. Il paraît aujourd'hui bien établi que toutes les substances connues sont susceptibles de produire des phénomènes électro-magnétiques. « Tous les corps naturels « obéissent à l'action du magnétisme, comme, le premier, « l'a observé Coulomb, et principalement les matières orga- « niques, les roches et les minéraux........ Les propriétés « magnétiques des corps varient avec leur état molécu- « laire (1). » Ainsi s'exprime un savant chez lequel la science électrique est une tradition de famille. Les relations intimes entre les changements moléculaires et les phénomènes magnéto-électriques sont aujourd'hui bien reconnues. On sait que le mouvement, la torsion, la rupture d'une barre de fer influent sur son état magnétique, et que, de même, l'aimantation en modifie l'élasticité ; c'est-à-dire qu'en modifiant l'état moléculaire, on modifie l'état électrique et réciproquement (2).

Mais si l'électricité modifie les combinaisons de la matière, et si, d'un autre côté, la matière est essentiellement inerte, incapable d'action jusques à ce qu'elle soit sollicitée par des forces, il résulte nécessairement que l'électricité n'est pas une matière, mais une force.

On nous permettra donc de ranger l'électro-magnétisme parmi les forces ; c'est-à-dire parmi ces causes de la vie universelle imposées aux mouvements des corps. La matière, dirons-nous, est inerte, et cependant tout change , tout se meut dans la nature ; depuis les globes emportés dans l'espace par un double mouvement de rotation, jusques à ces infiniments petits qui naissent, s'agitent et meurent dans une goutte d'eau ; depuis le dur rocher qui se désagrége sous la triple influence du rayon solaire, de l'eau et des vents, jus-

____

(1) *Comptes rendus de l'Académie des sciences*, t XX, p. 1709 ; *Mémoire* de M. Edmond Becquerel.

(2) *Comptes rendus de l'Académie des sciences*, t. XIX, p. 229 ; *Mémoire* de M. Wertheim

ques à l'homme qui tient à la terre par sa composition atomique, qui se rattache à la vie universelle par l'action des forces physiques et chimiques sur sa propre vie, et qui règne sur ce globe par une force d'un ordre supérieur encore, celle de son intelligence.

Il y a donc, entre toutes les forces, des connexités : ceci est un fait admis par la science. Suivant la belle explication de M. Faraday, tous les rayons lumineux sont électrisés ; toutes les combinaisons électriques dégagent de la chaleur ou de la lumière. De même, nous dit un autre savant, l'air est dilaté par le magnétisme comme il l'est par la chaleur (1). Cependant, ces analogies n'établissent pas une identité absolue dans les causes qui produisent les phénomènes, surtout quand il s'agit de l'action des forces dont nous nous occupons sur la matière inanimée. Un savant physicien de Genève a parfaitement résumé ces rapports et ces différences. « Plus on étudie « les phénomènes que présente l'électricité, plus on arrive « à reconnaître que cet agent diffère, dans la forme sous « laquelle il se présente à nous, de la lumière et du calori- « que, quoiqu'il ait avec eux des rapports intimes. Ainsi. « tandis que la lumière et le calorique peuvent, à l'état « rayonnant, se manifester indépendamment de la matière « pondérables, l'électricité ne paraît pas pouvoir en être ja- « mais isolée (2). »

II. — On peut donc établir que l'électricité joue, dans les corps inorganiques, le rôle de ce principe mystérieux appelé force vitale dans les corps animés. En effet, si vous divisez un barreau aimanté en deux parties égales, chaque moitié sera instantanément constituée comme le barreau primitif, pôle positif, pôle négatif, centre neutre. Poussez ces divisions aussi

<hr>

(1) *Comptes rendus de l'Académie des sciences*, t. XXVI, p. 227. Expériences de M. Plucker.

(2) *Comptes rendus de l'Académie des sciences*, t. XII, p. 914 ; *Mémoire* de M. Delarive.

loin que le permettra l'imperfection des instruments humains, vous aurez toujours un barreau doué de propriétés
électriques parfaitement identiques à celles du barreau primitif, comme si cette faculté d'attraction et de répulsion était
la vie et l'âme du métal. De même, si vous divisez en deux
moitiés égales, certains zoophytes, dont les noms m'échappent
et que la science a classés au plus bas degré de l'échelle animale, vous aurez bientôt deux animaux exactement semblables à l'animal primitif, et pourvus, suivant l'expression de
quelques physiologistes, d'un pôle positif à l'extrémité
supérieure, à l'autre d'un pôle négatif.

Mais ce sont surtout les belles recherches de MM. Coste,
Serres, Flourens, et d'autres savants encore, sur l'embryo-
génie et l'ovologie, qui ont fait découvrir de curieuses analogies entre l'action de la force électrique sur la matière inorganique et sur celle qui est animée du souffle de la vie.

Placez une feuille de papier sur un aimant, jetez-y
une poignée de limaille de fer : aussitôt, les particules de
poussière ferrugineuse viendront se grouper, dans un
ordre invariable, au-dessus du barreau aimanté, moitié au
pôle positif, moitié au pôle négatif. Les mêmes phénomènes ont été observés dans l'incubation des œufs. Les
globules circulent dans le liquide albumineux sans observer aucun ordre déterminé; mais dès que l'œuf a été
soumis à l'incubation, ces globules viennent s'arranger le long
d'une ligne qui est le germe de la colonne vertébrale, et ils s'y
agglomèrent dans le même ordre que la limaille le long du
barreau aimanté. Mais qu'est-ce que l'incubation ? Le développement constant d'un certain degré de force calorique :
'or nous avons établi les rapports entre la force calorique et la
force électrique, et nous savons que l'on ne peut pas développer du calorique sans dégager de l'électricité. Par conséquent. on peut admettre que la force qui donne à la barre de
fer ses propriétés, agit aussi dans le développement de l'embryon. Par conséquent aussi, on est autorisé à affirmer que

cette force, qui a servi à développer les organes du corps animé, servira à diriger les mouvements vitaux, quand ce corps sera complétement organisé.

III. — C'est ainsi que, d'induction en induction, d'expérience en expérience, on arrive à reconnaître des analogies et des connexités intimes entre la force qui fait vivre et la force électrique. Connexité, analogie, disons-nous ; et non pas identité. Plus nous avancerons dans l'étude des forces qui régissent la vie, plus nous reconnaîtrons qu'elles sont complexes et que les forces physiques et chimiques sont dominées, dans leurs rapports avec la vie, par des causes d'un ordre supérieur ; mais cette supériorité n'est bien caractérisée que dans les animaux complets ; et elle n'éclate dans toute son intégralité, que chez l'homme où la force intellectuelle agit dans une sphère supérieure aux fonctions purement animales. Au contraire, chez les animaux inférieurs, la force électrique est plus apparente, parce qu'elle joue un rôle plus important. Ceci pourrait au besoin être démontré par les expériences sur les animalcules microscopiques. On modifie à volonté leurs formes et les conditions de leur existence, en ajoutant à l'eau dans laquelle ils nagent, ou des sels ou des acides, ou bien en les soumettant à l'action des divers rayons du prisme, ou à celle d'un courant magnéto-électrique (1). On a aussi remarqué que les phénomènes de phosphorescence ou autres qui dépendent de l'électricité sont d'autant plus caractérisés que les animaux sont plus petits et moins parfaits. Ceux qui, comme la torpille et le gymnote, sont pourvus d'un véritable appareil électrique destiné à émettre autour d'eux les violentes secousses d'une force protectrice, ces animaux, disons-nous, sont organisés comme les feuilles de ces plantes rouges en

(1) Si l'on verse des sels dans l'eau contenant des infusoires, on électrise positivement et on obtient certaines formes ; on aura les mêmes résultats par le rayon violet, ou par un courant positif ; par les acides, ou par le réophore négatif, on a des formes différentes.   (*Expériences de l'auteur.*)

dessous, vertes en dessus, et dont une face est électrisée positivement, tandis que l'autre l'est négativement ; de même, la torpille émet de l'électricité positive ou négative, suivant que l'on opère sur son dos ou sous son ventre. Enfin, tous ces êtres doués de propriétés électriques bien caractérisées, les entretiennent par le fait même de leur existence ; elles sont liées à leur vie, elles disparaissent à la mort (1).

Nous pourrions ajouter d'autres expériences à ces expériences, entasser observations sur observations ; mais nous arriverions toujours à la même conclusion, la connexité des forces électriques et des forces vitales. Ce qui importe à nos recherches, c'est de savoir s'il existe une électricité humaine proprement dite, et de connaître ses rapports avec la vie. De là deux questions qui doivent être traitées séparément. Sur la première nous serons brefs, car l'état de la science nous permet de répondre par une affirmation ; sur l'autre, nous nous efforcerons d'élucider quelques obscurités, et peut-être parviendrons-nous à soulever un tout petit coin du voile qui recouvre les mystères de la vie.

IV. — L'expérience la plus ancienne, pour démontrer l'existence de l'électricité dans l'organisme humain, est celle de Sulzer qui l'a publiée en 1767. Elle est fort simple.

On introduit dans la bouche deux lames, l'une de zinc et l'autre d'argent, de manière à ce qu'elles soient séparées par la langue ; aussi longtemps que les extrémités des deux lames ne sont pas en contact, on n'éprouve aucune sensation ; mais sitôt qu'elles viennent à se rencontrer, on ressent une secousse, la bouche se remplit d'une saveur amère ou acide suivant la position de la lame d'argent au-dessus ou au-dessous de la langue ; et, en même temps, l'éclat d'une lumière vive et brillante passe devant les yeux (2).

____

(1) *Comptes rendus de l'Académie des sciences*, t. VII et VIII; *Mémoires* de M. Becquerel. — *Ibid.*, t. II; *Mémoire* de M. Colladon.

(2) Sulzer's *Untersuchung über den Ursprung der angenehmen Empfindungen.*

Cette expérience a été l'objet de nombreuses controverses, et peut-être n'est-elle pas tout à fait concluante ; car le dégagement d'électricité qu'elle occasionne, pourrait être dû seulement à l'action du liquide alcalin de la bouche sur les lames métalliques, bien que la lumière, qui passe devant les yeux, semble indiquer un concours des nerfs dans la manifestation du phénomène. Mais les physiciens modernes ont éloigné les doutes en magnétisant le fer doux par son contact avec des organes vivants, et enfin, on semble être arrivé à la certitude par l'invention de cet ingénieux appareil qui permet à l'homme de faire marcher l'aiguille d'un cadran électrique par la seule action de sa volonté.

L'homme porte donc en lui-même une puissance électrique qui lui est propre et qui est susceptible, comme toutes ses autres facultés, de se manifester, soit par l'action des agents extérieurs, soit par celle des mouvements vitaux, soit enfin par celle de la volonté. Par conséquent, pour bien apprécier le rôle de l'électricité dans les phénomènes de la vie, il faut étudier l'ensemble des forces ; déjà nous avons dû parler électricité, en traitant de l'action des substances médicamenteuses, de l'oxygène et du calorique ; nous aurons à y revenir à l'occasion des forces instinctives et des forces morales ; mais, ici, il nous reste à examiner, d'un point de vue plus général, les rapports de la force électrique avec la vie.

Pour apprécier, avec une rigoureuse exactitude, le rôle de l'électricité dans les phénomènes vitaux, il faudrait connaître la nature de cette force et celle du principe même de la vie, c'est-à-dire remonter aux causes premières ; mais, là s'élève une barrière infranchissable à la pensée humaine. Notre intelligence ne conçoit qu'une seule cause générale, la volonté de Dieu ; et encore faut-il, pour la bien comprendre, s'isoler des liens de la matière et s'envoler, par la pensée, au delà des limites de notre globe terrestre ; mais quand il s'agit de démontrer par l'expérience, c'est-à-dire par le jugement de nos sens, il faut se contenter d'étudier des phénomènes, de comparer des effets, pour n'arriver qu'à présumer les causes secondes. Dans cette misère de la science, force nous est de nous borner à citer des expériences, de tâcher de rapprocher leurs résultats pour en tirer des conséquences.

V. — Quand on arrive aux expériences, on rencontre un autre embarras, leur multiplicité. Autant la science est pauvre en connaissances sur les causes premières, autant elle est riche en expériences. Ce luxe de faits, cette multiplicité d'observations quelquefois contradictoires, ne sont pas seulement une fatigue pour le malheureux étudiant qui s'efforce de les retenir et de les classer, mais aussi une véritable difficulté pour l'esprit philosophique qui n'étudie les phénomènes et leurs rapports que pour essayer d'en déduire la connaissance des lois de la vie. Si nous voulions seulement résumer, dans une rapide analyse, toutes les expériences, ce chapitre deviendrait un volume. Pour ménager nos lecteurs, nous nous bornerons à rappeler un petit nombre de faits admis sans controverse, en nous attachant au résultat des expériences plutôt qu'à en présenter tous les détails.

Si l'on soumet des combinaisons métalliques à l'action d'un appareil électrique, il s'opère une décomposition instantanée ; l'un des éléments constituants se porte au pôle positif, l'autre au pôle négatif de l'appareil ; la force électrique a donc agi sur la matière inorganique, d'abord comme cause de désagrégation, et puis comme principe d'agrégation. C'est sur ce phénomène que se fondent les belles applications industrielles de M. de Ruolz. Il est évident qu'il y a là une loi générale de la nature ; mais cette loi se modifie dans son application à la matière organique, et plus profondément encore quand elle agit sur la matière vivante. En effet, une dissolution d'albumine, soumise à l'action d'une pile, n'est pas décomposée, comme le serait la dissolution métallique, en ses éléments chimiques ; elle éprouve seulement un changement d'état moléculaire, puisqu'une portion vient se coaguler au pôle positif, tandis qu'il se forme au pôle négatif une sorte de gelée semblable au mucus (1).

Deux conséquences semblent résulter de cette expérience.

La première, c'est que la force électrique, quand elle vient à agir sur une matière organisée, telle que l'albumine, obéit à la loi générale en séparant le composé albumineux en deux nouveaux produits, coagulum et mucus; mais comme, d'un autre côté, cette action est modifiée et qu'il répugne à la raison d'admettre qu'une force, c'est-à-dire une loi, un des modes d'expression de la volonté suprême, puisse être modifiée autrement que par une autre force, il faut nécessairement chercher la cause modificatrice dans la force organique qui maintient les atomes et les globules de l'albumine.

Autre conséquence plus féconde en applications pratiques. C'est que l'électricité doit être avec le calorique, une des causes de solidification de la matière albumineuse du sang et de sa transformation en chair, en cartilages, en nerfs ; de là, action électro-dynamique sans cesse renouvelée dans tous les phénomènes de la vie animale. De là aussi, possibilité de modifier ces phénomènes au moyen de la force électrique.

Toutes ces conséquences sont rendues plus évidentes par les expériences de nos savants (2) sur le venin des serpents.

Le venin du serpent à sonnettes, comme celui de la vipère, devient inoffensif après qu'il a été soumis à l'action d'une pile voltaïque. C'est sur ce fait, constaté par la science, que s'appuie le procédé qui consiste à traiter les individus mordus par des reptiles ophidiens par un courant électrique. S'il venait à être démontré que, dans ces cas, la force électrique agit comme spécifique neutralisant le venin d'une manière absolue, la médecine curative aurait fait un grand pas. En effet, il est évident que, dans cette hypothèse, l'on pourrait aussi employer cette force à neutraliser l'action de certains

(1) Expériences de MM. Prévost et Dumas.
(2) MM. Matteucci, Breschet, Orfila, etc. Je cite de mémoire, et demande grâce pour les omissions — bien involontaires de ma part.

poisons foudroyants qui agissent à la manière des venins :
peut-être même l'opposer à quelques-unes de ces maladies
terribles et instantanées qui brisent la vie, sans qu'aucune
lésion apparente puisse être retrouvée dans les organes. Il y
aurait là un beau champ de recherches, pour nos hardis
investigateurs. Un moment, celui qui trace ces lignes, s'était
flatté de l'espoir de découvrir toute la vérité sur cette importante question ; mais bientôt les moyens d'expérimentation
lui ont manqué, et il lui a fallu laisser à de plus heureux
l'honneur de la découverte.

Un fait important semblerait cependant déjà acquis à ces
expériences incomplètes. C'est qu'une dose de poison suffisante pour tuer un animal, peut être neutralisée par l'action
de l'électricité ; mais si l'on augmente le poison, on aura
beau augmenter aussi la puissance électrique, la mort arrivera inévitablement (1).

Ce curieux phénomène, s'il venait à être bien constaté,
pourrait peut-être jeter quelque lumière sur des questions
encore fort obscures de physiologie et de thérapeutique, surtout si on le rapprochait d'un autre fait de même nature, l'inno-
cuité des poisons stupéfiants dans les cas de violente excitation.
On comprendrait, jusqu'à un certain point, comment l'organisme vivant peut servir de champ de bataille à des forces
opposées : résistance vitale d'un côté, force délétère interposée entre les molécules du poison de l'autre, et comment la
force électrique intervient dans la lutte, en surexcitant les
organes et aidant ainsi la force vitale à neutraliser la force
ennemie. En même temps, il est bien évident que cette lutte
doit être maintenue dans de certaines limites proportionnées
à la nature même des organes et à la puissance de l'organisa-

______

(1) Les expériences ont été faites sur des chiens et des lapins. Les poisons
employés, l'acétate et l'hydrochlorate de morphine ; deux chiens et trois lapins
ont résisté, grâce à un courant voltaïque, à des doses de poison qui avaient
tué des animaux de même force ; mais la dose doublée a été mortelle pour
tous.   (*Expériences de l'auteur* en 1850 et 1851.)

tion. C'est ainsi que l'action d'un appareil électrique très-faible ne produit aucun effet appréciable sur les grands animaux, et tue instantanément des infusoires ; de même, la commotion d'une batterie électrique qui ne produira qu'une légère secousse sur un bœuf, sera un peu plus forte sur un homme et foudroiera instantanément un papillon.

Quoi qu'il en soit des suppositions et des hypothèses, achevons notre tâche en résumant encore quelques expériences.

Tout le monde connaît celle de l'école de Volta et de Galvani, qui avaient fait concevoir, au commencement de ce siècle, l'audacieuse espérance de suppléer la vie par la force empruntée à un appareil électrique. On avait vu le cadavre d'un supplicié se contracter, se redresser même sous l'action d'une pile puissante, et, nouveaux Prométhées, quelques savants s'étaient flattés de rallumer ce flambeau, qui ne peut brûler que par une étincelle venue d'en haut. Bientôt hélas ! la faiblesse humaine a rencontré l'obstacle infranchissable, et il n'est resté, de tous ces efforts, qu'un petit nombre de faits.

L'électricité, développée par nos appareils, produit sur les muscles de l'homme et des animaux, des mouvements analogues à ceux qui sont causés par les nerfs excités par la volonté. On a pu constater sur le corps vivant des actions et réactions électriques entre les divers organes (1); et d'autres savants se sont assurés qu'il n'en était point ainsi sur le cadavre (2). C'est sur ces faits et d'autres encore que s'appuient les savants qui considèrent l'électricité comme analogue et non pas identique au principe même de la vie (3). Enfin M. Dutrochet, qui a comparé les mouvements rotatoires du camphre sur l'eau, à la circulation de la séve dans les végétaux, a trouvé, dans les forces qui produisent ces phénomè-

(1) Expériences de M. Donné.
(2) Expériences de M. Mattoucci.
(3) Dugès, *Traité de physiologie comparée*, t. I, p. 63.

nes, si ce n'est identité absolue, au moins analogie avec la force électrique (1).

Mais c'est surtout dans l'observation des maladies, que l'on voit se présenter fréquemment des phénomènes qui se rattachent à l'action électrique et à ses connexités avec la vie. Tout le monde sait l'influence des perturbations atmosphériques sur la santé et combien elles impressionnent les malades dans le fond de leur appartement, jusque sur leur lit de douleur. Et comme, d'un autre côté, il est bien établi que ces perturbations sont des phénomènes électriques, on peut, avec certitude, déduire la conséquence. Un médecin observateur a parfaitement établi cette influence de l'électricité sur les attaques de goutte. « La cause déterminante des souffrances des gout
« teux est physique, c'est l'état électrique si variable de l'air :
« toutes les affections nerveuses en sont là. Ceci est surtout
« manifeste quand on quitte une zone du globe pour passer
« sous l'influence d'une zone voisine, lorsque le temps devient
« orageux et quand il survient un coup de vent. Lorsque l'on
« a tenu la mer pendant longtemps, le voisinage de la terre
« réveille aussi les souffrances des goutteux; les calmes hu
« mides et étouffants de la ligne, le passage du cap Horn et
« du cap de Bonne-Espérance produisent le même effet (2). »

Voilà donc des effets bien constatés de la force électrique sur le système nerveux et sur la sensibilité ; si on les rapproche de ce que nous avons dit un peu plus haut de l'action de cette même force sur les liquides humains, si enfin on vient à se rappeler les curieux phénomènes développés par l'acupuncture, où l'on voit les organes les plus délicats, tels que le cœur et le poumon, être impunément traversés par des aiguilles métalliques, tandis qu'un corps aigu, mauvais conducteur de l'électricité, comme une épine, une arête de pois-

____

(1) *Comptes rendus des séances de l'Académie des sciences*, t. XII; *Mémoire* de M. Dutrochet.

(2) DUMONT-DURVILLE, *Voyage au pôle sud*, t. VIII, p. 264; note du docteur Hombron.

son introduits dans les organes les moins irritables y causent des douleurs intolérables (1). Quand, disons-nous, on vient à rapprocher tous ces faits, on commence à comprendre.

Peut-être est-il à regretter que, dans la pratique médicale, on ne tienne pas assez compte de l'état électrique de l'organisme, qui pourrait être indiqué par divers symptômes, entre autres l'acidité de la salive et des sécrétions ; mais l'erreur la plus grave de la médecine moderne est, à notre avis, la fausse application de la force électrique à la guérison des maladies.

VI. — Dans la plupart de nos traités modernes de thérapeutique et de matière médicale, l'électricité est considérée seulement comme un excitant du système musculaire, et classée parmi la foule des médicaments, entre l'ergot de seigle et la fève de saint Ignace. Aussi, quand nos praticiens emploient cette force, est-ce toujours par secousses plus ou moins douloureuses ; leur opinion, à cet égard, est énoncée, par les plus savants, d'une manière tellement tranchée que le doute n'est pas possible. « Il faut des chocs : eux seuls ont de l'effet « sur la sensibilité et la contractilité ; et c'est, dans leur plus « ou moins de force, leur plus ou moins fréquente répétition, « et dans la direction qu'on leur imprime, que consiste la « méthode curative des affections susceptibles d'être traitées « par l'électricité (2). » Cette opinion a tellement prévalu, parmi les médecins, que l'appareil dit électro-médical, construit sur le modèle de ceux de Clarke, n'agit que par secousses, et que lorsqu'on juge à propos d'employer une pile galvanique, c'est toujours avec une disposition qui permette de produire de temps en temps des chocs et des secousses.

Depuis longtemps, déjà, nous nous sommes élevés contre cette funeste erreur de la science médicale ; et nous voudrions pouvoir donner à notre voix assez d'éloquence pour que nos protestations fussent écoutées.

(1) PELLETAN, *Physique médicale*, t. II, p. 393.
(2) SARLANDIÈRE, *Journal des connaissances médico-chirurgicales*. 1836. — TROUSSEAU et PIDOUX, *Thérapeutique*, t. I, p. 829.

Au défaut du génie qui nous manque, laissons au moins parler la logique des faits.

Comment s'y prend la nature quand elle fait agir sur nos organes les forces électriques du dehors? Est-ce par secousses? Quelquefois, sans doute, par exemple, quand elle nous foudroie par cette puissante étincelle que l'on appelle le tonnerre; électrisation, Dieu merci, assez rare, depuis que Jupiter a été détrôné par un médecin d'Amérique. Quelquefois aussi les variations atmosphériques agissent par secousses sur l'électricité humaine; mais nous venons de le faire observer, c'est alors d'une manière perturbatrice. Quand il s'agit de conserver ou de rétablir les forces et l'équilibre des fonctions, la nature n'emploie pas des secousses; elle cherche à donner plus de régularité et d'énergie aux mouvements de la vie qui se succèdent les uns aux autres dans une constante progression. Voyez ce vieillard qui arrive lentement et vient réchauffer ses membres engourdis au soleil de la place publique; à mesure que les rayons bienfaisants frappent les organes, on voit ses traits s'animer, sa démarche est plus ferme et ses mouvements plus énergiques. C'est là une électrisation naturelle et sans secousses, salutaire par cela même. Trop brusque ou trop violente, son action serait perturbatrice. Nous avons déjà, dans le chapitre qui précède, parlé de ces effets électriques de l'insolation; ici, il nous suffit de faire voir que l'action électrique, pour être vitale et conservatrice, doit être modérée et surtout qu'elle doit éviter les secousses.

Arrivés à cette importante conséquence, nous pourrions peut-être nous appuyer encore sur d'autres faits, d'autres expériences; mais ceux que nous venons de rapprocher suffisent à l'ordre logique des raisonnements, et quelquefois la multiplicité des preuves fatigue l'esprit au lieu de le convaincre. Il sera plus utile de résumer nos déductions de manière à indiquer des applications pratiques.

Puisque la force électrique, pour agir d'une manière salutaire sur l'organisme humain, doit être appliquée sans secousse et modérément, il faudra préférer aux appareils actuels, des piles à courant continu et à faible tension, et ne retirer des étincelles que dans des cas fort rares, tels que ceux de paralysie des membres avec suppression totale de la sensibilité. Quand M. le docteur Farina, de Bologne, a lacmé, de la manière la plus heureuse, la plus terrible des maladies nerveuses, le tétanos, il ne s'est pas servi de l'appareil électro-médical de Clarke, mais d'une simple pile de Volta (1). M. Breschet, quand il a neutralisé, sur des oiseaux, le venin des vipères et des serpents à sonnettes, a employé un appareil du même genre. C'est donc un appareil magnéto-électrique à courant continu et à faible tension qu'il faudra employer toutes les fois que l'on voudra agir sur l'organisme humain dans le sens de la conservation des forces et du rétablissement des fonctions vitales (2).

VII. — Quelquefois aussi, nous le pensons, on pourra appliquer à la guérison de certaines maladies bizarres, écueil et désespoir de la science, l'action du rayon violet sur l'organisme.

La loi des analogies indique la nature de cette action.

De jeunes plantes, élevées sous un appareil muni de verres violets, sont activées, dans leur végétation, absolument comme si on les avait placées dans l'arc magnéto-électrique formé par des plaques de zinc et de cuivre unies par des fils métalliques. De même, nous l'avons déjà dit, des infusoires soumis à l'action de la lumière violette, finissent par présenter, peu à peu, les mêmes phénomènes qui se seraient développés plus rapidement sous l'influence du réophore positif d'un appareil magnéto-électrique. Voilà

(1) *Comptes rendus de l'Académie des sciences*, t. VI; *Mémoire* de M. Mat-teucci.

(2) Les chaines dites électro-galvaniques rentreraient dans cet ordre d'idées ; mais les métaux qui les composent peuvent offrir des inconvénients.

des faits scientifiques de nature à guider le médecin dans l'application de la force électrique dégagée par le rayon violet, au soulagement des souffrances humaines.

Mais il nous reste à examiner une question qui touche plus directement encore à celles qui sont soulevées dans cet ouvrage.

VIII. — L'homme porte en lui-même une force électrique qui lui est propre et qui est liée, par des connexités encore mal définies, à la force qui le fait vivre, *spiraculum vitæ*. Cette électricité humaine pourrait-elle être appliquée directement au rétablissement de la santé et à la conservation des forces de nos semblables ?

Ici, nous nous trouvons en face d'un autre système bien tranché, bien absolu et diamétralement opposé à celui des médecins. Les magnétiseurs nous disent : « La force et la « vie de l'homme sont le résultat d'un fluide, qui est la « condition de son existence : il suffit, pour rétablir la santé, « de livrer ce fluide à lui-même, en aidant seulement la nature « dans le travail réparateur, par le concours du fluide pro- « pre du magnétiseur, et ce fluide peut être transmis à celui « que l'on veut magnétiser, par des gestes ou même par « la seule action de la volonté. »

A ce système qui simplifierait singulièrement la médecine, en la réduisant à quelques gestes, les Académies et les Facultés ont répondu d'abord par des démentis absolus, enfin par le silence du dédain. Nous avons dit ailleurs, que peut-être les corps savants ont eu tort de nier des expériences; il eût été plus sage de les vérifier, pour en tirer des enseignements. Nous ne repousserons donc pas les faits allégués par les magnétiseurs, quand ces faits seront bien authentiques ; ce qui, soit dit en passant, n'est pas toujours le cas. Mais si nous admettons certains faits, il nous est impossible d'en déduire les conséquences beaucoup trop généralisées sur lesquelles reposent leurs théories. Pour nous, qui ne pensons pas que la vie soit la conséquence de l'organisation, nous ne pouvons pas davantage la croire le résultat d'un fluide, hypothèse gratuite, impossible à démontrer par l'expérience et qui répugne à toutes les notions d'une saine philosophie.

Ici, nous pourrions donc attaquer la théorie du magnétisme animal, tout en reconnaissant un grand nombre des faits sur lesquels elle repose. Si nous évitons cette nouvelle digression, ce n'est point le courage qui nous manque. Celui qui, dans son zèle chevaleresque pour la vérité, n'hésite pas à rompre en visière aux Facultés, aux Académies, à l'Université elle-même, celui-là ne craindrait pas de rompre quelques lances avec messieurs les magnétiseurs ; mais nous ne voulons pas abuser de la patience de nos lecteurs, en multipliant outre mesure les controverses et les dissertations. Il suffira de résumer, en peu de mots, les résultats positifs obtenus par les magnétiseurs, en les rapprochant des phénomènes analogues produits par des appareils électriques. — On verra qu'il n'y a pas seulement analogie, mais identité absolue.

1° Il est possible de produire, par des passes dites magnétiques, des effets physiologiques bien caractérisés sur des plantes et sur des animaux : ces effets sont les mêmes que ceux que l'on obtient par l'action continue d'un courant électromagnétique à faible tension.

2° Les passes du système, dit magnétisme animal, aidées de l'action de la volonté du magnétiseur, produisent, sur l'organisme humain, des phénomènes qui varient à l'infini et qu'il est, par conséquent, fort difficile de soumettre à une classification scientifique. Les divers modes connus d'électrisation produisent aussi des phénomènes, qui varient à l'infini suivant l'âge, la constitution et la disposition des personnes. Quelques-uns de ces effets physiologiques sont les mêmes, soit qu'on agisse, sur le même individu, au moyen des passes et de la volonté, ou à l'aide d'un appareil électrique. Par

exemple, une vive et brillante lumière qui passe devant les
yeux fermés, la sensation générale d'un courant calorique, ont
une action bien marquée sur la circulation des fluides : chez
quelques-uns accélération, chez d'autres ralentissement du
pouls.

3° Le magnétiseur, après avoir établi son influence sur le
sujet, peut calmer, à volonté, certaines douleurs névralgiques
ou autres, soit par des passes, soit par des frictions, soit par
insufflation ; enfin un petit nombre de guérisons bien constatées attestent la possibilité de modifier certaines affections
chroniques par l'action longtemps répétée du magnétisme
animal. Les mêmes résultats ont été quelquefois obtenus par
les savants et les médecins avec des appareils électriques (1).

Cette similitude entre les résultats autorise à conclure
qu'il y a identité dans les causes qui les produisent. Par conséquent, et quoi qu'en disent les magnétiseurs et les savants,
les phénomènes si curieux et si bizarres produits sur l'homme
à l'aide du magnétisme animal, n'ont rien de surnaturel, ni
de merveilleux ; ils sont le résultat d'une force électrique.
Par conséquent aussi, il sera possible d'appliquer, dans de
certains cas et dans de certaines limites, au soulagement des
souffrances humaines, la force électrique, soit que l'expérimentateur l'emprunte à celle qu'il porte en lui-même, soit
qu'il la dégage d'un appareil. Par conséquent, enfin, il doit
être possible de multiplier, jusques à un certain point, la
somme de force électrique que chacun de nous porte en lui-
même par l'addition d'une certaine quantité de force électrique dégagée d'un appareil.

Cette dernière conséquence mérite de fixer l'attention des
expérimentateurs, celle de tous les hommes d'intelligence ;

____

(1) Ici, nous aurions pu enfler nos notes de citations nombreuses empruntées aux divers ouvrages qui traitent du magnétisme animal ; mais dans l'état
actuel des controverses soulevées par ce système, nous avons préféré ne citer
que des faits vérifiés par nous-même, et dans de nombreuses expériences :
l'auteur les prend donc sous sa propre responsabilité.

bientôt, nous l'espérons, elle deviendra féconde en applications utiles. Déjà peut-être nous pourrions en indiquer
quelques-unes, qui découlent de nos propres observations,
encore incomplètes sans doute ; car à chaque instant, depuis
quelques années, nous sommes arrêté par l'insuffisance de
nos moyens d'expérimentation. Mais nous ne voulons pas
mériter le reproche trop souvent adressé à ceux qui demandent
à la pensée de leur ouvrir des routes nouvelles : nous ren-
fermerons en nous-même nos espérances, illusions peut-être ;
et nous nous bornerons à soumettre à nos lecteurs quelques
extraits, détachés des cahiers où nous consignons les résultats de nos expériences. Ces récits naïfs seront moins fati-
gants que des dissertations scientifiques.

Mlle A... âgée d'à peine 23 ans, est, depuis près de 5 ans,
attaquée d'une affection hystérique rebelle à tous les traitements ; elle est sujette à des crises effrayantes et très-rappro-
chées et, dans les trop courts intervalles de ces attaques,
elle souffre des douleurs constantes et intolérables à la tête,
à la poitrine et à l'épigastre : dégoût invincible des aliments,
suffocations, palpitations de cœur, froid glacial aux pieds,
aux mains et aux genoux ; telle est la complication des souffrances qui a porté sur le moral de cette jeune personne au
point d'alarmer pour sa raison autant que pour sa vie. Sa famille et son médecin l'ont confiée aux soins de l'auteur de ce
livre. Il a d'abord essayé quelques légers médicaments : elle
n'a pu rien supporter ; les doses les plus minimes provoquent
des crises douloureuses ; il a alors eu recours au magnétisme,
par les procédés ordinaires, et, ayant obtenu un peu de
calme, il a cru que c'était le cas de multiplier sa puissance
magnéto-électrique, par la force dégagée d'un appareil. Une
pile de Wollaston a été employée ; et, dès les premières
passes, le pouls de la malade s'est abaissé, ses membres
crispés se sont affaissés et détendus, ses paupières se sont fermées, et elle a été plongée dans cet état que l'on appelle som-

nolence magnétique. Ici, s'est engagé un de ces colloques qui donnent tant d'intérêt aux séances des magnétiseurs. Nous allons le résumer.

L'AUTEUR. — Vous êtes plus calme maintenant?

Mlle A... — Oui ; mais je souffre, vous pouvez me soulager encore.

L'AUTEUR. — Que ressentez-vous ?

Mlle A... — Un courant de feu intérieur ; un froid insupportable aux pieds et aux genoux.

L'AUTEUR. — Ce feu intérieur vous fatigue-t-il?

Mlle A... — Non, mais le froid aux pieds.

(Ici le magnétiseur emploie quelques passes.)

Mlle A... — Ah! merci ; ils se réchauffent... c'est assez, ils brûlent!

L'AUTEUR. — Souffrez-vous maintenant?

Mlle A... — Oui, de la tête, au creux de l'estomac : un point de côté... par tout le corps.

(Après quelques passes autour de la tête.)

L'AUTEUR. — Est-ce passé ? souffrez-vous encore?

Mlle A... — Moins.., aïe ! derrière la tête !

(Nouvelles passes; insufflation, imposition des mains.)

L'AUTEUR. — Maintenant, vous ne souffrez plus ?

Mlle A... — Plus de la tête ; mais de l'estomac, délivrez-moi !

L'AUTEUR. — Vous croyez donc que je peux vous soulager ?

Mlle A... — Oui : je le sens.

(Encore quelques passes; elles sont insuffisantes ; le réophore que l'expérimentateur tient à la main est appliqué sur la région douloureuse...)

L'AUTEUR. — Est-ce passé maintenant?

Mlle A... — Tout à fait, je me sens en paradis... Ah ! que c'est beau !

L'AUTEUR. — Que voyez-vous?

Mlle A... — Cette lumière si brillante que vous me faites passer devant les yeux.

L'AUTEUR. — Vous fatigue-t-elle?

Mlle A... — Non, au contraire, continuez.

(Au bout de quelques minutes, l'appareil est écarté ; les passes magnétiques sont continuées.)

L'AUTEUR. — Voyez-vous la lumière?

Mlle A... — Oui, mais très-faible.

L'AUTEUR. — Que ressentez-vous?

Mlle A... — Pas grand'chose.

L'AUTEUR. — Mais encore ; observez-vous bien.

Mlle A... — A peu près ce que j'éprouvais auparavant, mais moins fort; les douleurs vont me revenir.

(L'arc électrique est rétabli.)

L'AUTEUR. — Et maintenant?

Mlle A... — Oh! vous m'avez rendu le feu intérieur et la lumière, je suis très-bien. Merci !

Il a suffi de vingt et une séances semblables, pour rétablir en apparence la santé de la jeune malade ; au bout d'un an, elle retomba dans le même état ; le magnétisme l'a encore soulagée, mais sans arriver à une guérison complète.

IX. — D'autres observations, si nous voulions compulser toutes nos notes, présenteraient aux lecteurs des phénomènes analogues ; quelques-unes offriraient une identité parfaite avec les séances des magnétiseurs de profession; un petit nombre enfin, feraient voir des cas où les passes magnétiques, sans la pile, n'ont produit aucun effet appréciable ; où, avec l'aide d'une pile modérée, l'action n'a pas été beaucoup plus sensible, et où, en augmentant les couples de la pile, on a produit des perturbations qui ont dû faire interrompre les expériences. Nous nous bornerons à citer deux faits qui ne prêtent ni à l'illusion, ni aux équivoques.

M. B..., préparateur de chimie de l'une de nos Facultés, homme de science et d'observation, a été instantanément soulagé d'une vive douleur au creux de l'estomac par quelques passes magnétiques aidées de l'action de la pile. Il a, sous l'action du regard, du geste et de la volonté de celui qui trace ces lignes, éprouvé l'engourdissement, l'occlusion des paupières, et la sensation d'une éclatante lumière passant devant les yeux fermés. Enfin, changeant de place, à son tour, et soumettant l'expérimentateur, devenu passif, à l'action de son regard, de son geste et de sa volonté, il a pu produire les mêmes phénomènes, qu'il éprouvait lui-même, quelques instants auparavant, sans éprouver par l'action électrique de la pile avec laquelle il demeurait en communication, aucun effet appréciable. Ce phénomène, qui est caractérisé par des effets différents, suivant la susceptibilité constitutionnelle ou accidentelle des individus à l'action électrique, a été constaté par de nombreuses expériences.

Enfin, l'auteur s'est assuré, par plusieurs expériences, de la possibilité de faire disparaître presque instantanément la sensation de fatigue musculaire après une longue marche, au moyen d'un courant électrique dirigé par le regard, le geste et la volonté du magnétiseur (1). On peut relier cette observation à d'autres faits déjà acquis à la science et qui se rattachent à l'action de la force électrique sur le système nerveux et musculaire.

Nous ne pousserons pas plus loin ces emprunts faits à des expériences nombreuses, suivies, depuis bien des années, sur plusieurs points de l'Europe : si nous ne nous arrêtions pas dans cette voie, il nous serait peut-être impossible d'éviter cette teinte de charlatanisme mystique, reproché à tort ou à raison, à certains adeptes du magnétisme animal. Pour nous, qui ne voyons, dans ces phénomènes, que des résultats produits par une force naturelle, nous devons être positif. Aussi ne craindrons-nous pas de répéter nettement l'affirmation à laquelle nous avons amené nos lecteurs par induction et que nous pensons avoir démontrée par expérience.

Tous les phénomènes bien constatés du système appelé ma-

(1) Expériences entreprises à Bagnères en 1851 et 1852 avec le concours de M. le docteur de Subervie.

gnétisme animal sont des phénomènes électriques ; il est possible de les reproduire, en s'aidant d'un appareil convenablement disposé.

A cette énonciation d'un fait qui nous semble important pour la science de la vie, il nous sera permis d'ajouter quelques conséquences qui résultent aussi de nos expériences.

1° La force électrique, dégagée par un appareil à courant continu et à faible tension, peut être dirigée par la volonté, le geste et le regard d'un expérimentateur, sur tel organe ou système d'organes qu'il lui conviendra, de l'individu soumis à l'expérience.

2° Cette action paraît se porter plus spécialement sur les fluides, sur le système nerveux et sur la sensibilité. On peut, par ce moyen, calmer des douleurs intenses, en exciter, sur un autre point, de spontanées, que l'on fera disparaître tout aussi spontanément.

3° Les effets physiologiques produits, sur les divers individus, par ce mode d'expérimentation, varient suivant les organisations et les dispositions momentanées ; souvent ils sont peu caractérisés. Si l'on augmente la force de l'appareil, ils le deviennent davantage ; mais aussi, et au delà d'une certaine limite, quelques perturbations peuvent en résulter.

4° Après avoir obtenu des phénomènes physiologiques bien caractérisés avec l'appareil aidé du geste, de la volonté et du regard, si l'on continue à magnétiser en supprimant l'appareil, on produira les mêmes effets, mais considérablement affaiblis.

5° Les expériences de cette nature répétées tous les jours pendant un espace de temps suffisant, peuvent opérer la guérison de certaines affections chroniques rebelles aux moyens thérapeutiques ordinaires. Mais elles doivent être dirigées par un médecin-physicien ; l'imprudence ou l'ignorance pourraient occasionner des accidents nerveux très-graves.

6° Si la force électrique peut produire de tels effets, pour la guérison des maladies, on peut aussi l'appliquer dans le sens de la conservation et du développement des forces vitales.

7° L'électricité humaine, qui fait partie du faisceau des forces vitales, est susceptible de s'assimiler, dans une certaine mesure, l'électricité extérieure, puisque ces deux forces sont homogènes.

Nous n'irons pas plus loin dans cette voie : il nous semble avoir énoncé quelques idées utiles à l'avancement de la science de la vie, et peut-être nos longs travaux leur donnent-ils une certaine valeur.

Aux savants et aux médecins maintenant à critiquer nos opinions, à contrôler nos expériences ; de ces controverses, résulteront, il faut l'espérer, des applications nouvelles de ce principe fécond dont l'industrie s'est déjà emparée pour galvaniser les métaux, pour faire voler les dépêches ; il reste à l'appliquer plus utilement que l'on ne l'a fait jusqu'ici à la santé des hommes. C'est notre vœu le plus cher.

Mais, après avoir étudié la force électrique dans ses rapports avec la force vitale, il nous reste à jeter un coup d'œil sur la vie au point de vue des modifications que lui font subir les instincts, les passions et l'intelligence, principes d'un ordre supérieur aux forces physiques et chimiques, et par lesquels l'homme se trouve relié, d'un côté, aux animaux soumis à son empire, de l'autre, aux êtres plus parfaits dont la vie immortelle est dégagée des besoins matériels. Cette étude, d'où va ressortir un petit nombre d'enseignements pour la conservation de la vie, sera l'objet du chapitre suivant.

CHAPITRE XI.

I. — Plus on s'enfonce dans l'étude des forces pures et plus
on cherche à remonter vers les causes premières, plus on est
arrêté par les incertitudes de la science, par les assertions contradictoires des écoles rivales. Les savants modernes, tout aussi
bien que les philosophes de l'antiquité, sont divisés en deux
camps : d'un côté, la nombreuse armée des matérialistes, organiciens, solidistes, anatomo-pathologistes, grands expérimentateurs qui ont inscrit sur leur drapeau le mot de *nature*, abstraction vague et tant soit peu païenne, personnifiée par quelques-uns comme une sorte de sibylle aux puissantes mamelles,
sans cesse occupéeà entretenir ou à renouveler la vie ; aidant,
ici, des insectes microscopiques à élever des montagnes de silice
ou de corail ; ailleurs, façonnant la trompe de l'éléphant, or
gane merveilleux qui fera du colosse un ouvrier intelligent ;
un peu plus loin, pétrissant, sous le crâne d'un Cuvier, ce
fécond cerveau qui, un jour, disent-ils, sécrétera sa pensée.
Dans l'autre camp, les spiritualistes, les animistes, les vitalis-

tes, tous ceux qui comprennent que la matière doit être dominée par quelque chose de supérieur à la matière, tous ceux
pour qui la nature n'est pas un être abstrait, une sorte de ministre constitutionnel d'un roi fainéant, mais un grand livre
ouvert, où la volonté toute-puissante a inscrit, dès le premier
jour, les miracles de la création et continuera, jusques à la fin
des siècles, à graver ses décrets immuables.

Voilà donc deux grandes divisions fondamentales bien
tranchées, autour desquelles viennent se grouper tous ceux
qui écrivent, professent ou expérimentent pour l'avancement des sciences naturelles, et surtout pour la connaissance
de l'homme, science qui résume toutes les autres. Mais, si
l'on veut entrer dans les détails, on trouve à peu près autant
de systèmes qu'il y a d'écrivains ou de professeurs ; chacun
établit ses propres classifications, d'où résultent des modifications essentielles dans les théories. S'il nous fallait exposer
tous ces systèmes, les apprécier et, par conséquent, les discuter, nous tomberions dans des longueurs et des répétitions, sans
beaucoup avancer vers le but que nous nous proposons. Nous
nous bornerons donc à établir quelques faits, en les choisissant parmi ceux qui sont le plus généralement admis.
De ces faits, découleront des conséquences qui nous permettront d'envisager les forces pures sous le rapport de leurs
applications à la conservation de la vie.

Peut-être serait-il plus rationnel de se borner à énoncer des
axiomes. Ainsi que l'a dit l'illustre Barthez, « il est nuisible
« aux sciences de vouloir appuyer par des démonstrations
« vaines, des choses qui sont claires et évidentes par elles-
« mêmes (1). » Mais notre époque, essentiellement sceptique,
aime l'entassement des preuves et n'essaie de généraliser,
qu'après avoir multiplié les analyses : il faut bien nous con-
former à ces habitudes de la science : nul ne peut vivre en
dehors de son siècle ; celui qui aujourd'hui irait se promener,
sur le boulevard des Italiens, en pourpoint, en canons et en

____

(1) *Nouveaux Éléments de la science de l'homme*, t. 1, p. 15 des notes.

perruque à la Louis **XIV**, celui-là serait insensé : suivons donc la méthode analytique.

Les savants démontrent, le scalpel et le microscope à la main, que le corps des animaux et même celui de l'homme, commence par un germe d'une extrême petitesse, mou, gélatineux, presque informe ; mais, bientôt, cette masse confuse se développe et s'organise ; le tronc s'élargit, pour laisser place aux viscères, les membres s'ajustent aux vertèbres, et les organes commencent leurs fonctions ; fonctions qui seront modifiées, après que l'embryon sera sorti des entrailles de sa mère, pour devenir être complet ; mais qui, déjà, sont régulières et constantes. C'est là ce que la science appelle *vie fœtale* ou *intra-utérine ;* or il est évident que ces fonctions et cette vie sont sous l'empire d'une cause, car il ne peut y avoir d'effet sans cause ; il est bien évident, aussi, que cette cause n'est pas, comme on le dit dans une certaine école, le résultat de l'organisation, puisqu'elle préexistait aux organes, qui se sont formés sous son influence ; enfin il est tout aussi évident que cette cause n'est pas une propriété de la matière organique, car, pour qu'il en fût ainsi, il faudrait que l'atome chimique constituant le germe fût différent des atomes constituant les substances inanimées ; et ils sont parfaitement identiques. La matière de l'embryon se décomposera, dans le creuset du chimiste, en atomes de chaux, de phosphore, de carbone, d'azote, d'hydrogène, etc., etc., tout comme un morceau d'apatite ou un échantillon d'acide ulmique. Je demanderai, à mon tour, aux chimistes pourquoi les atomes élémentaires de l'embryon se sont organisés en globules, en veines, en artères et en nerfs, au lieu de demeurer une masse amorphe ou de former une pierre ?

La science n'a pas de réponse à ces sortes de questions ; mais elle nous permet de croire que la cause des fonctions vitales préexiste à l'organisation et aux organes. C'est une grande indulgence de **MM.** les savants, et le public pensant fera bien d'en user largement.

Mais l'enfant est né; il a jeté son premier cri, annonçant ainsi son entrée dans l'humanité, par un tribut payé à la douleur. Les fonctions se multiplient et se compliquent, aussi bien que les agents mécaniques nécessaires à ces actes si divers et si variés. Certains organes, tels que le thymus, se flétrissent et disparaissent; d'autres, qui n'existaient qu'à l'état rudimentaire, se développent rapidement et prennent bientôt tout leur accroissement. C'est encore une cause et nécessairement la même, qui a produit ces phénomènes; plus l'homme approche de son complet développement, plus cette cause devient active, plus ces effets sont manifestes !

Enfin, l'homme est adulte; et cette force, qui ne s'était jusqu'ici employée qu'à des accroissements, va maintenant être chargée de fonctions plus compliquées encore. Elle entretient les organes par l'assimilation ; elle veille à l'accomplissement des actes vitaux, pendant que l'âme pensante réfléchit, délibère, ou fait agir les membres sous l'impulsion de la volonté. Nos plaisirs, nos affaires, nos devoirs exigent de chacun de nous des mouvements qui occupent toutes nos pensées, qui ont besoin de l'action des nerfs, des muscles, des articulations et des os, et ces actes de l'être complet ne suspendent pas le travail intérieur de la machine humaine ; pendant que l'homme pense et agit, la respiration, la digestion, la nutrition continuent à s'opérer avec une admirable régularité.

Toutes ces fonctions, que la science nomme involontaires, doivent donc nécessairement être gouvernées par une force, et cette force qui préside à la santé, agira différemment quand surviendra la maladie ; elle devient alors essentiellement médicatrice, « *morborum curatrix* », elle répare, par de nouveaux tissus, les lésions des organes, elle isole les corps étrangers, par la formation de fausses membranes (1); dans les affections chroniques, elle cherche à suppléer l'organe malade, par d'autres organes (2) ; enfin, dans les affections aiguës,

---

(1) *Leçons orales du professeur Estor*. Montpellier, 1851.
(2) *Leçons orales du professeur Dubreuil*. Montpellier, 1851.

elle excite des mouvements violents, quelquefois suffisants à
la guérison, souvent aussi perturbateurs, parce que cette
force est un principe aveugle et inintelligent (1).

Quelle que soit sa nature, c'est ce principe qui entretient la
vie et la constitue : c'est aussi ce principe qui est attaqué par
certains poisons, certaines perturbations morales, qui occasionnent la maladie et la mort sans lésion apparente des organes (2). Enfin, cette force qui fait vivre, après être arrivée,
dans l'âge adulte, au complet développement de sa puissance, commence à décliner ; alors, aussi, commence la décrépitude.

Les organes se flétrissent, s'atrophient, se durcissent, d'où
résulte, au dire de l'École organicienne, la diminution des forces ; tandis que, pour les vitalistes, c'est le contraire qui a lieu.
En effet, si une saine physiologie nous démontre que les organes, dans la jeunesse et l'âge adulte, sont sans cesse nourris
et renouvelés dans leur substance, par des fonctions qui s'o-
pèrent sous l'empire de certaines forces, quand ces actes ne
s'exercent plus aussi régulièrement, c'est qu'il y a eu diminution de forces. Ceci est prouvé par la décrépitude anticipée
qui, chez certains individus, est la conséquence de l'abus des
plaisirs, c'est-à-dire d'une trop grande déperdition de forces.
Nous reviendrons ailleurs sur la physiologie et la thérapeutique de la vieillesse ; ici, bornons-nous à dire, que ce qui ca-
ractérise cet âge, c'est la décadence du principe vital, qui n'a
plus assez d'énergie pour dominer les forces physiques et
chimiques qui lui étaient, auparavant, subordonnées. Les faits
démontrent cette assertion : citons seulement celui qui est le
premier à frapper les regards. Dans la vieillesse, les os, les
cartilages, les nerfs, la tunique jaune des artères, ont une tendance à se solidifier, pendant que les parties molles, le poumon et la pulpe cérébrale ont, au contraire, une tendance au

(1) Barthez, *Science de l'homme*, vol. I, p. 89.
(2) Barthez, *Science de l'homme*, t. II, p. 194.
Groselle, *Traité de pathologie interne*, t. I, p. 172, 3e édition.

ramollissement ; dans l'un et l'autre cas, la loi des affinités chimiques a déjà pris le dessus sur la force d'assimilation ; le corps du vieillard commence à ressembler à cette terre qui l'attend, pendant que son âme immortelle se souvient et se repose, pour se préparer au grand voyage.

II. — En présence de cette multitude de faits qui pressent les observateurs, et dont chacun de nous a le sens intime, s'il veut rentrer en lui-même et réfléchir, beaucoup de savants admettent des abstractions ; peut-être pour échapper à la nécessité de reconnaître, dans la cause première de la vie, une origine divine. La plus célèbre de ces abstractions est celle qui suppose aux organes certaines *propriétés* nommées *vitales*, pour bien indiquer que c'est en vertu de ces propriétés, que les organes s'acquittent des fonctions de la vie. Mais dans la classification de ces propriétés vitales, personne n'est d'accord. Les uns, avec Brown et Broussais, n'en admettent qu'une seule, *l'incitabilité* ; d'autres, tels que Bichat et Richerand, en comptent deux qu'ils appellent *sensibilité* et *contractilité* ; M. Chaussier est arrivé à trois en y ajoutant la caloricité ; M. Gerdy en admet dix-huit, et un autre professeur, Dugès, trouve que, dans un sens, ce n'est pas assez. Nous n'essayerons pas de débrouiller ce chaos ; ce livre s'appuie sur les faits physiologiques, mais n'est pas un traité de physiologie. Bornons-nous donc à apprécier l'hypothèse des propriétés vitales et, pour cela, nous empruntons l'opinion et les raisonnements d'un jeune philosophe qui a bien voulu nous autoriser à puiser dans ses manuscrits. — Nous citons textuellement.

« Je ne conteste nullement que, pour exécuter les fonc-
« tions vitales, il ne soit nécessaire, que les organes aient
« certaines aptitudes que l'on appellera, si l'on veut, *proprié-*
« *tés vitales* ; cependant, outre que la conscience de ce qui
« se passe dans nos organes ne peut, pas plus que la volonté,
« être une propriété de ces organes, il faut remarquer,

« 1° que la *sensibilité*, ou faculté de sentir, n'appartient pas
« proprement aux organes, mais moyennant les organes, à
« l'animal vivant ; 2° que tout ce qui appartient aux organes,
« se réduit, en dernière analyse, au mouvement ou à la mobi-
« lité, c'est-à-dire à la faculté de recevoir et de transmettre
« les mouvements qui leur sont imprimés ; 3° que même en
« supposant que toutes les fonctions vitales s'exécutent moyen-
« nant les deux seules modifications appelées *sensibilité* et
« *contractilité* (ce qui est fort contesté), ces deux termes
« abstraits indiqueraient seulement que les propriétés vitales
« des organes sont des conditions nécessaires à l'exécution des
« fonctions, mais nullement qu'elles en sont le principe ou
« la cause ; 4° que les organes, quelque impressionnables qu'ils
« puissent être, ne sauraient exécuter aucune fonction vitale,
« qu'autant que la vie réside dans l'animal auquel ils appar-
« tiennent, et qu'ainsi les propriétés vitales sont des propriétés
« de la vie et non pas des organes ; 5° que, par conséquent,
« pour être mus et pour exécuter les fonctions vitales, les
« organes ont besoin d'un principe *antérieur* et distinct de la
« sensibilité et de la contractilité ; 6° la *sensibilité* et la
« *contractilité* organique, ou, en d'autres mots, l'aptitude
« de nos organes à éprouver des modifications, n'est donc
« pas le principe des fonctions vitales, mais seulement une
« condition nécessaire pour l'exercice de ces fonctions (1). »

Nous n'ajouterons rien à cette démonstration ; elle suffira pour renverser l'hypothèse des propriétés vitales : quelques mots seulement de cette autre supposition, tout aussi
gratuite, d'un prétendu *fluide nerveux*. Et, d'abord, nous
pourrions demander, comme à propos du fluide électrique,
qu'est-ce qu'un fluide qui ne coule pas, un corps insaisissable
privé d'atomes et de molécules, une matière qui n'est pas une
matière ? Dites *force nerveuse* ; et alors, vous deviendrez

(1) *Études d'anthropologie psychologique,* par M. le vicomte DE VILLEMUR,
ouvrage inédit.

intelligibles, vous vous rapprocherez des phénomènes de la vie, mais vous ne serez pas encore entièrement dans la réalité des faits. Examinons quelques-uns de ces faits.

Nous avons déjà fait observer que la force électrique pouvait susciter quelques-uns des mouvements vitaux, mais non pas tous ; nous en avons tiré cette conséquence, que la force électrique n'est pas la force vitale, mais qu'elle lui est homogène et intimement liée. Pour achever d'éclaircir cette question nous citerons une autre expérience connue de tous les physiologistes et de tous les médecins. Les nerfs sont de bons conducteurs de l'électricité. Si l'on coupe un nerf, en laissant les deux portions en contact bout à bout, les phénomènes électriques continueront à être transmis par le nerf, comme s'il était intact ; mais la moindre solution de continuité suffit pour empêcher le nerf de remplir ses fonctions vitales, de recevoir les sensations, de communiquer les mouvements, quelle conséquence tirer de ce fait ? que c'est la matière organisée du nerf qui transmet la sensation ou le mouvement? Non, sans doute ; parce que s'il en était ainsi, le nerf du cadavre remplirait ses fonctions, comme le nerf vivant. La seule conséquence logique, c'est que, dans l'un et l'autre cas, le nerf n'est qu'un instrument de transmission et qu'il peut toujours être suscité par la force électrique, mais qu'il n'obéit à la force vitale qu'autant qu'il est lui-même animé de la vie.

On prive un oiseau de la faculté de voler en lui perforant l'os du fémur (1), parceque l'air chaud contenu dans l'intérieur des os et de certaines cavités ne peut plus arriver aux ailes. L'oiseau serait-il donc un ballon gonflé de gaz plus légers que l'air atmosphérique ? Non, sans doute ; il est vrai que c'est au moyen de ces gaz qu'il s'élève et se soutient dans l'air ; mais la différence entre lui et le ballon, c'est qu'il peut, par un acte de son instinct ou de sa volonté, augmenter ou dimi-

(1) Expérience de M. Jobard. *Comptes rendus de l'Académie des sciences,* t. XXVI, p. 230.

nuer le gaz qui lui est nécessaire pour s'élever ou pour descendre.

Sous quelque point de vue que l'on envisage les phénomènes de la vie, il est impossible de remonter à leur cause, sans rencontrer la nécessité d'un principe agissant sur les molécules matérielles et dominant même les forces physiques et chimiques ; aussi la science officielle admet-elle des forces vitales, mais comme une abstraction, ou comme des rois fainéants qui règnent et ne gouvernent pas.

Toutes les fois que l'on arrive à la pratique et que l'on entre dans les détails, on se laisse aller, par une sorte de tendance irrésistible, à vouloir tout expliquer par la matière, par le mécanisme, par les lois physiques et chimiques. De là, fausse direction de la science en général, de l'art médical en particulier.

III. — C'est surtout à propos du rôle joué par l'encéphale et le système nerveux, dans les phénomènes vitaux, que se manifestent ces tendances des organiciens et des anatomo-pathologistes.

« Dans l'homme, tout vit par le cerveau et pour le cer-« veau : il n'est pas une seule de nos molécules qui ne soit « pénétrée par quelqu'une de ses ramifications (1) ; » c'est ainsi que s'exprimait, il y a vingt-cinq ans, un des maîtres de la science parisienne ; et cette proposition est, tous les jours, dépassée par les disciples de son école.

Si l'on se borne à dire que l'encéphale et ses ramifications servent d'instrument pour percevoir les sensations, ou pour transmettre, aux autres organes, les délibérations de la volonté, on aura seulement énoncé un fait physiologique incontestable ; mais en voulant aller plus loin, on tombe dans des erreurs. L'homme ne peut vivre sans cerveau ; d'accord ; mais il ne vivrait pas non plus sans cœur ou sans poumons ; ce n'est dans aucun organe, en particulier, qu'il faut faire

(1) ROSTAN, *Dictionnaire de médecine* de 1825, volume XIII, p. 451.

résider la vie, mais dans l'être. Les anciens, qui anatomisaient un peu et qui réfléchissaient beaucoup, ne considéraient pas la vie isolément. Pline a dit : « Quelle que soit la cause vitale, « elle ne réside certainement pas dans les membres, mais « dans tout le corps. *Quæcunque est ratio vitalis, non « certè inesse membris, sed toto in corpore* (1). » C'était déjà un pas vers la vérité, et peut-être l'illustre auteur de la *Législation primitive* s'en est-il rapproché encore plus près sans y arriver, quand il a défini l'homme, « *une intelligence servie* « *par des organes.* » Il est incontestable que le cerveau de l'homme est beaucoup plus compliqué, beaucoup plus perfectionné que celui des animaux les plus intelligents. Suivant l'expression d'un savant contemporain, « à mesure que « l'on s'élève dans l'échelle des êtres, le cerveau acquiert une « prépondérance plus grande ; à mesure que l'on descend, il « perd cette prépondérance, et la vie végétative prend le dessus : « la vie végétative appartient au système nerveux ganglion- « naire (2). » On voit bien, dans cette expression, *appartient*, la tendance contre laquelle nous nous élevons ; la vie végétative *n'appartient* pas plus au système ganglionnaire, que la vie intelligente à l'encéphale ; les organes sont ici des instruments de deux causes différentes.

Un idiot ne cesse pas d'être un homme, parce que sa triste maladie le renferme dans l'exercice de la vie végétative et instinctive : c'est un homme malade, dont les organes sont sains, dont quelques-unes des forces vitales sont intactes, mais dont les forces intelligentes sont troublées. Certains anatomistes diront que son encéphale n'est pas complet, que ses circonvolutions cérébrales sont imparfaites. Ceci n'est pas prouvé le moins du monde ; mais quand bien même on arriverait à le démontrer, on n'aurait rien gagné. Les vitalistes, à leur tour, pourraient établir, d'une manière tout aussi probable, que c'est

(1) Plin., *Histor. natur.*, lib. II, sect. III.
(2) *Comptes rendus de l'Académie des sciences*, t. XXI, p. 1106 ; *Mémoire* de M. Brachet.

la maladie de l'intelligence qui a arrêté les développements du cerveau, et que la guérison rétablira les circonvolutions cérébrales dans l'état normal. Mais cette maladie peut-elle être traitée et guérie? Un peu plus loin, nous dirons quelques mots du traitement des maladies mentales et morales ; ici qu'il nous suffise de rappeler le vieux fabliau de Sargines, ce petit chef-d'œuvre de grâce, de délicatesse et de connaissance de l'homme ; je pourrais aussi citer un charmant roman de Dickens, dont le héros est un idiot qui s'élève, par degrés, jusqu'à l'héroïsme (1). Mes lecteurs me pardonneront ces réminiscences littéraires ; je ne fais que suivre l'exemple de mon vénérable maître et ami, le professeur Lordat ; ce savant anatomiste qui démontre, tous les jours, que l'esprit ne vieillit pas, aime à s'appuyer, dans ces matières, sur l'autorité des moralistes, des poëtes et des romanciers. Il a raison. Le médecin qui ne sait pas étudier l'homme dans son ensemble et du point de vue le plus élevé, n'est plus médecin, il tombe au-dessous du dernier des empiriques.

Encore une observation cependant, sur le cerveau et les nerfs.

Un des faciaux (nerf d'expression de sir C. Bell et de Dugès) qui tire son origine des éminences olivaires, aux environs de la protubérance annulaire, communique aux muscles de la face divers mouvements de contraction et d'expansion (2) : il sert ainsi à l'expression des désirs ou des passions. Aussitôt que ces connexités ont été bien connues, certains savants ont placé dans les éminences olivaires la source des mouvements passionnés ; pour quelques-uns même la passion n'est qu'une sécrétion de ce renflement du cerveau comme les larmes sont sécrétées par les glandes lacrymales? Il y a, ici, une question à éclaircir, sous peine de tomber dans des erreurs graves.

J'accorderai très-volontiers que le nerf est l'agent qui tire

(1) *Barnaby Rudge*, a novel by CHARLES DICKENS, Esq. two vol.
(2) *Physiologie comparée de l'homme et des animaux*, t. I, p. 363.
PÉTREQUIN, *Anatomie médico-chirurgicale*, p. 159.

le muscle, non pas précisément comme la corde fait mouvoir la poulie, mais par une force analogue à la force électrique ; je n'ai pas même beaucoup d'objections à élever contre un rôle quelconque des olives ou de la protubérance annulaire dans cette transmission. Mais je ne crois pas qu'il soit possible de nier l'influence suprême de la volonté intelligente sur ces mouvements d'expression de la face humaine. Ils peuvent être involontaires et instinctifs, comme lorsqu'on est brusquement surpris par une émotion subite ; mais lorsque l'âme pensante a eu le temps de délibérer, si elle a des motifs pour que les mouvements de la figure ne trahissent pas ce qui se passe dans le moi intime, la volonté ordonne et les muscles dissimulent. Ceux même qui ont su se faire *un front qui ne rougit jamais*, un masque toujours paralysé d'un impassible sourire, comme celui que mes anciens collègues de la diplomatie enviaient à M. de Talleyrand, ceux-là ne laissent jamais lire, sur leur visage, aucune émotion. Enfin, tout le monde sait que les acteurs acquièrent la faculté d'imprimer, à leur figure, l'aspect des émotions les plus opposées et les plus violentes. Quelques personnes supposent que le mime éprouve momentanément les passions qu'il représente et l'on dit : « Il entre dans l'esprit de son rôle. » C'est une erreur. Le grand acteur, pendant qu'il est en scène, est occupé seulement et uniquement du désir et de la volonté de bien jouer. Ses yeux versent des larmes, ses traits expriment la colère, le mépris ou le bonheur ; mais son *moi* intérieur est absorbé dans la reproduction des gestes et des inflexions qu'il a étudiés devant sa glace. Le grand tragédien de notre siècle, Talma, le disait à qui voulait l'entendre (1). Un des bons romanciers de l'Angleterre, M. Thackeray, a tracé le piquant portrait d'une grande actrice tout à fait inaccessible aux émotions de l'âme ou de l'esprit, et répétant, comme une automate, les gestes et les inflexions qui lui sont soufflés par un hideux petit

____

(1) *Souvenirs des causeries de Brunoy.*

bossu (1). « Elle était belle et sublime, dit-il, mais fort bête ! Elle avait tout juste assez d'esprit pour laisser diriger sa volonté par le petit bossu. »

Voilà donc les muscles de la face dominés par une puissance supérieure aux sensations, aux souvenirs, même aux passions ; faut-il s'étonner, si cette force agit sur les nerfs et sur les organes de l'encéphale?

A quelque point de vue que l'on se place pour étudier les phénomènes de la vie, on rencontre toujours cette hiérarchie de forces gouvernant le mécanisme humain, sous la haute direction de l'âme pensante. Aussi, l'avons-nous déjà fait observer, les savants modernes, malgré les tendances du siècle, admettent-ils, presque tous, des forces vitales et des forces intelligentes, des mouvements involontaires et des mouvements occasionnés par la volonté. D'autres, s'élevant un peu plus haut et se rapprochant davantage de la véritable nature des êtres vivants et surtout de celle de l'homme qui les résume tous, ont reconnu un ordre physique, un ordre instinctif et un ordre moral, d'où résulterait une classification de forces distinctes pour chacune de ces catégories (2). Cette classification des forces serait peut-être la meilleure ; mais l'essentiel est d'arriver à obtenir que, dans la pratique de la médecine, on veuille se préoccuper un peu davantage d'appliquer, à la conservation de la vie, l'ensemble des forces qui la régissent. En général, on se borne beaucoup trop à l'emploi des forces mécaniques (thérapeutique chirurgicale) et à celui des forces chimiques (thérapeutique interne). Nous sommes de ceux qui pensent, que la science aurait encore à gagner, dans l'étude pratique des phénomènes de la vie considérés dans leur ensemble, c'est-à-dire au point de vue vital, instinctif et intellectuel. Un chimiste qui ne saurait pas un

____

(1) *Pendennis*, a novel by W. THACKERAY.

(2) Voir un *Mémoire* de M. CHEVREUL, intitulé : *Considérations générales et inductives, relatives à la matière des êtres vivants. Journal des savants,* année 1837.

mot de physique, serait un pauvre chimiste sans doute, et réciproquement : un botaniste qui ignorerait les lois de la germination et de la végétation, serait bon tout au plus à étiqueter les cases d'une boutique d'herboriste. Que dire d'un médecin qui ignore les rapports entre l'instinct, l'intelligence et la vie, ou qui néglige de les appliquer? Cependant, dans le programme officiel des hautes études, tout ce qui a rapport aux facultés de l'instinct ou de l'âme pensante, est relégué avec les abstractions philosophiques; c'est-à-dire en dehors du domaine des applications pratiques !

IV. — Essayons cependant de jeter un rapide coup d'œil sur quelques-uns de ces phénomènes de la vie instinctive et de la vie intelligente ; peut-être en pourrons-nous faire découler quelques enseignements utiles.

Et d'abord on se demande : Qu'est-ce que l'instinct, qu'est-ce que l'intelligence ?

En de telles matières, les définitions sont souvent obscures : elles n'éclaircissent rien ; on comprend mieux les faits. Substituons donc des faits aux définitions.

Le castor, dans l'état de nature, vit en république; les citoyens de cet état sont tous habiles ouvriers. Ils savent couper des arbres dans la forêt, les faire flotter sur la rivière, en construire des digues et des maisons sur pilotis ; ils enferment, dans ces édifices, leurs provisions d'hiver. Un Anglais, qui avait résidé au Canada, rapporta, il y a quelques années, à Londres, un castor apprivoisé qui répondait au nom de Tom. Voilà donc Tom établi à un second étage de la cité, prenant ses repas dans une assiette, ses bains dans un baquet. Mais bientôt on s'aperçut de la disparition d'un étui à chapeaux, de quelques vieux cartons et de quelques barreaux de chaises. Tous ces matériaux avaient été utilisés par Tom, qui avait élevé, sur le fleuve du parquet, une magnifique digue, surmontée d'une cabane où il venait apporter les débris de ses aliments. Les castors du Jardin des Plantes se sont conduits justement de même.

Voilà l'instinct...

Quand les chiens du Saint-Bernard suivent la piste du malheureux voyageur, enseveli sous les débris de l'avalanche, quand, pour arriver jusques à lui, ils écartent la neige avec leurs pattes, quand ils s'efforcent de le ranimer et de le conduire vers l'asile hospitalier, ils obéissent aussi à un instinct, qui a été, chez eux, développé par l'éducation; mais, leurs efforts sont impuissants, le malheureux saisi par le froid, reste immobile dans son cercueil de neige ; alors le bon chien retourne rapidement à l'hospice, il aboie, il tire les frères par leurs vêtements et, s'il le faut, il se suspend, avec sa gueule, à la corde de la cloche pour sonner l'alarme. Voilà des actes qui, s'ils ne sont pas tout à fait de l'intelligence, au moins, s'en rapprochent beaucoup. L'homme peut développer ces facultés chez les animaux, par l'éducation ; et alors, ces aptitudes deviennent héréditaires : de là, le vieil axiome : *bon chien chasse de race.* De quelle nature sont ces facultés intelligentes qui existent incontestablement chez certains animaux? Peut-on les considérer comme constituant une âme inférieure, dans son essence, à l'âme humaine, mais indépendante de l'instinct, ou bien sont-elles seulement des facultés instinctives susceptibles d'un plus grand développement? Les savants sont divisés, tout aussi bien que les théologiens, sur ces questions ardues. Ce n'est pas ici le lieu de les traiter ; de telles dissertations n'aboutissent, le plus souvent, qu'à un étalage d'érudition, ou bien à des spéculations philosophiques sans applications utiles. Nous nous contenterons donc d'énoncer une règle générale admise par la science : c'est qu'à mesure que l'on développe ces facultés quasi intelligentes appelées par les anciens raisonnement animal, *brutorum syllogismi*, l'instinct proprement dit s'émousse et s'amoindrit.

Il en est de même pour l'homme. Chez celui dont l'hérédité

et l'éducation ont développé les facultés intelligentes, les facultés instinctives sont amoindries : chez le sauvage, au contraire, l'instinct domine. Il existe encore, dans quelques recoins de l'Océanie, des hordes sauvages tombées au plus bas degré de l'abrutissement ; mâles et femelles suivent les animaux à la piste avec l'instinct de l'hyène ou du chacal ; et, quand ils arrivent à leur proie, comme le féroce pongo, ils déracinent une branche d'arbre pour l'assommer. Ces malheureux semblent n'avoir de l'humanité que ses plus mauvaises passions ; cependant ils possèdent l'intelligence, car ils savent fabriquer un arc et des flèches, ce qui nécessite une association d'idées, à laquelle aucun animal ne s'élèvera jamais.

L'homme, en effet, possède l'instinct et l'intelligence : ce fait est admis par la science, et nous en avons la démonstration à chaque instant de notre vie.

Je marche ; mes yeux voient un animal venimeux, dont ils portent l'impression au cerveau et, spontanément, mes membres se disposent à prendre la fuite. C'est l'instinct qui a commandé aux organes. Mais bientôt, la raison délibère, la mémoire des faits antérieurs me retrace d'autres images : celle de la faiblesse du serpent, et de la supériorité de ma force musculaire ; l'amour de l'humanité me dit qu'il est utile de détruire des reptiles nuisibles ; peut-être aussi la vanité me souffle-t-elle une pensée de gloriole, et, aussitôt, ma main saisit une arme, mes jambes se rapprochent et j'écrase la vipère. Ici, l'instinct a été vaincu par la volonté, faculté intelligente qui a arrêté des mouvements instinctifs et a forcé les membres à en exécuter de contraires.

La femme nerveuse, l'homme sans courage, qui, dans cette occasion, auraient réellement pris la fuite, se seraient laissé dominer par leur instinct bestial. Si l'intelligence n'a pas triomphé dans la lutte, c'est qu'elle ne l'a pas voulu. Elle était libre d'ordonner d'autres mouvements ; les membres les auraient exécutés. Le comte de Maistre a présenté un tableau aussi vrai qu'ingénieux, quand il a mis en opposition ce qu'il appelle son *moi* et *sa bête* (1). C'est la haute direction de l'instinct par l'intelligence, qui constitue l'homme complet ; et c'est aussi dans l'exercice de ces facultés, que l'on trouvera le développement et la conservation des forces vitales. Mais, pour bien comprendre ces questions d'instinct et de volonté intelligente, il faut jeter un coup d'œil sur diversphéno mè-nes de la vie humaine ; les hallucinations, les rêves, le som-nambulisme magnétique et les passions.

V. — J. J. Rousseau et Chateaubriand (2)ont admirable-ment décrit, dans les révélations de leur vie intime, cet état de rêverie poétique pendant lequel les membres, imparfaite-ment paralysés, retiennent le corps dans une langueur qui n'est pas sans charme ; cependant toutes les fonctions de la vie purement végétative, la respiration, la circulation du sang, la digestion, l'assimilation, continuent à s'opérer comme pendant l'état d'activité, et comme elles s'opèrent, ainsi que nous le verrons bientôt, pendant le sommeil. Le rêveur sera assis ou couché sur le frais édredon d'une mousse parfumée, ou même il pourra continuer à marcher ; mais ce sera par des mouvements instinctifs et, en quelque sorte, automatiques, et pendant que ces actes des organes ou des membres s'ac-complissent, presque à son issu, son cerveau est frappé des plus saisissantes impressions. On ne croit pas voir, on voit réellement des nymphes, des houris, ou des fées, d'une mer-veilleuse beauté, qui vous conduisent par la main dans des palais enchantés, où l'on respire des parfums délicieux, où l'on entend de ravissantes harmonies, qui se marient à la mu-sique, plus céleste encore, des douces paroles que vous adresse l'être imaginaire évoqué par vos pensées.

Voilà, disent les savants, un état d'hallucination.

Sur le mot, tout le monde est d'accord ; mais on cesse de

(1) *Voyage autour de ma chambre*, par le comte X. DE MASITRE.
(2) J. J. ROUSSEAU, *Confessions.*—CHATEAUBRIAND, *Mémoires d'Outre-Tombe.*

s'entendre, aussitôt que l'on veut remonter à la cause de ces phénomènes vitaux. Pour jeter quelque lumière sur ces questions ardues, il faut admettre que l'homme peut percevoir des sensations autrement que par l'intermédiaire des organes sensoriaux, et repousser, avec le comte de Maistre (1), et l'école des philosophes spiritualistes, le fameux axiome : *Nihil est in intellectu quod non prius fuerit sub sensu.* Déjà, ailleurs, nous avons combattu cette immense erreur, mais, sous quelque point de vue que l'on considère les phénomènes vitaux, on arrive toujours à reconnaître, dans l'être humain, un principe qui n'est pas matière et qui domine la matière et le mécanisme. Les savants, dont nous repoussons les doctrines, veulent bien admettre quelque chose d'approchant ; mais à condition de laisser dans le vague ce principe inconnu et d'expliquer tous les phénomènes par des mouvements et une action sensoriale : c'est toujours revenir au point de départ matérialiste, qui ne conduit qu'à des absurdités. Comment ma volonté serait-elle immatérielle, si elle n'était que la conséquence de l'action matérielle des sens ? Chacun de nous, s'il voulait se bien observer, reconnaîtrait qu'il a été, pendant certains instants de sa vie, sous l'empire d'une hallucination mentale, qui a commandé à ses organes et dirigé leurs mouvements.

Une jeune mère est occupée d'une lecture attachante, d'une conversation qui l'intéresse ; elle conçoit subitement l'idée que son enfant, qui joue à l'extrémité du parc, va tomber dans le canal ; elle le *voit* s'approcher du bord, perdre l'équilibre ; et aussitôt, sa volonté imprime aux membres un mouvement spontané, et elle vole vers le lieu de ce désastre imaginaire. C'est une hallucination accidentelle occasionnée par l'excès, ou si l'on veut, par la perturbation de l'une des facultés instinctives, l'amour maternel. Il est bien évident que la matière, la machine, et même l'instinct ont été, ici, dominés par une

(1) Le comte J. DE MAISTRE, *Soirées de Saint-Pétersbourg*, t. I.

force plus puissante. Si les facultés du raisonnement, si la mémoire des faits, et leur appréciation ne prennent pas le dessus, l'hallucination peut arriver jusques à la folie, et c'est dans ce sens, qu'un médecin de l'ancienne école de Toulouse a dit, en parlant de la lycanthropie, sorte d'hallucination pendant laquelle le malade se croit changé en loup : *C'est une erreur de l'âme, et non pas du corps* (1).

Cependant tous les auteurs qui ont traité de ces bizarres phénomènes, et ils sont fort nombreux, sont d'accord à reconnaître que l'impression produite sur les organes est absolument identique à celle que le cerveau aurait reçue par l'intermédiaire des sens. Les malheureux sujets à ces cruelles hallucinations *entendent* l'être imaginaire entrer dans *l'appartement* ; ils le *voient* s'approcher de leur lit de douleur, ils *sentent* le poids de son corps presser leur poitrine (2).

Quand ces hallucinations maladives sont compliquées de perturbations des organes ou même des forces vitales, elles constituent des affections morbides fort graves. Walter Scott racontait à ses amis l'histoire d'un avocat d'Édimbourg qui était sujet à la bizarre hallucination d'un énorme chat noir, qu'il voyait tout à coup sortir de la muraille, s'approcher de son lit ou de son fauteuil, en le fixant avec des yeux ardents, comme un tison d'enfer, puis enfin, se jeter sur sa poitrine ; alors, il ressentait la vive douleur de la griffe et des morsures ; il poussait un cri et tombait dans un long évanouissement, dont il se réveillait accablé de fatigue. C'était un homme instruit et intelligent ; il luttait de toutes les forces de sa raison et de sa volonté, contre cette erreur des sens. Les plus habiles médecins de l'Écosse lui prodiguèrent les secours de leur art ; tout fut inutile. Il succomba aux attaques de plus en plus rapprochées de cette horrible hallucination ,

(1) Guilelmi Ader, *Enarrationes medicæ de ægrotis et morbis in Evangelio*, p. 389. Tolosæ, 1619.

(2) *Des hallucinations*, *Mémoire* du docteur Szafkowsky, inséré dans la *Gazette médicale de Montpellier*, années 1846 et 1847.

en quelque sorte dévoré par le monstre imaginaire créé par
une perturbation de ses facultés mentales et instinctives (1).

Si l'on veut bien comprendre la nature des hallucinations,
et arriver, au besoin, à les guérir, il faut nécessairement reconnaître qu'elles peuvent provenir de ces deux causes ou
séparément ou simultanément, et admettre aussi que, dans
certaines folies la lésion des organes peut encore augmenter
les complications, parce qu'elle entraîne la perturbation des
forces physiques et chimiques. Ces considérations sont importantes pour le médecin pratique ; mais ici, nous nous occupons de ces phénomènes seulement au point de vue des rapports de l'instinct et de l'intelligence avec la vie humaine, et
ils offrent des enseignements utiles. Remarquons seulement,
en passant, que cette triple origine des hallucinations,

      Perturbations des forces intelligentes,

      Perturbations des forces instinctives, ou vitales,

      Perturbations des forces physiques et chimiques,

se retrouve aussi quand on veut remonter aux causes des
rêves et des passions. Tous ces phénomènes s'expliquent par
la même hypothèse ; ce qui prouve que l'on ne fait pas, en
la posant, une supposition gratuite, mais que l'on a synthéti-
quement énoncé une vérité.

Achevons le peu qui nous reste à dire des hallucinations,
sujet sur lequel les auteurs ont écrit des volumes.

Si le rêveur, dont nous venons de parler, est un Jean-Jacques
Rousseau sujet à laisser dominer le *moi* intelligent et moral
par la *bête instinctive*, son hallucination dégénérera en de
grossières et honteuses voluptés ; si c'est un de ces jeunes
hommes faibles par l'intelligence et la volonté, il tombera
dans la cruelle maladie si bien décrite par le professeur
Lallemand. Si, au contraire, le rêveur est un Chateaubriand,
la pensée dominera les instincts bestiaux et développera les
brillantes facultés du poëte ; si enfin c'est un saint Augustin,

______

(1) *Souvenirs des causeries de Walter Scott.*

une sainte Thérèse, la plus noble des facultés intelligentes,
l'amour de Dieu dominera momentanément toutes les forces ;
et l'âme éclairera, pendant quelques instants un cerveau
humain d'un reflet des divines splendeurs du séjour des bienheureux.

Les hallucinations sont souvent involontaires ; et alors,
elles résultent d'une perturbation des forces instinctives ou
organiques ; mais, en général, elles proviennent de la volonté.
Une méditation sérieuse et triste peut nous affecter jusqu'au
point de faire couler des larmes ; ici, il y a accomplissement d'une fonction organique, sous l'empire d'une hallucination volontaire ; les organes de sécrétion ont obéi à cette
force, tout comme ils auraient obéi à l'excitation occasionnée
par une force physique ou chimique : par exemple, comme
si on avait respiré de l'essence de moutarde.

Quant aux hallucinations purement instinctives, nous en
avons déjà cité un exemple, en parlant de la rêverie des
voluptueux ; nous pourrions en ajouter beaucoup d'autres :
les livres sont pleins de ces sortes d'historiettes. Rappelons
seulement ce qui est affirmé par les voyageurs, sur les effets
de la soif au milieu des brûlants déserts de l'intérieur de
l'Afrique. Les malheureux, dont les outres se sont desséchées
et qui ne peuvent arriver à l'oasis hospitalière, voient, de
tous côtés, des mirages de lacs et de cascades ; ils expirent au
milieu d'une hallucination instinctive de bocages verdoyants
et de fraîches fontaines. Si une caravane secourable vient à
les rencontrer, leur donnera-t-on à boire ? Non : ils seraient
frappés de mort instantanée ; mais on leur frotte les lèvres
avec une gousse d'ail, on leur fait respirer des cordiaux ; et,
ensuite, on les enveloppe dans une couverture mouillée. Leur
mal a eu, pour cause première, une perturbation chimique
dans les fonctions des organes, perturbation qui a amené
celle des forces instinctives ; et on aide la force médicatrice
naturelle à rétablir l'équilibre, en stimulant, par des cordiaux,
le système nerveux, ganglionnaire et muqueux : le traitement

est parfaitement rationnel : aucune de nos académies ne
pourrait conseiller mieux aux chameliers africains.

Pour terminer ce qui nous reste à dire sur les hallucinations, il faut nous occuper des rêves ; car l'homme est sujet
aux hallucinations pendant son sommeil, comme dans l'état
de veille.

VI. — Je n'essayerai point de définir ce que c'est qu'un
rêve ; tout le monde le sait : et si ma définition était parfaitement scientifique, elle pourrait bien cesser d'être comprise.
Il sera plus utile de rechercher les causes du sommeil, et ses
effets sur la vie.

Les ignorants disent : « *L'on dort parce que l'on est fatigué ;* » et les ignorants énoncent une vérité que les expériences
des savants ne font que confirmer. Le sommeil, en effet,
succède aux fatigues de la journée et il les répare. Mais ces
fatigues résultent-elle d'une déperdition matérielle des
organes et des membres ? Non, sans doute ; car la transpiration insensible, les sueurs même et les autres sécrétions,
si elles sont régulières, ne font éprouver aucune fatigue ; au
contraire, elles reposent, en rétablissant l'harmonie des
fonctions. Il est donc permis d'établir que si les exercices
violents ont pour conséquence des fatigues, comme, d'un
autre côté, ces mouvements sont le résultat de l'action des
forces motrices du corps humain, c'est que la sensation de
fatigue a été occasionnée par une trop grande déperdition
de forces ; et le sommeil vient les réparer. Barthez a remarqué, avec Borel et d'autres observateurs, que les malheureux
soumis au supplice de la question tombaient quelquefois dans
le sommeil pendant les tortures ou immédiatement après (1).
Il a donné l'explication de ce phénomène avec sa lucidité
habituelle. C'est une paralysie des forces sensitives par excès
d'action. Si Barthez eût connu les effets des vapeurs d'éther

____

(1) BARTHEZ, *Nouveaux éléments de la science de l'homme*, t. II, p. 158.

et de chloroforme, sa démonstration aurait été bien plus
complète. A l'époque de cette importante découverte, l'école
matérialiste a cherché à en expliquer les phénomènes par
des altérations chimiques ; on a parlé d'un atome d'oxygène
qui se dégage du mélange gazeux pour agir sur les globules
sanguins d'une coloration en rouge du sang veineux ; mais
bientôt on a été forcé de reconnaître que ces explications
n'expliquaient rien et que les anesthésiques endorment la
sensibilité, en paralysant momentanément les instruments
des forces sensitives. L'illustre secrétaire de l'Académie des
sciences a dit formellement : « L'éthérisation prive le système
« nerveux de ses forces directement et immédiatement, tandis
« que, dans l'asphyxie ordinaire, les forces se perdent sous
« l'action du sang noir privé d'oxygène (1). » D'un autre
côté, M. Lordat a observé que, pendant le sommeil produit
par l'éther, le pouls et la chaleur restent les mêmes, que les
fonctions de la vie automatique intérieure ne paraissent pas
troublées ; et il en conclut que « cette ivresse suspend, à
« divers degrés, la communication *sensoriale* de la force
« vitale avec le sens intime (2). »

Le sommeil peut aussi être occasionné par une fatigue des
forces instinctives : par exemple, quand on s'endort au bruit
régulier et monotone d'une cascade, ou bien en écoutant le
rhythme d'une sonate. Tout Paris a connu le marquis d'A...
cet avare égoïste et voluptueux qui ramassait un sou dans la
rue pour le garder, et n'épargnait aucune dépense quand il
fallait satisfaire sa sensualité. Il n'avait pas de loge aux Italiens :
c'eût été trop cher et il aurait fallu donner des places à des
parents ou des connaissances. Mais, très-souvent, il louait
une loge entière pour y aller tout seul, dormir à son aise.

---

(1) *Comptes rendus de l'Académie des sciences*, t. XXIV, p. 343 ; *Mémoire*
de M. Flourens.

Voir aussi le même *Recueil*, t. XXVI, p. 173.

(2) *Leçons orales du professeur Lordat*, Compte rendu dans le *Journal*
de la Société de médecine pratique de Montpellier. Août 1847, p. 243.

Il prétendait que ce sommeil, bercé aux accords de l'or-
chestre, caressé par les douces voix de Rubini et de la Grisi,
lui procurait des sensations délicieuses. Ces phénomènes
s'expliquent par des liaisons mystérieuses, mais dont on est
autorisé à affirmer la réalité, entre le rhythme naturel et
régulier de nos principales fonctions instinctives, la respiration, la circulation et les harmonies générales de la nature.
C'est ainsi que l'on comprend pourquoi les beaux arts sont
fondés sur un principe réel et vrai, parce qu'ils se rattachent
aux lois de la création, et comment ils affectent à la fois nos
sens et nos forces vitales par leurs relations avec les forces
extérieures. Hautes questions encore bien obscures et qui
s'éclairciront, quand les philosophes voudront expérimenter,
et quand les expérimentateurs voudront réfléchir. Qui sait,
par exemple, si le stéthoscope ne servira pas quelque jour à
élucider les relations entre le rhythme musical et l'harmonie
des fonctions de la vie.

Quoi qu'il en soit de ces spéculations, achevons ce qui nous
reste à dire du sommeil. Chacun sait qu'il peut aussi être occasionné par la fatigue des facultés intellectuelles.

M. Lordat a dit encore (1) : « La puissance psychique, tout
« isolée qu'elle paraît être, est susceptible de veille et de som-
« meil. » Sur ce point, il est d'accord avec le plus grand
nombre de savants.

Nous pouvons donc admettre ce fait, comme établi par la
science ; et si nous rapprochons ce sommeil de l'âme pensante, de celui des organes et de l'instinct, nous arriverons,
si ne n'est à expliquer totalement les phénomènes des rêves
et du somnambulisme, au moins à les comprendre, peut-être
même à les classer.

Les rêves peuvent être produits par une perturbation organique, une digestion pénible, une mauvaise position du corps ;
alors, il y aura *cauchemar*, c'est-à-dire une hallucination

______

(1) *Leçons orales du professeur Lordat*, loc. cit., p. 269.

produite par les organes sensoriaux et qui ne peut être bien appréciée, ni par l'instinct, ni par l'intelligence, puisque ces facultés dorment, c'est-à-dire se reposent.

D'autres fois, les hallucinations du sommeil seront instinctives ; et, alors, des sensations arriveront au *moi* endormi autrement que par les organes sensoriaux. Ce phénomène se rencontre quelquefois dans le sommeil naturel, mais il est plus fréquent dans l'état appelé fort improprement somnambulisme magnétique et que l'on aurait peut-être mieux caractérisé du nom de *somno-vigil*.

Enfin, les rêves peuvent être la conséquence d'une action de l'âme qui veille, perçoit et délibère, pendant que le corps est endormi, et que les forces instinctives se reposent. Si ce phénomène a lieu pendant le sommeil naturel, J. J. Rousseau entendra, dans une riante harmonie, les principaux motifs du *Devin de village* et pourra les noter à son réveil ; Tartini composera la *Sonate du diable*, et, dans quelques cas rares, mais attestés par des témoignages trop authentiques pour que l'on puisse les nier, on aura la révélation de faits qui se seront passés à de grandes distances, on verra l'image sanglante d'amis ou de frères assassinés, on recevra les indications les plus exactes pour découvrir les meurtriers, et pour rendre les derniers devoirs aux victimes (1). Les livres sont pleins de ces historiettes merveilleuses, et l'on ne peut les nier sans attaquer les bases de la certitude historique ; on peut même ajouter qu'elles n'ont rien de contraire aux données scientifiques.

Un membre de l'Institut rira au nez de sa cousine qui lui demandera d'interpréter son rêve. C'est fort bien : mais ce savant peut-il affirmer que tous les phénomènes de la veille et du sommeil sont des résultats physiques ou chimiques ? N'est-il pas obligé de reconnaître que, dans beaucoup de cas, la sensation est perçue par d'autres moyens que par les or-

(1) Cicero, *De divinatione.*
Répertoire général des sciences médicales, t. XXVIII, art. de M. Adelon.
Bibliothèque universelle de Genève. Année 1834 ; *Mémoire* de M. Prévost.

ganes sensoriaux? Peut-il enfin se refuser à admettre une influence de la volonté sur les phénomènes du sommeil et des rêves? Et si la volonté, faculté de l'âme, peut produire des songes, pourquoi ne pourraient-ils pas aussi bien résulter d'autres facultés de l'âme et de l'instinct?

Or, il est positif que la volonté agit pendant le sommeil et sur le sommeil; ceci est prouvé par la faculté de se réveiller à heure fixe. L'action de la volonté sur les rêves est tout aussi incontestable. En effet, quand nous nous réveillons brusquement pour échapper à l'hallucination d'un pénible cauchemar, c'est par un acte de la volonté qui veillait, pendant que l'instinct et les organes étaient sous l'empire d'une perturbation mal appréciée par l'instinct, parce que ses rapports avec l'intelligence ne sont complets que dans l'état de veille. Voilà aussi pourquoi la volonté intelligente a ordonné le réveil. L'action directe de la volonté sur les rêves est aussi prouvée par la faculté que possèdent certains individus de continuer des rêves commencés et interrompus et de pouvoir produire certains rêves à volonté (1). Enfin les expériences de MM. les professeurs Gerdy et Goly, ont démontré qu'une forte volonté pouvait réduire les effets des vapeurs éthérées à n'agir que sur les fonctions instinctives et musculaires, pendant que les facultés intellectuelles demeuraient intactes (2).

On peut retirer deux conséquences importantes de tous ces faits.

Si la volonté individuelle exerce une action sur l'instinct et sur les organes pendant le sommeil, il n'y a rien d'impossible à ce que la même action, ou une action quelconque, se produise par l'effet de la volonté d'un autre.

Si, pendant le sommeil, des sensations sont perçues directement, quelquefois par l'instinct, d'autres fois par l'âme pensante, sans l'intermédiaire des organes, on comprend comment, dans cet état exceptionnel et momentané, les somnam-

(1) Observation de l'auteur.
(2) *Mémoire de M. le professeur Joly.* Toulouse, 1847.

bules peuvent *voir* et *sentir* autrement que par les sens.

En s'appuyant sur ces deux considérations, on pourra expliquer, par les lois naturelles, certains phénomènes, relégués dans l'ordre surnaturel et qui ne sont que rares et exceptionnels ; mais, ce qui est plus important, on pourra utiliser ces phénomènes et les faire tourner au profit du rétablissement de la santé et du développement des forces humaines.

VII. — Ici, nous revenons au somnambulisme magnétique.

Il a été établi, dans le chapitre précédent, que cet état pourrait être occasionné soit par la force électrique empruntée à un appareil, soit par celle que chacun de nous porte en lui-même, soit simultanément par les deux forces ; et que l'action de la volonté du magnétiseur concourait à la production du phénomène. Nous pouvons maintenant ajouter que dans l'état de somnolence, et encore plus distinctement, dans celui de somnambulisme magnétique, les principaux phénomènes sont le résultat de l'engourdissement, de la suspension, si l'on veut, des forces instinctives et organiques auxquelles se substitue momentanément la volonté du somnambule, aidée de celle du magnétiseur.

La preuve que, dans cet état, les forces instinctives sont dominées ou même quelquefois remplacées par une force d'un ordre supérieur, se trouve dans l'observation des phénomènes somnambuliques.

Les somnambules peuvent marcher ; mais il faut que la volonté du magnétiseur le leur ordonne fortement ; et alors leurs mouvements sont pénibles et en quelque sorte automatiques. Bien peu de somnambules échappent à cette loi générale : je n'en ai vu qu'un seul exemple. C'était une somnambule très-lucide, mademoiselle R... magnétisée par un savant professeur de la Faculté de Montpellier, qui eut la bonté, en février 1847, de me permettre d'assister à une de ses expériences. Mademoiselle R..., sur un ordre mental de son magnétiseur, se levait péniblement du fauteuil, dans lequel elle était profondément endormie, et marchait en trébuchant comme une machine mal jointe ; tout d'un coup, et par un autre ordre muet de la volonté du magnétiseur, elle s'arrêtait, clouée sur le parquet, dans un état de rigidité cataleptique et de complète insensibilité ; puis enfin, tout aussi instantanément, et toujours sans une parole ni un geste du magnétiseur, ses membres se détendaient, ses yeux s'ouvraient, elle marchait naturellement, elle nous regardait en souriant, elle nous répondait de sa voix habituelle, et elle venait, pour quelques minutes, reprendre sa broderie. Si nous lui disions : « Mais « vos yeux nous voient, vos oreilles nous entendent, » elle répliquait : « Oui. » — « Donc vous êtes éveillée. » — « Non, ajoutait-elle, je *dors* toujours ; j'agis comme si j'étais réveil- «lée, parce que M. le docteur me l'a ordonné, mais cet « exercice me fatigue ; je vous en prie, rendormez-moi le « corps. » Et, aussitôt, une pensée et un regard du savant professeur la plongeaient de nouveau dans la torpeur du sommeil magnétique.

Il est évident que dans ce cas exceptionnel et dont il ne m'a pas été donné de vérifier un second exemple, la volonté du magnétiseur agissait, comme force supérieure, sur la puissance psychique et sur les forces instinctives de l'intéressante malade.

Mais ce cas est une exception et chez le plus grand nombre des somnambules, si on les observe attentivement, on peut s'assurer, par une preuve matérielle, que les rapports entre l'âme et l'instinct sont momentanément modifiés, et que c'est l'instinct qui est dominé par la force magnétique. Cette preuve, c'est le changement remarquable qui s'opère dans les traits du visage. Les lèvres et les narines se gonflent ; le front est plus calme et plus lisse ; les sourcils s'arquent, au-dessus des paupières, en courbe plus gracieuse ; il semble que la face tout entière se dessine en ovale plus régulier ; et l'on trouve, dans l'expression de la physionomie, un caractère plus doux et plus élevé ; comme si l'âme, momentanément détachée des liens de la matière, se réfléchissait, plus pure et plus belle, dans le miroir de chair de son enveloppe terrestre !

Il nous resterait beaucoup à dire de ces expériences du somnambulisme magnétique, dont les études philosophiques ont à retirer encore bien des enseignements ; mais nous craindrions de nous éloigner de notre sujet, et nous nous bornerons à déplorer que la science de la vie n'a pas su les appliquer plus utilement au rétablissement de la santé et à la conservation des forces. Il serait téméraire, nous l'avons déjà dit, de prétendre guérir toutes les maladies avec des passes magnétiques, parce que beaucoup de maladies sont le résultat de perturbations organiques. A celles-là, il faut évidemment opposer des forces mécaniques, des forces physiques et chimiques ; mais à celles qui proviennent d'un trouble dans les fonctions instinctives, ou même d'une affection purement morale, ne pourrait-on pas opposer ces forces magnétiques qui permettent à la volonté du magnétiseur et à celle du somnambule d'agir directement sur les plus importantes fonctions de la vie animale ? Cette action, nous ne saurions trop le répéter, s'exerce sur les fonctions végétatives et instinctives, pendant que l'âme pensante conserve l'usage de toutes ses facultés et l'exercice de son libre arbitre. On croit, en général, le contraire ; et, dans le monde, comme au séminaire, on redoute le somnambulisme magnétique à cause de cette prétendue domination de la volonté du magnétiseur sur celle du somnambule. C'est une erreur qu'il est facile de reconnaître par l'observation des phénomènes. Si on les examine attentivement, on trouvera toujours que la volonté du magnétiseur n'a d'action que sur les mouvements involontaires du somnambule, pendant que ses facultés purement intellectuelles demeurent libres et acquièrent en général un plus grand développement.

Le magnétiseur, au lieu de dominer moralement, serait plutôt dominé ; car le somnambule peut lire ses pensées, et lui ne peut que deviner celle du sujet, par un effort de son intelligence. Ce qui a souvent conduit à des méprises, c'est une certaine disposition des sommambules aux passions affectives. Pendant que leurs membres sont engourdis par la torpeur magnétique, leur âme, tout en conservant le libre arbitre et la faculté de raisonner, est susceptible de tristesse, de pitié, de gaieté, de jalousie et même de colère.

VIII. — Cette observation nous conduit à jeter un rapide coup d'œil sur les passions, au point de vue de leur influence sur la vie.

Ici, encore, nous retrouvons l'antagonisme des deux écoles scientifiques.

Les uns, avec Gall et Spurzheim, cherchent la cause des passions dans la modification des organes ; ils vous condamnent à être invinciblement débauché ou assassin, suivant que votre crâne sera marqué de la protubérance de l'amour physique ou de la bosse du crime. Doctrine monstrueuse qui renverserait le fondement des sociétés.

D'autres ne voient, dans les passions, que des erreurs de l'âme et restent inactifs et impuissants, en présence de ces funestes maladies, aussi cruelles pour l'individu, dont elles empoisonnent l'existence, que pour la famille et la société, dont elles troublent les relations.

On ne saurait trop le répéter : les passions sont de véritables maladies susceptibles d'être traitées méthodiquement, d'être modifiées et guéries. Mais, pour les traiter, il faut que le médecin en connaisse l'origine et le caractère ; et il ne comprendra bien ces phénomènes compliqués, qu'en réfléchissant profondément sur la double nature de l'homme.

L'intéressant ouvrage d'Alibert (1) séduit les lecteurs par le charme du style, les attache par la multiplicité des anecdotes ; mais, peut-être, est-on en droit de lui reprocher de ne pas conclure et de manquer de cette méthode qui sert de guide aux applications pratiques.

(1) ALIBERT, *Physiologie des passions*.

La doctrine de Montpellier, telle qu'elle est professée par M. Lordat (1), établit une classification qui doit se rapprocher de la vérité, autant qu'il est donné à l'homme d'y arriver, puisqu'on y trouve l'explication de tous les phénomènes produits par les passions. Dans cette théorie, les passions peuvent être mentales, c'est-à-dire provenir d'une aberration de la puissance psychique; ou bien elles ont pour cause une perturbation des forces instinctives; quelquefois aussi les deux causes agissent simultanément et pourront encore être compliquées par des perturbations organiques.

Voilà sans doute des complications; elles sont inévitables toutes les fois que l'homme cherchera à approfondir les conséquences de sa double nature; mais le moraliste et le médecin trouveront, l'un et l'autre, que cette classification éclaircit bien des obscurités. Ceci aurait besoin d'être prouvé par des exemples; et nous en citerions de nombreux, si cette œuvre était un traité des passions. Forcé de nous resserrer, nous nous bornerons à deux faits.

Un homme de 55 ans, veuf sans enfants, riche, et placé dans une belle position sociale, s'éprend, tout à coup, d'une ardente passion pour une jeune personne de 18 ans, sans fortune et qui n'avait d'autre dot que ses talents et sa jolie figure. Après avoir lutté quelque temps contre les inconvénients de la disproportion des âges et la crainte du ridicule, il la demande en mariage. Le parti était brillant : les parents consentent; et ils décident, avec un peu de peine, la demoiselle à cet hymen disproportionné. Pendant que les gens de loi s'occupent des actes et remplissent les formalités légales, pendant que les marchands préparent une élégante corbeille, le futur, un peu agité, un peu fatigué, essaye, pour se rafraîchir, ce que l'on appelle, dans le midi, une cure de raisins. On était à la fin de septembre; les fruits étaient mûrs, ils produisirent leur effet de relâchement des bas intestins; et le futur qui,

____

(1) *Leçons orales du professeur Lordat.* Montpellier, 1851.

jusques alors, avait été dominé par sa passion instinctive, sentit peu à peu la raison prendre le dessus ; il ne cessa pas d'aimer la jeune personne, mais son affection prit un caractère plus en harmonie avec les âges respectifs; il l'aima comme un père; il lui chercha un parti mieux assorti, et figura au contrat, non plus comme futur, mais comme bienfaiteur.

Ici, on le voit, l'affection de l'âme avait été dominée par une passion instinctive, un mouvement de la bête, aurait dit le comte de Maistre ; mais si l'âme avait d'abord été vaincue dans la lutte, c'était sa faute ; elle était libre, elle n'avait qu'à vouloir; la volonté, bien dirigée, aurait dominé l'instinct ; et si celui-ci avait continué à troubler à la fois l'équilibre de la vie et la paix de l'âme par des mouvements désordonnés, on pouvait lui opposer soit les distractions d'un voyage, soit encore d'autres moyens qui auraient produit les mêmes effets que les raisins. Cette thérapeutique des passions peut être dirigée par nous-mêmes, si notre *moi* est assez intelligent, assez puissant de volonté ; elle peut aussi être l'objet des soins du médecin; car, le plus souvent les passions constituent ou développent des affections qui rentrent dans son domaine.

Un jeune Suisse s'est engagé dans un des régiments au service de France: il est bon sujet et attaché à son état; on lui a fait espérer de l'avancement, et déjà il rêve le moment où il reviendra au pays avec un grade et une pension. Mais, peu à peu, ces idées du retour lui présentent trop fréquemment les images de la patrie absente. Au milieu des tristes plaines de la Beauce ou de la Sologne, il voit se dresser, devant ses yeux, le colosse de la *Jungfrau* ou de la *Blumli-Alp*, aux larges flancs tapissés du velours des prairies, parsemés de chalets rouge brun et de grands épicéas ; au-dessus de ces riants pâturages, la zone verdoyante des forêts, surmontée d'un diadème de rochers et de glaces, il entend les grondements de la cascade, qui se mêlent à l'harmonie lointaine de la clochette des vaches ; il aspire les parfums des meules de foin et les émanations des sapins. Chaque jour, ces hallucinations instinctives deviennent plus longues et plus vives ; elles troublent l'exercice des forces qui président aux fonctions de la vie ; enfin cet instinct malade domine la raison affaiblie et la volonté qui n'a pas su commander à propos ; le pauvre soldat est atteint de cette cruelle maladie que les médecins appellent *Nostalgie*. Les symptômes extérieurs, le pouls, le délire, les soubresauts des tendons, les douleurs de tête sont les mêmes que ceux des fièvres malignes : tous les médecins en sont d'accord. Or, le quinquina est bien reconnu pour agir spécifiquement contre la fièvre maligne ; oserez-vous administrer le quinquina dans ce cas de nostalgie? Ce serait un moyen assuré de hâter la mort. Un médecin éclairé voudra, avant tout, s'adresser à l'imagination du malade, il lui parlera de retourner au pays, il lui montrera le précieux congé. Alors le quinquina, ou la valériane, ou tout autre médicament produiront leurs effets accoutumés et la santé sera promptement rétablie.

Dans ce cas, la raison avait été vaincue par l'instinct ; mais c'est parce qu'elle n'avait pas su vouloir ; et la preuve, c'est que les soldats sont beaucoup plus souvent attaqués de ce mal du pays, que les officiers dont l'intelligence est plus habituée, par l'éducation, à dominer l'instinct. Enfin si, au commencement de ces hallucinations, notre jeune soldat s'était épris des yeux noirs, de la taille cambrée de quelque Française, cette nouvelle passion instinctive et mentale aurait combattu la première ; et, dans la lutte, la raison et la volonté auraient repris leur empire. Ainsi que l'a fait observer un savant physiologiste, une passion peut être neutralisée par une autre (1).

Fidèle à notre promesse de brièveté, nous terminerons à regret ce trop rapide examen des passions considérées au point de vue de la vie et de la santé ; mais nous espérons en

____

(1) MULLER, *Manuel de physiologie*, t. II, p. 516, traduction de M. Jourdan.

avoir dit assez pour bien faire comprendre comment le mécanisme humain est sans cesse dominé par des causes en dehors
de la matière et d'un ordre supérieur à la matière. Le savant
expérimentateur que nous venons de citer, et que certes personne n'accusera d'un excès de spiritualisme, a dit aussi :
« Les penchants de l'âme produisent des effets organiques
« dans la plupart des parties de l'organisme, sinon dans
« toutes. Les idées mêmes, qui n'ont rien de passionné, déter-
« minent, lorsqu'elles ont assez d'intensité, des effets dans des
« parties autres que le cerveau...... Mais les effets des pen-
« chants sur l'organisme sont, proportion gardée, bien plus
« étendus (1). »

Voilà ce que l'observation a appris à la science, et il n'était
pas besoin d'être savant pour arriver à cette conclusion. Tout
le monde connaît les ravages des passions sur les traits du
visage ; il ne faut pas une grande perspicacité pour lire, dans
la physionomie d'un ivrogne, d'un débauché ou d'un colère,
les tristes habitudes qui ont imprimé sur sa figure des modifications profondes. Quand on se prend à réfléchir sur de tels
changements, on ne s'étonne plus si les organes des sens et
le cerveau lui-même sont modifiés, dans leurs formes, par les
habitudes des passions. Ces modifications dont les phrénolo-
gistes ont voulu faire une cause, ne sont donc qu'une conséquence, distinction importante à établir, pour le traitement
des passions, puisque là où elles seront purement mentales, il
suffira, pour les guérir, de faire appel à la raison et à la volonté, de combattre un penchant par d'autres penchants ; là
où la cause sera instinctive, on s'adressera aussi à la volonté
intelligente, mais en l'aidant des forces naturelles qui agissent
d'abord sur les organes et secondairement sur l'instinct.

A chaque pas, dans l'étude des sciences médicales, on
rencontre des exemples de l'action des facultés instinctives et
mentales sur l'organisme.

____

(1) MULLER, *Manuel de physiologie*, t. II, p. 514.

La morsure d'un hydrophobe communique un venin dont on ignore l'antidote : plusieurs savants vont même plus loin et soutiennent que c'est seulement la surexcitation furieuse qui rend vénéneuse la bave du chien enragé ; à tel point, disent-ils, que la morsure d'un homme égaré par la colère peut devenir mortelle ; on en cite des exemples (1).

N'y a-t-il pas là une modification de la matière produite par une cause mentale ? Et si l'intellect, perverti par une fureur désordonnée, peut arriver à une telle puissance de décomposition, n'en résulte-t-il pas évidemment, que cette même intelligence, exaltée dans ses plus hautes facultés, pourra aussi réagir de diverses manières sur les combinaisons de la matière, comme elle agit sur elle-même par la volonté, ou sur d'autres intelligences par la persuasion.

IX. — Mais l'agent principal du *moi* humain, quand il a la volonté d'agir sur d'autres hommes, c'est la parole. Nous voici donc arrivés à examiner si la parole humaine peut être considérée comme renfermant en elle-même une force essentielle.

La parole d'un autre homme nous arrive ou par l'écriture ou par le son. La parole écrite ne peut évidemment exercer d'action que par le sens que l'intelligence attache aux mots. Les rêveries des cabalistes sur la valeur des caractères ne doivent être considérées que comme un souvenir défiguré des origines de l'écriture qui a commencé par être figurative. Les plus anciens hiéroglyphes, décrets des rois, invocations des prêtres, ressemblaient beaucoup à ces rébus illustrés, qui charment les loisirs de nos artistes !

Mais quand les cabalistes attachaient une puissance au son de la parole, ils étaient dans le vrai, et la science moderne commence à entrevoir quelque chose de cette force.

Nous avons déjà parlé du rhythme des fonctions vitales

(1) Virey, *Physiologie dans ses rapports avec la philosophie*, p. 375.

(rhythme respiratoire, rhythme de la circulation) : il est bien évident qu'il doit exister une connexité quelconque entre ces harmonies de la vitalité humaine, et les harmonies générales. De là, sans doute, l'effet calmant d'une musique appropriée dans certaines perturbations nerveuses ; de là, aussi, l'action de la musique, pour aider à rétablir les fonctions vitales, dans les cas de rigidité cataleptique. Mais la parole a aussi ses harmonies et ses mélodies : pourquoi donc ne produirait-elle pas des effets de même nature ? chacun n'a-t-il pas observé comment le son de certains mots agit sur les animaux, même en dehors du geste et du regard ? Un chien français viendra à vous, quand vous lui direz, même le dos tourné, *Ici, aux pieds* ; il s'éloignera, si vous dites : *Allez coucher* ; un chien anglais obéira de même aux mots : *Come here* ou *get away, down, let me alone :* qui oserait cependant soutenir que ces mots se rattachent, chez le chien, à une association d'idées ? Il faut nécessairement que l'action produite sur ses organes sensoriaux et ses facultés instinctives, soit occasionnée par les ondulations du son, et comme, d'un autre côté, nous savons que ces ondulations sont soumises, comme le rhythme musical, à une loi régulière exprimée par une formule mathématique, il est bien évident qu'il y a, dans ces connexités, une loi générale de la création : ces phénomènes n'ont donc rien de surnaturel, et il ne faut plus s'étonner, si, dans certains cas, la parole humaine agit comme une force, indépendamment du sens que l'imagination de l'homme attache aux mots. C'est sans doute ainsi qu'il faut interpréter ce passage de Roger Bacon, qui affirme « qu'il existe une puissance d'action dans la parole, si elle est prononcée avec l'intention et le désir d'agir. *Et ideo per verba et opera hominis possunt aliqua magna fieri, quando omnes dictæ causæ concurrunt..... Et aliquæ possunt fieri in verborum generatione, cum intentione et desiderio operandi* (1). »

____

(1) ROGER BACON, *De virtute sermonis.*

X. — L'alchimiste anglais avait compris, dans sa puissante intelligence, que la parole humaine, pour devenir une force, avait besoin du concours de la volonté. C'est, en effet, la volonté qui est l'agent principal de toutes nos facultés, la force qui domine et dirige toutes celles que nous portons en nous-mêmes, ainsi qu'elle sait s'emparer des forces naturelles, dont l'observation et le raisonnement ont permis à notre intelligence de calculer les effets.

La volonté de l'homme peut agir sur lui-même, ou bien sur les autres hommes.

Si notre volonté est dirigée sur nous-mêmes, elle domine, nous l'avons déjà vu, les facultés instinctives et les mouvements vitaux ; elle peut même arriver, dans certains cas exceptionnels, à ralentir la respiration et la circulation jusqu'au point de les suspendre totalement. Les Annales de la science en font foi (1). Mais, quand cette volonté est dirigée par le sentiment religieux, elle produit des miracles. Quoi de plus merveilleux, par exemple, que cette vie de saint Simon Stylite, qui se fait hisser au haut d'une colonne et y passe 44 ans, exposé à toutes les ardeurs d'un soleil asiatique, aux intempéries des saisons, dans l'attitude la plus gênante et se nourrissant seulement de quelques fruits ? l'homme le plus robuste aurait résisté à peine quelques jours à cet horrible supplice. Le saint l'a supporté, dira-t-on, par enthousiasme ; mais l'enthousiasme est-il autre chose que l'exaltation de la volonté ? Si l'on voulait nier ce fait comme trop miraculeux, que l'on aille à la Trappe, que l'on y interroge le secret des austérités cachées, et l'on verra que le miracle se reproduit tous les jours.

Mais l'empire que l'âme peut prendre sur l'instinct et sur la machine, dans un but purement ascétique, elle peut aussi l'exercer dans un but de conservation. On a souvent observé qu'une grande pensée aidait à vivre. Gibbon, d'une

____

(1) *Journal de la Société de médecine pratique de Montpellier*, t. XV, p. 123.

constitution délicate, d'une faible santé, vécut, 22 ans, occupé
à son long ouvrage ; quand le dernier volume fut achevé,
les forces lui manquèrent : il mourut. Lesage nous a
tracé, dans *Gil Blas*, un saisissant tableau de cette décadence
des forces chez un ministre tombé du pouvoir. Un moderne
romancier anglais (1) a été plus loin que son devancier,
en nous montrant un ambitieux disgracié, luttant contre
le chagrin et revenant à la vie et à la santé, par la volonté
de faire du bien dans une sphère plus étroite. C'est là, on
peut l'affirmer, qu'est le grand secret de la longévité. Pour
ceux qui sauront se créer un intérêt dans la vie, par des
devoirs à remplir et du bien à faire à leurs semblables,
pour ceux-là, la vie sera longue ; et souvent dans les
perturbations légères de leur santé, une forte volonté, dirigée
par une raison éclairée suffira seule pour rétablir l'équilibre. Ici encore nous aurions pu nous appuyer sur des
expériences ; mais il suffit d'avoir posé le principe ; tous
les hommes d'intelligence et d'étude sauront mieux encore
que nous-mêmes en trouver, quand ils le voudront, les applications pratiques.

La volonté humaine, avons-nous dit, peut aussi agir sur
les autres hommes. Tous les jours nous en voyons autour
de nous de vivants exemples ; et c'est cette subordination
des volontés qui constitue les hiérarchies sociales et le mécanisme des gouvernements. A chaque page de l'histoire,
on trouve des faits éclatants qui témoignent de cette puissance
de la volonté d'un homme sur les masses. Une armée a été
découragée par des revers, harassée par les fatigues, épuisée
par les privations, les caisses sont à sec, les vivres manquent, les soldats sont sans souliers : qu'il arrive un de ces
généraux à la parole ardente, à la volonté forte, qui promet
avec la victoire un ample dédommagement de toutes les souffrances ; et aussitôt les régiments demandent à marcher à

____

(1) *La famille Caxton*, roman publié dans la *Revue britannique*.

l'ennemi, on franchit les précipices et les glaciers, on démonte les canons pour les transporter à bras d'hommes, sur des hauteurs que le chasseur de chamois n'aborde qu'en tremblant ; les redoutes sont escaladées, emportées à la baïonnette, et l'armée ennemie culbutée s'enfuit en désordre.

Cette action de la volonté d'un homme sur des masses s'exerce par le concours des intelligences ; mais elle est plus caractérisée encore quand elle agit d'homme à homme, parce qu'alors elle s'exerce en même temps sur les facultés intelligentes et sur les forces instinctives.

Il y a peut-être un peu de vague dans les opinions des médecins relativement à la nature de cette réaction du moral sur le physique pendant les maladies ; mais tous les praticiens en admettent l'existence ; et c'est pour cela qu'ils cherchent à exciter la confiance des malades dans le traitement et aussi dans le médecin. Il vaudrait sans doute mieux s'adresser à leur raison et leur faire comprendre toute la puissance de la volonté comme auxiliaire des traitements curatifs ; mais l'essentiel est de guérir, et le médecin ne le peut qu'autant qu'il est aidé par le malade. Les Annales de la science citent même des cas où la force de volonté a suffi pour amener des guérisons ; il est vrai que, par contre, on cite aussi des gens qui, sans aucune maladie appréciable, sont morts de la peur de mourir. Les journaux de médecine ont, il n'y a pas longtemps, enregistré un cas semblable qui a eu lieu à Nismes.

En présence de cette force d'inertie, véritable maladie de l'âme pensante, le médecin pourra essayer la force magnétique, qui mettra sa volonté en contact direct avec les forces instinctives de son malade. Mais il est bien difficile, nous ne saurions trop souvent le répéter, de suppléer à la volonté de vivre et les traitements magnétiques, de même que ceux qui reposent exclusivement sur l'emploi des forces physiques et chimiques n'agissent dans toute leur efficacité que là où ils sont aidés par les forces intelligentes.

C'est donc à la raison de l'homme qu'il faut s'adresser pour la conservation de son existence terrestre; plus l'intelligence sera développée, plus elle aura perfectionné l'usage de ses facultés et surtout celle de concentrer la volonté, et plus elle aura de moyens de résistance à opposer aux causes de destruction.

Ici, nous devons le faire observer, quand nous parlons de la volonté comme d'une force, il est sous-entendu que, pour agir efficacement, elle doit être concentrée. On prend quelquefois pour une volonté, ce qui n'est qu'une perception imaginative ou un désir instinctif : il faut, pour vouloir, que l'esprit ait appris à penser, qu'il sache comparer les notions acquises avec ses propres idées, et enfin user de sa liberté pour prendre une détermination. C'est donc l'éducation qui donne à la puissance de volonté tout son développement. Et ici, faisons-le observer en passant, on voit quel mauvais service rendent à leurs enfants les parents qui les gâtent. Qu'entend-on par enfant gâté? Celui dont on caresse les instincts, tandis que l'on devrait lui donner l'habitude de les dominer. De bonne heure on jette dans ces jeunes êtres les germes des passions, ces cruelles maladies contre lesquelles ils se trouveront sans défense, parce qu'ils n'auront pas appris de bonne heure à leur opposer la puissance des forces intelligentes. On n'aura pas seulement empoisonné leur vie, on l'aura abrégée. — Du reste, l'observation nous l'apprend, c'est dans les rangs inférieurs de la société, là où l'intelligence des parents est la moins perfectionnée, que l'on rencontre le plus d'enfants gâtés.

XI. — Pour terminer enfin ce qui nous reste à dire sur les facultés intellectuelles, au point de vue de la santé, nous protesterons contre un préjugé trop généralement répandu. Beaucoup de gens pensent que les travaux de l'intelligence usent les forces et abrégent la vie : c'est une immense erreur. Sans doute les forces de la pensée ont besoin d'intervalles de repos, comme toutes les autres forces ; sans doute aussi, dans l'exercice des forces intellectuelles, il faut éviter de troubler les mouvements vitaux et instinctifs ; par exemple, il faut, pendant le travail de la digestion, exercer l'imagination plutôt que le raisonnement ou l'observation ; mais ce ne sont que des questions de détail et d'application pratique.

Dans un sens général, on peut affirmer que l'exercice convenable des facultés intelligentes développe toutes les forces, et, par conséquent, les conditions de vitalité. Ceci pourrait, au besoin, être prouvé par la statistique ; peut-être y reviendrons-nous, quand nous traiterons de l'hygiène des nations ; ici, il suffira de rappeler ce que nous avons dit de la longévité des ouvriers qui exercent des professions intelligentes, et d'ajouter, en passant, que, parmi les grandes corporations parisiennes, ce sont les membres de l'Institut qui atteignent le maximum de la vie moyenne. Dans les classes ouvrières, la profession qui offre la moyenne la plus élevée de longévité est celle des jardiniers : parce qu'ils sont beaucoup au grand air et parce que leur travail occupe, en même temps, les membres et l'intelligence.

C'est ainsi que nous pourrions expliquer comment beaucoup de prêtres et même certains moines arrivent à une longue vieillesse ; mais, pour ne pas fatiguer nos lecteurs, nous nous bornerons à faire observer, que c'est dans les ordres monastiques où la règle, sans être trop austère, impose, le précepte du travail intellectuel, que l'on trouve le maximum de la vie moyenne. Mes nobles et savants amis, les Bénédictins de Monreale près Palerme, ces religieux qui se font pardonner, auprès du monde, leur froc et leur piété, par leur érudition, sont arrivés, pendant la première moitié de ce siècle, à une moyenne de 67 ans, pendant que la moyenne des autres classes de la société sicilienne n'atteignait pas 36. Il est vrai que les dames Bénédictines de la même ville offrent aussi de nombreux exemples de longévité et fort peu d'entre elles s'occupent sans doute de recherches scientifiques. Ici, la longévité s'explique par d'autres causes du même ordre : la paix de l'âme, le calme régulier de la vie monastique et l'habitude de la prière. Peut-être pourrions-nous démontrer scientifiquement que la prière, si elle n'est pas une force, est au moins un moyen de susciter certaines forces. Mais cette nouvelle dissertation pourrait nous entraîner dans quelques erreurs théologiques ; nous la supprimerons.

Résumons enfin le petit nombre de conséquences pratiques qui nous semblent résulter des faits établis dans ce trop long chapitre.

1° La matière organisée est dominée par des lois générales, forces chimiques et physiques.

2° Dans les corps animés, les forces physiques et chimiques, tout en continuant d'exercer leur action sur les molécules matérielles, sont cependant dominées et modifiées par les forces instinctives ou vitales.

3° Dans le phénomène de la vie humaine, les forces instinctives ou vitales, sont elles-mêmes modifiées par les forces intellectuelles et surtout par cette faculté de l'âme pensante appelée la volonté.

4° On peut trouver des moyens de conserver la santé et de prolonger la vie, dans le développement des facultés intellectuelles et la concentration de la volonté.

CHAPITRE XII.

I. — Dans le chapitre qui vient de finir, aussi bien que
dans ceux qui précèdent, nous avons parlé des forces, sans
avoir, auparavant, défini ce que c'est qu'une force ; peut-être
aussi nos lecteurs auront-ils été choqués d'une certaine confusion entre ces forces que nous avons nommées tantôt instinctives et tantôt vitales. Confusions et ambiguités déplorables
sans doute, mais qui sont la conséquence inévitable de l'état
de la science, de cette pauvreté des connaissances humaines,
qui, dans les questions de cette nature, oblige bien souvent à
demeurer dans le vague, pour ne pas tomber dans le faux.
Heureusement, cette ignorance des causes de la vie n'empêche pas l'homme d'en utiliser l'action, et ainsi que l'a fait
observer un spirituel philosophe, « on a mesuré presque
« toutes les forces de la nature, on n'en a pas même constaté
« une seule ; mais on en parle et l'on s'en sert, comme si on
« les avait constatées (1). »

Nous ne pouvons donc éviter, en résumant l'état de la
science, d'en réfléchir, jusqu'à un certain point, les incertitudes dans notre langage ; peut-être, quand nous en vien-
drons à exposer l'ensemble de nos propres idées, oserons-
nous nous exprimer un peu plus nettement. Mais il nous reste

(1) *Essais de philosophie*, par M. le comte DE RÉMUSAT, t. II, p. 224.

à achever cette étude des forces dans leurs rapports avec la conservation de la vie.

Les médecins, ou au moins le plus grand nombre, comme les zoologistes, comme les chimistes, comme les physiciens, admettent, nous l'avons déjà dit, un principe vital, des forces vitales, mais sans pouvoir préciser la nature de cette cause des phénomènes de la vie ; on ne sait pas s'il faut y voir un principe unique produisant des effets différents, suivant les divers agents modificateurs qui sollicitent son action, ou bien un faisceau de causes agissant, dans un but unique, sur la matière organisée.

Mêmes incertitudes sur la nature de l'âme et celle de l'instinct.

Tous ceux dont la raison est assez forte pour s'être dérobée aux ténèbres du matérialisme, reconnaissent que l'homme est doué en même temps des facultés que l'on nomme instinctives et de celles que l'on appelle intelligentes ; mais l'on est arrêté aussitôt que l'on veut préciser le point où finit l'instinct, où commence l'intelligence. L'observation et les expériences permettent seulement d'affirmer que les facultés ou forces vitales sont liées par des connexités intimes à celles que l'on nomme instinctives. L'instinct, en effet, n'acquiert son entier développement, que lorsque toutes les fonctions vitales de respiration, de nutrition, d'assimilation, s'exercent convenablement et comme le disaient les épicuriens de Rome en faisant allusion à l'instinct de reproduction, « *Sine Cerere et Baccho, friget Venus.* » L'hippocratisme de Montpellier, exposé par Barthez et développé par son savant et spirituel successeur le professeur Lordat, offre peut-être le système le plus complet, le plus satisfaisant pour l'esprit parmi tous ceux qui ont fait école en médecine. Mais cette doctrine du double dynamisme humain, qui admet la puissance psychique ou les forces intelligentes, la puissance vitale avec des forces instinctives et organiques, ne résout pas le problème théorique et laisse des doutes sur la nature

des causes. Barthez lui-même a dit : « Il n'est pas impossible
« que la suite des temps n'amène la connaissance de faits
« positifs qui sont ignorés aujourd'hui et qui pourront
« prouver que le principe vital et l'âme pensante sont réunis
« dans un troisième principe plus général (1). »

De sorte que le vitalisme de Montpellier ne nous apprend
pas, si le manuscrit alchimiste cité au commencement de
cet ouvrage a eu tort ou raison de parler d'une âme spirituelle et d'une âme corporelle : nous en sommes encore aux
commentaires sur ce passage de l'Odyssée où Ulysse rencontre,
dans les enfers, l'ombre d'Hercule, pendant que son âme
divinisée est assise, dans l'Olympe, au banquet des dieux.

De ces incertitudes sur la nature des causes premières,
résultent la diversité des systèmes et les perplexités de l'art
médical. Voilà pourquoi l'on accuse la médecine d'être une
science conjecturale. Mais toutes les branches des connaissances humaines en sont là. La physique est la science des
forces, et les physiciens ignorent ce que c'est qu'une force.
La chimie est la science des corps ; et les chimistes, tout en
vous enseignant que les corps sont composés d'atomes, n'ont
jamais pu isoler ces atomes élémentaires et ignorent totalement leur nature. M. Gay-Lussac a professé, pendant plusieurs années, la chimie à l'école polytechnique. Un de ses
auditeurs, enthousiasmé de son beau talent et de son profond
savoir, le pressait un jour de donner un code à la chimie ;
l'illustre savant répondit : « Ce serait un édifice sans fon-
« dements : nos théories manquent de bases. »

La science médicale n'est pas sans quelques bases certaines,
mais les médecins tombent dans des absurdités monstrueuses,
quand ils veulent faire ce que quelques-uns appellent de la
médecine positive, c'est-à-dire transformer une science
d'observations, de réflexions et d'inductions, en calculs de
statistique, en expériences de physique ou de chimie, ou bien
en opérations mécaniques.

(1) Barthez, *Science de l'homme*, t. I, p. 109.

Ici, nous sommes conduits à jeter un coup d'œil sur l'anatomie et la chirurgie ; et l'on verra que ces deux branches si essentielles de la science médicale ont aussi leurs obscurités et leurs incertitudes.

II. — Les anciens savaient assez peu l'anatomie ; les progrès de cette science paraissent dus aux modernes. Cependant il est permis de supposer que les prêtres égyptiens, qui cultivaient la médecine dans les vastes enceintes de leurs temples, se livraient à quelques dissections d'animaux ou même de cadavres humains ; mais la manière barbare dont ils procédaient aux embaumements, suffit à prouver qu'ils étaient d'assez pauvres anatomistes. Hippocrate et Galien, plusieurs siècles après, connaissaient le squelette humain, la position et la structure des principaux viscères ; plus tard encore, nous trouvons Celse qui s'élève contre la barbarie des vivisections humaines : il paraît que, de son temps, on avait autorisé les médecins à essayer des opérations sur des criminels condamnés à mort. Mais, ce n'est réellement qu'à partir du seizième siècle, que l'anatomie est devenue une science ; et elle n'a rendu à la médecine des services essentiels qu'après que Harvey a démontré la circulation du sang. Découverte à laquelle rien n'a manqué, pour la gloire de son auteur, pas même les dédains et les sarcasmes des corporations scientifiques. Enfin, depuis une centaine d'années, l'anatomie humaine, s'éclairant de celle des animaux et réciproquement, a jeté de vives lumières sur plusieurs branches de la science. Les immortels travaux de Cuvier, les ingénieuses recherches de ses successeurs ont fait faire un pas vers la connaissance de l'unité des lois de la création ; le scalpel et la loupe à la main, on a retrouvé des analogies d'organisme et de construction entre tous les êtres, qui ont vécu ou qui vivent sur ce globe ; il a suffi d'un fragment de vertèbre ou de dent, pour reconstruire ces monstrueuses espèces qui peuplaient notre monde primitif et pour démontrer scientifiquement l'authenticité du récit biblique. A côté de ces magnifiques résultats des investigations anatomiques, sont venus se placer les travaux de nos contemporains, les découvertes des Gall, Spurzheim, Bichat, Ashley Cooper, de MM. Serres, Flourens, Magendie, Cruveilhier, Andral et bien d'autres encore. Par une ingénieuse préparation, on a déroulé le cerveau humain et pénétré ainsi jusque dans ses derniers replis ; on a démontré, par expérience, le rôle des divers nerfs dans les mouvements vitaux, on les a suivis dans leurs innombrables ramifications, et on a pu ainsi vérifier ce qu'avait deviné la sagacité du vieux Bartolin : *Ad sensum plus confert cerebrum, ad motum plus medulla*. Enfin, appelant au secours du scalpel, les réactifs chimiques et la puissance du microscope, on a pénétré jusque dans la structure intime de nos organes. Tant de grands et beaux travaux honorent un siècle sans doute ; et le dix-neuvième excelle peut-être dans l'art des recherches, plutôt que dans la hardiesse des conceptions. Il est pénible de l'avouer, cependant il faut le dire, les progrès de l'anatomie n'ont pas fait avancer la science vers le véritable but de la médecine : la guérison des maladies, la conservation de la santé.

On peut même, jusqu'à un certain point, soutenir que le médecin, en se trop préoccupant de l'état des organes et de ce que l'on appelle la localisation des maladies, fait fausse route et entre dans une voie où il ne peut rencontrer que des erreurs de doctrine et de funestes applications. La plupart des malades sont sujets à s'écrier :... Ah ! si je savais où est mon mal...! Et, quand le médecin, s'appuyant sur les découvertes anatomiques, et s'aidant de la percussion et de l'auscultation, lui dit : C'est votre cœur ou votre poumon qui sont malades ; quand il décrit avec une minutieuse exactitude, l'état actuel de l'organe intérieur, on s'éprend d'admiration pour un si savant homme, on est plein de foi dans le traitement. Mais, hélas ! la connaissance du siége du mal n'influe que bien peu sur la guérison. Bichat, le prince des anatomistes, est mort à 32 ans, nous l'avons déjà fait remarquer, victime d'une affection organique, parfaitement reconnue par lui-même et par les savants médecins qui l'entouraient de leurs soins. Laënnec, l'inventeur du stéthoscope, de cette ingénieuse méthode qui permet à l'oreille du médecin d'apprécier, jour par jour, les ravages de la phthisie sur le poumon, de lire dans l'intérieur d'une poitrine, comme dans un livre ouvert, Laënnec est mort phtisique.

III. — Nous pourrions multiplier ces exemples; mais à quoi bon. La réflexion et le simple bon sens suffisent pour prouver que la connaissance du siége du mal ne donne que bien peu de lumière sur la cause de la maladie. S'il suffisait pour guérir, de voir et de toucher le siége du mal, on ne mourrait jamais d'aucun mal externe, et malheureusement il est bien prouvé que l'on peut succomber des suites d'un panaris, ou d'un ongle mal arraché, ou même d'un cor aux pieds maladroitement extirpé, tout aussi bien que d'un cancer au sein ou au visage. Pour que toutes les maladies fussent locales, c'est-à-dire, pour que la maladie ne fût, dans un sens abstrait, que la perturbation d'un organe, il faudrait que la cause de la vie résultât des organes, tandis que la vie, nous l'avons vu, préexiste aux organes qui se sont développés sous son influence. Sans doute les organes sont des instruments nécessaires aux fonctions vitales, et quelquefois la maladie résultera d'une perturbation organique, comme, par exemple, ces affections des nerfs, de l'estomac, du foie et d'autres organes encore, conséquences fort communes de la funeste mode du corset des dames. Mais le plus grand nombre des maladies a pour cause une perturbation dans les fonctions, qui, elles-mêmes, sont sous l'empire des forces qui président à la vie. Dans les cas mêmes où la perturbation est le plus évidemment organique et externe, les moyens réparateurs locaux et mécaniques doivent presque toujours être combinés avec l'emploi des forces qui agissent sur la vitalité en général. Ici, pour bien faire comprendre notre pensée, il faut des exemples.

Vous venez d'avaler une arête de poisson : le corps étranger qui gêne en même temps le tube alimentaire et celui de la respiration, apporte un trouble dans des fonctions essentielles; aussitôt la vie fait des efforts violents pour se débarrasser de l'obstacle, ces efforts étendent la perturbation à toutes les autres fonctions ; vous êtes rouge, violet, inondé d'une sueur froide, vous étouffez ; si un adroit chirurgien parvient à saisir et à arracher la malheureuse arête, ou si mieux encore, elle descend entourée par le bol alimentaire dans l'estomac où elle sera dissoute par les sucs gastriques, vous serez guéri instantanément: c'est ici un cas d'application du principe : *sublata causa tollitur effectus*. Mais les phénomènes se passent bien rarement d'une manière aussi simple. Vous avez fait entrer un de vos doigts dans un anneau d'or trop étroit: cette compression occasionne une enflure, de l'irritation, de la douleur ; il est devenu impossible de faire glisser ce malheureux anneau : que fera le médecin? Il essayera de diviser le métal avec une scie, ou mieux encore de dissoudre l'or au moyen d'un amalgame de mercure; mais si, après avoir enlevé l'obstacle, on laisse l'organe à lui-même, tout ne sera pas fini, on peut craindre des accidents graves et même une gangrène. Pour les prévenir, il faudra, pendant quelques jours, exercer sur le doigt une pression modérée mais constante, souvent même agir sur l'ensemble des forces par une médication interne ; de même que l'on guérit plus sûrement des furoncles par un traitement médical, que par des cataplasmes et des emplâtres.

IV. — On le voit, dans les cas mêmes où la lésion est purement matérielle, où l'organe malade est facilement accessible, c'est encore en aidant les forces vitales que l'on guérit : à plus forte raison, quand il s'agira de ces organes

internes qui sont plus spécialement encore sous l'empire
des forces de la vie. Voilà pourquoi les médecins spiritualistes et les praticiens de la vieille école attachent plus
d'importance à l'état des forces et à ce que l'on appelle en
médecine les symptômes généraux qu'au siége apparent du
mal. La secte moderne des anatomo-pathologistes, qui tend
au contraire à localiser les maladies, à voir partout et toujours des lésions d'organes, rencontre dans l'anatomie même
des difficultés tellement graves que l'on est autorisé à en
conclure que leur doctrine pèche par sa base. Pour que la
théorie des anatomo-pathologistes fût rigoureusement exacte,
il faudrait deux choses : d'abord que l'anatomie connût les
fonctions de tous les organes, ensuite que tous les hommes
fussent pourvus des mêmes organes, ou d'organes identiquement semblables.

Or l'anatomie ignore totalement l'usage de la rate, des
capsules surrénales, de la prostrate ; elle n'est pas bien
assurée des fonctions du foie (1), et elle ne connaît le mécanisme des organes cérébraux que dans les généralités.
Enfin quand cette science arrive à l'étude des nerfs, des
artères et des veines, elle est forcée de reconnaître ce que
l'on appelle des anomalies, c'est-à-dire des organes qui,
chez certains individus, suivent une autre direction que
celles qu'ils affectent chez le plus grand nombre, ou qui
même manquent totalement, et alors, sont remplacés par
un autre organe qui en fait les fonctions.

Ces anomalies, cachées dans les profondeurs intimes de
l'organisation, ne se révèlent qu'au jour de l'autopsie, elles
n'entraînent en général aucune difformité. Celui chez lequel

____

(1) Ces pages étaient écrites depuis longtemps, quand l'auteur a eu connaissance des belles expériences de M. Bernard, sur la formation du sucre
dans l'économie animale. Il est incontestable que le foie joue un rôle dans
cette transformation; mais comment s'opère-t-elle ? A quoi sert le sucre dans
les actes vitaux ? Il y a encore là bien des obscurités, et on peut dire : la remarque subsiste.

elles existent, aura, pendant sa vie, marché, digéré, respiré comme tout le monde. Mais qu'une opération chirurgicale devienne nécessaire, et les anomalies vont offrir mille dangers au bistouri du chirurgien. Si c'est un nerf qui se trouve là où ils ne doivent pas se rencontrer, le malade peut demeurer estropié ; si c'est une artère, il peut survenir une grave hémorrhagie ; si enfin, l'artère que l'on cherche passe ailleurs, ou même n'existe pas, on aura ajouté les douleurs de l'opération aux souffrances de la maladie, sans avancer d'un pas vers la guérison.

La chirurgie a donc ses incertitudes, comme toutes les branches de la médecine. Si l'on vous a coupé le bras, vous demeurez manchot : il n'y a que cela de positif ; tout le reste est sujet à mille erreurs, et le bistouri de l'opérateur est tout aussi dangereux que les poisons de la boutique du pharmacien.

Doit-on en conclure qu'il faille renoncer aux opérations et proscrire la chirurgie? Non, sans doute : mais seulement que la médecine opératoire doit être modeste et que, pas plus que sa sœur aînée, elle ne doit prétendre à l'infaillibilité. Il ne faut surtout jamais oublier que la machine humaine est animée du principe de vie et que l'art de guérir, soit qu'il emploie des forces mécaniques, soit qu'il emprunte les forces physiques et chimiques des substances médicamenteuses, ne fait autre chose que venir en aide aux forces médicatrices dont l'homme a été doué par son créateur.

V. — Telle est la seule base solide de la médecine.

Les hommes même les plus intelligents et les plus instruits d'ailleurs, s'ils n'ont pas étudié la science de la vie, n'attachent pas une grande importance à ces questions de principes et de théorie. Ils ont tort; quelques exemples le feront comprendre.

Un malade a été frappé d'apoplexie : Il faut le saigner, s'écriera-t-on ; et le vulgaire des médecins saisira sa lancette.

Écoutez cependant un professeur qui certes n'est pas sus-
pect de vitalisme :

« Les auteurs (Andral, Cruveilhier, etc.) citent des exemples
« d'apoplexie où la saignée a paru hâter la mort des sujets.
« Toutefois, il faut distinguer les simples congestions céré-
« brales : la phlébotomie est souvent un moyen héroïque
« qui les enlève comme par enchantement (1). »

Là où la saignée a hâté la mort, il est évident que l'apoplexie avait sa cause dans une lésion des forces essentielles et
probablement par déperdition ; au lieu de saigner, il eût
fallu administrer des stimulants. Au contraire, dans les cas
de congestion où la saignée a réussi, c'est parce que les forces
que Barthez appelle radicales, étaient encore entières. L'épan-
chement sanguin comprimait le cerveau ; de cette compression, résultait une perturbation des forces motrices : on a
enlevé l'obstacle, et les forces ont retrouvé leur jeu et leur
équilibre.

Vous avez un enfant louche, ou bègue, ou affligé de la difformité du *pied bot :* l'anatomie vous explique très-clairement
la cause de l'infirmité : c'est une rétraction de certains
muscles ; la chirurgie arrive et vous offre de rétablir la liberté des mouvements par une section sous-cutanée, opération
très-ingénieuse sans doute et qui guérit souvent. Mais cette
opération est-elle exempte de dangers ; pourrait-on, comme
l'espèrent les disciples de l'école que nous combattons, la
généraliser à plusieurs autres affections ? Ici encore nous
laisserons parler un savant anatomiste. M. Malgaigne pense
que « chez les divers individus de la race humaine, comme
« chez les animaux de diverses races, les nerfs n'ont con-
« stamment, ni la même origine, ni la même distribution,
« et par une conséquence nécessaire, ni des fonctions exac-
« tement semblables » (2).

Nous ne pousserons pas plus loin ces citations et ces

(1) PETREQUIN, *Anatomie médico-chirurgicale,* p. 76.
(2) MALGAIGNE, *Anatomie chirurgicale.*

exemples : en voilà assez pour donner à penser aux esprits sérieux. En face de ces obscurités de l'anatomie, de ces incertitudes de la médecine opératoire, on se demande si réellement cette science peut-être appelée exacte. Les questions et les doutes se présentent de tous côtés.

Comment se fait-il que ce soit précisément parmi ceux qui ont pris pour objet de leurs études le chef-d'œuvre de la création, le corps de l'homme, que l'on rencontre les tendances les plus prononcées aux systèmes matérialistes ?

Pourquoi, lorsqu'il est question de cet admirable mécanisme, les maîtres s'obstinent-ils à dire : « La nature a fait, la « nature a disposé..... » Qu'appelez-vous donc *la nature*? Est-ce pour vous le hasard, ou bien pensez-vous que les choses n'ont pas eu de commencement et qu'elles se sont arrangées d'elles-mêmes, ici, en masse de pierre, là en crâne humain? Croyez-vous réellement que l'homme soit un orang-outang qui a perfectionné son instinct et que le singe préexistât, en germe, dans l'huître, de telle sorte qu'il n'a fallu qu'un déplacement dans les molécules, pour que des bras et des jambes se soient formés? C'est peut-être là le fond de la pensée des organiciens ; mais depuis l'insuccès de Cabanis, on n'ose pas l'avouer, on a peur de tomber dans l'absurde et on se retranche dans ce vague qu'on appelle la nature. Si cependant on voulait aller jusques au fond des choses, on trouverait un dilemme sans réplique : ou bien le globe terrestre, et les êtres animés qui se meuvent sur son écorce, ont toujours existé sous une forme ou sous une autre, ou bien il y a eu un Créateur. Et si l'évidence des faits vous force à reconnaître l'artisan suprême, pourquoi, dans le langage scientifique, lui substituer une abstraction ? Le nom de Dieu vous écorcherait-il la bouche? Dites donc hautement que c'est lui qui a fait l'encéphale pour recevoir les sensations et diriger les mouvements, les poumons pour respirer, les artères pour distribuer le sang réparateur ; et que chaque rouage est disposé avec une telle perfection, que, s'il était

17

autrement, l'homme cesserait d'être ce qu'il est. Allons plus
loin encore et nous reconnaîtrons, dans cette disposition des
organes, une prescience de tous les besoins futurs de l'être
humain. Pourquoi, par exemple, les veines et les artères, au
lieu de suivre en lignes allongées la forme des membres,
forment-elles des réseaux et des sinuosités? Ce n'est pas seulement pour ralentir la circulation des fluides, mais aussi
pour augmenter l'élasticité de ces tubes, pour résister aux
tiraillements et pour suppléer aux fonctions d'une artère qui
pourrait être accidentellement oblitérée. Celui qui dit, en se
moquant : « Les nez ont été faits pour porter des lunettes, »
celui-là ne voit dans ses paroles qu'une bouffonnerie; dans un
certain sens, c'est peut-être une vérité philosophique. Tout
ce qui existe dans l'univers, le minéral comme la plante, l'être
humain complet comme le moindre de ses organes ont des
fonctions qui leur ont été imposées par la pensée suprême ;
l'étude des rouages nous ramène toujours à celle des causes,
et les causes ne deviennent compréhensibles pour nous, que
lorsque notre raison remonte jusques à la cause première,
la volonté de Dieu ; et comme l'a dit un savant naturaliste de
l'école de Paris : « La physiologie est une science vaine dès
« qu'elle ne commence pas par admettre un Dieu et une
« âme... Il faut en venir à Dieu, raison primitive de tout ce
« qui est (1). »

Sur cette base, la médecine peut devenir tout aussi positive
que la plupart des autres branches des connaissances humaines, soit qu'on l'applique à guérir les maladies, soit que
l'on cherche à les prévenir. En effet, si Dieu a créé l'homme
et l'a placé sur cette terre, c'est pour qu'il y vive ; s'il l'a doué
d'organes, c'est parce que ces organes doivent exercer des
fonctions nécessaires à la vie ; s'il a soumis ces organes à
l'empire de certaines forces, principes immatériels ; et si, en
même temps, il a donné à l'homme une intelligence capable

(1) ACHILLE COMTE, *Organisation et physiologie de l'homme*, p. 228.

d'apprécier ces forces et d'en diriger les effets, c'est pour qu'il les utilise vers le but de la conservation de sa vie. Mais cette vie ne devait avoir qu'une durée limitée ; elle est donc sans cesse menacée par des forces perturbatrices, en lutte constante avec les forces de conservation. La médecine est l'intervention de la raison et de la volonté humaines, dans ce combat, pour écarter ou neutraliser les forces de destruction et diriger l'application des forces conservatrices. Parmi ces forces, les unes sont inhérentes à l'être humain, les autres sont répandues dans la nature entière ; mais elles sont liées, les unes aux autres, par des connexités intimes, qui permettent d'aider, jusques à un certain point, l'action des forces propres par celle que l'on emprunte aux agents extérieurs. Il est donc permis, dans une certaine limite, qui varie suivant les organisations, ou, pour mieux dire, suivant la dose de force vitale dont chacun de nous a été doué, de guérir les maladies et de conserver la vie.

Telle est la conclusion à laquelle nous revenons toujours par l'étude de l'organisation, comme par celle des forces ; par l'analyse, comme par la synthèse. Nous avons cherché à y faire arriver nos lecteurs d'induction en induction. Nous avons appelé à notre aide la critique et l'analyse ; et tout en repoussant certaines tendances de la science contemporaine, nous nous sommes efforcé de prouver, par des faits admis et des citations d'auteurs, que nos opinions sur la vie, la maladie et la santé pouvaient être soutenues comme hypothèse scientifique. Il nous reste maintenant à examiner la possibilité de l'application pratique de ces idées ; et à exposer les résultats auxquels nous sommes arrivé après de longues années de travaux.

Ici encore nous pourrions nous appuyer sur l'autorité des opinions d'autrui, nous pourrions amener peu à peu nos lecteurs à se rapprocher de nos convictions par des analogies et des inductions. Cette marche serait peut-être la plus habile ; mais elle ne serait pas loyale. C'est toujours par synthèse que nous avons procédé dans nos travaux. Nous nous sommes posé les questions et nous avons cherché à les résoudre *à priori*, n'employant l'expérience que comme un moyen de vérification. C'est donc maintenant un système tout entier qui nous reste à exposer. Bon ou mauvais, complet ou incomplet, nous devons le présenter comme il a été conçu. On y rencontrera, sans doute, de nombreux emprunts faits à tous les maîtres de la science ; peut-être les critiques seront-ils d'avis, que tout ce qu'il y a de vrai se trouve dans ces emprunts, et que la part de l'auteur ne consiste qu'en rêveries et illusions. Mais l'essentiel, en de telles questions, est de ne manquer ni de franchise ni de clarté. L'utile et le vrai demeurent, quel qu'en soit l'inventeur : les illusions et les rêveries viennent ajouter une page au chapitre des déceptions humaines.

LIVRE TROISIÈME

SOMMAIRE.

Dans les deux livres qui précèdent, l'auteur s'est borné à chercher, parmi les faits de la science, ceux qui venaient à l'appui de ses convictions. Souvent il a dû s'écarter des opinions généralement admises ; et il n'a pas hésité à critiquer tous les systèmes qui lui semblaient faux ou dangereux. Dans cette dernière partie de son œuvre, il vient, à son tour, affronter les controverses, en exposant ses théories sur les forces qui détruisent ou conservent la vie. De ce système sur l'action des forces naturelles, il fait découler des conséquences applicables à la guérison des maladies et plus spécialement, des maladies réputées incurables, comme aussi à la conservation de la santé et à la prolongation de la vie, en atténuant autant que possible les infirmités de la vieillesse.

CHAPITRE XIII.

I. — Quand l'homme tourne ses méditations vers les causes de sa vie, la constitution de son être et ses rapports avec tout ce qui l'entoure, il aperçoit des complications infinies. Cependant il est possible à sa pensée de saisir ces relations, en les généralisant sous la forme d'un grand dualisme, Dieu créateur et les choses créées, l'esprit et la matière. La Genèse nous l'a dit : Le jour où la volonté suprême a voulu que le monde existât, la parole de Dieu a retenti dans les abîmes de l'espace, et les choses ont commencé.

L'étude des phénomènes lumineux et la loi des analogies autorisent à supposer, que les sphères qui se meuvent dans les profondeurs du ciel, sont composées de la même matière que celle qui est foulée à nos pieds. Nous ignorons si les combinaisons de cette matière sont identiques à celles qui existent sur notre globe, si les causes d'action et de vie sont autres que celles qui ont été données à la terre ; la matière est la même, les forces peuvent être diverses.

Autour de nous, là où il nous est permis d'observer des phénomènes avec l'aide de nos sens, de les comparer par le raisonnement, nous retrouvons un autre grand dualisme :

la matière et les forces qui en varient les combinaisons.

La matière primitive est inerte dans son essence. Il doit en être ainsi par cela seul que notre esprit le comprend. Supprimez par la pensée le mouvement, la matière ne cessera pas pour cela d'exister, seulement elle sera immobile.

II. — La science a posé une hypothèse impossible à démontrer en établissant ce qu'on appelle les propriétés de la matière. Il n'existe, en réalité, que des diversités de phénomènes suivant que la matière est soumise à l'action des diverses causes qui modifient ses combinaisons.

Les corps cependant ont des propriétés, mais ce n'est pas à leur composition atomique qu'ils les doivent, c'est à leurs arrangements moléculaires. Quelques savants ont cherché la cause de ces arrangements moléculaires dans des éléments qu'ils appellent impondérables, interposés à l'état latent, entre les atomes constituants des molécules. Mais, nous l'avons déjà dit, ces impondérables ne sont pas une matière, on ne peut les comprendre que comme des forces, c'est-à-dire des causes d'action. L'ivoire de la dent de l'éléphant et l'os de son tibia ont la même composition matérielle, cependant leurs propriétés sont différentes. Pourquoi? Ici, la physiologie vient au secours du chimiste et du physicien; elle nous apprend que la formation de l'ivoire dentaire est centripète, celle des os centrifuge (1). Voilà donc deux corps composés des mêmes atomes, mais soumis à des forces différentes; c'est pour cela qu'ils n'ont pas le même état moléculaire, ni par conséquent les mêmes propriétés.

Cette diversité dans les propriétés des corps nous montre toujours des causes supérieures à la matière même dans les phénomènes produits en apparence par des combinaisons de matière, c'est-à-dire par l'action de certains corps sur d'autres corps.

(1) *Comptes rendus de l'Académie des sciences*, t. IX, p. 788. *Mémoire* de M Owen.

Pourquoi l'écorce de saule et celle de quinquina guérissent-elles la fièvre tierce, et non pas celle de bouleau ? Comment se fait-il que la morphine stupéfie, tandis que la strychnine tétanise ?

Il ne sert à rien de répondre que la composition de ces corps n'est pas absolument identique. Eh ! quoi, un ou deux atomes de carbone ou d'hydrogène en plus ou en moins dans une substance, pourraient produire des effets aussi prodigieux ? Mais alors, je devrais éprouver des phénomènes analogues quand j'ajoute à mes aliments une pincée de sucre ou de fécule. Il n'en est rien cependant.

La science se rapproche un peu plus de la vérité en expliquant ces différences entre les propriétés des corps, par des différences dans leurs diverses constitutions moléculaires. Mais comment les mêmes atomes élémentaires ont-ils pu se grouper dans la morphine et dans la strychnine en molécules différentes? C'est nécessairement sous l'empire de deux forces différentes. Mais aussi longtemps que ces molécules demeurent organisées, il est évident qu'elles sont encore sous l'empire de ces forces, sans quoi la matière inerte qui les compose n'aurait plus de propriétés. Par conséquent nous sommes autorisé à affirmer que les propriétés des corps résultent de leurs arrangements moléculaires, et que ces arrangements moléculaires sont eux-mêmes maintenus par des forces spéciales interposées entre les molécules.

On le voit : pour arriver à la connaissance des choses, ce n'est pas la matière qu'il faut étudier, mais les forces. Voilà aussi pourquoi les sciences naturelles se réduisent à des études de phénomènes. Ces phénomènes sont innombrables, parce que le nombre des combinaisons possibles est infini ; mais toujours on retrouve une ou plusieurs forces agissantes et la matière soumise à leur action.

La chimie, considérée à ce point de vue général, se confond avec la physique ; en effet ces deux branches de la science sont liées entre elles par des connexités qui deviennent tous les jours plus intimes. On ne peut ni combiner, ni décomposer des corps, sans dégager des forces; et toutes les fois que l'on applique des forces à des corps, on obtient des décompositions et des combinaisons.

L'art des analyses, c'est-à-dire la décomposition des corps, a été poussé bien loin; trop loin peut-être pour que l'on puisse espérer d'arriver par des analyses, à la connaissance de l'atome primitif. Si la chimie atteint jamais ce but, ce sera au contraire par des synthèses. La loi de Proust donne à penser. « Les proportions, d'après lesquelles les corps « simples s'unissent entre eux, sont exprimées par des « nombres qui, tous, sont multiples de l'hydrogène par « un nombre entier. » Si on rapproche ce fait de la densité et de la pesanteur de l'hydrogène, si on réfléchit à la mystérieuse régularité qui préside aux harmonies de la création, on est autorisé à supposer que l'hydrogène est, de tous les corps, celui dans lequel l'atome élémentaire doit être à l'état le plus rapproché de la matière primitive, qui, elle-même, a commencé par être gazeuse, pour passer ensuite à l'état liquide et à la solidification.

Ces hypothèses sont probables, mais on ne peut les démontrer; il n'en est pas de même de l'identité de la matière; tous les faits concourent à prouver que la matière est une. Supposer que Dieu aurait créé 54 ou 68 corps simples, éléments primitifs, est presque une impiété, parce que c'est méconnaître le caractère de régularité harmonieuse qui a été imprimé aux œuvres divines.

Un professeur de chimie vous dira : L'atome de zinc est différent de l'atome de cuivre. Qu'en sait-il? Jamais il n'a pu isoler ni l'un, ni l'autre. Tout ce qu'il lui est permis d'affirmer, c'est que la molécule de zinc n'a pas les mêmes propriétés que la molécule de cuivre; mais la chimie organique a démontré jusques à l'évidence que les mêmes corps qu'elle appelle simples, c'est-à-dire les mêmes atomes, chimiquement parlant, peuvent s'unir pour former des composés doués de propriétés différentes, et ayant aussi un état moléculaire fort différent. Du carbone, de l'hydrogène et de l'oxygène, se combinent, dans les mêmes proportions, pour faire du sucre ou du papier.

Il est plus essentiel qu'on ne le pense généralement d'insister sur cette identité de la matière, parce que c'est le seul moyen de simplifier des questions compliquées. L'esprit humain ne comprend bien que les choses simples. Aussi, est-ce par l'entendement que nous arrivons à la vérité ; les complications et les doutes viennent toujours de nos sens.

L'élément primitif, matière essentielle de tous les corps, est donc toujours le même ; mais les combinaisons de cette matière constituent la diversité des corps et leurs propriétés ; ces combinaisons, qui varient à l'infini, sont le résultat de certaines causes que les savants appellent des forces.

Nous ignorons la nature de ces forces ; nous pouvons seulement affirmer qu'elles ne sont pas matière ; et il est permis de considérer comme des manifestations permanentes de la volonté divine les phènomènes qu'elles produisent.

III. — Ces forces nous semblent multiples dans leurs effets ; mais elles sont régies par une loi commune. A côté de l'unité de la matière, il y a l'harmonie des mouvements, dont l'ordre constant et régulier constitue ce que certains savants ont appelé la vie universelle.

Notre globe lui-même peut, jusques à un certain point, être conçu comme un être qui aurait sa vie spéciale et une sorte d'organisation gigantesque. Au centre, un noyau de matière incandescente, ensuite une couche d'eau retenue à l'état liquide par la double pression de l'atmosphère et de la croûte terrestre, enfin cette écorce solide. Voilà pour l'organisation de ce grand corps ; sa vie, ce sont ses mouvements réguliers, représentés par des formules algébriques et qui se rattachent aux harmonies générales de l'univers, ainsi que les émissions et les absorptions de calorique, les dégagements d'électricité qui, avec les variations régulières des angles de déclinaison de l'aiguille magnétique, indiquent et établissent une connexité entre cette vie spéciale du globe et tous les phénomènes des choses terrestres.

La terre sur laquelle l'homme devait un jour être placé, aurait donc été douée, par le Créateur, de toutes les conditions nécessaires à ces mouvements réguliers, à cette succession constante de désagrégations et d'agrégations qui est une sorte de vie rudimentaire : voilà pourquoi elle est le grand réservoir, la source inépuisable des forces qui agissent sur la matière brute. La vie des corps inanimés, leurs propriétés, leur organisation, leurs innombrables combinaisons, sont les résultats de l'action de ces forces. C'est toujours le grand dualisme du dessein primitif, l'esprit et la matière, la cause et le sujet.

Une pierre est composée d'atomes inertes identiquement semblables à ceux d'une autre pierre, mais groupés en molécules diverses par l'action de forces différentes qui auront, ici, constitué de l'or, ailleurs, du fer.

Voilà tout le secret des alchimistes.

IV. — C'est encore la même matière, ce sont encore les mêmes forces, que nous retrouvons dans les corps doués de la vie végétale et même de la vie animale ; mais là, les forces physiques et chimiques sont dominées par des forces spéciales et d'un ordre supérieur. Aussi les phénomènes sont-ils plus compliqués, mais ils conservent l'empreinte de l'unité de la pensée créatrice.

L'analyse chimique retrouve dans la matière végétale ou animale, les mêmes éléments que dans les corps bruts. La cellulose, base des tissus végétaux, est un composé ternaire (C. H. O.). On retrouve aussi, dans les plantes, d'autres éléments, de l'azote, des sels, des alcaloïdes ; mais ils ne font pas partie intégrante des tissus, ils y sont interposés ; de sorte que certains esprits tournés au mysticisme pourraient être

tentés de chercher un sens dans cette trinité matérielle. Peut-
être même, à la rigueur, pourrait-on l'étendre à la matière
animale plus compliquée encore : il serait possible d'en rattacher la composition à une formule doublement ternaire
(C. H. O. + N. S. P.). Mais ces rêveries sont indignes des
esprits sérieux. Ce n'est pas dans l'organisation matérielle
qu'il faut chercher un reflet bien imparfait sans doute de la
divine trinité, mais dans les facultés immortelles dont
l'homme a été doué par son créateur.

La plante n'est donc qu'une matière organisée par des
forces, dont les unes sont identiques, les autres supérieures
à celles qui régissent les minéraux.

Donnez à un chimiste un certain nombre de molécules de
soufre, d'oxygène et de calcium, il pourra faire du plâtre ;
peut-être même, en manipulant du carbone dans de certaines conditions, pourra-t-il voir sortir de son appareil des
cristaux de diamants ; mais il aura beau tourmenter la matière, jamais il ne fabriquera une feuille d'arbre : c'est que
l'organisation de la plante est le résultat d'une force spéciale
liée à son germe. Le chêne qui doit un jour couvrir le vallon
de ses vastes rameaux, existe déjà, sous la loupe du botaniste,
dans la pulpe du gland ; son accroissement sera le résultat
de la force d'assimilation, concourant avec l'action des autres
forces naturelles et les modifiant.

C'est donc dans les fonctions assimilatrices qu'il faut chercher le secret de la vie végétative, et c'est en assimilant, que
la plante remplit le but qui lui a été assigné sur ce globe.
Comme tout ce qui existe ici-bas, le végétal est soumis à
l'empire des lois physiques et chimiques, mais il en modifie
l'action par certaines forces qui lui sont propres et qui lui
permettent d'assimiler certains principes que les plantes sont
chargées d'élaborer, soit pour la nourriture des animaux,
soit pour les innombrables besoins de l'homme social. Tout
ce qui n'est pas nécessaire à ce but, la plante le repousse, par
les césrétions.

V. — Si de la vie végétative, on s'élève à la vie animale, cette hiérarchie des forces apparaît encore mieux.

La matière animale, beaucoup plus compliquée, dans sa composition atomique et moléculaire, que la matière végétale, exigeait, par cela même, le concours d'un plus grand nombre de forces. En effet, l'animal ressent, comme la plante, l'action des forces physiques et chimiques ; comme la plante, il a été doué de la vie végétative : les ongles, les poils, les cornes sont soumis aux lois de la végétation ; l'animal, tout aussi bien que la plante, s'assimile les matières nutritives nécessaires à l'entretien de sa substance matérielle ; mieux que la plante, il rejette au dehors ce qui n'a pas été élaboré, pour l'entretien de la vie, ainsi que ce qui est devenu impropre à la soutenir. Enfin, machine plus parfaite, il est doué de la sensation, de la locomotion, de l'instinct de reproduction et de conservation ; et les espèces supérieures ont reçu de l'artisan suprême, une faculté plus relevée encore, l'instinct de sociabilité, qui touche presque à la faculté d'aimer, et l'instinct de domesticité, qui rapproche l'animal de l'homme, son maître et son roi, son tyran trop souvent.

Toutes ces fonctions multipliées sont régies par des forces spéciales, qui, jusques à un certain point et dans certaines limites, modifient l'action des forces physiques et chimiques sur la matière animale.

Ceci est prouvé par l'observation.

Le suc gastrique de certains animaux dissout les substances animales, même les os ; cette propriété est le résultat d'une force chimique inhérente à ce composé ; mais, pendant la vie de l'animal, comment ses propres intestins peuvent-ils résister à l'action corrosive de ce liquide qui opère, dans l'acte de la digestion, la décomposition de matières animales exactement semblables aux intestins ; il faut nécessairement que ce soit en vertu d'une force spéciale et d'un ordre supérieur, force que les physiologistes appellent résistance vitale. Cela est tellement vrai, que, très-souvent, après une mort violente,

les intestins sont perforés par l'action du suc gastrique, qui
reprend ses propriétés chimiques, après la cessation de
la vie.

Les forces motrices musculaires et nerveuses agissent aussi,
de leur côté, sur les organes de l'animal, qui ne se borne
pas, comme la plante, à assimiler, mais qui a été créé pour
agir. Enfin tous ces actes, et, par conséquent, toutes ces
forces sont dominées par l'instinct, faculté qui permet à l'animal de défendre et de conserver sa vie pour remplir le but
qui lui a été assigné par le créateur ; ce but est de servir aux
besoins de l'homme. Tous y concourent, même les carnivores, qui servent l'homme, à leur insu, en arrêtant le trop
grand encombrement de la multiplication des autres espèces.
Aussi à mesure que les sociétés humaines s'emparent d'un
désert pour le fertiliser, les animaux féroces disparaissent-
ils peu à peu.

Mais, pour remplir sa mission sur cette terre, l'animal
devait conserver sa vie, et son instinct, qui l'y porte sans
cesse, s'élève, chez certains animaux, jusques à une sorte de
médecine naturelle.

En général, les animaux sont avertis par le goût ou l'odorat des qualités nuisibles des aliments, et leur instinct les
porte à s'en abstenir. Mais quelquefois cet instinct conservateur se laisse égarer par d'autres instincts, qui sont les passions de la brute ; quelquefois aussi les fonctions digestives
et assimilatrices sont troublées par des causes extérieures ;
alors l'animal va choisir parmi les plantes le médicament
approprié son mal. Il flaire, il examine, il surmonte le dégoût
que lui cause l'amertume, mais il ne se trompe pas ; il mâche
l'herbe qu'un médecin aurait pu lui indiquer, soit qu'elle contienne de l'émétine, soit qu'elle appartienne à la classe des
laxatifs ou des diurétiques.

Voilà un acte d'instinct porté à sa plus haute puissance et
qui indique une connexité intime entre ces facultés que l'on
appelle instinct et le principe même de la vie animale.

VI. — En rapprochant cette observation, de ce qui a été dit plus haut, sur le rôle des forces physiques et chimiques et des forces qui président aux fonctions, dans les phénomènes de la vie animale, on arrive à comprendre, que cette force appelée vitale, bien qu'elle forme un seul tout pendant la vie de l'animal, doit cependant être complexe dans son essence : nous pouvons donc la considérer comme une résultante de plusieurs forces.

Cette manière d'envisager la vie ne nous en révèle pas le mystère, jamais l'homme n'en connaîtra l'essence et la nature intime ; mais en expliquant ainsi les phénomènes vitaux, on éclaircit des questions jusqu'ici fort obscures et l'on peut arriver à des applications pratiques. — La science ne doit pas élever plus haut son ambition. La connaissance des causes premières lui est interdite, mais il lui reste un vaste champ dans l'étude des causes secondes. Elle ne peut pas analyser matériellement des forces qui ne sont pas matière ; mais elle peut observer des phénomènes, appliquer l'intelligence à les classer et à les généraliser, elle peut enfin employer à la fois la raison et la main de l'homme à diriger les forces naturelles, pour reproduire dans un ordre donné des phénomènes utiles à ses besoins.

Nous considérons donc la force vitale des animaux, comme une seule résultante de plusieurs forces élémentaires :

      Forces physiques et chimiques,

      Forces qui président aux fonctions,

      Forces ou facultés instinctives. —

VII. — On retrouve cette même complication de forces si l'on s'élève jusques à l'homme qui assimile, qui agit et qui pense. Frêle créature, si on le compare à une barre de métal ou à un quartier de rocher, c'est lui cependant qui a façonné l'acier et s'en sert pour pulvériser le granit. Sa puissance, c'est la volonté dirigée par sa raison, qui agit au dehors au moyen des forces qui, elles-mêmes régissent les phénomènes de la vie universelle. Ces forces aussi exercent leur empire sur l'être humain qui, touchant à la terre par la composition de ses organes, est soumis, par cela même, aux lois de la vie des choses terrestres ; l'action de ces lois, sur la vie de l'homme, peut être dirigée dans un sens de conservation ou de destruction.

Il existe entre l'homme et la brute une différence essentielle.

L'animal abrége rarement sa vie par des excès et ne se suicide pas ; l'homme, au contraire, est sujet à dépenser, en quelques années de jeunesse, les forces qui lui ont été données pour une vie entière et, souvent, il commet le crime du suicide. Cette triste faculté est une conséquence de sa liberté qui l'élève au-dessus de l'animal, dont les actes sont enchaînés, dans un cercle étroit, par les instincts.

Mais de cette faculté de destruction, il résulte nécessairement que nous possédons aussi celle de conservation ; et la divine providence, en nous l'accordant, a dû y joindre les moyens de l'exercer.

Ces moyens consistent dans l'action de certaines forces répandues autour de nous et dont il nous est permis de diriger l'action par notre intelligence et notre volonté.

Un certain degré de chaleur est nécessaire à la vie ; cette chaleur résulte d'une action de force que l'homme sans doute n'a pas créée, mais qu'il peut reproduire à volonté, en rapprochant les matières combustibles qui s'enflamment et le réchauffent.

La vie de l'homme s'entretient donc par des forces ; ces forces, qui lui sont propres, sont homogènes à d'autres forces naturelles, dites par les savants forces physiques et chimiques, et susceptibles d'être, jusques à un certain point, assimilées par la force vitale, qui répare ainsi ce qu'elle a dépensé. Mais l'homme a, par son intelligence, un certain empire sur ces forces naturelles ; par conséquent, il peut les employer, dans une certaine mesure, à la conservation de sa vie. Ceci est clair : il est tout aussi évident qu'en lui donnant la faculté de conservation, Dieu lui en a imposé le devoir.

Nous avons, ici-bas, un but à atteindre, une mission à remplir ; le catéchisme nous l'a dit, dès notre jeune âge ; notre conscience nous le répète tous les jours. L'homme est placé sur la terre pour aimer ses semblables, leur adoucir les peines de la vie, adorer Dieu et le servir. Mais il ne peut remplir ces devoirs qu'avec l'intégralité de ses facultés ; donc il lui est obligatoire de les conserver.

Là n'est pas la difficulté : l'instinct nous en dit tout autant.

Il s'agit surtout de savoir comment la volonté de l'homme peut agir sur ces forces conservatrices de sa vie.

Pour résoudre le problème, il faut achever d'exposer nos idées sur la nature de l'être humain, établir les conditions qui le différencient de l'animal.

On ne tient compte, en général, que de la différence la plus frappante, celle qui résulte des facultés immatérielles. Dans un sens purement métaphysique, on a peut-être raison ; sentir, raisonner et aimer, c'est la vie de l'homme. La sensation d'où résulte l'action ; la raison qui dirige la volonté ; l'amour, c'est-à-dire l'affinité de notre être pour d'autres êtres, affinité susceptible de s'élever jusques à Dieu lui-même : c'est par ces trois facultés, que l'homme est Roi de la terre, et c'est leur ensemble qui peut être considéré comme une sorte de trinité, image bien éloignée, sans doute, de la suprême perfection. La preuve que ces trois facultés constituent un seul tout, c'est que si l'homme les exerce séparément, il va contre la nature et trouble un équilibre nécessaire. La satisfaction trop exclusive des sensations fait descendre l'homme jusques à la bestialité ; l'intelligence seule est égoïste, le doute la conduit à la négation, c'est-à-dire l'athéisme ; l'amour qui n'est pas gouverné par la raison et qui essaye de se séparer trop tôt de la matière, arrive au mysticisme et à la folie.

Les plus nobles des facultés humaines, celles qui permettent à l'homme de se détacher, par la pensée, de la matière terrestre, sont donc intimement unies et ne forment qu'une seule essence immatérielle : cet être psychique est, en même temps, lié par d'intimes connexités aux forces, qui, elles-mêmes sont unies aux atomes matériels et constituent une machine agissante.

Tel est l'être humain considéré dans son ensemble.

L'erreur des philosophes, comme celle de beaucoup de médecins, est de vouloir considérer séparément ce que Dieu lui-même a intimement uni. L'homme n'est pas plus un être psychique qu'il n'est une matière brute ou une machine. Hippocrate, Sydenham, Stahl, Bordeu, Barthez, tous les grands médecins de tous les siècles, ont compris, dans l'homme, l'existence du principe supérieur à la matière et la dominant. Réciproquement, saint Thomas, Bossuet, de Maistre, tous les philosophes chrétiens, ont posé les principes des véritables théories médicales, en bien précisant les rapports intimes de la machine lunaire, avec l'essence immatérielle qui en dirige les mouvements.

Dans ce principe ou cette cause immatérielle, il y a aussi des complications ; c'est un tout formé d'éléments distincts, par leur origine et leurs chances, mais, étroitement liés dans leur action. Importante vérité révélée à l'homme par les livres de Moïse, comme par la parole de l'apôtre ; la Genèse (1) et les épîtres de saint Paul (2) distinguent le principe de vie (*anima*) de l'intelligence pure (*spiritus.*)

Mais cette âme corporelle et cet esprit sont tellement unis, pendant la vie de l'homme, qu'il faut toute la puissance de la parole de Dieu pour les diviser ; c'est encore saint Paul qui nous l'apprend (3). De sorte que, dans un certain sens, il est permis de dire que la séparation de ces deux principes, c'est

(1) Genèse, *passim;* Lévitique, xvii, 11 et 14. La Vulgate se sert indifféremment du mot *exanimare,* pour exprimer l'acte de tuer un homme ou un animal.

(2) Ad Hebreos, iv, 12.

(3) *Sermo Dei... pertingens usque ad divisionem animæ ac spiritus.* Ad Hebreos, *loc. cit.*

la mort de l'homme ; sa vie, c'est la conséquence de leur fusion intime.

Stahl et Barthez avaient donc raison tous les deux ; l'un, quand il considérait l'âme comme la cause de notre vie, et qu'il faisait remonter jusqu'à elle les phénomènes de la maladie et de la santé ; l'autre, quand il expliquait tous les phénomènes de la vie, par l'existence d'un principe spécial chargé de diriger l'organisme. Leur tort a peut-être été de ne pas avoir bien compris et, par conséquent, de ne pas avoir clairement expliqué l'union intime de ces deux principes, divers, nous le répétons, dans leur origine et leur essence ; mais qui, pendant qu'ils animent le corps de l'homme, ne font, avec ce corps, qu'un seul tout. Le génie de Barthez avait deviné cette lacune dans sa théorie, quand il avait appelé de ses vœux la découverte d'un troisième principe supérieur à ce qu'il nomme les forces psychiques et les forces vitales ; cette force supérieure n'est autre que le faisceau des forces dont l'action simultanée préside à tous les actes de la vie. L'homme touche à la terre par la composition de ses organes, au monde des intelligences pures, par le souffle divin dont Dieu lui-même a animé son corps ; ceci est une vérité triviale à force d'avoir été répétée, mais qui ne peut servir à expliquer les phénomènes de son existence terrestre. Il faut nécessairement, pour les comprendre et les diriger dans un sens utile, reconnaître, dans la vie humaine, une trinité :

Vie matérielle, sous l'empire des forces physiques et chimiques ;

Vie intinsctive, sous l'empire de ces forces que la science moderne nomme vitales ;

Vie intellectuelle, sous l'empire des forces psychiques.

Le faisceau de ces trois vies constitue une unité ; leur action régulière et simultanée, c'est la santé ; la perturbation de l'une de ces forces, ou même son excès, c'est la maladie.

Quelquefois il arrive pendant le sommeil, dans le somnambulisme magnétique, dans des paroxysmes de passions, dans certaines maladies, que quelqu'une des forces vient à dominer les autres, qui demeurent momentanément inertes. Ces états exceptionnels, tels que le somnambulisme magnétique, peuvent servir à démontrer la réalité de l'existence des trois éléments dont le faisceau constitue notre vie ; mais, chez l'homme sain et complet, tous les phénomènes attestent l'action simultanée de ces forces, ainsi que leurs connexités intimes.

VIII. — L'étude de ces rapports entre les forces naturelles est une lacune de la science ; quand elle sera comblée, on trouvera que certains phénomènes produits, en apparence, par des forces opposées, sont en réalité le résultat des modifications d'une seule et même cause. En réduisant ainsi le nombre des forces, on généralisera les lois de la nature et l'on facilitera l'étude des sciences. Les complications, nous l'avons déjà dit, sont le résultat des erreurs de nos sens, sujets à se tromper, parce que la sensation s'adresse d'abord à l'instinct et fait momentanément dominer cette faculté sur les facultés intellectuelles ; mais quand l'esprit reprend le dessus et cherche à généraliser, il aperçoit les rapports entre les phénomènes, et il entrevoit l'unité du grand plan.

La science a déjà reconnu des connexités entre les phénomènes lumineux, caloriques et électriques : c'est la trinité des forces matérielles, comme la vie humaine, trinité supérieure, est la résultante de toutes les forces et de toutes les vies répandues sur le globe terrestre.

La plupart des forces qui nous sont révélées par l'étude des phénomènes, présentent des analogies qui permettent de croire à l'identité des causes premières.

Quand le chimiste fait réagir, les unes sur les autres, dans sa capsule ou dans son creuset, les molécules de certains corps, ils viennent se juxtaposer dans un ordre invariable. Le soufre, l'oxygène et la chaux, mis en présence, s'unissent toujours immédiatement et énergiquement pour former du plâtre : c'est en vertu d'une force spéciale que l'on appelle la loi des affinités. Mais, d'un autre côté, les physiologistes ont observé que, dans lâ formation du corps des animaux, l'arrangement des organes et leurs positions respectives étaient soumis à une loi qu'ils ont appelée loi de symétrie. Or, comme les phénomènes de cette loi de symétrie sont exactement semblables à ceux de l'affinité, il faut en conclure qu'il y a identité dans la cause qui les produit.

On retrouve encore cet empire de la loi des affinités, si l'on s'élève aux phénomènes de l'instinct et de l'intelligence, parce que la vie instinctive et intellectuelle ne fait qu'un tout avec la vie matérielle.

Si l'on veut prendre la peine de réfléchir et de rapprocher les faits, on aperçoit entre les phénomènes de l'ordre matériel, de l'ordre instinctif et de l'ordre intellectuel, des analogies qui démontrent l'identité des causes premières.

Les passions sont évidemment sous l'empire de cette loi générale dont les chimistes ont défini l'application aux mouvements de la matière, l'affinité des corps. Cette affinité s'exerce entre les corps les plus opposés de formes et de propriétés. Toutes les fois que l'on mettra en présence de l'acide acétique, corps liquide, et de l'ammoniaque, corps gazeux, il se formera invinciblement et immédiatement de l'acétate d'ammoniaque, corps solide. De même, les moralistes ont observé que l'amour passionné unit de préférence les caractères les plus opposés, la femme la plus timide à l'homme le plus courageux. Mais l'amour, « cette *passion de* « *s'unir à quelque chose,* suivant l'expression de Bossuet, domine toutes les autres passions. Otez l'amour, a dit encore « Bossuet, il n'y a plus de passions ; posez l'amour, vous « les faites naître toutes. » On peut, en effet, classer toutes les passions en deux grandes catégories : passions actives, qui ont pour but de s'unir ou d'acquérir, comme le courage, la joie, l'ambition, etc. ; passions répulsives, quand nous craignons de perdre, la haine, la peur, l'avarice, etc. Ces dernières sont une conséquence de l'amour, de même que, par un résultat de la loi des affinités chimiques, certains corps refusent énergiquement de s'unir en combinaisons, de même enfin que, dans l'affinité électro-magnétique, on voit l'aiguille aimantée repoussée par certains corps, attirée par d'autres.

A côté de la loi des affinités, il y a aussi la hiérarchie des forces qui, en chimie, explique le déplacement des acides forts par les acides faibles.

Les lois physiques, les *forces naturelles*, comme disent les philosophes, et chimiques sont toutes des causes secondes. Les causes premières, au contraire, appartiennent toutes à l'ordre spirituel.

Cette division des causes en secondes, dans l'ordre matériel, et premières dans l'ordre intellectuel, peut expliquer un grand nombre d'anomalies : c'est l'analyse venant au secours de la synthèse ; c'est le fil qui peut nous guider dans le dédale des faits enregistrés par la science ; c'est la seule explication des phénomènes en apparence contradictoires.

Il existait une planète qui parcourait son orbite dans quelque lointaine profondeur de l'empyrée, du côté de Jupiter. Cette planète a été détruite, il y a quelques siècles seulement; c'est M. le Verrier qui nous l'apprend. On ne pourrait nier ce fait sans révoquer en doute les bases de la science astronomique ; mais comment le concilier avec l'immobilité de la loi de gravitation, avec l'harmonie des lois de cohésion et d'affinité, qui maintenaient les molécules constituantes de la matière de cette planète ? Il s'explique, au contraire, s'il y a eu nécessité morale, par exemple, un grand acte de justice et d'expiation ; la loi de l'ordre supérieur a primé celle de l'ordre inférieur.

C'est ainsi que l'on doit expliquer, chez l'être humain, les phénomènes de la santé et de la maladie.

Les forces physiques et chimiques constituent les organes ; elles sont dominées par les forces qui président aux fonctions, et celles-ci sont dirigées par la raison et la volonté, facultés ou forces psychiques.

Chacun de ces ordres de forces trouve en dehors de l'homme, qui ne vit que par leur action, des forces de même nature qui peuvent également servir à faciliter ou à troubler l'équilibre normal des mouvements vitaux ; et c'est ainsi, nous l'avons déjà dit, que l'être humain est en rapport constant avec le monde extérieur.

IX. — Sans pousser plus loin ces rapprochements, et sans essayer une nomenclature des forces, classification peut-être impossible dans l'état actuel de la science et qui nous entraînerait au delà de notre sujet, nous nous bornerons à répéter que ces forces naturelles, moins nombreuses qu'on ne le croit généralement, concourent toutes au phénomène de la vie, dont elles sont causes intégrantes. Par conséquent, l'homme peut jusques à un certain point et dans de certaines limites, s'assimiler les forces homogènes à sa force vitale, placées par le Créateur à la disposition de ses instincts et de son intelligence, et réparer ainsi la déperdition de ses forces propres.

C'est ce que fait chaque homme, en état de santé, quand il s'assimile, par une bonne nourriture, les forces physiques et chimiques interposées entre les molécules des substances alimentaires, et entretient ainsi sa vie matérielle ; quand, par un exercice modéré, il maintient l'équilibre fonctionnel des divers organes, et répare, par le sommeil, les déperditions de ses forces instinctives ; puis enfin, quand s'assimilant la pensée des autres, ou ajoutant de nouveaux faits à ceux que possède déjà sa mémoire, il développe ses forces intellectuelles et devient ainsi l'être complet auquel rien ne manque plus pour remplir sa mission terrestre.

Mais l'homme parfait, tel qu'il est sorti de la main du Créateur, tel qu'il était encore au moment de la première faute, n'est plus qu'un souvenir ou un type idéal. Le péché a amené la mort et la maladie, parce que les lois morales sont des forces d'un ordre supérieur aux forces qui régissent la matière. Cependant, la première période de l'humanité of-

frait encore une vie plus longue et plus énergique, parce
que l'organisme et les forces qui le régissaient étaient encore
ce qu'ils avaient été au premier moment ; les forces psychiques seules avaient été troublées. Mais quand, après le grand
cataclysme diluvien, les conditions de la vie humaine ont été
modifiées, il est permis d'affirmer que les péchés des hommes,
causes du déluge, ont aussi occasionné la brièveté de la vie
et la multiplication des maladies ; par conséquent, enfin, les
habitudes vicieuses dans une famille, dans une race, chez
une nation, doivent influer sur la longévité et la santé. Tous
les moralistes en ont fait l'observation ; l'expérience est ici
d'accord avec la théorie.

Mais en dehors de ces causes de vie rattachées aux lois qui
règlent le monde des esprits, il reste les causes qui gouvernent
la vie organique et la vie instinctive ; sur celle-là, nous l'avons
démontré, l'homme peut exercer une action ; il reste à examiner
dans quel cercle et jusques à quel point il est possible d'étendre cette action conservatrice de la vitalité humaine.

L'homme, avons-nous dit, est une machine dont les rouages
matériels appelés organes sont constitués et gouvernés, dans
leurs fonctions, par des forces de diverse nature, mais homogènes les unes aux autres et ne formant qu'un seul tout pendant la vie de l'homme. Si, lorsqu'on arrive à l'âge adulte,
les organes sont régulièrement constitués, si les forces sont
intactes et si elles sont assez heureusement équilibrées, pour
qu'aucun de leurs éléments ne domine sur les autres, la
santé est parfaite. Il est même possible que, dans certains cas
exceptionnels et malheureusement fort rares, des individus
ainsi constitués proviennent jusques à l'extrême vieillesse sans
avoir connu ni la douleur, ni la maladie. Ceux-là meurent
par extinction des forces et parce que l'association intime des
forces physiques, instinctives et psychiques ne peut durer
qu'un certain temps. Jusques à cette limite, il n'y aurait qu'à
venir en aide aux forces vitales par l'assimilation des forces
de même nature mises à la disposition de l'homme par la

divine providence, et il entretiendra sa vie jusques à la limite extrême marquée par la loi de durée.

Cette loi, nous l'avons dit ailleurs, est réglée par un rapport proportionnel à la loi de croissance; elle assigne à l'être humain une existence terrestre d'un siècle et demi à deux siècles; s'il atteint rarement cette limite, c'est par l'effet d'autres causes qu'il lui serait possible d'écarter : nous espérons achever de le démontrer dans les chapitres suivants. Mais avant d'entrer dans cet ordre d'idées qui va nous conduire à jeter un rapide coup d'œil sur diverses branches de la science médicale, il nous reste à résumer les conséquences les plus importantes de la théorie que nous venons d'exposer.

1° Les combinaisons de la matière sont régies par des forces ; ces forces constituent la diversité des corps, et maintiennent leur état moléculaire, jusqu'à ce qu'elles soient déplacées par une force supérieure, qui occasionne d'autres combinaisons, en modifiant la constitution moléculaire.

2° La division de la chimie en minérale et organique est fautive : cette science est une, et on ne devrait pas la séparer de la physique. Cette science des corps se résume en une étude de forces ; ces forces se manifestent à nos sens par des phénomènes ; ces phénomènes nous indiquent des connexités entre les diverses forces.

3° L'étude des phénomènes vitaux permet de les classer dans une hiérarchie ternaire : vie végétative, vie animale, vie humaine. Ces trois formes de la vie sont manifestées et entretenues par des fonctions ; ces fonctions elles-mêmes obéissent à des forces ; le faisceau de ces forces constitue une force unique qui entretient la vie de la plante, de l'animal ou de l'homme.

4° La vie humaine représente aussi une trinité : vie végétative, vie animale, vie intellectuelle, en ce sens que toutes nos fonctions, toutes nos facultés, sont régies par trois ordres de forces : forces physiques et chimiques, forces vitales ou instinctives, forces intellectuelles ou psychiques.

5° Ces divers ordres de forces sont subordonnés les uns aux autres, l'action des forces physiques et chimiques étant modifiée par la force vitale ou instinctive, et les fonctions de la vie instinctive pouvant aussi être modifiées par la force de volonté ; de sorte que, jusques à un certain point et dans une certaine limite, il dépend de la volonté de l'homme d'entretenir l'ordre régulier des fonctions dont l'ensemble constitue son existence.

6° La plante s'assimile les forces physiques et chimiques des gaz atmosphériques aspirés par ses feuilles, et celles de la terre où rampent ses racines ; l'animal s'assimile les forces interposées entre les molécules des substances dont il fait sa nourriture ; l'homme enfin peut s'assimiler toutes les forces homogènes à sa vitalité qui sont répandues autour de lui et dont son intelligence peut diriger l'action et modifier les phénomènes.

CHAPITRE XIV.

1. — Avant de songer à prolonger la vie en conservant la santé, il faut que la santé existe; et si, au lieu de la santé, le médecin rencontre une maladie, il doit d'abord la guérir.

Ce raisonnement paraît évident, évident jusques à la niaiserie; mais pour ceux qui ont sondé les profondeurs de la science, il soulève déjà des difficultés. L'ignorance est heureuse de ne pas se douter de toutes les arguties dont les savants ont entouré les mots les plus simples.

Les auteurs ne sont pas bien d'accord sur la définition de la maladie : par conséquent, ils sont tout aussi embarrassés pour bien préciser la différence entre la maladie et la santé. Ces obscurités tiennent au vague des opinions sur la nature de l'homme et l'essence même de la vie.

Galien a donné la définition la plus célèbre, celle qui, avec quelques modifications, a servi de base à bien d'autres chez les modernes : « La maladie, dit-il, est un état contre nature, « dont la principale condition est de nuire à l'exercice des « fonctions. »

Cette définition de l'oracle de Pergame laisse beaucoup à désirer. Il n'y a pas de doute que la maladie est, pour l'être humain, un état exceptionnel et momentané; tous les hommes n'ont pas été créés pour passer leur vie entière dans leur lit, ou bien en robe de chambre et en bonnet de nuit; mais il n'en résulte pas que la maladie soit un état contre nature; car, si l'on veut bien réfléchir, on s'aperçoit que toutes les maladies sont le résultat d'une ou de plusieurs de ces causes que l'on est convenu d'appeler lois de la nature. Enfin, si la maladie était un état contre nature, il faudrait nier l'existence des crises favorables, ces luttes de la résistance vitale pour revenir à la santé. Il est vrai que certains oracles de l'enseignement officiel ont nié cette force médicatrice naturelle ; ils refusent d'admettre l'existence de ces crises qu'on pourrait appeler curatrices ; mais les praticiens de toutes les époques ont été forcés de les reconnaître, parce que les faits dominent les théories.

Par exemple, après qu'un poison âcre a pénétré dans l'organisme, il se manifeste divers accidents occasionnés par le poison lui-même ; mais aussi il s'en manifeste d'autres qui sont évidemment l'effet de la force médicatrice. Cette nouvelle maladie, qui complique la première, ne peut certes pas plus s'appeler un état *contre nature*, que les troubles artificiels des fonctions occasionnés par le vomitif ou le drastique ordonnés par le médecin. Dans les affections chroniques, on observe un phénomène du même genre ; il arrive souvent que la maladie change tout à coup de caractère et qu'elle est remplacée par une nouvelle maladie de solution dont l'issue est quelquefois funeste, souvent aussi favorable. Peut-on appeler un état contre nature cette nouvelle maladie dont la cause est encore un effort de la force médicatrice naturelle ? Évidemment non.

Il n'est pas exact non plus de dire qu'il y a maladie toutes les fois que les fonctions normales sont troublées. A ce compte, on serait malade parce que l'on a éternué un peu fort, ou bien, parce qu'après s'être refroidi, on sera couvert d'une abondante transpiration !

Ces critiques sont dirigées contre la définition de Galien par une sorte de précaution oratoire ; elles pourraient s'adresser à plusieurs auteurs modernes ou contemporains ; mais, dans un ouvrage de la nature de celui-ci, il ne convient pas de trop multiplier les polémiques. Établissons seulement un fait : la science médicale est embarrassée pour bien définir la santé et la maladie, soit parce qu'elle n'a ni idées claires, ni doctrines arrêtées sur les premiers principes, soit parce qu'elle prend des erreurs pour des principes.

Peut-être un profane est-il plus exact que son médecin, quand il dit : « Je me sens malade, » ou « Je me porte bien. » Les définitions les plus scientifiques ne seront jamais aussi claires que celle du dictionnaire de l'Académie :

« La santé est l'état de celui qui se porte bien. »

« La maladie est une altération de la santé (1). »

A quoi bon, cette manie de définir des mots dont chacun a le sens intime : c'est méconnaître l'utilité des langues et s'exposer à tomber dans des confusions et des obscurités, sans avancer d'un seul pas vers le véritable but de la science. Ici, il ne peut en exister qu'un seul, la guérison des maladies, la conservation de la santé ; et chacun sait parfaitement s'il est malade, ou s'il se porte bien.

Mais s'il est oiseux de vouloir définir l'essence même de la maladie dans un sens trop général, il est éminemment utile de bien préciser la nature de chaque maladie, les causes qui l'ont occasionnée, les symptômes qui la caractérisent et de décrire exactement ces divers phénomènes morbides, qui sont pour les médecins éclairés des indications curatives. Tel est l'objet des diverses branches de cette vaste science que l'on désigne, dans sa généralité, sous le nom de pathologie, et qui se subdivise en divers rameaux, nosologie, étiologie, séméiotique, thérapeutique ; chacune de ces subdivisions constituant une science tout entière et ayant donné naissance à quelques quintaux de volumes. Prolixité inévitable, car, si l'abus des définitions est un inconvénient, d'un autre côté, les classifications sont indispensables pour éclaircir toute science compliquée. Aucune ne l'est autant que la médecine, parce que l'homme est une machine très-complexe, parce que son exis-

____

(1) *Dictionnaire de l'Académie française*, édition de 1761.

tence est liée à une multiplicité de causes et de circonstances qui l'influencent, parce qu'enfin il est sujet à une innombrable diversité de maladies. Une vie entière suffirait à peine pour étudier tous les faits qui se rattachent à cette science, tous les systèmes qui ont, tour à tour, dominé son enseignement et ses applications pratiques. L'étudiant en médecine n'a pu cependant y consacrer qu'un petit nombre d'années ; il a bien fallu, pendant ce temps, classer les faits les plus importants, les grouper autour d'une théorie quelconque, afin de les graver dans sa mémoire. On réduira, pour lui, la multitude des maladies à un petit nombre d'affections que l'on appellera essentielles ; on lui enseignera que ces éléments morbides peuvent être réunis chez le même malade, ce qui demande des soins infinis dans l'application des traitements ; on lui dira que les mêmes symptômes peuvent indiquer des maladies différentes ; et, quand on arrivera aux traitements, on lui apprendra que, très-souvent, les malades ne peuvent pas supporter le médicament approprié à leur maladie, qui, alors, s'aggrave au lieu de guérir : phénomène que les auteurs expliquent par ce qu'ils appellent les *idiosyncrasies* individuelles, et dont on pourrait peut-être donner une explication plus générale et surtout plus claire.

Voilà sans doute bien des difficultés, bien des complications ; mais, quand le jeune docteur les a toutes surmontées, quand il se trouve face à face avec les malades, il s'aperçoit que les maladies réelles ne sont plus les maladies théoriques des livres et des professeurs ; il trouve celles des campagnards d'une autre nature que celles des citadins : les unes et les autres différentes de celles qu'il a étudiées dans les hôpitaux. Enfin quand l'expérience a fait de lui ce que l'on est convenu de nommer un bon praticien, c'est-à-dire un médecin complet, alors il arrive à reconnaître la profonde vérité de ce mot de Bordeu : « Il y a autant de maladies qu'il y a de malades. »

Ce rapide examen des difficultés de l'art médical peut donner à réfléchir aux esprits sérieux, il conduirait à se demander si la direction imprimée aux études, dans les écoles de médecine, est vraiment propre à former des adeptes dans la science de la vie. Mais ce n'est pas ici le lieu de discuter cette question. Nous nous bornerons à répéter un vœu déjà exprimé au commencement de cet ouvrage. La médecine moderne a besoin d'un réformateur qui, unissant le savoir et le génie, ose, comme Hippocrate le fit pour son époque, réunir en un seul code les lois de la vie et en préciser les applications à la maladie et à la santé.

En attendant l'architecte qui élèvera un jour ce glorieux édifice, nous nous bornerons, humble manœuvre, à réunir des matériaux ; et c'est, dans ce but, que nous allons essayer d'exposer quelques idées sur la nature des maladies et l'art de les guérir.

Mais avant de nous livrer à ce rapide examen de la science médicale, il convient d'indiquer l'ordre que nous comptons suivre dans cette étude. Cet ordre logique résultera des théories exposées dans le chapitre précédent et va nous permettre d'établir une classification qui peut-être éclaircira quelques obscurités.

La vie humaine se manifeste et s'entretient par des fonctions ; ces fonctions sont régies par des forces ; l'équilibre ou, pour mieux dire, l'harmonie de ces forces, c'est la santé ; leur perturbation, c'est la maladie.

Là où la maladie existe, le médecin cherche à rétablir la santé ; c'est l'application la plus usuelle de la science de la vie ; application qui est devenue une science tout entière et que l'on peut appeler MÉDECINE CURATIVE.

Souvent aussi le médecin aura à combattre ces commencements de troubles dans les fonctions et cet état particulier de l'être humain que l'on est convenu d'appeler prédispositions maladives ; c'est l'objet d'une branche de la science désignée sous le nom de prophylactique ou MÉDECINE PRÉVENTIVE.

Enfin, les infirmités de la vieillesse demandent une hygiène et des précautions spéciales qui rentrent dans le système général de conservation de la vie ; mais qui, pour plus de clarté, demandent une étude spéciale, dont l'ensemble pourra être appelé MÉDECINE SÉNILE.

Après un rapide coup d'œil sur ces trois branches de la science, nous pourrons enfin arriver à résumer nos idées sur l'application des forces naturelles à la conservation de la vie. Ce dernier chapitre que l'on pourrait, avec un peu d'ambition, intituler MÉDECINE CONSERVATRICE, ce chapitre, disons-nous, sera très-court, parce qu'il ne nous restera plus que des corollaires à déduire.

Mais, avant de l'aborder, nous allons essayer d'indiquer quelques applications de nos théories aux branches les plus usuelles de l'art médical. Si cette théorie se trouve conforme aux faits généralement admis, si elle se prête à l'explication des phénomènes de la santé et de la maladie, si enfin les applications dont elle est susceptible, se trouvent conformes à la pratique des grands médecins de toutes les époques, il nous semble qu'elle aura été suffisamment démontrée. En s'appuyant sur cette base, il deviendra possible de combler une lacune de la science et l'on pourra, sans risquer de passer pour insensé, s'occuper des moyens de conserver la vie humaine en développant l'intégralité de toutes les fonctions organiques ou intellectuelles.

Tel est le but de nos travaux ; nous espérons en approcher dans les chapitres suivants, pour lesquels nous sollicitons encore l'indulgente attention de nos lecteurs. Dans de telles matières, il est impossible d'être clair pour ceux qui ne veulent pas être attentifs.

CHAPITRE XV.

I. — La vie humaine, avons-nous dit, est maintenue par une
force qui peut être considérée comme la résultante de trois
ordres de forces ne formant plus qu'un seul faisceau :

Forces physiques et chimiques que l'on a coutume d'appeler exclusivement forces naturelles ;

Forces que nous avons nommées instinctives, vitalité proprementdite des physiologistes : Barthez disait forces radicales ;

Enfin forces intellectuelles ou puissance psychique.

Les nombreuses fonctions qui manifestent et entretiennent
la vie, sont régies par ce faisceau de forces, et si cette cause des
fonctions vitales éprouve une perturbation quelconque, il en
résulte un trouble dans la fonction ou dans l'organe, trouble
que l'on appelle maladie.

Par conséquent, on pourrait diviser toutes les maladies en
trois grandes classes :

Maladies des organes et désordres fonctionnels par perturbation des forces physiques et chimiques (lésions anatomiques,
atrophies, hyperhémies, flux, infections, empoisonnements,
parasites, etc., etc.) ;

Maladies essentielles par perturbation des forces instinctives ou radicale (fièvres ataxiques, fièvres hectiques, fièvres d'accès, névroses, podagre, rhumatisme, diathèses cancéreuses, rachitisme, scrofules, phthisie, etc., etc.) ;

Maladies mentales par perturbation des forces intellectuelles ou psychiques (hallucinations, manies, passions et peut-être marasme et hypocondrie).

Il serait, sans doute, rigoureusement possible de faire entrer toutes les infirmités qui affligent la pauvre humanité dans l'une de ces trois catégories, comme Procuste étendait ses victimes sur son lit de fer ; mais ces sortes de classifications, qui aident la mémoire des étudiants, servent peu dans la pratique, surtout si elles sont trop scientifiques, si elles s'écartent trop des dénominations généralement admises. Enfin il ne faut pas perdre de vue, que si les trois ordres de forces qui agissent sur la matière humaine sont distincts dans leur essence élémentaire, ils ne forment, pendant la vie, qu'un seul faisceau ; de sorte que leur action simultanée, c'est la santé ; le trouble de l'un de ces éléments ou sa prédominance sur les autres, c'est une maladie, ou tout au moins un commencement de maladie.

Voilà ce qui explique les complications des maladies; c'est dans ce sens, que Bordeu a pu s'écrier : « Il y a autant de maladies que de malades ! » C'est aussi dans cet ordre d'idées que plusieurs grands médecins ont admis la doctrine des éléments morbides, hypothèse théorique qui ne peut être rigoureusement démontrée, mais qui est souvent utile, dans la pratique, pour aider le médecin à préciser la nature du mal et à lui opposer un traitement curatif.

Il serait peut-être plus rationnel encore d'adopter, pour les maladies, une classification, qui se rattachât plus directement aux méthodes curatives : cette division faciliterait beaucoup la pratique de la médecine, parce que la première pensée du médecin qui s'approche d'un malade, est de chercher le médicament approprié aux symptômes qu'il aperçoit;

parce que très-souvent aussi c'est le traitement qui l'éclaire sur la maladie ; enfin parce que tous ceux qui ont étudié l'art de guérir, savent qu'il existe des médicaments spécifiques de telle ou telle affection, en rétablissant telle ou telle fonction troublée. Mais jusqu'à ce que l'on ait trouvé des spécifiques pour toutes les maladies, et résolu le difficile problème des affections incurables, question que nous allons bientôt aborder, enfin jusqu'à ce que la médecine ait été codifiée par ce législateur que, tout à l'heure, nous appelions de nos vœux, il serait bien difficile de rattacher à une seule et même classification les maladies et les traitements : il y aurait encore trop de lacunes.

En ce qui nous concerne, nous en resterons donc à la grande division de la perturbation des trois ordres de forces, qui est la plus générale, parce qu'elle est la plus vague, la plus rapprochée de la réalité des faits ; parce qu'elle embrasse, en même temps, les troubles des fonctions et les désordres des organes, les maladies d'une nature simple, et celles d'une nature complexe.

II. — Cette classification, du reste, n'est que la consé-quence des idées exposées dans le premier chapitre de ce livre ; et c'est l'ensemble de ces idées, qui peut servir à l'explica-tion des phénomènes morbides, aussi bien qu'à éclaircir certains points obscurs de la thérapeutique et de l'action des substances médicamenteuses.

Ici, il faut quelques exemples.

Trois amis causent ensemble, sous une porte cochère, par un temps froid et humide : deux n'en éprouvent aucun in-convénient ; le troisième, en rentrant chez lui, se plaint d'un malaise général ; son visage est rouge, sa peau sèche et brû-lante, les extrémités froides, le pouls dur et tendu. Qu'indi-queraient ces symptômes au médecin habile, si on l'appelait sur-le-champ, ou bien s'il se trouvait là par hasard ? Il ver-rait une perturbation des forces caloriques et électriques, qui a entraîné une répercussion de la transpiration insensible, refoulée, au dedans, par le froid, contre la loi qui veut qu'elle soit sans cesse sécrétée au dehors. Le malaise général, la perturbation de la circulation sanguine, lui démontreraient un travail de la force médicatrice pour rétablir les fonctions et éliminer les matières qui les gênent. Il prescrira, dans ce cas, des moyens appropriés pour aider le travail de la vie; la matière médicale lui en fournira à choisir. Cependant en sortant, il se dira : « Peut-être le traitement que j'ai indiqué « suffira-t-il à faire avorter la maladie, peut-être aussi, de- « main, serai-je appelé pour traiter une bronchite, ou une « fièvre catarrhale, ou une pleurésie. » Mais nous avons supposé un cas fort rare, celui où le médecin est appelé au début de la maladie (période prodromique, disent les sa- vants). Il est beaucoup plus probable que le médecin n'a pas été appelé et que le malade n'aura rien fait. Supposons- nous maintenant au lendemain ; un point de côté s'est dé- claré ; la respiration est difficile, la fièvre intense ; le mé- decin arrive ; il reconnaît une pleurésie, ou même une pneumonie ; l'auscultation et la percussion, ces deux admi- rables moyens d'investigation, lui révèlent l'état des poumons et de leur enveloppe ; si, par malheur pour le malade, il est imbu des théories de l'organicisme, c'est dans l'état de l'or- gane que consistera, pour lui, toute la maladie : l'irritation générale, la perturbation de toutes les fonctions ne seront à ses yeux que des conséquences de l'inflammation pulmo- naire, et il prodiguera, outre mesure, les émissions sangui- nes, au risque d'enlever au malade les forces nécessaires pour traverser les deux septénaires qui lui restent à subir, peut- être même de se trouver, à la fin de la maladie aiguë, en face d'une affection chronique. Si, au contraire, le médecin est un vitaliste habile et prudent, il ménagera ses ressources; il appliquera, dans une juste réserve, la médication anti- phlogistique et les émollients, en les combinant, suivant les symptômes, avec des sudorifiques et de légers diurétiques ;

il attendra les complications bilieuses ou nerveuses qui ne manquent guère de se présenter en pareil cas, parce qu'il sait que, dans ce grand travail que l'on appelle une maladie, la force médicatrice excite, tour à tour, tous les organes, toutes les fonctions, pour dégager l'organe attaqué, pour suppléer aux fonctions troublées ou les rétablir. Bientôt, en effet, la respiration devient plus difficile, la toux plus douloureuse, en même temps que des symptômes bilieux se manifestent. Alors il emploie les préparations stibiées, parce qu'il sait, par expérience, qu'elles sont héroïques en pareil cas, et parce que sa connaissance éclairée des lois de la vie lui en explique la raison ; si les phénomènes morbides indiquent, au contraire, une surexcitation exagérée du système nerveux et une recrudescence de l'irritation générale, il verra toujours là l'effet d'une force, mais d'une force aveugle et inintelligente qui tend tous les ressorts pour exciter des réactions ou des révulsions, et il aidera ce travail, en le modérant, par le musc associé, s'il le faut, au nitre et au camphre.

C'est ainsi que le véritable médecin secondera les efforts de ce souffle conservateur de la vie, principe de toute guérison, que les anciens considéraient comme une force curatrice (*natura morborum curatrix*), et auquel les modernes assignent un rôle moins actif, en l'appelant *résistance vitale*.

Mais nous avons supposé une de ces maladies communes, régulières dans leur marche, et que tous les praticiens savent traiter par une sorte d'habitude instinctive, une de ces maladies auxquelles on pourrait appliquer la naïve exclamation d'un savant professeur de l'école de Paris à propos d'une autre maladie plus effrayante que grave : « Heureux le praticien à « qui le sort donne de rencontrer un cas de cette espèce sur « un personnage marquant! La cure est au fond très-fa- « cile, mais elle est toujours brillante aux yeux du monde (1). »

(1) Requin, *Éléments de pathologie médicale, Hyperhémie encéphalique*, t. I, p. 359.

Examinons maintenant un cas plus difficile et plus compliqué.

Un homme de 56 ans, à la suite de quelques chagrins et d'un excès de fatigues, est obligé de s'aliter ; il est attaqué d'une fièvre ardente qui a résisté aux antiphlogistiques et au quinquina ; bientôt les extrémités se tuméfient. Alors la maladie semble changer de caractère. La fièvre devient hectique, la prostration des forces est complète, l'infiltration remonte des membres inférieurs, jusques à la cavité abdominale, qui, bientôt, révèle les fluctuations d'une masse énorme de liquide : le malade est devenu tellement monstrueux, qu'il est impossible de lui faire quitter son lit. Déjà des excoriations se manifestent sur plusieurs points. Le médecin, vieux praticien, a inutilement mis en œuvre tous les moyens indiqués par le savoir et l'expérience. Il a tour à tour employé les drastiques, les sudorifiques, les diurétiques ; il a même eu recours aux applications vésicantes, sans obtenir aucune sécrétion ; la peau reste sèche; les chairs, enveloppées d'une couche liquide, sont flasques et molles; l'inondation morbide est arrivée jusques au diaphragme ; encore quelques jours, la poitrine sera envahie et le malade périra étouffé. En présence d'un tel danger, l'honnête médecin vient réclamer les avis de celui qui trace ces lignes. Le diagnostic était facile à établir : c'était une hydropisie générale, maladie simple dans la plupart des livres, mais évidemment compliquée pour l'observateur vitaliste. Il y a là, à ses yeux, une affection de la vitalité elle-même, qui a réagi sur les fonctions de l'assimilation, en faisant passer à l'état liquide des matières cellulaires et graisseuses destinées à demeurer solides; une perturbation dans les fonctions de la transpiration et dans toutes celles qui amènent les sécrétions, par conséquent aussi un trouble dans les organes. A cette grave lésion de la vie instinctive, qui a eu pour conséquence la perturbation des forces physiques et chimiques, quels moyens curatifs opposer ? Pourquoi le traitement suivi jusques alors avait-il échoué ? Ici, l'application des théories que nous venons d'exposer était facile. L'expérience, aussi bien que le raisonnement, nous apprend que lorsqu'une hydropisie guérit, la crise favorable peut s'opérer de deux manières : ou bien par d'abondantes sécrétions, ou bien par un mouvement vital qui, revenant à l'ordre normal, solidifie presque instantanément les sérosités (1). En employant tour à tour et isolément les drastiques et les diurétiques, on avait inutilement augmenté l'irritation spéciale de l'organe sur lequel venait agir chacun de ces médicaments; on avait perdu de vue un fait essentiel, c'est que la difficulté des sécrétions était une des conséquences de la maladie et non pas sa cause; enfin on avait négligé d'agir sur les centres nerveux d'où partent les mouvements de la vie végétative, et par conséquent, les fonctions que l'on voulait rétablir.

Pour le vitaliste, au contraire, l'indication thérapeutique était claire et facile. A une maladie complexe, il fallait opposer une médication composée ; cette médication devait s'attacher, en même temps, à ranimer et à exciter les forces qui président aux fonctions et à aider l'action de ces forces par l'emploi des agents reconnus pour stimuler spécialement les fonctions qu'il s'agissait de rétablir. Enfin, dans un cas aussi grave, cette médication devait pénétrer l'organisme par toutes les voies d'absorption.

En conséquence, on administra au malade des pilules dans lesquelles on associa le cérébrate d'or et de fer, composé chimique qui agit sur les centres nerveux, à divers médicaments nervins ou névro-sthéniques, à un peu d'aloès, à la poudre de cloportes, à l'extrait de genièvre et à l'asparagine. On lui fit, en outre, boire abondamment une tisane de bourgeons de sapins et de baies de genièvre coupée avec du vin blanc et renforcée d'un élixir diaphorétique dont la base est la fleur de

---

(1) Ce phénomène a reçu, dans la langue médicale, un nom barbare que le *Dictionnaire de l'Académie* n'a pas voulu consacrer. Peut-être a-t-il raison. Peut-être les médecins se trompent-ils quand ils disent qu'une matière a été *résorbée*; on devrait dire *assimilée*.

genêt d'Espagne, associé à d'autres médicaments de même nature. Enfin on ajouta des embrocations avec un cérat composé dans lequel on avait combiné la ciguë, le genièvre et le galbanum avec quelques gouttes d'huile de croton tiglium.

Vingt-quatre heures de cette médication suffirent pour amener une amélioration. Peu à peu, les urines, sans être démesurément abondantes, devinrent normales et limpides, toutes les fonctions se rétablirent, l'enflure disparut ; et, quinze jours après, le malade, juché sur un mulet, venait remercier celui qu'il appelait son sauveur. Le brave homme ignorait dans sa reconnaissance, l'adage des anciens : « Medicat physicus, sanat Deus. » Au moment où ces lignes sont jetées sur le papier, six années se sont écoulées, aucune rechute n'a eu lieu, la santé de l'honnête cultivateur ne laisse rien à désirer.

A ce fait assez remarquable, que nous avons cité pour l'élucidation de nos théories et non pas pour prouver l'excellence de tel ou tel médicament, nous pourrions ajouter beaucoup d'autres observations de même nature ; mais ce n'est pas ici leur place. Bornons-nous seulement à déduire quelques conséquences applicables à l'essence même des maladies, et aux méthodes de traitement.

De cela même que la machine humaine se compose d'un très-grand nombre d'organes, résulte la possibilité des affections simples ; un seul organe peut être lésé, ou seulement troublé dans ses fonctions par beaucoup de causes diverses ; dans ces cas, la médication, chirurgicale ou pharmaceutique, devra s'adresser seulement à l'organe affecté ; elle sera essentiellement simple. Mais, la plupart des maladies proprement dites sont composées, parce que les ravages sont nombreux et les forces qui les font agir multiples ; pour les traiter rationnellement, il faudra donc leur opposer une médication composée. La plus simple des maladies, l'irritation, est, pour tous les pathologistes, composée de quatre éléments : douleur, chaleur, rougeur, tuméfaction. Mais, nous ne saurions trop souvent le répéter, l'irritation d'un organe demeure bien rarement un fait isolé ; toujours elle se complique de troubles dans les fonctions qui, eux-mêmes, entraînent la fièvre et d'autres désordres généraux. C'est aussi pour cela qu'il faut presque toujours employer les médications complexes et les médicaments composés. Ce principe est tellement absolu, que lorsque l'on applique ces héroïques médicaments appelés spécifiques, on en obtient des effets plus puissants, si l'on a recours à des combinaisons de plusieurs préparations de la même base. Tous les praticiens éclairés le reconnaissent.

III. — Ici, nous devrions peut-être traiter la question des maladies dites essentielles, qui se rattache à celle des spécifiques ; mais l'ordre logique exige qu'auparavant nous exposions rapidement nos idées sur les affections chroniques considérées à leur point de vue le plus général.

Et d'abord on se demande : Quelle différence entre la maladie aiguë et la maladie chronique ?

Quelques-uns répondront par un chiffre : « Toute maladie qui dure plus de quarante jours, a passé à l'état chronique. »

Cette affirmation d'un fait très-contestable, n'est pas une définition ; elle ne donne aucune idée sur la nature des affections chroniques ; elle est même radicalement fausse, en laissant supposer que toutes les affections chroniques ont commencé par une maladie aiguë, ce qui est bien loin de la vérité.

Si l'on veut arriver à caractériser nettement ces deux grandes divisions des maladies, il faut revenir aux idées physiologiques exposées dans le chapitre précédent et au commencement de celui-ci ; idées qui, suivant nous, devraient dominer toutes les théories médicales.

Quand l'harmonie régulière des fonctions est troublée, soit à la suite d'une perturbation des forces physiques et chimiques, ou de ces forces que nous avons nommées instinctives, soit enfin par de violentes émotions morales ; quand l'ensemble de la machine humaine semble un champ de bataille où des forces opposées se livrent à une lutte dont l'issue doit être la guérison ou la mort ; quand l'homme est dans cet état qui n'est plus la vie normale, mais qui, cependant, est soumis à des lois régulières ; quand il passe, suivant le langage médical, de l'état physiologique à l'état pathologique, alors la maladie est aiguë.

Quand, au contraire, une, ou même quelques fonctions, étant troublées, les autres demeurent intactes ; quand les désordres généraux sont le résultat d'un travail de la vie qui a pour but de suppléer à la fonction troublée, ou bien d'aider l'organe malade ; quand l'état de perturbation d'une ou de plusieurs forces ne soustrait pas l'ensemble aux lois générales de la vie ; quand enfin, comme disent les médecins, le malade demeure dans l'état physiologique, alors la maladie est chronique.

Plusieurs conséquences importantes peuvent être déduites de cette distinction entre les maladies aiguës et les affections chroniques.

D'abord le petit nombre de caractères communs aux unes et aux autres ; les différences, au contraire, sont très-multipliées.

Que la maladie soit aiguë ou chronique, l'harmonie de la vie est troublée : ceci est incontestable ; mais comme, d'un autre côté, cette vie est le résultat de l'action de certaines forces ; il y a, dans l'un et l'autre cas, perturbation de forces ; et comme toutes les forces qui constituent la vitalité sont liées entre elles, il en résulte nécessairement que les problèmes à résoudre, par le médecin, dans l'état aigu, comme dans l'état chronique, sont des problèmes de forces ; il en résulte aussi que, dans l'un comme dans l'autre cas, les perturbations seront rarement simples ; d'où l'on peut tirer une conséquence générale, c'est que la médication doit être complexe.

Mais aussitôt que l'on sort de ces généralités pour entrer plus intimement dans les faits spéciaux, l'on aperçoit des différences bien tranchées.

L'invasion de la maladie aiguë est brusque ; l'affection chronique, d'abord inaperçue, se développe peu à peu et n'est, en général, appréciable que lorsqu'elle est tout à fait confirmée.

La maladie aiguë est presque toujours liée à une crise générale ; crise qui résulte d'un travail de cette force médicatrice que l'homme porte en lui-même. Ce travail se révèle par un ensemble de mouvements violents, qui tendent soit à éliminer des matières impropres à la vie, soit à rétablir les fonctions. La maladie aiguë n'a pas une longue durée ; elle *se juge,* comme on dit en médecine, c'est-à-dire qu'elle arrive à une solution, favorable ou funeste, dans l'espace d'une ou de plusieurs périodes de sept jours.

Dans l'affection chronique, au contraire, le travail est latent, obscur, difficile à constater par les symptômes extérieurs ; il aboutit à suppléer à la fonction troublée, soit par voie de résolution, soit autrement ; et à harmoniser, autant que possible, l'organe affecté avec l'ensemble de la machine. Par exemple, dans les hypertrophies, les artères qui apportent le sang à l'organe démesurément accru en volume, les veines qui en ramènent le liquide réparateur, acquièrent, les unes et les autres, une dimension plus considérable que dans l'état normal : les autopsies cadavériques ont constaté ce fait curieux. L'affection chronique peut arriver à une solution favorable ou funeste, soit par les seuls efforts naturels, soit avec l'aide de traitements ; mais ce n'est qu'après une durée toujours très-longue (1) : il y a même des affections chroniques,

(1) Quelques auteurs ont prétendu que les maladies chroniques se jugeaient par une période septénaire, comme les affections aiguës, mais en prenant pour unité le mois lunaire, lui-même composé d'un multiple de sept jours, au lieu du jour solaire. Il serait à désirer que ce remarquable phénomène pût être bien constaté ; il laisserait entrevoir une des harmonies de la création, la relation entre la loi mathématique, représentée, pour nous, par des nombres,

hôtes incommodes, auxquels on finit par s'habituer et qui accompagnent l'homme jusqu'au terme d'une longue carrière.

De ces rapprochements et de ces différences on peut déduire des conséquences applicables aux méthodes curatives.

La maladie aiguë sera, en général, plus facile à traiter et à guérir que l'affection chronique, parce que, dans l'une, les symptômes sont évidents et bien tranchés ; dans l'autre, souvent complexes et obscurs ; parce que, dans la maladie aiguë, le médecin n'a qu'à seconder ou modérer les efforts naturels qui tendent à la guérison, tandis qu'au contraire, dans l'affection chronique, il lui faut souvent exciter la vitalité qui a peine à suffire, en même temps, à régir l'ensemble des fonctions et à suppléer à l'organe affecté. Enfin des malades retenus dans leur lit, et préoccupés seulement du désir de vivre, sont plus faciles à soigner que ceux qu'une infirmité n'empêche pas de vaquer à leurs affaires et qui se fatiguent d'un traitement qui ne leur apporte pas un soulagement immédiat.

On le voit, les difficultés, en médecine, ne tiennent pas seulement aux imperfections et aux incertitudes de la science ; souvent aussi elles viennent des malades eux-mêmes : et cependant le praticien n'a pas des maladies à traiter, mais des malades à guérir.

Sortons enfin, par une dernière observation, de ces généralités fastidieuses pour le plus grand nombre des lecteurs,

et les lois qui gouvernent la vie. La science moderne repousse ces rêveries pythagoriciennes, parce qu'elle ne peut les expliquer; mais, parmi ces faits inexplicables, quelques-uns sont curieux. Pourquoi, par exemple, la période de sept jours du mois lunaire gouverne-t-elle en même temps les mouvements des marées de l'Océan et l'hyperhémie mensuelle de nos femmes? Il y a là, dira-t-on, un phénomène de pression et de pesanteur. Pour l'Océan, peut-être; certainement non, pour les dames; leurs veines et leurs artères sont les mêmes que celles de leurs maris, et il serait impossible que la pression lunaire agît ainsi sur leur circulation sanguine, sans produire des effets analogues sur le système veineux et artériel des hommes. Toujours et partout des mystères!

banales peut-être pour les médecins qui daigneront ouvrir ce livre.

La différence la plus tranchée entre le traitement des maladies aiguës et celui des affections chroniques, doit découler non-seulement de l'essence même de ces deux modes de perturbation de la vitalité, mais aussi de l'étude et de l'imitation des moyens qu'emploie la vie elle-même pour rétablir cet équilibre des fonctions que nous avons appelé la santé. Pour guérir artificiellement, il faut donc voir comment se passent les choses dans les cas de guérison naturelle, c'est-à-dire, sans remède et sans médecins.

La maladie aiguë finit par un état particulier de l'organisme qui n'est plus maladie, qui n'est pas encore santé et que l'on appelle convalescence. L'affection chronique guérit quelquefois à la suite d'une maladie aiguë, quelquefois par un concours de circonstances qui ont profondément modifié l'organisme ; changement de climat, de profession, d'habitudes ; quelquefois aussi, par une autre affection qui se substitue à la première.

D'où il résulte que, pour les maladies aiguës, le traitement sera tantôt modérateur, tantôt adjuvant de la force médicatrice ; pour les affections chroniques, au contraire, il faut toujours relever et soutenir l'ensemble des forces, chercher à rétablir les fonctions troublées, par des crises favorables ; et souvent exciter des diversions par l'emploi de ces méthodes curatives que la médecine appelle *perturbatrices*.

IV. — Ce rapide coup d'œil, jeté, en passant, sur la nature des maladies et les méthodes curatives, serait incomplet, si nous n'y ajoutions pas quelques mots sur les *maladies essentielles* et les *médicaments spécifiques*.

Dans l'ordre d'idées que nous nous efforçons d'exposer, une maladie est essentielle quand la vie elle-même est altérée, dans son principe, par une cause spéciale, qui produit toujours les mêmes troubles, soit dans l'ensemble des fonctions, comme dans la fièvre maligne, soit sur certaines fonctions, comme dans la goutte.

Cette cause est-elle inhérente au principe même de la vie, ou bien est-elle une force distincte venant de l'extérieur?

Il serait bien difficile, dans l'état actuel de la science, de répondre d'une manière absolue à la question ainsi posée.

Sans nul doute, on peut faire remonter l'origine de certaines maladies essentielles à des causes venant de l'extérieur. La morsure d'un chien enragé inocule incontestablement à un homme en parfaite santé le principe de la terrible maladie contre laquelle la science n'a encore découvert aucun spécifique. Mais comment cette maladie s'était-elle développée chez l'animal qui l'a communiquée? Ici l'on est d'accord à reconnaître que la rage peut très-bien se déclarer spontanément chez un chien qui n'aura jamais été mordu. Par conséquent le virus rabifique, arrivé à l'homme par inoculation, a commencé par être une perturbation spéciale de la vitalité du chien ; elle se développe chez l'homme, pendant les six semaines de la période d'incubation, par des fermentations internes et mystérieuses, absolument comme la goutte ou la phthisie se développent forcément, à un certain âge, chez ceux qui en ont reçu les germes de leurs parents. — De même aussi certains miasmes peuvent occasionner, ici, des fièvres malignes ; là, le choléra ; sur les bords du Tigre et de l'Euphrate, ce mal bizarre appelé le bouton d'Alep. Dans toutes ces affections graves, la perturbation aura été occasionnée par une cause extérieure ; mais le point essentiel et que le médecin philosophe ne devrait jamais perdre de vue, c'est que cette perturbation a commencé par être vitale, c'est qu'elle a attaqué le principe même de l'existence, avant d'agir sur les organes. A plus forte raison aussi faut-il qualifier de troubles de la vitalité elle-même, les affections essentielles qui se développent spontanément ou par hérédité. Dans toutes ces maladies essentielles, soit aiguës, soit chroniques, les lésions matérielles des organes sont le résultat du trouble des fonctions, et comme ces fonctions sont, elles-mêmes, gouvernées par ce faisceau de forces qui constitue la vie, c'est à la perturbation de ces forces qu'il faut faire remonter la cause du mal.

Voilà, nous ne saurions trop souvent le répéter, le grand principe ; peu importe ensuite, pour la guérison, que la science connaisse la nature de cette cause immatérielle qui a occasionné la maladie.

Nous ignorons, et nous ne connaîtrons certainement jamais la nature même de la vie, et nul de nous ne s'en porte plus mal ; de même, il n'est pas besoin de connaître l'essence intime d'une maladie, pour en observer les symptômes et appliquer le médicament spécifique.

Les spécifiques, c'est-à-dire des médicaments dont l'action toute spéciale concourt à aider la force médicatrice naturelle dans le travail de guérison d'une maladie déterminée : médicaments qui agissent, non pas par voie de révulsion sur un organe ou sur une fonction, mais sur le principe même de la maladie ; telle est, pour le médecin pratique, l'idée qui se lie à celle des maladies essentielles. C'est qu'en effet la vie est la loi générale et dominante de notre monde, et si la mort est devenue, pour l'homme, une nécessité, elle ne doit arriver, dans un sens général, que par l'extinction des forces dont l'équilibre anime l'être humain.

Par conséquent, à côté de la cause qui trouble l'équilibre vital, il doit exister une autre cause pouvant neutraliser la première et aider la force conservatrice de la vie à rétablir l'équilibre troublé. Cette hypothèse philosophique est une conséquence nécessaire des harmonies de la création. La vie universelle ne s'entretient que par des forces opposées en apparence les unes avec autres. Le soleil vivifie la végétation, et le repos de la nuit tempère ce que cette action pourrait avoir de trop brusque ; certains vents dessèchent la surface de nos campagnes tout en enlevant l'excès d'eau qui croupirait sur le sol et qui est nécessaire dans les nuages ; d'autres vents arrivent aux plantes chargés d'une douce moiteur : l'électricité, cette plus haute expression des forces naturelles, agit tantôt positivement, tantôt négativement ; par attraction ou par répulsion ; mais toujours pour rétablir l'équilibre électrique.

De même, nous le répétons, puisqu'il existe des causes spéciales de perturbation de la vie, il doit aussi exister des causes dont le but et l'essence sont de rétablir l'équilibre ; force perturbatrice, force conservatrice. Mais, comme, d'un autre côté, nous savons que les forces de cette nature, c'est-à-dire les propriétés des corps, sont interposées entre les molécules qui constituent les corps, nous arrivons nécessairement à l'existence des médicaments spécifiques.

La médecine en connaît quelques-uns ; si elle les connaissait tous, elle pourrait établir théoriquement la possibilité de guérir toutes les maladies. Il n'en résulterait pas que tous les malades seraient toujours guéris. Ceci est malheureusement impossible : d'abord parce que l'homme est devenu mortel ; ensuite parce que la force perturbatrice sera quelquefois plus intense que la force médicamenteuse ; souvent, enfin, parce que la dose de vie du malade sera insuffisante pour soutenir la lutte. Le quinquina est un spécifique bien reconnu de la fièvre maligne, mais beaucoup de malades meurent de cette maladie, malgré le quinquina.

Cependant, et sous toutes ces réserves, la science aurait fait un pas immense, si, à chaque maladie, elle pouvait opposer un spécifique.

Ce progrès dans la science de la vie est-il impossible?

Nous ne le pensons pas ; mais, pour faire passer nos convictions dans l'esprit de nos lecteurs, il nous faut jeter un coup d'œil sur la question prise de plus haut et généralisée.

V. — Existe-t-il réellement, dans un sens absolu, des maladies incurables?

Dans l'ordre d'idées et de faits que nous nous efforçons d'exposer, il ne devrait pas y en avoir. On pourra trouver des malades qui n'ont pas assez de résistance vitale pour surmonter la maladie; d'autres que leurs médecins n'auront pas su guérir ; mais soutenir qu'il existe, dans l'être humain, une force contraire et supérieure au souffle divin qui le fait vivre, c'est énoncer un non-sens philosophique qui équivaudrait à dire que la vie n'est pas la vie.

Ce n'est pas ainsi que l'entendent nos modernes organiciens. Ils ne voient, dans les maladies, que des perturbations de la machine ou des désordres matériels ; toutes les fois que l'on ne pourra pas raccommoder le rouage dérangé, ou bien agir chimiquement sur la matière, la maladie sera pour eux incurable. Telle est la doctrine officielle de l'école que nous combattons. La pensée est on ne peut pas plus clairement formulée dans un livre élémentaire qui était, il y a encore bien peu d'années, entre les mains de tous les étudiants : « *La nature des maladies consiste dans les diverses altérations des tissus et des fluides* (1). » Pour ceux qui professent une aussi énorme hérésie, il doit nécessairement y avoir un grand nombre de maladies incurables : aussi le catalogue des maladies incurables va-t-il tous les jours en augmentant. Je ne veux pas en consigner, ici, la douloureuse énumération ; mais je n'hésite point à affirmer, avec la certitude de n'être pas démenti, que l'école moderne a déclaré incurables un beaucoup plus grand nombre de maladies que n'en reconnaissaient les anciens. C'est, dit-on, que les anciens étaient des ignorants qui ne connaissaient rien aux maladies. Soit : mais, si c'est là ce que l'on appelle le progrès, c'est un triste progrès.

Laissons là les polémiques et entrons franchement dans la question. Nous en avons assez dit sur les généralités; il est temps d'arriver aux détails : c'est le seul moyen d'expliquer clairement toute notre pensée sur la marche à suivre par la science pour découvrir des spécifiques nouveaux et, par conséquent, diminuer le nombre des maladies incurables.

VI. — Les hydropisies essentielles sont considérées comme

(1) *Éléments de pathologie générale*, par MM. ROCHE et SANSON, t. I, p. 33.

à peu près incurables : ou du moins la médecine ne leur oppose aucun traitement spécifique.

Cependant nous avons cité plus haut l'observation remarquable d'une hydropisie générale guérie par le cérébrate d'or et de fer associé à la poudre de cloportes, au genêt odorant et à d'autres médicaments. Il nous serait possible de citer quelques cas semblables ; mais celui-là est bien suffisant par la netteté des phénomènes ; nous nous appuierons donc sur cet exemple, pour conclure qu'il n'est pas impossible de découvrir, si ce n'est un médicament, au moins un traitement spécifique contre les hydropisies. La promptitude avec laquelle des symptômes, indicateurs d'une dissolution imminente, ont cédé devant cette médication, démontre qu'elle était spécifique. Maintenant on demandera quel est, parmi les médicaments employés, celui qui agit spécifiquement : est-ce le cérébrate d'or, est-ce la poudre de cloportes? Est-ce le genêt d'Espagne? Si l'un ou l'autre avaient été administrés isolément, surtout à hautes doses, il est plus que probable qu'ils auraient fatigué le malade, excité des accidents locaux sans produire le rétablissement général des fonctions qui amena la guérison. Si on les eût administrés, chacun à son tour, ils auraient produit une augmentation des sécrétions cutanées et urinaires, mais peut-être avec quelques accidents nerveux, quelques troubles dans les fonctions. Ces désordres ont été, dans le cas qui nous occupe, conjurés par la petite dose d'aloès et de stomachiques nervins employés comme véhicules et adjuvants. De sorte que c'est bien réellement la médication tout entière et non pas l'un des médicaments qui ont agi spécifiquement. Par conséquent aussi, et en attendant que la science parvienne à découvrir un spécifique plus efficace de l'hydropisie, la médication complexe que nous indiquons pourra fournir un nouveau moyen d'obtenir des guérisons nombreuses.

VII. — Les hypertrophies de la rate sont généralement considérées comme des affections incurables, et l'on n'oppose guère à celles du foie que des palliatifs. Ces deux maladies sont liées entre elles par d'intimes connexités encore mal définies, mais qui se révèlent par des sympathies de souffrances et une identité de symptômes. Il est bien rare, en effet, que, lorsque la rate est attaquée, le foie n'éprouve pas quelques désordres, et réciproquement. Par conséquent, tout spécifique contre les hypertrophies de la rate devra agir favorablement sur le foie, et réciproquement. Or la science possède un corps découvert, il y a déjà plusieurs années, par un illustre chimiste, substance indiquée, par ce savant lui-même, comme spécifique des affections du foie. Nous ne voyons pas que les médecins aient encore bien sérieusement essayé l'ALLOXANE, c'est le nom de ce corps, comme spécifique de l'hypertrophie des viscères abdominaux ; peut-être aussi, si quelques tentatives ont été faites, sur la renommée du célèbre professeur de Giessen, auront-elles échoué, parce que l'on aura employé l'alloxane pure qui est difficilement tolérée ; mais combinée avec quelques stomachiques appropriés, et aussi avec quelques-uns de ces médicaments rangés par les anciens thérapeutistes dans la classe des fondants, l'alloxane pourrait former la base d'un traitement spécifique des affections dont nous parlons. Voilà donc encore une classe de maladies à effacer de la liste des incurabilités. Notre conviction, à cet égard, se fonde sur quelques cures remarquables opérées par ce moyen et dont nous supprimerons le détail, parce que ce n'est pas ici le lieu de les énumérer (1).

Arrivons à des maladies plus graves : examinons si l'école moderne a raison de les considérer comme incurables.

VIII. — Pourquoi, par exemple, a-t-on rangé l'asthme dans cette triste catégorie? — Quelques journaux prétendent, il est vrai, que certains médecins sont parvenus à guérir cette maladie. Nous le croirions volontiers ; car, depuis plusieurs années, nous avons eu le bonheur d'indiquer à des médecins et

____

(1) Voir à l'appendice, pour la formule et les observations cliniques.

à de nombreux asthmatiques, un traitement qui a souvent guéri radicalement, et toujours modifié l'asthme véritable, l'asthme essentiel, l'asthme suffocant. Le mérite de cette découverte, s'il y a réellement découverte, est fort mince : tout médecin imbu des doctrines que nous venons d'exposer et qui voudra prendre la peine de les appliquer, en fera tout autant. En effet, qu'est-ce que l'asthme ? On peut considérer cette maladie comme une affection essentielle et spéciale de la vie, qui se manifeste par des désordres nerveux et par certaines perturbations de l'organe même de la respiration. Que faut-il pour aider la force médicatrice dans ses efforts de guérison ? Combiner les médicaments dont l'effet est de régulariser les mouvements nerveux, avec ceux qui portent plus spécialement leur action sur le poumon ; harmoniser ce traitement de manière à ce qu'il produise « ces alternatives assidues d'excitation « et de relâchement, » qui, suivant l'expression de Barthez, « constituent tout le traitement des affections chroniques. » Voilà la théorie du traitement de l'asthme : l'application en est si simple, si évidente, pour tous les bons praticiens, que nous n'insisterons pas davantage sur des détails purement techniques. Laissant donc de côté la question pharmaceutique, nous terminerons ces rapides considérations sur la possibilité de guérir l'asthme par un fait assez curieux qui nous semble en donner une démonstration plus évidente encore.

Un cheval de voiture de 12 ans était devenu, après un service assez pénible, tellement poussif, que l'excellente bête, malgré sa bonne volonté, n'était plus capable d'aucun service. Les efforts d'un habile vétérinaire furent impuissants à le soulager et l'animal était déclaré incurable. Il y avait là, pour nous, un sentiment d'affection pour un vieux serviteur et une question scientifique. La pousse des chevaux est sinon identique à l'asthme des hommes, au moins une maladie de même nature : par conséquent, si le traitement que nous indiquons, contre l'asthme, était véritablement spécifique, il devait, avec certaines modifications, guérir la pousse. Le vétérinaire partagea cette opinion : on administra donc tous les matins, au pauvre poussif, une poudre béchique et balsamique, tous les soirs une autre poudre antispasmodique, nervine et sédative. Au bout de quinze jours, l'animal était sensiblement mieux ; un mois plus tard, il reprenait son service ; il fallut environ un an pour obtenir une guérison. Ceci ne veut pas dire qu'il faille assimiler la médecine vétérinaire à la science d'Hippocrate ; mais s'il est incontestable qu'il existe des analogies entre la vie humaine et la vie animale, c'est une preuve de la possibilité de guérir l'asthme (1).

IX. — Passons à des questions plus difficiles.

L'école moderne est-elle autorisée à considérer la phtisie comme une maladie incurable ?

Nous ne le pensons pas, et voici nos motifs.

D'abord, dans un sens général, on ne devrait point appeler incurable une maladie qui est susceptible de guérir par les seuls efforts de la force médicatrice naturelle. Or, les livres de médecine font foi que certains phtisiques ont guéri par le seul effet d'un changement total de climat ou d'habitudes. Ces exemples sont malheureusement fort rares ; cependant il suffit d'un seul bien constaté, pour résoudre la question au point de vue abstrait. Il ne faut donc pas s'étonner si M. le docteur Colomies a soutenu, en présence de la Faculté de Paris,

(1) Au cas où quelque médecin viendrait à objecter que la dénomination d'asthme est trop vague, et ne précise pas les diverses affections du poumon, embrassées sous cette désignation dans le langage ordinaire, je répondrai que j'écris pour tout le monde, et que le traitement dont je donne l'idée, non pas les applications, est, dans un sens général, spécifique de cette affection essentielle, diverse dans ses formes, que l'on appelle asthme, quand on veut être compris. Si l'on insiste et si l'on me dit : « Mais votre traitement ne guérira pas l'emphysème pulmonaire, » je répondrai qu'il peut aussi modifier et guérir l'emphysème des poumons, qui, dans l'ordre d'idées médicales exposées dans cet ouvrage, est une conséquence ou un symptôme de la perturbation apportée par l'asthme aux fonctions respiratoires, mais n'en est certainement pas la cause.   (*Note de l'auteur.*)

(2) *Thèse inaugurale du docteur Colomies.* Paris, 1849.

la curabilité de cette maladie (2), et si des auteurs modernes ont énoncé des faits curieux à l'appui de cette opinion (1).

Mais ce qu'il importe d'établir, pour la pratique, c'est que la médecine a quelquefois guéri des phtisiques : ce fait bien démontré, il ne devrait plus être permis, en bonne logique, de parler de l'incurabilité de cette redoutable maladie ; et la découverte d'un traitement spécifique ne serait plus qu'une question de temps et de recherches.

Or, ici encore, nous invoquerons le témoignage des auteurs. Déjà nous avons cité, au commencement de cet ouvrage, le chirurgien de Pic de la Mirandole qui guérissait les phtisiques avec l'or potable.

Leigh (2), qui a écrit, vers la fin du dix-septième siècle, un assez bon traité de la phtisie, guérissait, à ce qu'il paraît, beaucoup de phtisiques ; Bennet, son contemporain et son compatriote, soutenait qu'il est possible de guérir ces redoutables affections aussi longtemps que les forces radicales se maintiennent. « *So long as strength continues tolerable, let the* « *physician visit and, with good hope, expect success* (3). »

Mais, de tous les médecins de l'ancienne école, celui qui a le mieux connu et le plus souvent guéri la phtisie, c'est sans contredit Morton (4). Son traitement était compliqué ; et il le modifiait suivant les diverses périodes de la maladie. Peut-être les découvertes de la science moderne permettraient-elles d'y introduire d'utiles améliorations ; mais certes l'idée fondamentale est d'un grand médecin, elle est basée sur une connaissance éclairée des lois de la vie. Aussi voyons-nous un des oracles de la moderne école de Paris s'étonner de l'abandon fait par ses contemporains de quelques-uns des médicaments prônés par le vieux Morton (5). Seulement il ne veut pas considérer chacun de ces médicaments comme spécifique de la

(1) *Revue médicale* de 1843, t. III, p. 22.
(2) Leigh, *Physiologia*. London, 1693.
(3) Bennet, *Theatrum tabidorum*. London, 1720, p. 186.
(4) R. Morton, *Phthisiologia*. Lugduni, 1737, 2 vol. in-4.
(5) Trousseau et Pidoux, *Manuel de thérapeutique*, t. II, p. 443, 617 et seqq.

phtisie, et il veut qu'on les administre séparément. Mais si ces substances isolées soulagent, pourquoi ne pas les associer comme faisait Morton ? Franchement, la haine de nos savants les plus distingués contre la polypharmacie est poussée un peu trop loin.

Un siècle après Morton, un autre médecin anglais, Reid, a publié un livre intéressant sur la phtisie, qu'il guérissait souvent par l'usage journalier de l'ipécacuanha (1). Dumas, qui a traduit et commenté son ouvrage, avait, en partie, adopté son traitement et y joignait fort sagement, à notre sens du moins, des amers et des astringents.

Voilà donc, jusques au commencement du siècle actuel, des médecins illustres qui n'ont pas craint de traiter méthodiquement la phtisie et qui affirment l'avoir souvent guérie. Comment se fait-il que, depuis lors, dans les livres comme du haut des chaires de nos Facultés, on n'entende plus que des cris de désespoir ; pourquoi nos plus habiles se bornent-ils, en déplorant l'impuissance de la médecine, à lancer un funèbre arrêt de mort contre les malheureux phtisiques ? Serait-ce donc que cette maladie est devenue plus redoutable qu'elle ne l'était du temps de nos aïeux ; ou bien nos médecins auraient-ils moins de savoir ?

On répond, « que les médecins de la vieille école ne con« naissaient ni le plessimètre, ni le stéthoscope ; que, par con« séquent, ils ne pouvaient pas être assurés de l'existence de « la phtisie, et que les malades guéris par eux avaient des « catarrhes et n'étaient pas phtisiques ? »

C'est là une assertion toute gratuite et qui prouve seulement que ceux qui la font n'ont jamais pris la peine de lire attentivement ces oracles du temps passé que l'on cite sou-

Je ne voudrais pas que l'on pût me reprocher d'avoir exagéré la pensée, ni du savant professeur, ni de son collaborateur ; mais ils ne désapprouvent point la méthode de Morton, dans le traitement de la phtisie. Voilà tout ce qu'il faut à mes arguments.

(1) REID, *Essai sur la nature et le traitement de la phtisie pulmonaire.* Lyon, 1792.

vent sur la foi d'autrui. Ils connaissaient parfaitement la tuberculisation et ses ravages ; mais, pour eux, le tubercule n'était pas la cause nécessaire de la phtisie. Voilà leur crime aux yeux de l'école moderne.

Cette erreur, si erreur il y a, n'est pas énorme : elle n'augmente pas la difficulté de trouver un traitement spécifique de la maladie, elle laisse des chances de guérison ; tandis que l'hypothèse contraire conduit directement à la désespérante assertion de l'incurabilité. Mais au moins ce triste système des anatomo-pathologistes peut-il être rigoureusement démontré? Pas le moins du monde, un médecin vitaliste embarrasserait beaucoup ses savants adversaires, s'il les sommait de prouver rigoureusement que la tuberculisation, chez tous les phtisiques, a toujours préexisté à la phtisie, tandis que lui, au contraire, pourrait indiquer des cas où la tuberculisation ne s'est manifestée qu'après les symptômes généraux (1).

Nous pensons donc qu'il est très-possible, fréquent même, d'être phtisique sans offrir la moindre trace de tubercules, et réciproquement, que l'existence des tubercules n'entraîne pas nécessairement la phtisie.

Il est réellement bien difficile de nier que des tubercules se rencontrent fréquemment chez des individus qui n'ont jamais éprouvé le moindre symptôme de phtisie. Tous ceux qui ont fréquenté les salles de dissection ont été à même d'en faire l'observation. Le fait est établi jusques à l'évidence, dans l'intéressant mémoire de M. le docteur Boudet, déjà cité plus haut. « Ayant examiné, successivement et sans choix, « les organes respiratoires de 197 individus, de 2 à 76 ans, « morts, dans les hôpitaux, à la suite de maladies variées, ou « même d'accidents et de blessures qui les avaient fait périr « tout à coup au milieu d'une santé florissante, je suis arrivé

(1) Entre autres, madame B***, de Toulouse, morte phtisique, il y a peu de temps, et chez laquelle les altérations de poumon n'ont été appréciables qu'au dernier moment.

(Observation de M. le docteur Sainte-Colombe.)

« aux résultats suivants : — De 2 à 15 ans, 33 individus sur
« 45, avaient des tubercules ; de 15 ans à 76, la proportion a
« été de 116 sur 135. Ces tubercules bronchiques ou pulmo-
« niques, étaient tantôt récents, tantôt anciens, mais on peut
« avancer que la présence des tubercules, dans les organes res-
« piratoires, est la règle, leur absence une véritable excep-
« tion. » Un peu plus loin, M. le docteur Boudet donne le détail
de nombreuses cavernes très-anciennement cicatrisées dans les
poumons d'individus qui ont ensuite joui d'une santé florissante.

En présence de tels faits, on ne comprend pas comment
l'école organicienne peut encore soutenir que c'est le tubercule, ou même la caverne, qui constitue la phtisie.

Mais si cette cruelle maladie n'est pas une altération de
l'organe, elle doit nécessairement avoir sa cause dans un
principe supérieur à la matière ; et comme, d'un autre côté,
tout le monde est d'accord à reconnaître qu'elle naît spontanément chez le malade sans lui être apportée par des causes
étrangères, il faut nécessairement aussi en trouver la cause
dans une altération spéciale et essentielle du principe même
de la vie. Par conséquent enfin, et par une application rigoureuse des principes sur lesquels repose la véritable médecine,
il doit exister un spécifique de la phtisie.

Ici, s'élève une autre question.

De quelle nature sera ce spécifique ? Sera-t-il simple, sera-
t-il composé ? consistera-t-il dans un médicament, ou bien
dans une méthode de traitement ?

Il faudrait presque un volume pour approfondir ces questions ; forcé de nous resserrer, nous nous bornerons à quelques généralités.

La phtisie, soit héréditaire, soit accidentelle, n'est pas, ne
peut pas être, une affection simple ; les symptômes qui en
manifestent les ravages, sont trop nombreux et trop divers.
La prostration des forces, la toux, le marasme, les nausées,
les vomituritions, les sueurs nocturnes, la fièvre hectique, les
alternatives de pousse et de fonte tuberculeuse, les fréquentes

hémoptysies, tous ces graves désordres des organes et des fonctions, peuvent être considérés comme autant d'éléments essentiels, dont l'ensemble compose la maladie elle-même.

Par conséquent, jusques à ce que l'on ait découvert une substance entre les molécules de laquelle soit interposée une force qui agisse en même temps sur toutes ces fonctions, sur tous ces organes, il est évident que l'on ne pourra agir contre la phtisie qu'en employant les divers médicaments qui agissent favorablement sur ces fonctions et sur ces organes. Mais faudra-t-il les employer tour à tour et isolément? Non sans doute, car les désordres dont l'ensemble constitue la phtisie n'en sont pas des complications, mais des éléments. C'est donc, ici, plus que jamais, le cas d'appliquer la médication composée.

Mais ce spécifique composé, cette thériaque antiphtisique, devra-t-elle être le seul médicament? conviendra-t-elle à toutes les périodes de la maladie?

Non encore, parce qu'il ne faut jamais perdre de vue le principe de Barthez, « tout le traitement des affections chro- « niques consiste dans des alternatives assidues d'excitation et de relâchement; » et, aussi, parce que chacune des trois phases de la maladie ayant un caractère propre, manifesté par des symptômes distincts, le traitement général devra être modifié dans son application à chacune de ces trois périodes.

Sur ce point, la théorie est d'accord avec la pratique de tous les grands médecins. Ce sera donc un traitement spécifique composé des divers médicaments convenables aux divers éléments dont se compose la phtisie qu'il conviendra d'opposer à cette cruelle maladie et qui devra encore être modifié suivant ses diverses périodes.

Au premier degré, les forces radicales sont encore tolérables; mais les poumons souffrent du travail de la tuberculisation, et la force médicatrice naturelle indique, par les nausées et la disposition aux vomissements, le besoin des révulsifs.

Il faut donc associer aux plantes qui contiennent l'émétine, les baumes doux de la nature du tolu, des benzoates et des phosphates, des astringents modérés, tels que le cachou, et le soir, tempérer cette médication par les narcotiques doux, thridace, jusquiame, etc. — Nourriture analeptique, limaçons crus.

Au deuxième degré, les forces commencent à s'affaisser, tous les symptômes augmentent d'intensité, des désordres se manifestent ordinairement vers les bas intestins, et les sueurs nocturnes deviennent graves. C'est ici le cas d'insister sur les balsamiques les plus énergiques, les baumes de la Mecque et du Canada ; de les associer aux amers, lierre terrestre, marrube, d'y ajouter l'or et le fer (succino-phosphate de ces deux bases), et de ne pas craindre l'emploi de la belladone et du datura.

Enfin, au troisième degré, tout espoir doit-il être perdu ? Non sans doute ; et, comme le disait le vieux Bennet, continuez le traitement aussi longtemps qu'il reste encore quelques forces. C'est alors à relever ces forces radicales qu'il faut s'attacher. Le phosphore, administré dans ses plus savantes combinaisons, rendra de grands services. On ne doit pas oublier ce phtisique traité par Lentin, et dont l'observation est citée par Bayle (1). Si l'usage prolongé de cet héroïque médicament amenait des symptômes d'hémoptysie, on suspendrait les préparations phosphorées, pour user, pendant quelques jours, des hémostatiques et sédatifs ; et revenir ensuite aux associations d'amers, d'astringents et de balsamiques. Si, au contraire, le travail de décomposition s'annonce par l'œdème des extrémités, le marasme, le redoublement de la fièvre hectique, alors c'est le cas des fameuses pilules de Morton, mais qui peuvent être encore améliorées.

Enfin, à quelque degré que l'on prenne le phtisique, il est bien entendu que s'il est sous l'empire d'une diathèse lymphatique et scrofuleuse, il faudra aussi employer les préparations iodurées (proto-iodure de fer).

Tel est le traitement que nous soumettons à l'appréciation des maîtres de l'art comme ayant, dans son ensemble, une

(1) BAYLE, *Bibliothèque thérapeutique*, t. II, p. 25.

action spécifique sur la phtisie. Notre conviction à cet égard n'est pas seulement fondée sur les idées théoriques que nous venons d'exposer ; mais aussi sur des expériences nombreuses. Ce n'est point ici le lieu d'en énumérer les détails ; on trouvera dans l'appendice un petit nombre d'observations cliniques à la suite des formules conseillées par l'auteur.

Bornons-nous donc, ici, à constater les résultats généraux obtenus.

Soixante-quatorze phtisiques ont été traités, depuis quelques années, par la méthode et les spécifiques que nous venons d'indiquer ; trente-quatre ont été guéris, douze ont succombé, mais après des modifications remarquables dans l'état des malades. Quant aux vingt-huit autres, les uns se sont découragés et ont abandonné le traitement, les autres ont cessé de donner de leurs nouvelles, et ce n'est qu'indirectement qu'on a pu présumer leur rétablissement ; mais on ne doit compter comme guérisons authentiques que celles qui ont été constatées par des médecins éclairés et consciencieux (1).

Nous espérons que personne ne se méprendra sur les motifs qui nous décident à énumérer ces chiffres : notre seul but, en rapportant de tels faits, est d'encourager les médecins à entrer dans la voie que nous leur indiquons : plus ils s'appuieront sur les immuables principes de la science de la vie et plus ils verront l'horizon s'élargir devant eux. Quand on n'obtiendrait d'autre résultat que d'effacer du code médical ce désolant arrêt de mort porté contre tous les phtisiques, on aurait déjà beaucoup gagné. Les statistiques médicales nous révèlent un fait bien effrayant : sur chaque 100 malades qui

(1) Ces pages étaient écrites depuis bien des années, quand j'ai eu connaissance du remarquable ouvrage de M. le docteur Churchill sur la phtisie, et des succès obtenus, par ce médecin, dans le traitement de cette cruelle maladie.

Qu'il me soit permis de signaler ici une coïncidence digne d'attention. La même pensée, la possibilité de guérir la phtisie par les préparations phosphorées, est venue en même temps au docteur Churchill et à l'auteur de ce livre. Tous les deux habitaient des pays fort éloignés, ils n'avaient aucun rapport l'un avec l'autre. Chacun, de son côté, a appliqué l'idée par des moyens un peu différents, et chacun a réussi. Cela prouve en faveur de l'idée.

succombent en Angleterre, la phtisie en emporte 30 : la proportion n'est pas beaucoup moins forte dans les autres États de l'Europe.

Il nous resterait encore à indiquer l'application de nos idées à plusieurs maladies ; mais les développements dans lesquels nous sommes entré, en traitant de la phtisie, nous forcent à nous resserrer. Quelques lignes seulement sur la goutte.

X. — Cette cruelle affection, fléau des classes intelligentes et de la haute civilisation, est-elle de sa nature incurable, comme on l'affirme dans les écoles et dans les livres? Nous ne le pensons pas, et, ici encore, notre opinion s'appuie sur un fait bien connu. Bon nombre de goutteux ont été guéris, seulement pour avoir changé complétement d'habitudes et de genre de vie. Par conséquent, et puisque la modification apportée dans les fonctions par celle des habitudes a suffi pour aider la force médicatrice naturelle à prendre le dessus sur l'élément morbifique, il est évident, théoriquement parlant, qu'il doit être possible à l'art médical d'apporter dans les fonctions une modification analogue et qui permettra de même, à la force conservatrice de la vie, de remplir son office.

Mais si l'expérience et la logique s'accordent pour défendre de ranger la goutte parmi les maladies incurables, c'est à un autre ordre d'idées qu'il faut s'adresser pour trouver le spécifique de cette cruelle affection.

Il faut d'abord se demander : qu'est-ce que la goutte?

L'école organicienne aura beau peser des globules sanguins, fouiller dans les viscères des cadavres, analyser des tophus articulaires, elle n'a pas de réponse à cette question : ce qui rend plus étrange, soit dit en passant, l'assurance avec laquelle elle affirme l'incurabilité d'une maladie dont elle ignore la nature. Au contraire, pour le médecin vitaliste, les phénomènes de la goutte s'expliquent facilement.

Cette maladie peut être définie, dans l'ordre de nos idées, une perturbation spéciale et essentielle des fonctions d'assimilation, de nutrition et de sécrétion, qui se manifeste par des sécrétions anormales et des efforts douloureux de la nature pour expulser ces produits morbides, efforts qui, tour à tour, occasionnent l'irritation des articulations et celle des viscères.

Cette manière de concevoir la goutte, hypothétique diront les organiciens, mais qui, cependant, n'a rien de contraire aux faits, cette hypothèse, strictement logique dans nos idées, étant admise, peut-elle aider à découvrir un spécifique ?

Il est évident que le médicament ou le traitement de la maladie, ainsi envisagée, devra, en même temps, surexciter légèrement les forces radicales, aider les fonctions assimilatrices et celles de sécrétion. Par conséquent, ici encore, il devra être composé, parce que la science ne connaît aucune substance qui réponde en même temps à ces diverses indications.

Par conséquent, Sydenham était dans le vrai, lorsqu'il composait ses poudres contre la goutte; mais ce grand médecin ne pouvait les rendre complétement efficaces, parce qu'il ignorait le rôle des phosphates et des benzoates dans les fonctions de nutrition et de sécrétion. Notre génération scientifique, plus avancée en expériences, si ce n'est en théorie, peut opposer à la goutte le phosphate d'ammoniaque, cet énergique diaphorétique, qui, seul, ne guérira probablement aucun goutteux, mais qui, associé à d'autres substances répondant aux diverses indications thérapeutiques de la maladie ou du malade, constituera la base d'un véritable spécifique (1).

C'est ainsi que l'auteur de ce livre est parvenu à se déli-

---

(1) En 1818, feu M. Atoche, médecin à Labastide, avait inventé un spécifique contre la goutte qui opéra plusieurs guérisons; entre autres celle de M. Dubernard, médecin en chef de l'Hôtel-Dieu de Toulouse. Un mémoire, contenant la formule du spécifique, fut adressé à l'Académie de médecine par l'inventeur; et son ami, M. le docteur Rouzet, se chargea de le présenter. Mais la mort vint enlever ces deux médecins, à la fleur de leur âge, dans la même année, et jamais on n'a pu retrouver la formule du spécifique. — Je tiens ces curieux détails de mon excellent ami, M. le docteur Atoche qui, lui, a tourné toute son habileté vers l'application de l'ophthalmologie.

vrer, il y aura bientôt quinze ans, d'une goutte héréditaire et intense ; quelques centaines de goutteux, sur divers points de la France et de l'Europe, ont essayé du même traitement : beaucoup ont été guéris, tous ont été soulagés. — L'expérience a donc, pour nous du moins, et en ce qui touche nos propres convictions, démontré l'efficacité du spécifique contre la goutte, mais, pour le plus grand nombre des médecins, la démonstration ne sera complète, qu'autant qu'ils auront expérimenté eux-mêmes. Leurs doutes n'ont rien de déraisonnable ; et, ici, comme à propos de la phtisie, nous ne pouvons qu'appeler de tous nos vœux des expériences consciencieuses.

Un mot maintenant des rhumatismes.

Certaines gouttes, dites erratiques, ont beaucoup de symptômes communs avec le rhumatisme ; réciproquement, certains rhumatisme sont appelés goutteux par leur analogie avec la goutte essentielle, *podagre* des anciens. De sorte qu'il est bien difficile de se refuser à admettre une parenté ou affinité quelconque entre ces deux affections ; si elles ne sont pas sœurs, elles sont, du moins, cousines germaines. Dans les cas de cette nature, on trouvera que le spécifique contre la goutte agit utilement, mais son action sera beaucoup plus efficace, si on lui associe l'usage longtemps continué de la *conyza ambigua*, plante qui n'a pas encore été employée en médecine et que nous considérons comme ayant une vertu, peu prononcée il est vrai, mais cependant spécifique des affections de cette nature.

XI. — Terminons enfin cette excursion beaucoup trop prolongée dans le domaine de la médecine pratique. Nous en avons dit assez pour démontrer que, dans un sens théorique et général, il ne devrait pas exister des maladies incurables ; nous avons indiqué la route où les médecins devraient entrer pour découvrir des spécifiques nouveaux. C'est maintenant aux princes de la science qu'il appartient de répondre à ce défi, qui leur est porté par un néophyte inconnu. Bonnes ou mauvaises, nos idées entrent aujourd'hui dans le domaine public; et il ne nous reste plus qu'à résumer celles qui ont été exposées dans ce chapitre.

1. — La science des maladies est la connaissance de toutes les perturbations dont sont susceptibles les forces qui régissent les fonctions de la vie.

2. — Une fonction troublée entraîne souvent une altération, soit des organes, soit des fluides qui alimentent les organes.

3. — Le trouble des fonctions et l'altération des organes, réagissent sur l'ensemble de la vie et occasionnent cet état particulier que l'on appelle la maladie.

4. — Il existe bien peu de maladies simples, presque toutes sont composées, parce que les fonctions sont multiples et parce que la force qui les régit est un composé de plusieurs forces élémentaires.

5. — Quand la maladie est aigue, les lois de la vie sont momentanément modifiées; l'homme passe, suivant le langage médical, de l'état physiologique à l'état pathologique, pendant lequel plusieurs des fonctions essentielles à la vie normale sont suspendues. Enfin, dans les maladies aigues, la force médicatrice travaille, par un ensemble de mouvements violents, soit à éliminer des éléments impropres à la vie, soit à rétablir les fonctions.

6. — Dans l'affection chronique, au contraire, une ou plusieurs fonctions sont troublées, mais les autres s'accomplissent plus ou moins régulièrement et la force conservatrice travaille lentement à suppléer à la fonction troublée, soit par voie de révulsion, soit autrement.

7. — Certaines maladies, soit aigues, soit chroniques, avaient été appelées, par les anciens médecins, essentielles, parce qu'ils les considéraient comme une altération spéciale de l'essence même de la vie.

10.—Toutes les théories médicales ont donc pour objet des questions de forces ; et l'art de guérir, lui-même, qui consiste à aider la vie dans le rétablissement de l'équilibre des fonctions, est une application de toutes les forces de la nature à la conservation de la santé des hommes.

11. — Aux maladies complexes, il faut opposer une médication complexe. Dans les maladies aigues, il faut souvent modérer des efforts trop violents du travail réparateur ; on emploie, à cet effet, les antiphlogistiques, les sédatifs, les révulsifs; c'est-à-dire que, pour rétablir l'équilibre, on agit par voie de soustraction des forces en excès. Dans les affections chroniques, on doit, presque toujours, agir par voie d'addition de forces, c'est-à-dire corroborer et stimuler.

12. — Aux maladies essentielles, il faut opposer des médicaments spécifiques ; quelques-uns sont connus, beaucoup restent à découvrir. Pour les trouver, il faut étudier les troubles des fonctions plutôt que les altérations des organes et rapprocher cette étude de celle de l'action des diverses substances sur les fonctions du corps humain.

13. — Dans un sens théorique et général, il ne devrait pas y avoir de maladies incurables.

14. — Cependant les malades continueront à mourir malgré tous les efforts de la médecine : c'est, d'abord, parce que l'homme est mortel ; et aussi parce que, malheureusement pour les médecins, ils n'ont pas des maladies à traiter, mais des malades à soigner.

15. — Quand les symptômes de la maladie ont cédé aux traitements, quand les fonctions troublées sont rétablies, ou à peu près, on n'est pas toujours guéri ; le malade demeure quelquefois sous l'empire des prédispositions maladives : alors commence, pour le médecin, l'application pratique des théories de la médecine préventive.

CHAPITRE XVI.

I. — Existe-t-il réellement une théorie pour cette branche
de l'art médical que la science appelle prophylactique et à laquelle nous laissons le nom plus modeste ou plus vulgaire de
médecine préventive ? Cette théorie peut-elle aider à trouver,
dans les forces naturelles, des moyens de prévenir les maladies, en conservant l'équilibre et l'énergie des fonctions ?

Telles sont les questions qui nous restent à traiter.

La conséquence logique des idées que nous venons d'exposer
sur les phénomènes de la vie, la nature des maladies et leur
traitement, nous conduit à une réponse affirmative ; mais ici,
encore, nous aurons à lutter contre des opinions assez généralement établies. La plupart des auteurs modernes qui ont
traité cette question, et, soit dit en passant, presque toujours
un peu légèrement, font consister toute la médecine préventive dans les précautions hygiéniques, le genre de vie, la so-
briété et le choix des aliments. Les malades eux-mêmes, les
futurs malades si l'on aime mieux, ne comprennent guère
que l'on puisse avoir besoin de remèdes quand on est censé se
bien porter, et c'est à peine s'ils veulent accepter les obliga-
gations d'un régime, que le plus grand nombre observe
fort mal.

Il y a donc, sur ce point, intelligence tacite entre le public
et les médecins, ce qui arrive assez rarement. Mais ici, savants

et ignorants sont d'accord pour peu réfléchir et mal raisonner : c'est ce qu'il nous sera très-facile de démontrer.

Et d'abord, en ce qui touche le public, il a tort, mille fois
tort, de ne pas suivre les ordonnances des médecins, quand
ils prescrivent un régime ou même un traitement préventif.
C'est fort ennuyeux, dit-on ; je ne peux m'y assujettir, il faut
que j'aille planter mes arbres, courir après mon avoué, ou
mon agent de change. Mais le médecin n'est-il pas autorisé à
vous répondre que vos affaires iront encore plus mal, quand
vous serez cloué dans votre lit par la maladie, et qu'il vaut
mieux se priver, pendant quelques mois, de certains aliments,
que de se condamner plus tard à une diète absolue et forcée? Il
faut le dire : si quelques individus se rendent ridicules par une
trop constante préoccupation de leur santé, s'ils importunent
leurs médecins pour qu'on leur précise combien de grains de
sels à mettre dans leur œuf, le plus grand nombre néglige
les soins intelligents à donner à la santé. On oublie trop souvent que c'est là le plus précieux des biens et que, sans la
santé, tous les autres deviennent inutiles. Pourquoi, dans toutes
les langues, la formule de salutation est-elle une interrogation
sur l'état de la santé : *How do you do? Wie geht's? Comment
vous portez-vous?* Serait-ce donc qu'au moment où les langues se sont formées, on attachait un plus grand prix à la
santé, qui, dans nos époques de haute civilisation, n'est qu'un
accessoire de la richesse et de l'élégance? Faudra-t-il remplacer
le vieux, *Comment vous portez-vous,* qui n'a pas plus de sens
aujourd'hui que le très-humble serviteur du bas d'une lettre,
par cette autre question : «Comment vont vos affaires?» Pour
beaucoup de gens, il y aurait plus de sincérité ; leur vie est
absorbée par les soucis des affaires ; il ne reste pas un instant
à donner chaque jour aux soins de la santé.

Ces soins, cependant, réclament des moments bien courts ;
et s'ils suffisent pour prévenir les maladies, personne ne devrait les regretter. Mais, ici, la science s'est posée sur un terrain qui n'est pas assez solide pour persuader les gens du

monde et modifier leurs habitudes. Il faudrait, pour inspirer confiance, pour parler avec autorité, que le médecin lui-même eût une conviction : malheureusement, la science, dont il est le ministre, ne lui a enseigné, en fait de médecine préventive, que des incertitudes ou des banalités.

II. — On ne sait pas, au juste, s'il existe ou s'il n'existe pas des médicaments véritablement prophylactiques, c'est-à-dire préventifs de telle ou telle affection. Le plus grand nombre des auteurs modernes semblent même disposés à se ranger du côté des incrédules. Aussi, dans les livres de médecine moderne, quand il est question, ce qui est assez rare, du traitement prophylactique de telle ou telle maladie dont on peut craindre l'hérédité, se borne-t-on à indiquer un régime et des précautions hygiéniques.

Il y a ici une grave erreur vers laquelle la science se laisse tout doucement pousser par ses tendances organiciennes. Sans doute, pour ceux qui cherchent, avant tout, le siége du mal, qui ne reconnaissent d'autres maladies que des lésions d'organes, il faut attendre que l'organe soit bien réellement attaqué ; sans cela, on ne saurait à quelle affection l'on a affaire et l'on ne pourrait la combattre méthodiquement. Mais, pour le médecin vitaliste, qui sait que la maladie a préexisté au désordre organique, au moins dans la plupart des cas, cette théorie est barbare : toutes les fois donc qu'il apercevra des symptômes indicateurs d'une prédisposition maladive et qu'il sera appelé dans la période d'incubation, il se hâtera d'employer la médication préventive : *Principiis obsta.* Les organiciens eux-mêmes, s'ils voulaient être strictement logiques, devraient reconnaître que leur théorie prise à son point de vue le plus général, conduit invinciblement à la médication préventive.

Essayons de raisonner, c'est-à-dire de rapprocher des faits.

Les médecins de toutes les écoles ne sont-ils pas d'accord pour reconnaître qu'il existe des prédispositions à telle ou telle maladie, des diathèses cancéreuses, goutteuses, tubercu-

leuses, etc. ; que ces prédispositions et ces diathèses proviennent, tantôt d'un vice héréditaire, tantôt d'une cause individuelle (idiopathique, dit-on en langue médicale) ; n'est-on pas
aussi d'accord à reconnaître que les individus sous l'empire de
ces diathèses et de ces prédispositions, sont plus sujets que
d'autres à certains troubles de certaines fonctions ou de certains organes ; enfin n'est-on pas d'accord à reconnaître qu'il
existe des médicaments dont l'effet bien constaté est d'agir sur
tel ou tel organe, d'activer ou de modérer telle ou telle
fonction ?

L'argument est établi d'après toutes les règles de l'école ; le
moindre bachelier peut en tirer la conséquence.

Sans nous appesantir sur des arguties, il nous semble donc
possible d'affirmer théoriquement la possibilité et l'utilité
d'une médication préventive. Les médecins organiciens qui
bornent leur thérapeutique prophylactique à prescrire un régime alimentaire et des précautions hygiéniques, sont dans le
faux ; ils vont contre leur propre système et ils exagèrent les
théories des vitalistes, en supposant que la force médicatrice
naturelle, aidée d'une bonne alimentation, suffira toujours
pour rétablir l'équilibre. Nous pensons, au contraire, que,
dans la plupart des cas, cette force a besoin d'un peu d'aide et
qu'elle la trouvera dans l'assimilation des forces de même
nature interposées entre les molécules des substances médicamenteuses.

Ceci semble incontestable dans un sens général ; mais les
applications pratiques sont difficiles, il faut en convenir.

D'abord, il n'est pas toujours aisé d'établir avec certitude le
pronostic d'une maladie qui n'existe encore qu'en germe ou
en prédisposition : les mêmes symptômes, les mêmes troubles
dans les fonctions peuvent être les avant-coureurs d'affections
fort différentes qui se déclareront un peu plus tard, ou qui
peut-être n'éclateront jamais. Par exemple, un jeune homme
fort et pléthorique, une jeune fille pâle et délicate peuvent,
l'un et l'autre, être sujets à des palpitations et à s'essouffler

facilement ; le jeune homme est menacé d'une maladie du cœur, la demoiselle deviendra probablement chlorotique. Ici, j'ai pris, pour plus de clarté, deux cas très-simples et sur lesquels aucun médecin un peu expérimenté ne pourrait se tromper ; il en est d'autres, j'en conviens, où, souvent, il hésitera. Mais, s'il est réellement habile, il trouvera toujours, dans les antécédents de la famille, dans l'ensemble des habitudes et de la constitution, et quelquefois aussi dans l'effet des substances médicamenteuses, des indications suffisantes pour l'éclairer sur la nécessité et la nature d'un traitement préventif.

Une autre difficulté, résulte de l'inconvénient incontestable qu'il peut y avoir à troubler l'harmonie générale en surexcitant mal à propos une fonction, ou bien même à accoutumer l'organisme à l'usage de tel ou tel médicament qui demeurera sans effet le jour où une maladie éclatera.

Mais ce sont là des questions de détail et d'application, contre lesquelles les médecins ont à lutter tous les jours, et leur art leur en fournit les moyens. Tous les médecins savent, ou doivent savoir quelles précautions il faut prendre pour surexciter une fonction sans troubler les autres ; tous aussi savent que l'on peut produire les mêmes effets, ou à peu près, par différentes substances, et que l'organisme s'accommode fort bien en général de ces changements.

Il n'y a donc pas là une objection sérieuse contre la médication préventive ; il faut seulement en conclure que, pour prévenir, comme pour guérir les maladies, ce n'est pas trop de toute la science du médecin le plus habile.

Arrivons enfin à la véritable difficulté, celle que nous avons indiquée au commencement de ce chapitre.

Existe-t-il, oui ou non, des médicaments véritablement préventifs ; c'est-à-dire des substances dont l'action spécifique préviendra telle ou telle maladie ?

A la question, ainsi posée, la science ne répond affirmativement que pour une seule maladie, la petite vérole. On a reconnu que la vaccine est un spécifique dont l'action, au

moins pendant de longues années, neutralise le virus vario-
lique et rend les individus vaccinés plus ou moins invulnéra-
bles à la terrible contagion.

Il existe cependant quelques substances auxquelles des
médecins et des savants ont cru reconnaître une vertu spécifique préventive de certaines maladies ; on a, entre autres,
indiqué certains médicaments comme préventifs du croup,
cet effroi des jeunes mères. Mais la science, avec son inflexible
positivisme, est venue opposer des doutes aux assertions ; elle a
critiqué les expériences, elle s'est demandé si l'effet produit
sur des organisations délicates, celle des enfants par exemple,
en les soumettant à l'usage constant d'un médicament énergique, ne serait pas plus funeste encore que l'incertaine
éventualité du croup ?

Enfin, au milieu de ces perplexités des savants, on peut dire
que la médecine moderne, bien pauvre au milieu des richesses
de son arsenal thérapeutique, ne possède actuellement qu'une
seule médication réellement préventive, la vaccine.

Pour l'honneur de la science, et surtout pour le soulagement de la pauvre humanité, il serait à désirer que cette
lacune fût enfin comblée et que l'on pût connaître la substance qui prévient la maladie aussi bien que celle qui doit la
guérir, ou pour se servir d'une expression consacrée par la
langue médicale, il faudrait constater les vertus prophylactiques des médicaments en même temps que leur action physiologique et leurs effets thérapeutiques.

Il y a là un beau champ d'expériences et de méditations
ouvert à l'ambition des jeunes médecins. L'œuvre est difficile
sans doute ; mais le but n'est pas impossible à atteindre : c'est
ce que nous allons essayer de démontrer ; heureux si nos travaux, dans cette voie à peine tracée, pouvaient aider des
savants plus jeunes et plus habiles à obtenir des résultats
plus complets.

La question se présente sous un double point de vue.
Ou bien l'homme, chez lequel on veut prévenir la maladie,

est envisagé comme dans un parfait équilibre de santé, et alors, les spécifiques préventifs à découvrir auront pour but de cuirasser en quelque sorte son organisme contre des maladies dont on redoute l'invasion par une cause accidentelle quelconque.

Ou bien on aura reconnu soit dans la famille, soit chez le sujet, des prédispositions à telle ou telle maladie ; alors la médication préventive a pour but de lutter contre ces prédispositions.

La première hypothèse est malheureusement pour l'humanité, une exception fort rare, on peut dire que les prédispositions à telle ou telle maladie, ou tout au moins l'infériorité d'un organe ou d'un système d'organes relativement aux autres, sont la règle à peu près constante : de telle sorte que l'on ne peut, en général, considérer la santé comme en état de parfait équilibre que chez l'adulte et après que les prédispositions maladives auront disparu. L'ordre logique des idées exige donc que nous commencions par traiter la question des spécifiques préventifs au point de vue des prédispositions maladives. Nous renverrons celle des prophylactiques appliqués à l'homme en état de parfaite santé, à un des chapitres suivants, pour n'examiner, dans celui-ci, que la médication préventive appliquée aux prédispositions.

III. — Quel sens doit-on attacher à ce mot de prédisposition à telle ou telle maladie?

Ici, la science, qui a daigné parler français cette fois, rend la définition plus facile. C'est une modification spéciale de l'être vivant, qui ne constitue pas une maladie proprement dite, qui même ne trouble pas habituellement les fonctions, d'une manière absolue, mais en vertu de laquelle on est exposé à contracter certaines maladies plus facilement que d'autres. Les prédispositions sont, en général, caractérisées par une certaine faiblesse d'un organe ou d'un système d'organes, eu égard aux autres organes, faiblesse qui pour le vitaliste résulte d'un manque d'équilibre dans les fonctions.

Les exemples de ces prédispositions se rencontrent journellement.

Dix chasseurs ont été ensemble poursuivre des bécassines dans un marais ; ils ont subi les mêmes influences de fatigue et de froid humide ; cependant un seul de la troupe se retirera avec une pleurésie ; ou dit alors qu'il était prédisposé aux affections de la plèvre ou du poumon.

Cette aptitude spéciale à contracter une certaine maladie plutôt qu'une autre, ne peut être expliquée que de deux manières : ou bien par un commencement de perturbation de la cause vitale, qui préside plus spécialement à telle ou telle fonction ; ou bien par une faiblesse constitutionnelle de l'organe. L'école scientifique dont nous combattons les systèmes, dira que le dernier cas est la règle générale ; les vitalistes, au contraire, soutiendront que les prédispositions sont occasionnées par une perturbation de force. Peu importe, pour la question qui nous occupe : elle peut être résolue théoriquement dans l'une ou l'autre des deux hypothèses. En effet, l'école organicienne reconnaît qu'il existe des substances qui exercent une action spéciale sur tel ou tel organe et conséquemment sur la fonction qui est remplie par l'organe ; les vitalistes disent que cette action des médicaments s'exerce d'abord sur la fonction elle-même en sollicitant la force qui la régit. Par conséquent, tout médecin, sous quelque drapeau qu'il se range, doit admettre, en principe, la possibilité d'agir thérapeutiquement, sur les prédispositions maladives.

De cette possibilité théorique, si l'on veut arriver aux applications pratiques, on rencontrera sans doute des difficultés très-grandes ; mais nous ne pensons pas qu'elles soient insurmontables. Il faudrait, avant tout, que les médecins qui ont à soigner, et le public qui doit être traité, fussent bien convaincus de la possibilité et de l'utilité de la médication préventive opposée aux prédispositions maladives. Ce point obtenu, tout le reste deviendrait plus facile, surtout en France, où tout est soumis à cet engouement qu'on appelle la mode, même les remèdes et les traitements.

Recherchons donc quels sont les principes qui devraient présider au traitement des prédispositions maladives?

La première des généralités qui se présente à l'esprit quand on se prend à réfléchir sérieusement sur cette question, est d'examiner s'il existe un principe absolu, ou pour mieux dire, une loi de nature qui puisse servir de règle uniforme.

Ce principe, c'est l'équilibre des fonctions que la force conservatrice des êtres vivants cherche toujours à rétablir quand il est troublé.

Or, la médecine nous offre deux sortes de moyens pour rétablir cet équilibre :

Ou bien on opérera, en quelque sorte, par voie de soustraction, en diminuant les forces que l'on considère comme en excès, et en cherchant à soulager l'organe faible par des révulsions, c'est-à-dire des irritations artificielles sur les organes demeurés forts ;

Ou bien par voie d'addition, en corroborant l'ensemble du système et rétablissant l'équilibre, soit en fortifiant directement l'organe faible, soit en l'aidant à remplir la fonction troublée.

Dans les maladies aiguës, le médecin est souvent obligé de recourir à la première des deux méthodes ; mais c'est toujours aux dépens de ces forces que Barthez nommait radicales et qui constituent la vie elle-même.

La faiblesse des convalescents en est une preuve ; et l'on pourrait dire, avec quelque raison, que chaque maladie aiguë coûte, à celui qui en réchappe, bien des années de vie.

Dans les affections chroniques, nous l'avons déjà dit, on devra presque toujours procéder par voie d'addition de forces ; et, à plus forte raison, lorsqu'il s'agira de combattre des prédispositions.

Prenons pour exemple un cas qui se présente tous les jours.

Un homme d'un tempérament pléthorique jouit en apparence d'une santé florissante ; cependant il est sujet aux maladies aiguës; on dit vulgairement que le sang lui fait la guerre ; les médecins trouvent plus scientifique de définir son état une prédisposition aux congestions sanguines. S'il vient à être attaqué d'un accident de ce genre, on le saignera et l'on fera fort bien ; mais s'il s'agit de combattre sa prédisposition, doit-on lui conseiller l'usage habituel des émissions sanguines? voilà la question nettement posée.

Les bonnes gens qui en sont encore à croire que, dans le cas qui nous occupe, le mal consiste dans un excès de sang, pourront croire aux avantages des saignées de précaution, comme on les appelait autrefois; mais tous les médecins éclairés sont d'accord pour proscrire cette funeste habitude qui modifie quelques accidents sans gravité aux dépens des forces mêmes de la vie. Comment donc ce pléthorique doit-il combattre cette fâcheuse prédisposition ?

Ici l'école des anatomo-pathologistes et surtout les travaux de leur illustre chef ont jeté de vives lumières sur la question. M. Andral analysera le sang du malade ; il y trouvera un vice de proportion entre les divers éléments constituants ce liquide composé : par exemple, un excès de fibrine ; et, comme d'un autre côté, la médecine possède des moyens d'augmenter ou de diminuer la formation de la fibrine, on lui prescrira un régime et un traitement approprié.

Peut-être un médecin vitaliste serait-il arrivé à la même conclusion, sans expériences chimiques et par le seul examen des symptômes généraux. Mais c'est là une rivalité d'école ; le point essentiel est d'empêcher notre pléthorique d'avoir, tous les six mois, une maladie inflammatoire.

« Mais, m'objectera-t-on, le cas hypothétique sur lequel
« vous prétendez appuyer votre théorie, est en contradiction
« avec elle ; vous dites que, pour combattre les prédisposi
« tions maladives, il faudra toujours soutenir les forces ; et
« voici un pléthorique pour lequel vous nous indiquez,
« comme tous les médecins, un régime et un traitement débi-

« litants, des fruits, des acides, des viandes blanches, du petit-
« lait, des sucs d'herbes, des laxatifs, etc., etc., etc. »

L'objection est plus spécieuse que solide ; et nous avons
parlé de pléthore, afin d'attaquer de front la seule difficulté
réelle qui pût se présenter dans l'application de notre théorie.

Il faut d'abord bien s'entendre sur le régime et le traitement rafraîchissant, dit le vulgaire, et auquel certains médecins ont donné, assez improprement à notre avis, la quali-
fication de *débilitant*. En effet si les agents hygiéniques et
thérapeutiques de cette catégorie sont appliqués à propos, ils
ne diminuent pas les forces, au contraire, ils les relèvent. Les
Indous au service de la compagnie des Indes sont parfaitement nourris avec du riz arrosé de beurre fondu ; ils conservent toute leur énergie nerveuse et musculaire et résistent aux
fatigues de la guerre et aux ardeurs du soleil des tropiques,
mieux que les Anglais qui mangent du bœuf, du mouton, du
jambon et boivent du vin et du rhum. Mais cet Anglais lui-
même qui ne saurait se passer en Angleterre de l'alimentation
corroborante, quand il arrive au Bengale, quand il est accablé
par des sueurs énervantes, oppressé par le ciel lourd et em-
brasé de Bombay et de Calcutta, s'il avale, avec les précautions
convenables, une fraîche limonade, sent renaître ses forces et
son énergie.

Nous pourrions multiplier ces exemples ; mais ils sont
bien connus, et l'on peut établir, sans proférer aucune hérésie médicale, que le régime et les médicaments de la classe
des tempérants sont corroborants, dans la véritable acception
du mot, c'est-à-dire, relèvent et soutiennent les forces, s'ils
sont appliqués dans les conditions convenables. Il n'y a donc
là qu'une difficulté d'appréciation pratique, il faut pour la résoudre de la science et du talent : le médecin qui ne réunirait
pas ces deux conditions, serait à chaque instant arrêté dans
l'exercice de son art.

Ainsi donc, pour revenir au pléthorique qui a été l'objet de
cette petite digression, on pourra lui conseiller un régime

tempérant, mais, dans notre opinion, si l'on veut que ce régime agisse efficacement sur sa prédisposition maladive, on fera bien d'y ajouter des magnétisations fréquentes, par nos procédés et de lui faire respirer d'abondantes quantités d'oxygène. L'électricité sans secousse rétablit peu à peu la circulation normale des fluides, et par cela même, corrige l'excès de plasticité du sang; l'oxygène concourt à aider la force électrique, dans ce travail vital, et en même temps augmente la proportion des globules sanguins.

IV. — Si, au lieu d'un pléthorique, on avait affaire à une de ces organisations frêles, prédisposées à la chlorose, ou à l'anémie, ou aux affections des viscères, nos idées sur l'utilité du régime et de la médication corroborante ne trouveraient aucun contradicteur. Tous les médecins seront d'accord à prescrire une alimentation nutritive ainsi que l'usage du fer et du quinquina. Dans beaucoup de cas ce traitement réussira à fortifier la constitution et à prévenir des maladies graves; mais nous pensons qu'il serait encore bien plus efficace, si l'on y ajoutait dans une prudente mesure l'usage de l'or, stomachique nervin par excellence.

L'intention des médecins, en employant la médication corroborante, n'est pas seulement de relever les forces, mais aussi d'arriver à ce but, en aidant les fonctions digestives et assimilatrices à puiser, dans les aliments, les principes réparateurs de la vie matérielle. L'or, ce précieux médicament, trop rarement usité par l'École de Paris, remplit admirablement cette indication vitale. C'est à tort, nous l'avons déjà dit, que ce métal a été classé parmi les altérants ; c'est en tête des corroborants et des reconstituants qu'il fallait le ranger. Son action est sans doute, spécifique de certaines maladies déclarées, en ce sens que les forces interposées entre les molécules ont une action spécifique sur les forces vitales, mais cette action se manifeste surtout par le rétablissement des fonctions digestives et assimilatrices.

Voilà pourquoi nous recommanderons aux médecins d'avoir recours à l'or dans le traitement d'un grand nombre de prédispositions. Mais on s'exposerait à des perturbations, si on voulait faire usage, à l'intérieur, des chlorures d'or, préparations corrosives, qui, à notre avis, devraient être réservées pour remplacer avantageusement le nitrate d'argent dans certaines applications externes. D'un autre côté, la poudre d'or et les oxydes de ce métal sont des médicaments souvent infidèles, qu'il faut administrer, par cela même en trop fortes doses, et qui peuvent devenir toxiques.

C'est donc aux sels ou combinaisons de l'or avec les éléments homogènes à l'organisme humain, qu'il faut avoir recours. Déjà les médecins se sont souvent servis avec utilité du cyanure d'or chez des sujets nerveux et irritables ; nous avons parlé de l'iodure aurique pour les affections compliquées d'un vice scrofuleux ; nous pensons aussi que la médecine curative, comme la médecine préventive, pourraient employer avec avantage certaines combinaisons d'or et de phosphore (métaphosphate, pyrophosphate), mais à notre avis, la préparation qui est susceptible de rendre les plus grands services dans le traitement de beaucoup de prédispositions maladives, sera l'ÉLIXIR DE CAGLIOSTRO , L'OR POTABLE DES ALCHIMISTES (1).

Un savant illustre (M. Dumas) a dit, quelque part, que l'or potable des alchimistes n'était autre chose qu'une dissolution de chlorure aurique dans de l'éther. Avec toute la déférence due à un grand maître, nous pensons qu'il y a là une erreur de fait. Mais l'important est de savoir si l'or potable est possible, et s'il est utile.

Pour s'assurer du premier point, il faut fouiller profondément dans les manuscrits et bouquins des alchimistes; on y trouvera diverses formules, toutes très-compliquées parce que

(1) On trouvera la formule à l'appendice ; elle a été composée après avoir longtemps feuilleté les mêmes bouquins et manuscrits qui avaient été compulsés par Joseph Balsamo, à Palerme et au couvent de Saint-Martin.

l'idée des alchimistes était de réunir en une seule substance les divers principes de vie répandus dans les trois règnes de la nature. Les progrès apportés par la chimie moderne dans l'art des manipulations permettent de simplifier cet élixir, qu'au lieu de qualifier d'essence de vie, on appellera, si l'on veut plus modestement *élixir stomachico-nervin*, et s'il répond à cette indication, ce sera une assez utile acquisition pour la thérapeutique.

Pour s'en assurer, il n'y a que l'expérience : celles que nous avons faites, depuis plusieurs années, ont formé notre conviction. Nous appelons de tous nos vœux des recherches plus savantes, notre concours ne leur fera pas défaut, quand il sera réclamé. Mais avant l'expérience, le raisonnement doit être invoqué dans ces questions délicates : l'empirisme qui essaie, sur des malades, tel ou tel médicament nouveau sans se rendre compte de sa nature et seulement parce que l'on dit qu'il a réussi chez tel ou tel, doit être à bon droit flétri.

Comment, dans le cas qui nous occupe, pourrait-on, d'avance, présumer par induction et analogie les effets thérapeutiques d'un élixir composé de plusieurs substances ?

Si la base est une dissolution aurique reconnue pour avoir seule sur l'organisme des effets stomachiques et nervins ; si, à cette dissolution, sont ajoutées d'autres substances médicamenteuses, les unes stomachiques, les autres régularisant les mouvements nerveux ; si enfin la préparation ainsi obtenue est homogène et d'une saveur et d'une odeur agréable ; toutes les probabilités seront réunies pour faire supposer que cet élixir devra agir comme stomachique nervin ; c'est-à-dire aider les forces vitales dans leur travail de digestion et d'assimilation.

Nous n'irons pas plus loin dans ces détails d'élixirs et de spécifiques, qui finiraient par donner à cet ouvrage une teinte de charlatanisme : revenons aux généralités.

Nous pensons avoir suffisamment démontré la possibilité de traiter et de guérir les prédispositions maladives. Chaque cas individuel, nous le reconnaissons, présentera une difficulté nouvelle, à cause de ces variétés dans les organisations pour lesquelles les médecins ont créé un mot, les *idiosyncrasies ;* à cause aussi des complications que l'on rencontrera dans le traitement des prédispositions, comme dans celui des maladies déclarées. Mais on peut poser quelques règles générales qui aideront les applications pratiques.

V. — Les prédispositions maladives sont caractérisées par le trouble plus ou moins passager d'une ou de plusieurs fonctions, tantôt sous l'empire d'une cause légère, quelquefois même sans cause occasionnelle apparente.

Pour les combattre, il faut donc s'attacher à fortifier les organes faibles et à régulariser les fonctions troublées, sans cependant porter d'irritation sur les autres organes et sans trop surexciter les fonctions demeurées régulières.

Ce but peut être atteint par des traitements continués avec une grande persévérance.

Ces traitements devront être combinés de manière à procurer, suivant le mot profond de Barthez, « des alternatives assidues d'excitation et de relàchement. »

On obtiendra ce résultat, en employant les corroborants et les nervins, plutôt que les excitants, en les alternant, quelquefois même en les associant avec les sédatifs, les antispasmodiques et les narcotiques. C'est ainsi que très-souvent, certains vomissements sont arrêtés facilement par l'association de l'opium et de l'ipécacuanha, tandis que la potion de Rivière les aggrave. Un très-habile médecin de l'école de Paris conseille d'aider les digestions pénibles, en faisant prendre, après chaque repas, une potion où le tilleul et la fleur d'oranger, médicaments plutôt nervins qu'antispasmodiques, sont associés à la morphine (1).

Si la prédisposition que l'on est appelé à traiter, indique une

____

(1) VALLEIX, *Guide du médecin praticien*, t. II, p. 639. Paris, 1850.

tendance de l'organisme ou de la vie vers une maladie essentielle, il faudra considérer cette maladie comme existant à l'état latent ou d'incubation, et la combattre par les spécifiques que l'on appliquerait à la maladie déclarée. Seulement il conviendra d'employer les doses les plus minimes et de persévérer dans le traitement.

Quelquefois, il arrivera, surtout dans les prédispositions goutteuses, que le traitement amènera une attaque de la maladie ; mais elle sera courte et légère et disparaîtra en continuant la même médication. Le plus souvent, on ne s'apercevra des bons effets du traitement que par un redoublement d'énergie des fonctions.

Les prédispositions aux affections catarrhales peuvent aussi être combattues par des moyens analogues à ceux que l'on emploie contre les maladies des bronches, mais en y associant un régime analeptique et, de temps en temps, l'or et le fer.

Enfin les prédispositions sont différentes aux divers âges de la vie ; et les plus importantes, comme les plus difficiles à traiter, sont celles de l'enfance. Écoutez encore un auteur moderne que nous venons de citer un peu plus haut : voici comment il s'exprime à propos d'une maladie de la gorge assez commune dans le premier âge... « Il y a, en outre, une *pré-« disposition particulière* et inexplicable qui se révèle à nous « par des faits évidents. On voit, en effet, un certain nombre « d'enfants qui ont une tendance marquée à contracter la « pharyngite tonsillaire. Ils en sont affectés une, deux et trois « fois par an. Assez souvent cette tendance se conserve pen- « dant un assez grand nombre d'années ; mais elle finit gé- « néralement par disparaître à un âge peu avancé (1). »

Tous les médecins sont d'accord pour reconnaître l'existence et la *spécialité*, si l'on peut s'exprimer ainsi, de ces prédispositions ; mais les opinions sont diverses quand il s'agit

(1) Valleix, *Guide du médecin praticien*, t. II, p. 336.

des moyens de les combattre. Quelques-uns ne veulent employer qu'une bonne alimentation. Il serait cependant plus prudent de continuer, après le rétablissement momentané, le traitement qui a réussi à dissiper la maladie.

De même, pour les prédispositions maladives des enfants, on se borne, en général, à s'occuper des qualités du lait de la nourrice, il serait plus rationnel d'aider les bons effets de l'alimentation par une médication prudente ; et, dans ces cas, les préparations homœopathiques pourraient être utilement appliquées. Cependant, il faut le reconnaître, la principale condition de la santé et du développement des forces de l'enfant réside dans les qualités du lait de la nourrice.

Il ne faut pas entendre ce mot de *qualités du lait* dans le même sens que les anciens, qui y attachaient des idées superstitieuses. Didon accuse le doux et pieux Énée d'avoir sucé le lait des tigres d'Hyrcanie ; de même, dans le moyen âge, on supposait que certains héros avaient été nourris par des bêtes féroces ; témoin cet Alphonse, roi de Navarre, qui, dans les romans, fut allaité par une ourse. Ce sont là des fictions dont la science moderne a fait justice : un homme ne sera pas capricieux et n'escaladera pas des rochers, parce qu'il aura été nourri par une chèvre ; mais on ne doit pas non plus faire consister les bonnes qualités du lait des nourrices uniquement dans la composition chimique. Les savants nous disent que le lait des carnivores contient plus de *caseum* et moins de sucre, qu'il se rapproche davantage de la composition de la viande, à mesure que l'animal mange moins d'aliments féculents (1). C'est fort probable ; mais cela n'empêche pas qu'il n'y ait de bonnes et de mauvaises nourrices, que le lait d'une femme robuste et bien nourrie ne soit préférable à celui d'une vache, et celui d'une vache du canton de Gruyère à celui d'une chétive vache pâturant dans des marécages.

Le choix de la nourrice est donc d'une haute importance

____

(1) *Comptes rendus de l'Académie des sciences*, t. **XXI**, p. 716 ; *Mémoire* de M. Dumas.

pour combattre les prédispositions maladives des enfants ; mais ce n'est pas la seule condition de force et de vie.

La température, la composition de l'air atmosphérique, sa richesse en oxygène et l'état de ses conditions électriques, sont les causes occasionnelles qui développent le plus souvent les maladies de l'enfance. Or, dans l'état actuel de la science et de l'industrie, toutes ces causes peuvent être favorablement modifiées.

Il est possible d'entretenir, dans les chambres d'enfants, une température douce et uniforme ; d'y absorber l'excès d'humidité et l'acide carbonique de l'air ; d'y faire arriver une suffisante quantité d'oxygène et d'y maintenir, au moyen de verres violets, les conditions électriques favorables au développement de la vie végétative.

Enfin, chez les enfants, comme à tous les âges, l'électro-magnétisme, soit au moyen d'un appareil, soit en employant les passes, l'insufflation et la volonté sera, dans bien des cas, un utile auxiliaire pour combattre les prédispositions maladives.

Nous ne pousserons pas plus loin ces généralités : il est temps d'arriver à une question plus difficile encore que toutes celles que nous avons abordées, celle de la vieillesse considérée comme une maladie ; et d'examiner si cette dernière dégénérescence des forces vitales est susceptible d'être traitée méthodiquement : en un mot, s'il existe une médecine sénile dont le but sera non pas le *rajeunissement*, recherche folle et impie, mais la *conservation* relative des fonctions et l'adoucissement des souffrances chez les vieillards.

Nos idées, à cet égard, vont être exposées dans le chapitre suivant.

CHAPITRE XVII.

I.—La médecine sénile, telle que nous la comprenons, peut
être considérée à un double point de vue, ou plutôt, elle offre
deux grandes divisions bien tranchées.

La connaissance et le traitement des maladies de la
vieillesse.

L'hygiène des vieillards, c'est-à-dire l'art de prévenir les
infirmités, de ralentir la décadence des forces et de conserver
l'intégralité relative des fonctions, jusques au moment où la
vie s'éteindra sans douleur et par impuissance de vivre.

II. — En ce qui touche les maladies des vieillards et leur
traitement, nous aurons peu à dire : ces questions ont été traitées, au point de vue pratique, par d'excellents auteurs; il
existe même des livres spéciaux sur ce sujet : entre autres, un
très-savant traité de M. Durand-Fardel, qui a résumé tous
les travaux de la science sur cette question. Pour éviter les
plagiats ou les redites oiseuses, nous nous bornerons donc
ici à quelques généralités.

Les vieillards sont plus sujets que les adultes à certaines affections liées à la décadence des forces radicales et aux modifications anatomiques des organes. Ces maladies sont, en
général, des affections catarrhales, fluxionnaires, rhumatismales, goutteuses ; souvent aussi des paralysies plus ou moins

étendues ; enfin, toutes les affections des vieillards sont compliquées, si même elles ne sont pas occasionnées par l'insuffisance des sécrétions. Mais le Créateur a voulu que, sur cette terre, le mal fût toujours mêlé de bien : en même temps que sa justice nous a infligé la souffrance et la maladie, sa bonté a mesuré la douleur à la capacité de nos forces. Aussi, à côté des affections de la décrépitude sénile, trouvons-nous une compensation. Les vieillards sont exempts d'un grand nombre des plus redoutables maladies qui affligent l'âge adulte ; entre autres les affections du cœur et.la plupart des inflammations franches ; on a aussi remarqué, qu'en général, chez eux, les douleurs sont moins aiguës : phénomène qui peut s'expliquer par l'induration du système nerveux et les modifications anatomiques de l'encéphale.

De ces observations générales, résultent quelques règles à observer dans le traitement des maladies de la vieillesse. On sera sobre d'émissions sanguines ; on préférera aux boissons acides qui opèrent par soustraction de forces, les mucilagineux et les diurétiques, qui sollicitent les sécrétions, enfin, on cherchera à soutenir les forces, en rétablissant les fonctions.

Mais ces préceptes généraux, nous l'avons déjà fait observer, sont admis par la science : la lacune à remplir, c'est l'étude de la vieillesse considérée en elle-même, comme une maladie ; d'où résultera le traitement hygiénique et médical qu'il serait possible de lui opposer, non pas, nous le répétons, pour la guérir ; mais pour en diminuer les ravages et en ralentir les progrès.

Avant d'exposer nos propres idées sur cette question neuve encore, quoiqu'elle ait été bien souvent traitée, il convient de résumer, à grands traits, les modifications produites, chez l'homme, par la vieillesse et de les apprécier au double point de vue de l'anatomie et de la physiologie. Il résultera de cet examen, la réfutation de quelques erreurs vulgaires, trop souvent répétées, même dans les livres.

III. — Un mot, en commençant, sur la plus lourde de ces erreurs.

Tout le monde a vu dans la loge de sa portière, ou dans quelque cabaret de campagne, une image grossièrement enluminée qui représente la double échelle de la vie humaine, au premier degré l'enfant soutenu par sa mère ; au dernier, le vieillard appuyé sur son bâton. C'est la représentation graphique et naïve d'une assimilation que l'on établit assez généralement entre l'enfance et la vieillesse. Certains auteurs pensent à cet égard, comme les bonnes femmes. « Le vieil- « lard retombe dans l'enfance !... Les maladies des vieillards « sont les mêmes que celles des enfants... » « Il faut nour- « rir les vieillards de bouillie, tout comme les petits en- « fants... » Voilà ce que l'on a lu partout ; et ce n'en est pas plus fondé ; au contraire, il existe entre l'enfance et la vieillesse des différences essentielles.

L'enfant est tout gélatineux ; les parties molles et albumineuses dominent les parties dures ; ou, pour mieux dire, les organes durs — encore imparfaitement incrustés, sont flexibles comme des tendons ; c'est pour cela que le bras de la mère est nécessaire au soutien des premiers pas.

Chez le vieillard, au contraire, tout tend à s'ossifier ; les os eux-mêmes, imparfaitement lubrifiés, sont secs et cassants ; l'élément terreux domine ; les canaux médullaires sont vides et la synovie est remplacée par une matière solide qui encroûte les articulations. Voilà pourquoi il faut un bâton pour aider la marche du vieillard et aussi parce que l'ouverture du bassin, au lieu d'être, comme chez l'adulte, à peu près parallèle au sol, s'en rapproche par un angle plus ou moins obtus. Chez les enfants, il est vrai, il n'y a pas non plus parallélisme entre le sol et l'ouverture du bassin ; mais cela tient au manque de consistance des os et surtout de la colonne vertébrale. Chez le vieillard, cet affaissement est occasionné par une contraction imparfaite de l'appareil musculaire qui soutient la colonne vertébrale. La preuve en est souvent offerte dans ces affections de caducité anticipée des hommes qui ont trop abusé de la vie ; ils sont courbés vers la terre parce que les muscles extenseurs ne soutiennent plus la colonne vertébrale ; ils ne marchent qu'à l'aide d'un bâton. Mais si on les soumet à un traitement approprié, si l'on use à propos des frictions toniques, tout se redresse et le malade jette sa béquille. Cependant tous les vieillards ne sont pas inclinés vers la terre et nous espérons démontrer un peu plus loin, la possibilité de conserver, chez le plus grand nombre, la faculté de marcher et de se tenir debout ; chez l'enfant, au contraire, il faut attendre que l'assimilation ait solidifié ses organes.

Au point de vue des forces, les différences sont tout aussi tranchées.

Chez les enfants, l'instinct est plus développé que la raison, la vie végétative et instinctive domine la vie intellectuelle ; le vieillard, au contraire, n'est homme que par la portion d'intelligence qui a survécu à la décadence des fonctions animales ; cette intelligence s'exerce différemment de celle de l'adulte, mais elle est encore la raison humaine, tandis que les instincts sont émoussés, tandis que les besoins ne sont plus que des habitudes.

Ce rapprochement différentiel entre les deux extrémités de la vie, jette déjà quelque lumière sur la question posée au début de ce chapitre ; pour achever de l'éclaircir, il faut résumer les traits les plus saillants de l'anatomie et de la physiologie de la vieillesse.

Commençons par la charpente osseuse.

Nous venons de voir que le caractère distinctif de la caducité est une tendance à l'incrustation des organes durs, une sorte de pétrification, *minéralisation*, a dit un auteur contemporain (1).

L'excès de phosphate calcaire qui, peu à peu, remplace la gélatine et la solidification des cellules osseuses, rendent les

____

(1) *Comptes rendus de l'Académie des sciences*, t. XXXVI, p. 146 ; *Mémoire* de M. E. Robin.

os des vieillards plus susceptibles de se fracturer. Ceci est incontestable ; mais ce qui est au moins douteux, c'est ce qui a
été souvent affirmé de la pesanteur des os eux-mêmes, que
l'on suppose, en général, plus considérable chez le vieillard
que chez l'adulte. L'expérience ne confirme pas cette opinion,
qui, du reste, n'est pas appuyée sur la théorie, car si les os
du vieillard contiennent plus de phosphate de chaux, cette
cause d'augmentation de pesanteur est compensée par le vide
qui se fait dans les cavités. De sorte que, s'il y a augmentation
dans le poids total du corps d'un vieillard comparé à celui du
même individu à l'âge adulte, fait qui n'est pas rigoureusement établi, cette augmentation ne provient pas du poids des
os eux-mêmes, mais de l'incrustation des organes, cartilages,
tendons, tuniques des veines et des artères, etc., etc., etc.

Cette augmentation de pesanteur n'a en elle-même aucun
inconvénient pour les fonctions de la vie ; l'incrustation des
ligaments est fâcheuse, parce que le jeu des articulations est
plus lent ; c'est une infirmité inévitable à laquelle les vieillards
doivent se résigner ; mais chez celui dont les forces vitales
sont intactes, la marche, pour être un peu moins rapide, n'en
est pas moins possible et salutaire.

On croit assez généralement que les dents tombent par
l'effet de la vieillesse ; c'est une erreur qui a été réfutée par un
anatomiste de notre siècle (1). La seule modification anatomique produite, par les progrès de l'âge, dans la constitution
des dents, est l'empâtement du bulbe dentaire et l'oblitération
des vaisseaux et des nerfs qui y aboutissent. Il y a là, pour les
vieillards, quelques maux de dents de moins, mais non pas
une cause nécessaire de leur chute. Aussi observe-t-on que
ceux qui parviennent à un âge avancé sans avoir commis la
faute de les faire arracher, conservent jusques à leur dernière
heure des dents saines et solides.

La carie peut attaquer les dents des vieillards, tout comme

(1) BROC, *Anatomie*, t. II, p. 213.

celles des adultes ; mais on peut aussi traiter et guérir, à tout âge, la carie dentaire, par un traitement intérieur combiné avec des topiques locaux.

Les altérations produites par la vieillesse sur les tissus de la peau, sont plus fâcheuses, parce qu'elles sont un obstacle à la sécrétion cutanée déjà ralentie par la décadence des forces radicales. L'excès des principes terreux puisés dans les aliments par les vaisseaux absorbants, n'étant plus rejeté au dehors par les sécrétions, vient former ces incrustations, qui, elles-mêmes, gênent toutes les fonctions. C'est un cercle vicieux inévitable, dans lequel l'homme a été renfermé par la volonté toute-puissante ; on ne peut en sortir ; mais on peut en retarder et en adoucir les conséquences, en usant, dans une sage mesure, des moyens qui sont à la disposition de notre intelligence pour faciliter les sécrétions.

On observe, chez quelques vieillards, une disposition spéciale à l'aggravation des blessures et aussi à se blesser facilement, prédisposition qui est considérée, en médecine, comme faculté inhérente à l'individu et qui a reçu le nom de *vulnérabilité*. Mais quelques adultes aussi y sont sujets ; par conséquent ce n'est point une affection propre à la vieillesse et nous n'avons point à nous en occuper.

En tête des altérations propres à la vieillesse, il faut faire figurer l'incrustation des veines et des artères. Cette modification improprement qualifiée d'*ossification* par quelques auteurs, présente à la loupe de l'anatomiste un excès de phosphate et de carbonate calcaire interposé entre les tuniques externes et internes qui constituent les vaisseaux sanguins, plutôt qu'entre les mailles mêmes du tissu. Mais peu importe, après tout, où vient se loger cette incrustation, la triste vérité, c'est son existence ; et il paraît résulter des nécropsies, que bien peu de vieillards en sont exempts. Quand cette maladie se déclare chez l'adulte, ce qui est rare, mais non pas sans exemple, les médecins la considèrent comme extrêmement dangereuse ; les progrès sont plus lents et moins graves chez le vieillard, mais ils ralentissent d'une manière bien fâcheuse la circulation du sang ; — ralentissement qui est aggravé par d'autres causes. Les veines et les artères des membres, au lieu de suivre en lignes flexibles et allongées, la direction des os, sont sujettes à serpenter, ce qui augmente la longueur du trajet à parcourir par les liquides. Enfin, la crosse de l'aorte, au lieu de s'élever perpendiculairement au-dessus du cœur, s'incline fréquemment dans la direction du sternum, en même temps que les tissus qui la forment se dilatent et augmentent en volume par suite d'un développement exagéré du sinus de Valva. Ces désordres apportés dans l'économie par les progrès de l'âge, ont été, à tort, confondus avec un anévrisme qui n'existait pas ; mais ils apportent incontestablement une perturbation dans la circulation du sang (1).

L'examen des viscères va nous révéler des désordres d'une nature tout opposée, mais qui concourent aussi à troubler le libre développement des fonctions vitales et à ralentir la circulation sanguine.

Parmi les organes génito-urinaires, la prostate conserve seule chez les vieillards son volume ordinaire et sans doute aussi ses fonctions : ce qui ne nous apprend pas grand'chose, vu que la science ignore totalement l'usage de la prostate dans les mouvements de la vie. Tout le reste est, en général, flétri et atrophié, surtout les capsules-susrénales, qui, quelquefois, ont complétement disparu.

Le foie est communément atrophié, à moins qu'il ne soit le siége d'alltérations morbides. La rate aussi diminue de volume, et même, chez quelques vieillards, est complétement atrophiée. Quelle est l'influence de ces altérations sur la santé des vieillards? Encore ici, nous rencontrons un problème dont la science ne peut donner la solution, puisqu'elle ne sait

___

(1) Cette observation est empruntée aux leçons orales de mon excellent maître et ami le professeur Dubreuil, qui a laissé dans l'école de Montpellier les souvenirs les plus honorables, et des regrets bien vifs chez tous ceux qui l'ont connu.

pas au juste l'usage de ces organes. Tout ce que l'on peut présumer, c'est qu'il se fait une modification dans les conditions de la vie sénile, qui n'est plus la même que la vie adulte; mais il n'en résulte pas que le vieillard doive souffrir ou mourir, parce que son foie et sa rate sont diminués en volume. Par cela même que des centenaires ont vécu dans ces conditions, tous les vieillards peuvent s'en accommoder.

L'estomac est plus dilaté que chez l'adulte ; les parois sont amincies et moins résistantes. Il résulte de cette modification, que le régime alimentaire du vieillard ne doit pas être absolument le même que celui de l'adulte; ce que l'expérience de chaque jour nous apprend tout aussi bien ; mais il n'y a là ni cause de mort, ni cause de souffrances.

Le poumon ne diminue pas de volume, mais il se ramollit par une lente déperdition de sa substance propre, et par l'augmentation des vides cellulaires, qui tendent à donner à cet organe une sorte de ressemblance à une mousse savonneuse. Cette altération sénile contribue probablement à troubler l'acte de la reconstitution du sang artériel dont le renouvellement de chaque instant est une des conditions de la vie ; elle est aussi la cause de certaines affections chroniques fréquentes chez les vieillards. Mais l'art médical possède des moyens, si ce n'est de guérir, au moins de beaucoup atténuer cette fâcheuse disposition. En parlant des altérations produites par l'âge sur le parenchyme pulmonaire, nous devions peut-être dire quelques mots d'un fait assez curieux : On a observé que, dans les pneumonies des vieillards, c'est le sommet du poumon qui est le plus souvent envahi par l'inflammation fluxionnaire, tandis que chez l'enfant et l'adulte, c'est la base de l'organe qui est en général le siége de la maladie. Mais cette différence dans la localisation du mal, n'entraînant aucune modification dans le traitement; et la cause, quand même elle viendrait à être connue, n'étant pas de nature à modifier l'hygiène de la vieillesse, nos lecteurs nous permettront de passer outre.

Les autopsies cadavériques ont révélé, sur le cerveau des vieillards, une altération anatomique toute contraire, mais plus féconde en conséquences pratiques. L'ensemble de la substance cérébrale, a, comme le parenchyme pulmonaire, une tendance au ramollissement, mais, à l'opposé de ce qui se passe dans le poumon, les circonvolutions cérébrales de la région occipitale, c'est-à-dire des lobes postérieurs, sont les premières à se flétrir et à s'effacer, tandis que les lobes antérieurs situés au sommet de l'encéphale, conservent leurs circonvolutions et plus de fermeté dans leur substance.

Ce fait remarquable ne doit pas être interprété dans le sens de ces anatomistes qui considèrent le cerveau comme *sécrétant la pensée;* nous avons, ailleurs, démontré l'erreur de ces systèmes matérialistes, mais il vient à l'appui de l'opinion aujourd'hui généralement adoptée par les savants, que les fonctions de la vie instinctive et animale sont sous l'empire des lobes inférieurs de l'encéphale d'où partent les mouvements, tandis que la région antérieure ou frontale sert d'instrument à la pensée. Ce n'est point parce que les lobes inférieurs du cerveau sont flétris, que les fonctions animales et instinctives s'accomplissent imparfaitement ; mais cet organe s'altère, parce qu'il y a diminution ou décadence des forces qui régissent ces fonctions, parce qu'il ne fonctionne plus avec la même énergie que dans l'âge adulte; enfin, parce que cette atonie des fonctions est un obstacle à la nutrition de l'organe par les sucs réparateurs, qui, imparfaitement ou différemment élaborés, viennent, sans profit pour la vie, incruster d'autres organes.

Quoi qu'il en soit de cette manière d'envisager les causes, les faits n'en demeurent pas moins incontestables : et, comme nous l'avons déjà dit, dans l'âge avancé, l'intelligence, ou du moins certaines facultés de l'intelligence, survivent à la décadence de la vie instinctive. Ce qui démontre, soit dit en passant, l'ignorance des législateurs modernes, qui ont exclu les septuagénaires des fonctions publiques et surtout des cours de justice.

Ce n'est pas une amélioration, un progrès, comme disent nos publicistes révolutionnaires, mais un retour vers la barbarie. Les tribus sauvages qui promènent leur abrutissement et leur misère dans les solitudes glacées de l'Amérique polaire, font mieux encore ; elles enterrent dans la neige les vieillards qui ne peuvent plus suivre la trace de l'ours et du bison, ou aller chercher le veau marin endormi sur un glaçon flottant. Au contraire, chez tous les peuples qui ont laissé une trace dans l'histoire, on voit la civilisation commencer par un conseil de vieillards et un sénat. C'est qu'en effet, à la jeunesse et à l'âge adulte, appartiennent l'action et l'activité, aux vieillards les délibérations et le conseil. Dans une cour de justice, par exemple, s'il est utile que quelques magistrats soient encore dans la force de l'âge, pour les rudes labeurs de l'examen des affaires et pour imposer aux criminels par leur énergie, il faut aussi quelques vieillards qui conservent les traditions et qui apprécient le bien et le mal, sans se laisser influencer par les passions (1).

Cette observation nous ramène à notre sujet.

La décadence des fonctions instinctives amortit, chez le vieillard, la plupart des passions qui troublent la vie de l'adulte et qui sont, nous l'avons dit ailleurs, d'origine instinctive. Il arrive, peu à peu, à ce calme des facultés mentales qu'on appelle la sagesse ; il conserve les plus nobles attributs de l'intelligence pure, la faculté d'aimer et celle du raisonnement : sa vie végétative est, pour ainsi dire, toute d'habitudes et de souvenirs, elle est plutôt dominée par la volonté de

(1) L'histoire contemporaine offre des exemples nombreux de vieillards qui ont continué à remplir des hautes fonctions dans un âge très-avancé.

Le vénérable Barbé-Marbois était, à 95 ans, un des pairs de France les plus assidus.

M. Chesneau, conseiller au parlement de Bretagne, siégeait encore à la cour royale de Rennes à l'âge de 99 ans. Il ne lui a manqué que trois mois, pour offrir l'exemple d'un centenaire rendant des arrêts.

vivre, que par les forces propres qui président, dans l'âge adulte, aux fonctions de la vie animale ; c'est peut-être ce qui explique pourquoi l'on tient davantage à la vie, à mesure que l'on avance en âge, et que les conditions de l'existence deviennent de plus en plus fragiles.

Cette décadence des forces instinctives n'est cependant ni totale, ni tout à fait irrémédiable. Nous avons dit ailleurs que ces forces ont une intime connexité avec les forces physiques et chimiques qui président à toutes les combinaisons, à tous les mouvements de la matière terrestre ; par conséquent, il n'est pas impossible de les appliquer, dans une certaine mesure, à suppléer à l'énergie qui manque aux propres forces instinctives du vieillard. Mais avant de dire toute notre pensée sur cette intéressante question, il convient de jeter un coup d'œil sur l'affaiblissement sénile de l'intelligence, fait qui semble contradictoire à tout ce que nous venons d'avancer ; mais qui, si on l'approfondit, en est la confirmation.

On dit communément : ce vieillard radote, il est retombé en enfance : expressions impropres et qui ne peignent pas exactement un état que la médecine, plus précise dans son langage, a caractérisé du nom de *démence sénile*. En effet, il n'y a pas là un état propre à la vieillesse, parce qu'un très-grand nombre de vieillards conservent, jusqu'au dernier moment, toute leur intelligence ; mais une véritable maladie, qui résulte de deux causes, l'affaiblissement de la mémoire, faculté plutôt instinctive que purement intellectuelle ; et l'imperfection des sensations, conséquence de l'altération des organes.

L'enfant est sujet à mal raisonner : il ne compare pas les faits, ou bien il les compare mal et il en déduit des conséquences fausses. Au contraire, le vieillard atteint de démence sénile confond ses souvenirs et perçoit des sensations fausses ; d'où il résulte que ses discours pèchent par l'énonciation des faits, presque jamais par le raisonnement. Cette maladie est déplorable sans doute, parce qu'elle prive les vieillards qui en sont atteints de quelques-unes des plus nobles facultés de l'espèce humaine, mais elle n'est pas une cause de mort. Bien loin de là, on a souvent observé, chez des vieillards atteints d'infirmités graves, que leur santé s'améliorait quand leur intelligence venait à s'obscurcir et qu'ils étaient atteints de démence sénile. Nouvelle preuve, soit dit en passant, de l'exactitude des théories que nous nous efforçons d'établir. Quand les fonctions de l'intelligence sont entières chez le vieillard, le faisceau des forces vitales n'étant plus assez complet et assez énergique pour suffire à tout, les fonctions animales ne s'accomplissent plus, ou s'accomplissent mal; mais quand cette décadence des forces s'est étendue jusques à celles qui président aux fonctions de l'intellect, l'équilibre s'est rétabli et les fonctions instinctives et animales se font bien, parce qu'elles sont devenues la seule manifestation de la vie.

Cette observation nous ramène aux questions posées un peu plus haut.

La vieillesse est un état de décadence des forces caractérisé par certaines modifications anatomiques qui en sont la conséquence : est-il possible de ralentir les progrès de cette décadence des forces et de prolonger ainsi la vie, en atténuant les infirmités de la vieillesse?

Les principes que nous nous sommes efforcé d'établir nous permettent de résoudre affirmativement ce problème.

IV. — Si la décadence sénile se fait principalement sentir par l'affaiblissement des fonctions instinctives et animales ; si, d'un autre côté, les forces qui président à ces fonctions sont liées par une intime connexité aux forces physiques et chimiques dont l'intelligence humaine peut disposer dans une certaine mesure, il est possible d'appliquer ces forces à la prolongation des jours du vieillard, en suppléant, jusques à un certain point, au manque d'énergie des forces vitales.

Voilà pour la théorie ; les applications pratiques viendront l'élucider et la confirmer.

Tout le monde connaît l'effet salutaire de la chaleur et surtout de celle du soleil sur les vieillards; mais qu'est-ce que l'insolation? Ici, la science nous répond : un dégagement de force électro-chimique, analogue, si ce n'est identique, au dégagement d'électricité que l'homme retire de certains appareils. Dans ce cas, par conséquent, la force interposée entre les molécules du rayon lumineux est venue s'assimiler aux forces du même ordre qui étaient en décadence chez le vieillard et ont rétabli ses fonctions.

Cooper, dans un de ses romans, nous montre un vieux chasseur endurci par une vie de fatigues et qui, suivant la pittoresque description du Walter Scott américain, est devenu tout muscles et tout nerfs : il a perdu la souplesse des mouvements, il n'est plus aussi vite à la course; mais il a conservé son poignet et ses jarrets d'acier, sa balle est toujours aussi précise. C'est qu'en effet l'habitude de l'exercice et la vie au grand air sont des conditions excellentes du maintien des fonctions à un âge avancé. Un air pur, respiré continuellement à pleins poumons, entretient à la fois et la bonne composition du sang et la circulation du liquide réparateur ; les longues marches excitent la sécrétion cutanée et, par cela même, arrêtent les progrès de ces incrustations si funestes pour les vieillards. Mais sans aller chercher des exemples dans les romans, tous ceux qui ont séjourné dans les montagnes, ont pu voir des octogénaires, quelquefois même des centenaires, qui résistent encore aux dures exigences de la vie alpestre : si vous les interrogez, ils vous répondront, dans les Pyrénées, comme dans les Apennins, comme dans les hautes vallées de l'Oberland. — « Eh! mon bon Monsieur, dans la « montagne, je vais encore ; mais je ne peux plus descendre « dans la plaine. »

Le secret de ces vertes vieillesses, c'est le précepte hygiénique personnifié et mis en action par Cooper dans son vieux chasseur ; entretenir les forces par des stimulants généraux, les sécrétions par des exercices constants.

Mais tout le monde ne peut pas passer sa vie entière dans

les forêts ; peut-être même, si l'on cherchait bien, la vie sauvage se trouverait-elle, en moyenne, plus courte que la vie civilisée ; ce livre d'ailleurs n'est pas écrit pour des Peaux-Rouges, la question qui nous reste à examiner, c'est l'application possible à nos contemporains, des préceptes que nous venons d'établir.

Ici nous nous plaçons sur un terrain un peu trop négligé par la science moderne ; mais où nous ne rencontrerons aucune impossibilité théorique. Par conséquent, la solution du problème n'est plus qu'une question de réflexions et d'expériences.

En effet, l'art médical possède de nombreux moyens de relever les forces ; on peut aussi augmenter ou même rétablir les sécrétions ; la seule difficulté est d'employer les agents thérapeutiques de manière à ne pas troubler les fonctions que l'on veut faciliter, et à soutenir les forces sans porter une irritation fâcheuse sur aucun organe en particulier. Il faudra donc exiger des médecins qui entreront dans cette voie beaucoup d'habileté et de prudence, mais n'est-ce pas une condition nécessaire de l'exercice de leur art ?

Les alchimistes avaient cru pouvoir résoudre le problème d'une manière générale : il leur semblait possible de composer un élixir qui agirait, en même temps, sur les forces, sur les fonctions, sur les sécrétions, et qui s'appliquerait à toutes les organisations, à tous les cas individuels. Là a été leur erreur : il est bien évident, pour tous ceux qui ont étudié la science de la vie, qu'il n'existe pas, qu'il ne peut pas exister de panacée universelle ; mais ils étaient entrés dans une voie utile, en cherchant à associer des substances dont l'action combinée pût faciliter simultanément plusieurs fonctions essentielles. L'or, qui faisait la base de ces préparations, est le stomachique nervin par excellence ; combiné avec des doses raisonnables d'aloès, ou d'autres substances analogues, son action sur les organes engourdis d'un vieillard ne pouvait être que salutaire, et quelques diaphorétiques bien

choisis ne pouvaient pas la troubler. Cet élixir ayant réveillé l'appétit et facilité la digestion et l'assimilation, l'exercice devenait plus facile ; le mouvement, à son tour, en-
tretenait le jeu des articulations, ainsi que la sécrétion
cutanée ; heureux résultats qui ralentissaient les progrès de
l'induration sénile des organes.

Ce traitement de l'affaiblissement sénile était, on le voit,
parfaitement rationnel : pourquoi l'a-t-on abandonné ? pourquoi a-t-on frappé d'un même anathème les alchimistes
et leurs élixirs de longue vie ? Ce n'est pas seulement par
suite du discrédit, injuste à notre avis, dans lequel sont
tombés les médicaments composés, c'est aussi à cause des
tendances générales de la science.

Ces tendances ont réduit l'hygiène à n'être qu'une application du précepte : Abstenez-vous : théorie fausse, nous pensons l'avoir suffisamment démontré dans le cours de cet
ouvrage, mais qui est surtout funeste, lorsque l'on veut l'appliquer au régime des vieillards. Le décadence de leurs
forces et les altérations de leurs organes ne les garantissent
malheureusement que trop contre les excès : il ne s'agit pas,
pour les faire vivre, de les empêcher de trop manger ou de
trop agir, mais de les aider à digérer et à marcher. Si les
alchimistes s'étaient renfermés dans ce cercle modeste, ils ne
se seraient pas discrédités ; mais quand ils ont prétendu
guérir toutes les maladies et même rajeunir le vieillard le
plus décrépit avec quelques gouttes d'élixir, ils n'ont pu soutenir les critiques railleuses des disciples de l'école de Bayle,
et l'on s'est moqué d'eux et de leurs drogues. Mais des mo-
queries ne sont pas des raisons ; le procès entre les adeptes et
leurs sceptiques adversaires reste indécis pour la génération
de ce siècle, qui, ballottée entre les révolutions et les chemins
de fer, trouve à peine le temps de vivre, rarement celui de
soigner sa santé.

C'est donc aux ministres de l'art médical qu'il appartient de
soumettre à des études nouvelles les questions que nous venons

de poser. Encore doivent-ils se dire qu'ils travailleront dans l'intérêt de la science et de l'humanité plutôt que dans le leur.

Nous ne prétendons point apporter une solution complète du problème ; mais nous pensons en avoir approché d'assez près, pour encourager les médecins qui oseront entrer dans cette voie.

Voici le résumé de nos idées thérapeutiques sur le traitement de la vieillesse considérée comme une maladie et indépendamment des infirmités ou des affections chroniques léguées à la décrépitude par les excès de lâ'ge adulte.

V. — Hygiène et régime. — Aliments nutritifs sous un petit volume ; combiner la nourriture de manière à ce que les deux tiers environ consistent en matières animales et le reste en substances féculentes, afin de fournir à la combustion vitale une masse suffisante de carbone. Aux repas, user modérément d'un vin généreux ; une fois par jour, du thé ou du café, suivant la constitution individuelle : supprimer l'eau-de-vie ou le rhum ; et, si c'était une vieille habitude, remplacer ces boissons purement alcooliques par un petit verre d'une bonne liqueur sucrée (alkermès de Florence, crème des Barbades, etc.). Tous les jours, exercice à pied ou en voiture, mieux encore l'un et l'autre. Porter des vêtements amples, chauds et moelleux ; enfin entretenir, dans l'appartement des vieillards, un air pur, souvent renouvelé, et ne pas craindre, dans les villes, d'augmenter, par un dégagement de gaz, la proportion d'oxygène atmosphérique.

Hygiène pharmaceutique. — Le but, avons-nous dit, doit être d'entretenir les sécrétions, d'aider toutes les fonctions essentielles. Pour cela, d'abord, entretenir la liberté des capillaires de la peau par des bains, quand la saison le permettra ; au moins par des lotions ; ajouter à l'eau de ces bains ou de ces lotions, une légère proportion de sels de soude ou de potasse et quelques teintures aromatiques. Après ces lotions, des frictions à base de cérat ou d'alcool, dans lesquelles on dissoudra des baumes-résines associés à quelques nervins, et une préparation de phosphore, si la susceptibilité au froid est très-caractérisée. A l'intérieur, tantôt le cérébrate d'or, combiné avec des médicaments stomachiques et névro-sthéniques, tantôt le succino-phosphate d'or combiné avec des stomachiques et des diffusibles généraux (or potable des alchimistes).

Enfin et par-dessus tout, engager les vieillards soumis à ce traitement à ne pas abuser de leurs facultés intellectuelles, mais à se bien garder d'en interrompre l'usage. On a souvent remarqué les graves dangers d'un repos absolu de l'esprit dans un âge avancé. Si les affaires abandonnent un vieillard jusque-là occupé, si les révolutions le repoussent, c'est à sa famille et à ses amis à lui créer des occupations douces et peu émouvantes, mais qui soient des occupations. Le vieillard est un être raisonnable, en même temps qu'une machine organisée ; le faire passer brusquement des travaux de la pensée, à un repos total, c'est risquer le marasme ou la démence sénile.

Tel est le résumé des indications thérapeutiques qui, à notre sens, doivent servir de base au traitement de la décadence sénile ; mais il ne faut pas perdre de vue qu'il y a là tout un traitement, qu'il nécessite l'emploi de substances énergiques et que, par conséquent, il doit être dirigé par un médecin expérimenté. L'erreur de beaucoup de personnes fort instruites du reste, mais peu familiarisées avec la science de la vie, est de croire qu'avec une certaine intelligence, on peut se passer de médecin et se traiter soi-même. Nous avons assez souvent, dans le cours de cet ouvrage, attaqué ce qui nous semble fautif dans les tendances de la science médicale, assez souvent aussi nous avons rompu en visière aux médecins, pour avoir maintenant le droit de dire aux malades qu'ils doivent suivre scrupuleusement les conseils du médecin dont ils auront fait choix, et ne jamais se traiter eux-mêmes.

Mais dans la question qui nous occupe, il s'agit de savoir si les vieillards consentiront à braver des idées généralement admises et à appeler un médecin pour combattre une maladie incurable ; enfin si le médecin lui-même aura assez d'abnégation, ou assez d'amour de son art, pour consentir à traiter, là où la guérison radicale est impossible. Ici, nous ne pouvons qu'émettre un vœu, après avoir formulé une idée. Cette idée est déjà, pour nous, appuyée sur des faits incontestables et des déductions rigoureusement logiques. Elle doit donc trouver quelqu'un qui s'en emparera et lui fera faire son chemin.

Si l'on admet la possibilité de conserver, jusqu'à l'extrême limite de la vieillesse, l'exercice des fonctions les plus essentielles, en résultera-t-il que tout le monde doive revenir à la longévité des patriarches? Non, sans doute : mais un plus grand nombre de vieillards arriveront au terme de leur longue carrière sans souffrances, sans infirmités graves et s'éteindront, par impuissance de vivre, entourés de leurs nombreux descendants, comme le vieux chêne qui a peuplé le vallon de ses verts rejetons, qui a, tour à tour, abrité, sous ses vastes rameaux, les comtes et les chevaliers, les huguenots et les ligueurs, les seigneurs galonnés de la cour des Bourbons et les conscrits partant pour les guerres de la révolution et de l'empire : vient enfin un printemps où la force manque à la séve pour gonfler le bourgeon et le vieux doyen de la forêt s'éteint.

Mais jusqu'ici, nous avons raisonné dans l'hypothèse du vieillard exempt d'infirmité, ou de maladie organique grave ; et il est évident que, pour atteindre ce but, il faudra s'y prendre d'avance. Celui qui dans la jeunesse et l'âge adulte aura su le mieux conserver le trésor de la force et de la santé, sera dans les meilleures conditions de vie sénile. Cette vérité incontestable nous amène tout naturellement à jeter un rapide coup d'œil sur la médecine préventive aux divers âges de la vie. Ce sera le complément de notre œuvre.

CHAPITRE XVIII.

I. — Existe-t-il, peut-il exister dans le sens le plus général,
une médecine préventive des maladies et conservatrice des
forces vitales? Est-il possible de suppléer à l'insuffisance du
principe de vie, en nous assimilant ceux qui sont répandus
dans la nature entière? L'homme peut-il espérer de prolonger
son existence terrestre, en portant au plus haut degré d'intensité, compatible avec son être, les facultés physiques, instinctives et intellectuelles dont il a été doué par son Créateur?

Tels sont les problèmes qui nous restent à examiner : bien
des gens et bien des livres les considèrent comme insolubles :
cette opinion est même si généralement répandue, qu'aux
yeux du plus grand nombre, il suffit de poser ainsi la question
pour évoquer l'idée d'une impossibilité.

Cependant les lecteurs qui auront eu assez de patience ou
de curiosité pour arriver jusqu'à ce dernier chapitre, pourraient bien douter un peu de ces impossibilités prétendues et,
s'ils veulent les approfondir, ils ne trouveront que des questions à peine effleurées par la science, des opinions qui ne
reposent sur aucune bonne théorie physiologique, sur aucune
suite d'expériences contradictoires. De sorte qu'à l'assertion
sans preuves de l'impossibilité, on pourrait opposer l'assertion
contraire, sans avoir avancé d'un seul pas vers une certitude.

Si l'on veut sortir de ce cercle vicieux, il faut d'abord tâcher

de simplifier ces questions de médecine préventive et de prolongation de la vie. C'est parce qu'elles sont compliquées
qu'elles paraissent difficiles. Tantôt on a raisonné au point de
vue de l'espèce humaine, tantôt à celui des individualités, puis
on a confondu l'état de santé avec la maladie ou les prédispositions maladives ; de ces confusions ont découlé les difficultés.

Tout s'éclaircira, si nous établissons des distinctions bien
précises.

Il y a d'abord à examiner la question théorique pour en
venir ensuite aux applications pratiques. Il faudra aussi s'occuper de l'individu plutôt que de l'espèce, parce que la médecine
soigne des malades et non pas des nations.

Au point de vue de l'individu, il faut distinguer :

Celui qui serait malade ;

Celui qui serait atteint de prédisposition maladive ;

L'homme supposé en parfaite santé;

Enfin, les divers âges de la vie.

Après avoir examiné la question à ces divers points de vue,
il nous sera possible de généraliser quelques conséquences
applicables à l'espèce.

Tel est le cadre que nous traçons à ce chapitre : il semble
plus vaste qu'il ne le sera réellement ; les faits et les arguments rassemblés dans les pages qui précèdent, nous permettent maintenant la concision.

II. — Si l'on commence par examiner la question dans un
sens abstrait et général, que trouve-t-on?

Un être formé des mêmes éléments matériels qui composent le globe terrestre sur lequel il a été placé par son Créateur;
mais, animé du souffle de vie par la volonté toute-puissante.

Par conséquent, si l'homme n'était qu'un composé d'a-
tomes chimiques organisé en automate, il conserverait sa
forme aussi longtemps que les forces de cohésion et d'affinité
qui maintiennent l'assemblage de ses molécules, ne seraient
pas sollicitées par des forces contraires : il durerait ce que

dure le marbre qui conserve sa forme et ses propriétés jusqu'à
ce que les intempéries atmosphériques, ou le feu d'une fournaise, ou l'acide d'un laboratoire, l'aient réduit en poussière
ou changé en chaux et en plâtre : il végéterait, comme le
chêne ou le cèdre, aussi longtemps qu'il trouverait à s'assimiler, dans le sol ou dans l'atmosphère, les principes nécessaires à son existence.

Mais cet homme chimique est une hypothèse qui n'a pas
même une complète réalité dans la conservation des cadavres :
l'homme terrestre n'est ce qu'il est que parce qu'il vit et qu'il
pense. Sa pensée, pour se manifester, a besoin d'organes, ces
organes ne sont maintenus, dans leur substance et leur action, que par des actes volontaires ou involontaires que l'on
appelle fonctions; et ces fonctions sont régies par certaines
forces dont le faisceau constitue le principe même de la vie.
Par conséquent, ces forces peuvent être troublées, ce qui amènera des maladies; elles peuvent être dominées par des forces
supérieures ou même cesser d'animer la machine, ce qui sera
la mort; mais aussi longtemps qu'elles agissent sur la machine, la vie peut être maintenue; sans quoi il faudrait admettre que ces forces ne sont pas des forces et que la vie n'est
pas la vie.

Ces déductions, tirées de la nature même de l'être humain,
nous conduisent à une conséquence pratique vérifiée, tous les
jours, par l'expérience la plus vulgaire. L'homme peut être
malade; il peut mourir d'accident ou de maladie; ou bien,
enfin, il peut atteindre un âge très-avancé sans autres infirmités que les progrès nécessaires de la décrépitude sénile.
Toute la question consiste donc à savoir comment faire entrer
le plus grand nombre possible d'individus dans cette dernière
catégorie, qui n'est considérée, par les opinions généralement
admises, que comme une exception rare.

Ainsi réduit à sa plus simple expression, le problème devient
plus facile : il ne s'agit que d'étudier les conditions dans lesquelles ont vécu ces vieillards exceptionnels : ici encore,

l'expérience et la théorie sont d'accord dans leur réponse.

L'expérience nous montre des hommes dont la constitution organique est en rapport avec l'énergie des facultés vitales et intelligentes, qui ont usé plutôt qu'abusé de ces facultés, qui sont arrivés à la vieillesse sans infirmités, parce qu'ils ont traversé la jeunesse et l'âge adulte sans maladies.

La théorie, de son côté, nous dit que les infirmités de la vieillesse, comme les maladies de tous les âges, sont des troubles de fonctions plus ou moins compliqués par des lésions d'organes ; mais les fonctions vitales s'opèrent sous l'empire de certaines causes ou forces ; par conséquent, les infirmités de la vieillesse, comme les maladies des autres âges, sont des phénomènes de perturbations de forces, et le centenaire qui s'éteint, après une longue vie, sans maladies, sans infirmités, cesse de vivre par défaut de ces forces vitales.

Ceci bien établi, il est évident que celui qui aura conservé l'équilibre de ses fonctions et thésaurisé ses forces, rentrera dans l'exception qui nous occupe ; et comme enfin, nous avons ailleurs suffisamment démontré que ces forces sont homogènes aux forces analogues répandues dans le monde qui nous entoure et que nous pouvons nous les assimiler dans une certaine mesure, il n'y a impossibilité pour aucun être humain, à opérer cette assimilation dans le sens de la conservation et de la réparation des forces vitales.

Voilà donc, au point de vue abstrait et général, cette terrible question de la conservation de la santé et de la prolongation de la vie réduite à sa plus simple expression : possibilité pour tous, dans une certaine mesure ; mais pour chacun isolément, difficultés sérieuses dans les moyens à employer, incertitude du résultat ; car cette vie, souffle puissant qui anime une frêle machine, peut à chaque instant l'abandonner. Comme l'épée de Damoclès, la mort est toujours suspendue sur nos têtes, à tous les âges, au milieu de la santé la plus florissante.

Il faut donc mettre une incertitude à la place d'une impossibilité : c'est avoir fait bien peu de chemin sans doute, cependant c'est avoir gagné du terrain : chacun peut espérer d'atteindre le but, puisqu'il n'y a d'impossibilité pour personne.

Ceci paraîtra plus évident encore si nous examinons la question au point de vue des diverses catégories établies au commencement de ce chapitre.

L'homme malade peut-il espérer de revenir à la santé et de conserver une longue vie ? oui, sans doute, puisque toutes les maladies peuvent guérir, soit par le seul effort des forces naturelles, soit avec l'aide de celles dont dispose l'art médical. Après sa guérison, il sera dans la même situation que s'il n'eût pas été malade, sauf peut-être une certaine diminution dans le faisceau de ses forces radicales. Tout le monde sait ce que c'est qu'une convalescence ; dans cet état qui n'est plus la maladie, qui n'est pas encore la santé, c'est la vie elle-même qui est insuffisante, tandis que les organes ont retrouvé leurs conditions normales. D'où il résulte, que si l'homme est malade, il faut d'abord le guérir, ensuite s'attacher à rétablir l'intégralité de ses forces. Mais ce double but du traitement de tous les malades, demande, nous l'avons déjà fait observer, des méthodes un peu différentes, suivant que la maladie est aiguë ou bien chronique.

Sans revenir sur les considérations présentées un peu plus haut, à propos de ces deux grandes divisions de la médecine curative, nous nous bornerons, ici, à faire observer que, dans le traitement des maladies aiguës, les médecins ne se sont peut-être pas assez préoccupés de la conservation des forces. Empressés de guérir, quelques-uns jugulent la maladie, l'arrêtent dans sa marche régulière, et, satisfaits d'avoir éliminé des symptômes morbides, qui souvent n'étaient que le résultat du travail intérieur de la force curatrice, ils laissent le malade épuisé languir dans une interminable convalescence. La médecine expectante de l'ancienne école était plus prudente ; et, sous ce rapport, l'homœopathie peut lui être comparée. Les médecins qui ont accepté cette méthode de traitement ont, comme les autres, leurs listes de pleurésies ou de pneumonies guéries par des globules ; mais ils offrent surtout à leurs malades l'avantage de les laisser, après ces guérisons, avec des forces intactes. Ceci soit dit en passant et sans prétendre décider de la supériorité de l'homœopathie sur les autres méthodes thérapeutiques. Cette doctrine est soumise, depuis plus d'un quart de siècle, au jugement de la critique et de l'expérience ; la génération qui nous suit saura à quoi s'en tenir sur sa valeur réelle.

Mais, pour revenir à la question qui nous occupe, les maladies aiguës n'étant qu'un incident pendant la durée d'une existence humaine, il est essentiel de les traiter par des méthodes qui n'aient pas l'inconvénient de transformer la maladie aiguë en affection chronique. C'est ce qui arrive, par exemple, dans les fièvres où l'on fera abus des sels de quinine qui, souvent, occasionnent des affections graves de la rate ou du foie, dans les pleurésies et pneumonies, où, par l'abus des émissions sanguines, la convalescence dégénère en pneumonie chronique, quelquefois en phthisie.

On ne saurait trop le répéter, c'est l'affection chronique qui est le plus grand obstacle aux longues et vertes vieillesses, le fléau le plus redoutable de la vie humaine, surtout dans cet état social, appelé civilisation, où les passions de l'âme, comme les appétits instinctifs, sont continuellement surexcités par des désirs et des habitudes qui deviennent à leur tour des besoins impérieux. Ces besoins artificiels, cette surexcitation constante, sont une cause d'accroissement des affections chroniques et malheureusement la tendance des systèmes médicaux professés dans la plupart des écoles modernes, a conduit à négliger le traitement de ces maladies, dans le désespoir de les guérir. Il y aurait donc un véritable progrès pour la science, à revenir aux vieilles doctrines, si ce n'est des panacées universelles, au moins des traitements spécifiques. Mais, nous pensons l'avoir démontré, ce progrès n'est pas possible pour ceux qui ne voient dans l'homme qu'une machine, dans la maladie, qu'une altération organique. Il faut pour appliquer les traitements spécifiques déjà connus, pour en découvrir de nouveaux, entrer franchement dans les larges théories de la médecine hippocratique et, comme moyen d'application, revenir à l'étude trop négligée de la matière médicale et des ressources qu'elle peut offrir à la thérapeutique.

En attendant que savants et médecins aient repris cette heureuse direction, nous espérons avoir déjà fait un grand pas en démontrant, comme nous pensons l'avoir fait dans cet ouvrage, la possibilité théorique de guérir toutes les maladies chroniques. Entre cette possibilité théorique et l'application pratique, il y a sans doute encore une lacune à combler, mais elle sera plus facilement remplie, quand on aura écarté la désespérante hypothèse de l'incurabilité des maladies. Les esprits d'élite ne se découragent pas devant la difficulté, quelques-uns même la recherchent ; mais personne n'aime à passer pour insensé, en courant après l'impossible. Pour nous résumer : de la possibilité de guérir toutes les maladies, résulte la généralité des conditions de longévité, car le malade guéri est, à cet égard, dans la même position que celui qui n'aurait jamais été malade.

Quant à l'homme qui, sans être tout à fait malade, est atteint de prédispositions maladives, il est évident que tous les raisonnements que nous venons de faire lui sont doublement applicables ; il est plus aisé de détruire une prédisposition maladive, que de guérir la maladie déclarée.

Il est, en effet, bien évident que si un certain traitement, ou un certain médicament peuvent guérir telle ou telle maladie, les mêmes moyens employés avec discernement à des doses plus faibles, mais souvent répétées, seront spécifiques de la prédisposition à la même maladie. L'homme le plus robuste, en arrivant dans les pays de mauvais air, se sent attaqué d'un malaise général, d'une agitation fébrile qui constitue la prédisposition aux fièvres d'accès ou même aux fièvres pernicieuses. Il suffit, le plus souvent, pour combattre cette prédisposition, d'un bon système hygiénique et d'un ou deux centigrammes de sulfate de quinine administrés tous les matins dans une tasse de café, Souvent aussi l'âge seul fait disparaître les prédispositions à certaines maladies. Une jeune femme sera prédisposée à certains troubles dans la circulation du sang et les fonctions du système nerveux, troubles dont résultent des accidents plus effrayants qu'ils ne sont dangereux en réalité : mais si, sous l'empire d'un bon traitement anti-hystérique et corroborant, elle arrive à la cinquantaine, sa santé se raffermit et rien ne l'empêchera de fournir une longue carrière.

Après avoir ainsi éliminé de la question que nous cherchons à simplifier toutes ces complications de maladies, arrivons enfin à nous occuper seulement de l'homme en parfaite santé. C'est une exception assez rare, mais nous espérons avoir démontré la possibilité d'augmenter beaucoup le nombre de ces cas exceptionnels : chacun peut donc se flatter d'arriver à cette catégorie qui fait rentrer l'homme sous l'empire de la loi de durée de la vie post-diluvienne, durée que nous avons évaluée ailleurs de 150 à 200 ans. Cette loi cesse d'avoir son effet sur les valétudinaires et les malades, parce que dans ces cas qui devraient être l'exception et qui, à la honte de l'art médical, sont devenus la règle générale, la force conservatrice de la vie ne se trouve plus dans les conditions nécessaires pour exercer son action. Mais cette force retrouve toute sa puissance, quand elle n'est plus gênée par des troubles fonctionnels ou des altérations organiques et obligée d'agir comme principe curatif, *natura morborum curatrix :* c'est alors seulement que ce souffle divin rentre dans toute sa liberté d'action comme principe conservateur et amène, à travers mille dangers, jusqu'au terme de sa carrière terrestre cette frêle machine dont la volonté toute-puissante lui a confié la préservation.

Mais comment s'accomplit ce merveilleux phénomène qui devrait exalter nos âmes par des transports d'admiration et de reconnaissance et qui, chaque jour, passe inaperçu?

Ici la physiologie répond avec toute l'exactitude exigée de la science moderne.

La vie animale s'entretient par une suite de mouvements inaperçus destinés à réparer continuellement les organes nécessaires à l'exercice des fonctions. Aussitôt qu'une molécule de ces organes cesse d'être animée du principe de vie, elle doit être repoussée au dehors sous forme de sécrétions; c'est une loi, que les anciens dans leur langage pittoresque, auraient ainsi formulée : LE VIF REPOUSSE LE MORT. Une autre loi, tout aussi impérieuse, veut qu'à chaque instant, la perte soit réparée par l'assimilation d'une nouvelle molécule empruntée à l'alimentation et qui s'imprègne de notre vie en traversant le torrent de la circulation, loi que l'on peut énoncer : LA VIE S'ASSIMILE TOUT CE QUI EST PRÉPARÉ POUR LA VIE. Cette loi, nous ne saurions trop souvent le répéter, est générale et, par conséquent, elle ne s'exerce pas seulement sur la matière qui vient s'incorporer à nos muscles ou à nos nerfs, mais aussi sur la force homogène aux forces vitales qui est interposée entre les molécules des substances en rapport avec notre organisme, soit qu'elles nous arrivent sous forme d'air atmosphérique, d'aliments ou de boissons.

Tel est l'admirable mécanisme de l'être humain, s'épurant par les sécrétions, se renouvelant par l'assimilation, aussi longtemps que le faisceau des forces vitales conserve son intégralité; mais détourné, dans son action, par la maladie et ralenti par la décadence sénile ou accidentelle de ces forces.

En cas de maladie, faut-il aider la force vitale devenue force curatrice? Ici, tout le monde est d'accord à répondre affirmativement; mais il n'y a plus la même unanimité, quand il s'agit de venir en aide à la force conservatrice : les uns, découragés par une prétendue impossibilité, se croisent les bras, hochent la tête et disent : Il n'y a rien à faire ; les autres se bornent à conseiller l'exercice, le grand air et une bonne nourriture.

Moyens excellents pour conserver la santé de l'homme qui peut les employer dans la plénitude de ses forces et l'intégralité de ses fonctions, mais qui peuvent être nuisibles à celui qui en userait dans d'autres conditions. Le grand air occasionnera un catarrhe ou une pneumonie, si les fonctions du poumon et de la peau ne sont pas à l'état normal ; l'exercice entraîne une déperdition de force musculaire et nerveuse qui ne trouve sa réparation que dans l'alimentation , et les meilleurs aliments peuvent occasionner des désordres si les fonctions assimilatrices sont dérangées.

Par conséquent, ces moyens réparateurs sont impuissants ou nuisibles, alors même qu'ils seraient le plus nécessaires, c'est-à-dire quand il y a décadence des forces ; mais comment s'y prend la médecine pour remédier à cette décadence chez l'adulte en état de convalescence ou après de grandes fatigues? Elle vient en aide à la digestion et à l'assimilation par des amers, elle administre des corroborants, du fer, de l'or, du quinquina, des vins généreux. Pourquoi ne pas user des mêmes moyens dans la décadence sénile des forces ? Parce que l'on craint des dangers de la nature de ceux que nous venons d'énumérer. Fort bien ; mais cette difficulté pratique se rencontre à chaque instant dans l'application de l'art médical ; elle n'empêche pas de traiter les convalescences, de rétablir les forces des adultes affaiblis, pourquoi empêcherait-elle le traitement méthodique de la décadence sénile ?

Ainsi posée, la question sera résolue affirmativement par tous les médecins ; mais si l'on vient à l'examiner un peu plus profondément encore, on trouve de nouveaux motifs de conviction. Quels sont, en effet, les signes caractéristiques de la décadence sénile? Nous l'avons dit plusieurs fois ; ils se résument en deux troubles principaux, à la fois causes et effets et qui nuisent à toutes les fonctions : sécrétions imparfaites, assimilation insuffisante. La science médicale possède-t-elle des moyens d'aider les sécrétions, de faciliter la digestion et l'assimilation? Oui, sans doute ! Il n'y a donc plus qu'à les appliquer avec les précautions indiquées par l'art ; et la décadence sénile des forces trouvera des agents réparateurs.

C'est en se plaçant à ce point de vue, que l'on comprend la pensée des médecins alchimistes qui avaient prétendu concentrer dans un seul élixir tous les principes de vie répandus dans la nature entière. Si l'on examine attentivement la composition de ces panacées des manuscrits et des bouquins, on y trouve des substances propres à aider les sécrétions, des amers qui activent la digestion, des phosphates, le fer et l'or qui, assimilés, agissent comme corroborants.

Il n'y a donc rien de contraire à la logique médicale, ni à la saine physiologie, dans l'idée thérapeutique qui poussait les médecins alchimistes à chercher des élixirs de longue vie. Ont-ils complétement résolu le problème? Non sans doute; car s'il l'eût été, Helvétius, le médecin de nos grands-pères, vivrait encore aujourd'hui ; sa teinture d'or (1) aurait converti les plus incrédules, et l'auteur de ces pages n'aurait pas eu l'idée d'ajouter un volume à cette masse de livres qui encombre nos bibliothèques. Mais de ce que le problème n'a pas été résolu, il n'en résulte nullement qu'il soit insoluble; la seule conséquence logique, c'est que les adeptes ont manqué ou d'habileté ou de bonheur. La science moderne leur reproche trop de complications dans leurs formules. Mais ce n'est pas la cause de leur insuccès; la thériaque est composée de 172 substances, ce qui n'empêche pas ce médicament de guérir tous les jours des fièvres rebelles au quinquina. On serait plus fondé à accuser les alchimistes d'imprudence et d'erreur quand ils ont dirigé leurs recherches vers la découverte d'une

(1) La teinture d'Helvétius est un camphorate d'or en dissolution dans des essences, et elle ne convient que dans des cas où il s'agit de stimuler exclusivement le système nerveux; mais, dans ces cas, je la crois plus puissante qu'aucun des médicaments usités aujourd'hui. L'or potable de Cagliostro est un médicament beaucoup plus généralement applicable. C'est un élixir corroborant qui facilite en même temps l'assimilation et toutes les sécrétions, d'où résulte la régularisation de la circulation sanguine et des mouvements nerveux.

panacée universelle qui serait applicable à tous les âges, à toutes les organisations, qui serait également efficace à Calcutta ou à Saint-Pétersbourg, à Londres ou à Rio-Janeiro. Il est évident que dans cette voie on ne pouvait aboutir qu'à des déceptions, parce que l'on méconnaissait les lois mêmes de la vie. Mais on serait arrivé à un tout autre résultat, si l'on ne se fût pas écarté des principes immuables de la science médicale et si l'on eût seulement cherché une méthode de traitement réparatrice et conservatrice des forces vitales ; méthode que chaque médecin aurait appliquée aux cas individuels d'après les règles de l'art.

C'est dans ce sens seulement, que nous comprenons la solution complète de la question qui nous occupe ; et le jour où quelques médecins vitalistes seront entrés résolûment dans cet ordre d'idées, la médecine conservatrice des forces et préservative de la santé sera fondée, bien des préjugés disparaîtront, bien des difficultés seront écartées, et l'on pourra traiter les cas de décadence sénile ou accidentelle des forces, tout aussi méthodiquement que l'on traite aujourd'hui un catarrhe ou une pneumonie.

Que l'on ne s'étonne pas de nous entendre toujours renvoyer à la médecine et aux médecins toutes ces questions de longévité et de conservation de la santé. Au risque de nous répéter et de fatiguer nos lecteurs , il nous faut présenter notre pensée sous plusieurs formes, parce qu'elle heurte des idées assez généralement établies et qui sont, pour ainsi dire, passés en axiome : « *Chacun est le meilleur juge de sa propre santé : il ne faut appeler le médecin que lorsque l'on est malade.* »

C'est le contraire de ces deux assertions qui est la vérité. Plus on possède d'intelligence et même de connaissances médicales, plus on est sujet à se tromper quand il s'agit de se soigner soi-même : le vieux dicton : *medice, cura teipsum,* est un non-sens ; et les médecins éclairés confient toujours à un confrère le soin de leur santé. A plus forte raison, celui qui n'a pas étudié et pratiqué la médecine, est-il incapable d'apprécier si des souffrances, si un dérangement, ou même un ralentissement dans certaines fonctions, proviennent d'une maladie ou bien d'une décadence de forces, s'il faut avoir recours à l'hygiène ou à la pharmacie. — C'est alors qu'il faut appeler un médecin bien plutôt que lorsque l'on est alité par une rougeole ou une fièvre catarrhale, maladies qui guérissent presque toujours avec du repos et de l'eau sucrée.

Mais, me dira-t-on, vous nous renvoyez aux médecins pour des cas où ils nous écoutent à peine et nous répondent par des banalités.

Il n'est que trop vrai ; la plus importante des applications de la science médicale, celle qui aide à vivre, est encore à l'état de lacune. Le but de ce livre est d'appeler les méditations des médecins vraiment dignes de ce nom sur l'urgence et la possibilité de combler cette lacune. Reprenons donc le fil de nos raisonnements.

Nous venons d'exposer les principes de physiologie et de thérapeutique sur lesquels il faudra s'appuyer pour aider l'imperfection des fonctions ; quand on sera parvenu à les rétablir, on aura facilité l'assimilation des substances alimentaires, qui, à leur tour, fourniront, aux forces vitales, des éléments réparateurs. Mais ce ne sont pas les seuls dont dispose la science de la vie. Le calorique lumineux, l'oxygène atmosphérique, les appareils électro-magnétiques, dégagent aussi des forces susceptibles d'être assimilées par celle qui nous anime : c'est donc encore à la science médicale qu'il appartient de diriger l'emploi de ces moyens, dans le but de conservation de la santé et, par conséquent, de prolongation de la vie. — Enfin, il est bien évident, pour tous ceux qui ont réfléchi sur la véritable nature de l'être humain, que de pareils traitements seraient incomplets, s'ils ne tenaient pas compte de l'état des fonctions intellectuelles.

Il existe une hygiène et une thérapeutique des facultés intelligentes qui jouent un grand rôle dans le traitement de presque toutes les maladies ; ceci est d'application vulgaire. Mais les savants disciples de Pinel et d'Esquirol ont fait faire des progrès immenses à cette médecine de l'âme dans son application au traitement des maladies mentales. Il reste à créer des méthodes analogues pour compléter le traitement rationnel de la décadence des forces soit accidentelle , soit sénile.

L'homme qui demande à son intelligence un travail trop constant et trop ardu n'obtient les créations de son esprit, qu'aux dépens de ses fonctions animales et en usant sa vie.

Celui qui ne lit, ni ne pense, qui n'existe que pour la satisfaction des besoins de la bête, est exposé aux congestions viscérales ; s'il y échappe, c'est pour tomber, de bonne heure, dans cet état voisin de l'idiotie que les médecins appellent la démence sénile.

Au contraire, l'homme raisonnable, qui s'efforce de modérer ses passions, qui s'étudie à exercer tour à tour ses facultés physiques et intelligentes, est dans les meilleures conditions de conservation de santé.

Voilà trois faits incontestables et généralement admis, qui peuvent servir de base à la thérapeutique mentale. Leur application pratique est une question de détail qui variera suivant les individualités et la sagacité du médecin consultant : nous n'avons point à nous en occuper.

Terminons donc ici ces réflexions sur la décadence des forces ; nous pensons avoir démontré la possibilité d'y obvier dans une certaine mesure ; nous avons indiqué la théorie des moyens à employer pour atteindre ce but : aller plus loin, nous exposerait à sortir du cadre de cet ouvrage et à fatiguer nos lecteurs.

III. — Il nous reste à examiner ces questions de longévité au point de vue des divers âges de la vie humaine. On serait presque tenté de croire, avant d'y avoir réfléchi, que la solution du problème qui nous occupe doit se trouver là. En effet, il semble que si, dès la plus tendre enfance, on avait choisi un jeune couple dans de bonnes conditions d'organisation et de santé héréditaire ; qu'on l'eût élevé avec tous les soins indiqués par la science pour le développement des forces, à peu près comme les Anglais élèvent leurs chevaux de course, et qu'ensuite, en unissant ces jeunes gens à l'âge convenable, les enfants qui résulteraient d'un tel mariage réuniraient toutes les conditions de longévité ; et l'on pourrait ainsi revenir peu à peu aux conditions de la vie patriarcale.

Cette utopie d'un romancier (1) est plus séduisante que possible. D'abord, parce qu'il ne serait ni moral, ni légalement facile de traiter des hommes comme des chevaux ; et aussi parce que l'on rencontrerait, dans la pratique, d'immenses difficultés d'application. Pour les comprendre , il suffit de jeter un coup d'œil sur les phénomènes de la vie humaine pendant ses divers âges.

Chez l'enfant, les forces qui président aux fonctions sont bien loin d'être en excès ; elles sont encore partiellement à l'état latent, attendant, pour se développer, l'impulsion que leur donnera l'assimilation des forces homogènes, comme aussi le complet développement des organes qui doivent servir d'instruments aux fonctions. La vie est frêle, plus encore que la machine qui trouve quelque résistance dans son élasticité et dans la mollesse des tissus.

Cette fragilité de la vie puérile est démontrée par la physiologie et aussi par la statistique, dont les tableaux nous présentent le plus grand nombre de décès pendant les premières années de l'être humain. On peut donc l'admettre en fait et en déduire quelques conséquences.

La première est que l'idée de médecine préventive par le développement artificiel des forces, idée développée dans ce chapitre et dans les précédents, est peu applicable, en général, à l'enfance. Il est rarement nécessaire, à cet âge, de stimuler les fonctions qui s'accomplissent vite.

(1) M. Alexandre Dumas, si je ne me trompe.

Souvent aussi il serait dangereux de trop brusquer l'assimilation des forces d'emprunt qui pourraient réveiller celles
qui existent à l'état latent et occasionner des congestions ou
d'autres crises dangereuses pour des organisations encore incomplètes.

Il est tout aussi mauvais, au point de vue de la conservation de l'enfant, de l'exposer à une dépense exagérée de
forces, surtout par l'exercice prématuré des fonctions intellectuelles. Tout le monde sait ce qu'il advient des petits prodiges ; et quels tristes hommes sont fournis à nos sociétés par
les *fruits secs* du baccalauréat et des écoles. Nous ne
saurions rien ajouter aux éloquentes réclamations qui se sont
élevées dans ces derniers temps, contre cette tendance de notre
époque à vouloir transformer les enfants en petits savants dis-
sertant sur toutes les branches des connaissances humaines.
On s'est aperçu du danger, on a vu qu'en développant l'intelligence avant l'époque fixée par la divine sagesse, on hâtait
aussi le développement des mauvaises passions, pour n'arriver qu'à flétrir la vie.

Tout le secret de longévité, pour le premier âge, consiste
à prolonger l'enfance autant que possible et à thésauriser les
forces, jusqu'au moment où le complet développement des
organes permet l'entier exercice des fonctions.

Ce précepte doit être entendu dans un sens général et raisonnable, comme l'avaient compris Fénelon et Rollin, ces deux
grands maîtres en fait d'éducation : nous n'avons point l'absurde idée de ressusciter l'*Emile* de J.-J. Rousseau, utopie im-
praticable. Nous ne prétendons pas, non plus, que dans
certains cas, on ne doive pas chez l'enfant comme chez
l'adulte ou le vieillard, relever les forces ; mais ce sont des
cas de maladies dont nous avons parlé ailleurs. Ici, au point
de vue de l'enfant en santé, nous ne pouvons que répéter que,
pour assurer à l'homme une longue vie, il faut d'abord prolonger l'enfance.

Mais l'adulte est enfin arrivé au complet développement

de son être : quelles sont les conditions à remplir pour conserver sa santé et arriver le plus tard possible à la décrépitude sénile ?

Ici, nous n'avons pas à innover ; la réponse se trouve dans tous les livres d'hygiène et de physiologie. Nous la formulerons en peu de mots.

Exercer modérément, mais continuellement, toutes les facultés physiques et intellectuelles dont l'homme a été doué, pour s'en servir ; se garder des passions dévorantes, comme des fatigues excessives ; dépenser tous les jours, dans une sage limite, les forces en excès, et réparer, toutes les nuits, leurs déperditions, par le double bienfait du sommeil et de l'assimilation : voilà tout le secret.

Si le jeu régulier des fonctions ou leur équilibre est momentanément troublé, ce qui constituera tantôt une maladie tantôt une prédisposition maladive, rétablir la santé par les moyens qu'offre ou que peut offrir l'art médical. Nous avons ailleurs exposé notre pensée à cet égard, il serait inutile d'y revenir ici.

Quelques mots seulement sur une question qui pourrait nous être adressée et que nous allons poser nettement suivant notre coutume.

« S'il est possible, par des moyens à la disposition de l'intelli-
« gence humaine, de réparer chez l'adulte malade, la décadence
« accidentelle des forces et d'y suppléer chez le vieillard, ne
« pourrait-on pas, en employant les mêmes moyens chez
« l'adulte en parfaite santé, augmenter la somme totale de
« ses forces et lui permettre ainsi d'échapper à la triste con-
« dition de la décrépitude, en demeurant doué de toutes les
« facultés de l'âge adulte ? »

Ainsi posée, la question de longévité aboutit à une négation ou bien à une violation des lois de la vie ; c'est-à-dire à une impossibilité.

L'adulte pourrait peut-être supporter les dangers d'une semblable expérience avec moins d'inconvénients que l'enfant ; mais s'il échappait à quelque maladie inflammatoire, l'excès de forces qu'il aurait ainsi ajouté à celles qui animent son organisme, se dépenserait en'pure perte, et la durée de la vie n'y gagnerait rien.

Nous'ne pensons donc point que dans la plénitude de la santé et des forces, il y ait lieu de recourir à l'usage des élixirs de longue vie, autrement que dans les cas que nous venons de mentionner ; maladies, prédispositions maladives, décadence accidentelle des forces : malheureusement ces exceptions sont plus nombreuses que l'état physiologique qui devrait être la règle ; c'est-à-dire la santé parfaite se soutenant par le seul effet de l'action des forces vitales. Mais de quelque manière que cet équilibre se maintienne, par la nature seule, ou par la nature aidée de l'art, l'essentiel, pour l'adulte, est d'en entretenir le jeu constant et régulier. C'est ainsi qu'il prolongera son état viril et arrivera plus tard que d'autres, et par des dégradations insensibles, à la décadence sénile des forces. C'est alors seulement que devrait commencer, dans un sens rigoureux, l'application des théories que nous nous sommes efforcés de développer, si elles sont aussi vraies dans une application générale, que nos convictions le conçoivent, que nos expériences le démontrent, plus la vieillesse sera arrivée tard, plus l'âge adulte sera prolongé et plus il sera facile de prolonger aussi la dernière période de l'existence humaine, en soutenant les forces et atténuant les infirmités de la décrépitude.

Résumons enfin toute notre pensée.

Possibilité de prolonger l'enfance par l'hygiène et l'éducation ; l'âge adulte, par l'exercice régulier de l'ensemble des fonctions ; la vieillesse, par une sage et savante assimilation des forces naturelles : la somme de ces trois additions donnera la prolongation totale de la vie humaine.

Telle est, à notre avis, la seule solution raisonnable du problème que ce livre a cherché, si ce n'est à résoudre complétement, au moins à éclaircir.

Dans l'ordre d'idées et de faits sur lequel nous nous sommes appuyés, on marche d'accord avec les lois de la vie, et l'on n'a point à craindre de se heurter à des impossibilités. Il y a donc à espérer que d'autres plus heureux et plus habiles sauront, en entrant dans cette voie, trouver d'autres moyens d'application, que ceux indiqués dans ce livre : c'est notre vœu le plus ardent.

Il nous reste encore une conséquence à déduire de la loi de division de la vie humaine en trois grandes périodes, l'enfance, l'âge mûr et la vieillesse ; c'est la folie de ceux qui ont osé espérer d'échapper à cette inévitable progression par un brusque rajeunissement.

IV. — Dans un sens positif et absolu, celui qui nous a créés pourrait seul nous rajeunir. Il faudrait, pour cela, que la suprême sagesse consentît à renverser les lois imposées à l'espèce humaine par la volonté immuable (1). Un vieillard décrépit ne retrouvera ses facultés de quinze ans que par un double miracle : renversement des lois physiques et chimiques qui gouvernent la matière, modification dans les facultés de l'intelligence ; car un centenaire diffère d'un jeune homme par les pensées et les sensations, autant que par les rides de son front.

Il serait donc futile de s'engager dans cette voie, où l'on ne rencontrerait que des monstruosités. Le but que l'on chercherait à atteindre serait à la fois impie et dangereux. Si, par impossible, on pouvait rendre à un centenaire ses forces de vingt ans, on aurait créé un monstre dangereux aux autres et insupportable à lui-même. Car aux passions de la

---

(1) Quand l'homme-Dieu, pendant son court séjour parmi les hommes, a voulu prouver la divinité de sa mission, il a guéri des incurables et même ressuscité des morts, c'est-à-dire rappelé le principe de vie dans des cadavres qui ont été ranimés par son souffle et sa volonté ; mais l'Évangile ne nous dit pas qu'il ait rajeuni aucun vieillard.

Pour tirer des conséquences de cette observation, il faudrait une science théologique que je suis loin de posséder : je me borne à constater le fait.

vieillesse, l'égoïsme, l'avarice, l'ambition, il ajouterait la fougue des sens, la colère, la jalousie et la lubricité.

Laissons de côté ces illusions, bonnes tout au plus pour les feuilletons des journaux ou les livrets des opéras, et considérons le rajeunissement dans un sens relatif et raisonnable.

Voici comment il peut être entendu.

La caducité précoce, les infirmités qui résultent de la décadence accidentelle et anticipée des forces, ne sont pas des conditions nécessaires de l'existence humaine, mais de véritables maladies. Or, ces maladies, nous pensons l'avoir démontré, peuvent être combattues et guéries, et on peut également prévenir leur retour.

L'adulte qui retrouvera ainsi son énergie vitale et l'exercice d'une ou plusieurs de ses facultés sera rajeuni comparativement à son état antérieur.

De même dans la caducité, la prostration absolue des forces, la suppression des fonctions vitales ne sont pas des nécessités ; nous pensons l'avoir démontré. Les infirmités de la vieillesse sont de véritables maladies susceptibles de traitement et de guérison, au moins dans une certaine mesure. L'octogénaire qui aura été délivré de quelque infirmité de ce genre et qui, en outre, suppléera, tous les jours, à la décadence de son énergie vitale, par une assimilation de forces extérieures, cet octogénaire, disons-nous, se retrouvera dans les conditions ordinaires d'un sexagénaire ; il pourra donc se dire rajeuni.

V. — Nous ne pousserons pas plus loin ces considérations sur la longévité au point de vue de l'individu, et nous terminerons ce dernier chapitre en jetant un rapide coup d'œil sur la question envisagée dans sa généralité, c'est-à-dire dans ses rapports avec l'espèce humaine.

Il est d'abord bien évident que si on augmente le nombre des octogénaires, des nonagénaires et des centenaires, on élèvera, par cela même, la moyenne de la vie.

Est-ce un bien, est-ce un mal ?

La question pourrait être douteuse, aux yeux de certains économistes ; mais ce n'est ici le lieu de réfuter ni Malthus, ni son école.

Nous bornant donc à une appréciation de moraliste chrétien , nous verrions un incontestable bienfait assuré aux nations qui entreraient dans la voie que nous venons d'indiquer. Ce n'est point le dénombrement des multitudes qui constitue un grand peuple ; c'est la somme des volontés intelligentes, le patriotisme, l'énergie, l'amour de l'ordre et du travail, le respect des sujets pour l'autorité et le dévouement des gouvernants à la chose publique. Sans remonter au temps des Rhamsès et des Miltiades, l'histoire moderne nous montre un peuple d'à peine quatre millions d'âmes obligé de disputer aux vagues de l'Océan un territoire étroit et marécageux qu'il a su fertiliser, pendant que ses flottes lui assuraient un rang honorable parmi les nations et allaient fonder des colonies puissantes dans les mers les plus lointaines. — Ces grands résultats sont obtenus par l'action de certaines causes appelées à juste titre, en économie politique, les forces vives d'une nation et qui sont, pour les corps sociaux, ce que sont, pour le corps humain, les forces qui président aux fonctions. — Ces forces vives ne se manifestent que par la pensée et l'action des citoyens. Or, pour penser, comme pour agir, il faut que l'homme jouisse de l'intégralité de ses fonctions ; par conséquent, tout système qui réussira à conserver la santé et l'énergie virile d'un grand nombre d'adultes et à prolonger, chez beaucoup de vieillards, l'époque des souvenirs et des sages conseils, augmentera notablement la somme des forces vives d'une nation.

Il y a donc un côté patriotique dans le système d'hygiène et de longévité dont nos travaux ont pour but de généraliser les principes ; mais, pour que cette idée puisse porter ses fruits, il n'est nullement nécessaire que les gouvernements s'en emparent et en fassent une question d'administration.

Personne ne peut songer à leur demander d'ouvrir des bureaux de distribution d'or potable sur la place publique. Ce serait une folie ridicule et qui pourrait offrir quelques dangers. Toute l'action gouvernementale, en fait d'hygiène, doit se borner à écarter, autant que possible, les causes d'infection et de mortalité, à assurer aux malades pauvres des soins et des remèdes, à l'ouvrier valide du travail, la soupe aux choux et la tranquillité.

Henri IV avait plus d'ambition ; il voulait lui donner la poule au pot. Grâce au progrès de nos innombrables sociétés, ce vœu est devenu une utopie impossible : nos modernes bureaux de charité s'estiment heureux quand ils peuvent distribuer un pain par semaine à une famille pauvre. — Mais nous le répétons, en ce qui touche la conservation de la santé publique et la prolongation de la vie des citoyens, l'action gouvernementale ne peut être que relative et indirecte, et il y aurait seulement à supplier les gouvernements de s'abstenir, dans leur politique, de certaines tendances destructives de la vie humaine et contraires aux lois qui lui ont été tracées par la suprême sagesse.

Ici, nous devons exprimer toute notre pensée.

Si, parmi nos nations modernes, les centenaires sont des exceptions rares, si la durée de la vie commune n'est pas ce qu'elle devrait être, il faut en accuser principalement les mœurs publiques et les institutions politiques.

Personne n'ignore l'influence des mœurs et des habitudes sur la santé et, par conséquent, sur la durée de la vie. Les moralistes ont souvent traité cette question. Nous n'essaierons pas de la rajeunir, et nous nous bornerons à déduire une seule conséquence des principes résumés dans ce chapitre.

Le maintien de la santé, le complet développement des forces de l'homme exigeraient, pour l'enfance, des systèmes d'éducation et d'instruction totalement opposés aux nôtres ; pour l'âge adulte, un équilibre constant entre l'exercice des facultés physiques, instinctives et intellectuelles, et nos mœurs surexcitent constamment la brutale satisfaction des appétits instinctifs, en même temps que nos périodiques révolutions entretiennent, dans toutes les classes de la société, des inquiétudes et une agitation fébrile. Il faudrait, à la vieillesse, une existence douce mais honorée, qui la rattachât à la vie active par la direction de la famille et l'autorité des conseils ; mais nos mœurs ont une tendance tous les jours plus prononcée à isoler le vieillard dans un cercle d'interdiction.

Que l'on ne vienne plus maintenant s'étonner de la brièveté de la vie, en déplorer les souffrances et les infirmités ; les causes de ces maux rentrent dans le libre arbitre de tous et de chacun, et elles agissent avec encore plus d'intensité quand elles sont secondées par les institutions.

Comment s'y prend la politique pour aider à la conservation de la vie des hommes ?

Il faudrait d'abord, nous l'avons démontré, prolonger l'enfance autant que possible, et toutes nos institutions politiques et administratives tendent à l'abréger. La loi permet à une jeune fille de quinze ans de quitter sa poupée, pour remplir les devoirs de la maternité ; à dix-huit ans, on est soldat, ou, si les chances du sort vous ont libéré, on peut devenir père de famille. Êtes-vous sans fortune et la vingtième année a-t-elle surpris votre fils avant qu'il fût bachelier ou surnuméraire dans quelque administration, toutes les carrières lui sont fermées. Pour éviter un tel malheur, les parents sont forcés de livrer leurs enfants, dès l'âge de neuf à dix ans, aux travaux forcés des colléges. Là, l'université s'en empare et torture, sous une masse d'équations et de problèmes, d'arides théories physiques et chimiques, leurs jeunes imaginations, qui demanderaient seulement à être dirigées dans les formes du langage et l'exercice du jugement. C'est ainsi que l'on obtient des bacheliers de quinze ans, brevetés bien plus savants que ne l'étaient Newton, Leibnitz et Bossuet. C'est le progrès, dit-on ; magnifique progrès, auquel on doit les *fruits secs,* ces automates vivants qui périront à trente ou quarante ans, sans avoir laissé derrière eux ni une bonne action, ni une féconde pensée. Plusieurs, il faut le reconnaître, résistent à cette terrible épreuve ; mais pour en sortir étiolés et déjà atteints du germe des affections chroniques qui feront un supplice de leur âge mûr et aboutiront à une décrépitude anticipée. Voilà ce que font les institutions pour la jeunesse des classes intelligentes. L'enfance des classes pauvres est-elle mieux traitée ? Deux faits répondent à cette interrogation : les efforts de la législation pour améliorer le sort des enfants de fabrique ; l'émigration des paysans vers les villes.

Quant à l'âge adulte, nous venons de le dire, on y use la vie par une fiévreuse ambition, non pas seulement des grandeurs et du pouvoir, mais des jouissances du luxe ; et la politique de presque tous les gouvernements encourage cette fâcheuse tendance. Nos modernes institutions ont pour but de développer outre mesure la production et la consommation des œuvres de l'industrie, mais elles n'assurent point dans un juste équilibre, le développement progressif de la production agricole. Cependant partout on a défriché ; même aux dépens des forêts, ces réservoirs de la salubrité publique, où venait se purifier l'air nécessaire à nos poumons, et qui thésaurisaient, pendant l'hiver, les neiges et les pluies pour conserver à l'été le bienfait des sources rafraîchissantes. Comment se fait-il qu'avec ces immenses défrichements, la plupart des États de l'Europe soient obligés de demander leur pain aux savanes de l'Amérique, aux steppes de la mer Noire, aux sables de l'Égypte ? Il y a là un difficile problème dont la solution mériterait d'occuper un congrès d'hommes d'État, car il touche à la haute politique.

Les gouvernements considèrent la protection de la vie des citoyens, comme leur premier devoir : qu'un Français ou un Anglais soit assassiné chez les sauvages d'Océanie, ou chez les barbares de Turquie, aussitôt la vapeur accourt, les canons sont pointés, des réparations sont exigées et obtenues. C'est fort bien ; mais la conservation de la vie de tous n'est-elle pas un devoir du même ordre et plus important encore ?

Les gouvernements, nous le répétons, ne peuvent guère intervenir directement pour la conservation de la santé et la prolongation des vies individuelles, mais ils devraient s'abstenir des mesures qui empoisonnent et abrègent l'existence. Jamais, dans les débats législatifs, on n'a considéré les lois à ce point de vue ; il a cependant bien son importance.

Ces considérations et d'autres encore que nous supprimons, pour éviter une trop longue excursion dans le domaine de la politique, démontrent, ce nous semble, combien est négative, nuisible même, à certains égards, l'action des gouvernements en ce qui touche la conservation de la vie des adultes; examinons si elle serait un peu plus protectrice de la vieillesse.

Le respect dû aux vieillards était une des bases de la législation des peuples qui nous ont précédés dans l'histoire : chez presque tous, il existait un conseil de vieillards investi d'une haute autorité ; et le modèle de cette institution se retrouve dans la législation dont Moïse fut chercher l'inspiration en présence de Dieu lui-même. Les Romains donnèrent à ce conseil le nom de sénat, dérivant de *senex*.

Les nations modernes ont conservé le nom, mais en supprimant la vieillesse comme un rouage inutile. Nos institutions politiques et administratives ne s'occupent des vieillards, que pour les exclure de toutes les fonctions publiques et les condamner à l'isolement et à la nullité. Un général âgé de 65 ans, sans infirmités, pourrait encore rendre d'utiles services ; son expérience et sa sagesse tempéreraient, dans beaucoup d'occasions, la fougue des jeunes colonels, des bouillants brigadiers ; n'importe, il a atteint la limite d'âge, on le chasse de l'armée. De même, pour un magistrat, pour un administrateur ; on les met à l'écart, sans s'inquiéter s'ils emportent avec eux ces traditions de la jurisprudence et des affaires, si utiles pour en assurer la régulière et prudente administration.

Mais ce général, ce magistrat, cet administrateur dont vous

brisez les habitudes, qui vous dit que vous n'abrégez pas son existence? En effet, à cet âge où la vie ne se soutient plus que par des habitudes et des souvenirs, où la faculté de juger et d'apprécier survit à la décadence des fonctions locomotrices, il est nécessaire, pour conserver l'équilibre des mouvements vitaux, d'exercer modérément les facultés qui subsistent encore. Quelle occupation convenable à son âge pourrait trouver ce vieux serviteur de l'État frappé d'une incapacité légale? Ira-t-il mendier un emploi dans une administration particulière, ou bien viendra-t-il, brouillon fâcheux et mécontent, s'ingérer, entre ses neveux et ses enfants, dans la gestion active des intérêts de famille? Comment ses cheveux blancs pourraient-ils réclamer de l'autorité et du respect, quand la loi a déclaré que celui qui les porte n'est plus bon à rien?

On concevait une législation assurant une retraite dans les cas d'infirmités qui empêchent de remplir les devoirs imposés aux fonctionnaires publics; celui qui en profitait, n'avait plus besoin que de soins et de repos. Mais, faire de l'âge une incapacité légale, c'est méconnaître la loi divine qui a gravé au fond du cœur de l'homme le respect des cheveux blancs, c'est outrager l'humanité, en abrégeant des existences dont il faudrait, au contraire, s'étudier à conserver le flambeau; c'est violer le devoir le plus sacré des gouvernements, celui de protéger la vie de toutes les classes de citoyens.

Si les nations de l'Europe veulent devenir grandes et fortes, dans la véritable acception de ce mot, si elles aspirent à dominer, par la supériorité d'une civilisation chrétienne, les peuples barbares qui couvrent encore les vastes régions de quatre parties du globe, il faut qu'elles fassent entrer dans leur politique tous les principes qui assurent aux hommes le complet développement des facultés physiques et intellectuelles; et, pour atteindre ce grand résultat, les gouvernements auront à se préoccuper, dans la limite de leurs attributions, de tout ce qui aide à vivre et par conséquent aussi de la conservation de la santé : arriver, en un mot, à l'amélioration de l'humanité par le développement des forces individuelles.

Nous terminerons ces généralités par quelques lignes déjà imprimées en 1845, et qui peut-être, quinze ans plus tard, ont encore quelque à-propos.

Les chefs des sociétés modernes doivent s'efforcer de les diriger dans les voies d'améliorations morales plutôt que matérielles, faute de quoi, ils risquent de voir la direction suprême leur échapper pour tomber aux mains des tribuns du peuple.

Depuis plusieurs années déjà, l'on a remarqué la tendance des questions politiques à devenir questions sociales : si les gouvernements veulent conjurer les orages qui s'amoncellent de toutes parts, qu'ils sachent comprendre et accomplir toute l'étendue de leur mission.

Développer l'intelligence des peuples, éclairer leur raison, satisfaire à leurs instincts moraux et religieux, autant qu'à leurs besoins matériels, tels sont les premiers pas à faire vers la conservation de la vie dans un sens absolu et général. Sous ce rapport, les gouvernements peuvent pratiquer l'hygiène de longévité.

Les applications de notre système rentrent donc, à certains égards, dans le domaine de la politique; et au point de vue des besoins matériels, on peut les résumer en quelques lignes.

Assurer la nourriture du peuple, en dirigeant les recherches des savants et l'activité des industriels vers la production des substances alimentaires ; mettre des bornes au travail abrutissant de certaines manufactures, rétablir et conserver l'égalité des climats en replantant les forêts, assainir les grandes villes, par des appareils de purification de l'air atmosphérique ; enfin, demander à la science, si elle ne pourrait pas faire arriver dans toutes les habitations l'air vital, la chaleur et la lumière, par un procédé aussi simple que celui qui, aujourd'hui, nous apporte le gaz combustible.

L'espoir de faciliter la solution de ces questions importantes, en appelant sur leur utilité l'attention de tous les hom-

mes intelligents, a encouragé l'auteur de cet essai à le soumettre aux savants : il est surtout soutenu par la conviction
d'avoir, autant qu'il était en lui, rempli un devoir envers
son créateur et ses semblables.

On a beaucoup parlé des droits de l'homme : le citoyen peut
en réclamer, si les lois de son pays lui en accordent ; mais
l'être humain n'a que des facultés, des besoins et des devoirs.

Jeté sur cette terre pour vivre, c'est-à-dire penser et agir,
il doit remplir sa mission.

Le maître suprême de toutes choses lui en a accordé les
moyens. Il a des yeux pour voir, des mains pour saisir, une
raison pour étudier : la matière se meut autour de lui, prête
à varier ses combinaisons au gré de la volonté humaine.

C'est dans la méditation profonde de ces grandes vérités,
que se trouve le secret de la vie. Ce secret ne sera jamais
complétement révélé ; mais il est permis à notre intelligence
de soulever, de temps en temps, un coin du voile mystérieux
qui le recouvre.

FIN.

APPENDICE.

SOMMAIRE.

Les pages qui vont suivre sont consacrées à la thérapeutique, à la matière médicale, aux formules de nos spécifiques, et aux expériences cliniques destinées à en élucider les effets. Elles ne peuvent guère intéresser que les médecins praticiens. Cependant si quelque curieux se hasarde à les parcourir, il ne doit pas se laisser rebuter par des détails peut-être un peu trop techniques, mais qui étaient indispensables à la démonstration de la possibilité d'application pratique des théories développées dans ce livre. Il retrouvera toujours l'idée dominante, un retour vers les vieux principes de la science médicale, pour arriver, par l'emploi des forces naturelles, à la création d'un système rationnel de médecine préventive et d'hygiène de longévité.

CONSIDÉRATIONS

CHIMIQUES ET THÉRAPEUTIQUES.

Les théories exposées dans cet ouvrage indiquent assez l'ordre des idées qui ont inspiré les formules que nous allons soumettre aux juges compétents.

Ces formules devaient répondre à une double indication : aider à la conservation de la santé, en entretenant l'équilibre des fonctions ; rétablir cet équilibre, alors qu'il est troublé par la maladie.

De là, ont dû résulter nécessairement des complications dans les applications pratiques ; il a fallu se ménager quelque variété dans l'emploi des moyens ; mais l'idée thérapeutique se reproduit sous toutes les formes.

Faciliter les fonctions des organes cérébraux par une lente assimilation des phosphates ; celles des muqueuses, par des benzoates ; aider la digestion par des amers et des stimulants légers ; les sécrétions, par des diaphorétiques et des diurétiques ; employer enfin, pour véhicules, des substances riches en carbone et qui, par conséquent, fourniront un aliment à la combustion vitale et entretiendront la force calorique : telle a été la pensée qui a présidé à toutes nos formules.

Quand il s'est s'agi de combattre des prédispositions, ou même de lutter contre des affections chroniques, il a fallu associer à ces bases des substances plus énergiques encore, user de toutes les ressources de la matière médicale et du laboratoire, sans jamais perdre de vue le but à atteindre : aider la force conservatrice, par l'assimilation des forces interposées entre les molécules des médicaments ; rétablir l'équilibre des fonctions troublées, en substituant aux habitudes anormales des organes des habitudes rendues normales et maintenues par l'usage quotidien du médicament qui stimule ou modère la fonction troublée.

De cet ordre d'idées, de cette complication dans les effets à obtenir simultanément, ont dû, nécessairement, résulter des formules compliquées, des poudres et des élixirs composés d'un grand nombre de substances.

Ce retour vers la polypharmacie est en opposition directe aux systèmes qui ont prévalu depuis un demi-siècle, en fait de matière médicale ; mais il est la conséquence logique de nos doctrines.

Plusieurs fois, déjà, nous avons eu l'occasion de nous élever contre la tendance de l'école moderne à trop simplifier les médicaments : tendance qui, soit dit en passant, rapproche la médecine officielle de celle des homœopathes, contre lesquels les facultés et les académies s'élèvent avec tant de violence : les homœopathes, en effet, n'administrent jamais qu'un seul médicament à la fois, ou plutôt le simulacre d'un médicament.

Mais ce ne sont pas seulement des inconséquences, que l'on rencontre dans cette voie de prétendue simplification ; plus on s'y enfonce, plus on s'éloigne des principes immuables de la science médicale qui établissent, dans le plus grand nombre des cas, la complication des causes et des éléments morbides, ainsi que la diversité des troubles fonctionnels. Comment la thérapeutique, qui a pour but de lutter contre ces complications, pourrait-elle espérer de réussir, si elle n'avait pas à sa disposition toutes les richesses de la matière médicale, et si elle ne savait pas s'en servir pour former des combinaisons pharmaceutiques appropriées aux affections complexes qu'il s'agit de guérir ? Là où le médecin aura à traiter une maladie simple, par exemple, une fièvre tierce sans complications, on comprend qu'il essaye de la guérir avec un médicament simple, tel que le sulfate de quinine ; et encore, souvent, sera-t-il obligé d'ajouter, à sa pilule ou à sa potion, quelque drogue destinée à en assurer la tolérance ; mais quand le malade présente les symptômes de l'un de ces états complexes si fréquents dans la pratique, la logique du bon sens n'indique-t-elle pas une médication composée ?

Dans ces cas, répond l'école du purisme médical, nous combattrons successivement chacun des éléments morbides dont se compose la maladie, par un seul agent thérapeutique ; et, après avoir chassé l'ennemi de toutes ses positions, nous demeurerons maîtres du champ de bataille.

Fort bien; mais qui vous dit que le champ de bataille, c'est-à-dire le malade, ne disparaîtra pas pendant vos évolutions stratégiques? D'ailleurs, en admettant que vous aurez tout le temps nécessaire, pouvez-vous affirmer que chacun des éléments morbides, dont se compose la maladie, offre une unité distincte? êtes-vous bien certains, dans ces cas de complications graves, de l'action spécifique de chacune des drogues simples que vous employez isolément? L'hypothèse des éléments morbides, fort utile en philosophie médicale, pour aider à comprendre la nature des maladies, n'est qu'un moyen d'analyse clinique; mais on tombe dans des erreurs graves, si l'on veut considérer ces éléments comme des unités distinctes. La loi pathologique a été exprimée par Bordeu, quand il s'est écrié : « Il y a autant de maladies qu'il existe de malades. » Chaque maladie, en effet, est un ensemble de troubles fonctionnels spéciaux, caractérisés par un ensemble de symptômes. Enfin, en ce qui touche l'action isolée des drogues simples, nous nous bornerons à rappeler un fait consigné dans les annales de la science. M. Poggiale a appliqué, à diverses maladies, des associations de médicaments qui lui ont toujours mieux réussi que les médicaments simples; il traite la sciatique par un topique composé de

> Extrait de belladone.
> Extrait d'opium.
> Onguent populeum.
> Extrait de datura strammonium.
> Essence de lavande.

Ce topique a eu, sur les malades, une action très-efficace ; on a essayé les mêmes substances isolément et successivement, sans obtenir aucun résultat (1).

Nous ne pousserons pas plus loin les controverses ; et nous terminerons cette défense de la polypharmacie, en examinant la question d'un point de vue plus élevé.

Si l'on cherche à se rendre compte des causes qui ont amené,

____
(1) *Comptes rendus de l'Académie des sciences*, t. XXXV et XXXVI.

au commencement de ce siècle, la plupart des médecins à repousser les médicaments composés vantés par leurs prédécesseurs, on trouvera d'abord les tendances philosophiques, qui ont révolutionné la science, avant de bouleverser les sociétés ; ces tendances ont aussi réagi sur la médecine ; et quand la pathologie s'est trouvée envahie par une foule de systèmes qui ne s'accordaient que sur un point, expliquer la vie par des combinaisons de matière, la thérapeutique aussi a dû subir une réforme ; et cette réforme a trouvé un prétexte dans une erreur de l'ancienne médecine.

Souvent, en voulant expliquer l'effet des médicaments composés, les médecins polypharmaques se préoccupaient beaucoup trop de l'action isolée de chacune des substances associées pour former le composé ; c'est-à-dire que l'on envisageait la mixture ou l'apozème à peu près comme le facteur de la petite poste considère son sac rempli de lettres, qui iront chacune à leur adresse. Cette explication était très-mauvaise ; elle n'a résisté ni à l'expérience, ni au raisonnement. Mais de ce que certains médecins de la vieille école ne savaient pas se rendre compte de l'action des médicaments composés, il n'en résultait pas que cette médication fût mauvaise en elle-même. La médecine n'offre qu'un seul moyen de constater l'efficacité des médicaments, c'est l'expérience clinique. Ceci bien établi, il en résulte que lorsque les modernes en sont venus à douter de l'utilité de certains médicaments composés, la thériaque, par exemple, et ont cessé d'ajouter foi aux observations de Sydenham, de Baglivi, de Sauvage et de Bordeu, ils auraient dû expérimenter la thériaque à nouveau, mais non la condamner *à priori ;* c'est cependant ce qui a eu lieu.

Mais de ce que l'expérience clinique est la seule démonstration bien positive de l'effet des médicaments, il n'en résulte pas que l'on doive renoncer à chercher des explications raisonnables de ces effets et de leurs rapports avec les phénomènes de la vie. La médecine, Dieu merci, n'est pas l'empirisme grossier des peuples barbares.

Notre théorie sur les forces et la matière peut servir à jeter quelque lumière sur l'action des médicaments composés. Cette action est une, parce qu'elle est la résultante des diverses forces interposées entre les molécules des substances qui composent le médicament ; elle modère ou stimule l'action vitale, qui est une aussi, mais qui se manifeste par une diversité des phénomènes fonctionnels, et les fonctions seront plus ou moins affectées, d'après la nature spécifique des diverses substances qui composent le médicament. De cette unité d'action résulte l'utilité des médicaments composés. Par exemple, lorsque le médecin croira utile de relever le système nerveux et d'exciter en même temps les sécrétions, il atteindra son but en administrant la valériane ou la gentiane associée aux diaphorétiques, aux diurétiques et même à des drastiques légers, plus sûrement et plus vite, que s'il avait donné tous ces médicaments l'un après l'autre.

C'est par des considérations du même ordre que l'on peut expliquer la différence d'action entre le laudanum de Rousseau et celui de Sydenham. Le premier est un médicament essentiellement simple , contenant seulement les principes actifs de l'opium ; il est, en général, mal supporté à l'intérieur; aussi les plus chauds adversaires des médicaments composés lui préfèrent-ils le laudanum de Sydenham, dans lequel l'opium est associé à des excitants et à des nervins. De même , enfin , voit-on quelquefois les pilules de cynoglosse, formule de la vieille pharmacopée, réussir là où l'opium a échoué; de même aussi le sirop de chicorée composé amener des résultats que l'on n'obtient point avec l'extrait de pissenlit.

Ces faits incontestables n'autorisent-ils point à considérer les associations de plusieurs substances médicamenteuses comme une sorte de pile voltaïque où les éléments positifs sont représentés par des nervins et des toniques, les éléments négatifs par des sédatifs et des narcotiques. Mais, dans la pile, comme dans la potion composée, la force dégagée est une , et l'action de cette force, sur celle qui préside à la vie, doit être une aussi , bien qu'elle soit manifestée par plusieurs phénomènes.

Quoi qu'il en soit de cette explication, l'unité de l'action physiologique des médicaments composés conduit à une conséquence qui n'est pas sans importance, au point de vue des théories chimiques; nous nous bornerons à l'indiquer en passant.

Dans l'état actuel des théories chimiques, deux ou plusieurs corps, mis en contact, forment une combinaison, ou bien demeurent à l'état de simple mélange; voilà ce que nous enseignent les livres. Mais en restreignant dans des limites aussi étroites la nature des divers composés, la science a ouvert la porte à bien des doutes, peut-être à des erreurs. Cette classification est-elle rigoureusement exacte? suffit-elle à caractériser tous les composés? Il est permis d'en douter, surtout lorsque l'on réfléchit à la faiblesse d'affinité qui préside à certaines combinaisons, et aux propriétés nouvelles qui se manifestent dans certains mélanges, enfin à cette infinité de gradations dont l'artisan suprême s'est servi pour adoucir les transitions entre les divers phénomènes. La loi des analogies, comme l'étude des phénomènes, conduit à admettre l'existence d'un état intermédiaire entre la combinaison chimique et le mélange, état que l'on pourrait appeler d'association.

Ces trois états des composés, MÉLANGE, ASSOCIATION, COMBINAISON, auraient leur raison d'être dans une loi chimique, reconnue par la science, la diversité d'intensité entre les affinités des corps; on y trouverait une explication plausible de quelques points obscurs de chimie organique et même de chimie minérale. Berzelius indique quelque chose d'approchant dans un mémoire fort curieux sur les composés qui dépendent d'affinités très-faibles : il a été amené, par l'expérience, à penser que, dans certains composés minéraux naturels, les éléments qui les constituent ne sont certainement pas à l'état de mélange, mais pas davantage à celui de combinaison (1).

On pourrait aussi rattacher à cet ordre de phénomènes ceux qui sont produits, dans les décompositions et combinaisons chimiques, par l'action de ces substances appelées par M. Mitscherlich *substances de contact* (2); mais ces considérations, purement théoriques, nous entraîneraient beaucoup trop loin. Nous nous bornerons donc à les indiquer aux méditations des savants, et nous rentrerons dans la spécialité des questions qui nous occupent, par l'observation d'un phénomène vulgaire.

Qu'une jeune dame prédisposée aux leucorrhées avale le matin à jeun une tasse de lait, quelques minutes après, une tasse de café pur, elle n'en éprouvera aucun dérangement; mais si elle fait son déjeuner de ces deux liquides mélangés, tous les méde-

(1) *Annales de physique et de chimie*, t. XIV, 1820, p. 363.
(2) *Annales de chimie et de physique* (3e série), t. VII, p. 15.

cins savent la fâcheuse conséquence qui en résultera presque immédiatement. Le café au lait possède donc des propriétés spéciales différentes de celles du lait et du café pur. Mais ce fait ne pourrait pas s'expliquer si, dans le café au lait, les substances constituantes, caféine, essence, phosphates, caséine, lactine, etc., étaient à l'état de simple mélange; il serait tout aussi absurde de dire qu'elles ont formé une combinaison chimique; il faut donc nécessairement qu'elles se trouvent dans un état particulier qui a modifié leurs propriétés, et ce ne peut être que celui que nous avons nommé *d'association*.

A côté de ce fait de l'action du café au lait, nous aurions pu citer d'autres faits de même nature; mais un exemple suffit pour bien faire comprendre notre pensée; il ne nous reste plus maintenant qu'à en exposer les applications pratiques.

Quand un composé forme une combinaison chimique régulière, l'action physiologique de cette combinaison ne peut guère être présumée d'avance par les effets physiologiques de ses éléments constituants; il n'y a aucune analogie entre les effets de la soude caustique ou de l'acide sulfurique, et ceux qui sont produits par le sulfate de soude. Le médecin ne peut donc prescrire des composés à l'état de combinaison chimique, qu'après que l'expérience lui en a révélé les propriétés.

Les composés à l'état de simple mélange ont, en général, une action qui peut se présumer par celle des substances mélangées, mais cette action est souvent infidèle, ou même perturbatrice, comme celle de certains apozèmes, ou médecines noires, des anciens médecins, médicaments difficilement tolérés.

Les composés à l'état que nous appelons *d'association*, produisent sur l'organisme vivant des effets que le médecin peut présumer, jusqu'à un certain point, par les effets connus des substances associées; mais cette action, ayant cependant une spécificité propre, a besoin, comme celle des combinaisons chimiques, d'être démontrée par l'observation et l'expérience. D'où il résulte, qu'en général, les formules de cette nature devront être considérées comme *officinales*, plutôt que *magistrales*; et que le médecin aura rarement à les modifier. Il est aussi bien évident qu'en composant ces sortes de formules, il faudra toujours se rappeler les lois de la chimie et soigneusement éviter de mettre

en contact des substances qui, par des doubles décompositions
et des combinaisons nouvelles, formeraient des sels inertes ou
toxiques. Par exemple, dans une potion dont le véhicule serait
une dissolution de sulfate de quinine, on se gardera d'ajouter de
l'ammoniaque, sous peine de précipiter la quinine à l'état d'alcali
neutre et sans action sur l'organisme. Ceci est élémentaire ; nous
n'avons pas besoin d'y insister. Mais il est une autre considération
sur laquelle nos longues recherches nous permettent de jeter
quelque lumière.

On se demandera à quels signes il est possible de reconnaître si
un médicament composé se trouve dans cet état particulier que
nous avons appelé *d'association*.

Le caractère le plus général nous paraît être l'homogénéité,
qui entraîne presque toujours la bonne conservation. Quand,
par exemple, des baumes résines, des essences, des matières ex-
tractives sont en dissolution dans de l'alcool ou de l'éther, quand
le liquide n'offre d'autre précipité que des matières inertes et insolubles, on peut être assuré qu'il y a association entre les principes constituants, et que l'élixir, ainsi préparé, produira des
effets physiologiques bien définis.

De même, si l'on incorpore, avec un corps gras, de la cire,
des essences, des baumes, des extraits médicamenteux, des
hydrolats et des alcoolats, et si l'on obtient un liniment homogène et sans grumeaux, on est autorisé à le croire arrivé à l'état
d'association et à compter sur son efficacité.

Enfin, quand on voudra associer diverses substances à l'état
solide, le mode le plus convenable de préparation sera presque
toujours la porphyrisation. Les poudres, ainsi préparées, acquièrent une remarquable efficacité ; mais si l'on veut qu'elles
soient de bonne conservation, il faudra éviter d'employer pour
véhicule le sucre de canne. La lactine, la mannite, ou la gomme,
donneront des poudres moins hygrométriques et moins sujettes
aux fermentations. Celles dont nous publions les formules, peuvent être conservées pendant plusieurs années sans rien perdre
de leur efficacité.

Hahnemann avait coutume de dire que la porphyrisation développe, dans une progression géométrique, les propriétés des
substances ; cette observation est parfaitement juste ; mais il

prétendait aussi qu'en triturant des sels de droite à gauche, on
dégageait de l'électricité positive et, de gauche à droite, de l'é-
lectricité négative ; ce fait, qui amènerait à des conséquences
importantes en matière médicale, ne nous a pas semblé vérifié
par l'expérience ; mais plus on étudie ces sortes de composés,
plus on est frappé de l'efficacité de leurs effets physiologiques,
surtout dans les affections chroniques. Non pas que nous pré-
tendions repousser entièrement la médication composée, du
traitement des maladies aiguës ; la vieille thériaque de Venise,
par exemple, est un héroïque médicament dans les fièvres continues où domine l'élément nerveux. De même, dans les cas où
la fièvre est ardente, l'irritation générale intense, et où il est ur-
gent d'amener une diaphorèse vers la peau, on obtiendra ce
résultat avec une association de sel de nitre, musc, camphre et
opium, bien plus facilement qu'avec tout autre médicament
simple. Mais, nous ne saurions trop le répéter, c'est surtout dans
les affections chroniques, qu'il faudra appliquer les poudres et
les élixirs dont nous allons indiquer les formules ; l'art médical y
trouvera, nous l'espérons, des ressources précieuses toutes les
fois qu'il s'agira de suppléer à des fonctions troublées, et de rétablir l'exercice régulier des fonctions normales.

Les effets physiologiques et thérapeutiques de chacune de ces
formules ont été étudiés consciencieusement pendant de longues années, par l'auteur lui-même et par tous les médecins
qui ont bien voulu lui accorder leur concours. Depuis 1846, des
copies manuscrites de son formulaire avaient été déposées chez
des pharmaciens habiles (1), avec l'instruction de les communiquer à tous les docteurs en médecine qui voudraient les appliquer ; enfin tous les moyens d'expérimentation ont été essayés, sauf les quatrièmes pages des journaux, ces tréteaux de
l'empirisme moderne. C'est donc seulement après avoir soumis
sest héories au creuset de l'expérience, et après avoir fortifié ses
convictions, par des applications nombreuses, que l'auteur s'est
enfin décidé à publier celles de ses formules qui lui ont paru les
plus utiles et d'un effet bien constaté.

Mais en fait de médicaments, pour que l'expérience soit con-

(1) A Paris, M. Chagnet ; à Toulouse, M. Piette ; à Montpellier, M. Sauvan,
aujourd'hui établi à Agen.

cluante, il faut qu'elle ait été suivie avec persévérance par un grand nombre de médecins, sur un grand nombre de malades, dans des lieux et des climats différents et sous l'empire de diverses constitutions médicales. Voilà pourquoi l'auteur sollicite, pour ses formules, l'expérimentation la plus consciencieuse et la plus générale; voilà aussi le motif qui l'encourage à livrer aux critiques un système qui, sur plusieurs points, est en opposition formelle aux doctrines le plus généralement adoptées par la science moderne.

Le moment semble favorable pour cette publication. Il se manifeste, depuis quelque temps, une certaine tendance à revenir aux idées vitalistes; plusieurs bons esprits ont témoigné leur regret de l'anarchie qui règne dans les systèmes scientifiques et médicaux; et ce retour vers les véritables principes, doit faire accueillir avec un peu plus d'indulgence des travaux dans le même sens, entrepris longtemps avant le commencement de cette réaction.

Mais, en médecine, tous les systèmes doivent converger vers un seul but : la conservation de la vie et de la santé; les idées exposées dans ce livre ont abouti à des combinaisons pharmaceutiques, dont l'efficacité semble démontrée par les premières expériences. Peut-être, un jour, si des savants plus habiles et plus heureux viennent à s'emparer de ces idées, à les féconder du talent et de la jeunesse qui nous manquent, sortira-t-il de leurs travaux des moyens d'application plus efficaces encore. Mais, en attendant, nos formules comblent une lacune de la thérapeutique, elles offrent des moyens de guérir, ou au moins de soulager, dans des cas nombreux où la médecine est, aujourd'hui, impuissante; espérons qu'elles seront expérimentées consciencieusement!

FORMULAIRE

MÉDICATION CORROBORANTE ET TONIQUE.

POUDRE STOMACHICO-CÉPHALIQUE.

Pr. Biphosphate calcique . . . Phosphate sodique . . . . Benzoate magnésique. . . . Benzoate potassique . . . . } āā.	5,00 gr.
Mélisse officinale.	2,50
Aloès succotrin	3,00
Absinthe, gentiane. . . . . . Lichen d'Islande. . . . . . . } āā.	1,00
Safran, cannelle. . . . . Girofle . . . . } āā	2,00
Angélique, badiane . . . . . Vanille. . . . . } āā.	4,00
Mannite.	30,00
Lactine.	60,00

Porphyrisez sans laisser de résidu.

Ces poudres peuvent se conserver, en vases clos, pendant
très-longtemps. A la dose de 40 à 50 centigrammes par jour,
leur action physiologique est légèrement drastique, sans coliques ni nausées ; à cette dose, elles pourraient remplacer avec
avantage les élixirs suédois, la médecine Leroi, et les autres
médicaments de ce genre, dans les rares occasions où un médecin prudent croirait devoir recourir à cette médication. Quant
aux effets thérapeutiques de ces poudres, dans les affections
chroniques, ou comme agent prophylactique, on ne peut les
apprécier que par l'usage quotidien et longtemps répété des
petites doses.

Une à deux petites pincées par jour (10 à 20 centigrammes),
dans un verre d'eau sucrée, ou dans une tasse d'infusion de

mélisse, régularisent les fonctions digestives, facilitent l'assimilation, et au bout de quelques jours, la tête est plus libre et
on éprouve un sentiment général de bien-être.

Mais pour obtenir de ces poudres, dans les cas d'anhémie,
une action franchement corroborante, il faudra leur associer les
combinaisons d'or et de fer.

SUCCINO-PHOSPHATE D'OR.

Pr. Oxyde d'or (précipité par la magnésie)...............	5 gr.
Acide succinique....................................	10

Triturez intimement dans un mortier de verre ; introduisez
la poudre dans un matras à long col et y ajoutez :

Acide phosphorique sirupeux.......................	15

Chauffez jusqu'à dissolution des paillettes d'or et versez
dans le vase encore chaud :

Alcool à 40° bouillant..............................	150

Cette dissolution, refroidie à l'abri de la lumière, doit être
d'une belle couleur d'or, et très-acide ; elle laissera déposer,
par l'évaporation spontanée, des aiguilles régulières et suffisamment stables pour l'usage médical. Mais l'opération est délicate,
facilement troublée par la lumière et par la tension électrique de
l'atmosphère : elle exige toute la patience des alchimistes.

Les cristaux pulvérisés s'incorporent parfaitement à la poudre
stomachico-céphalique, à la dose de 1 gramme pour 100 grammes de poudre ; et avec cette addition, le médicament devient plus énergique et plus vital. Mais dans les cas d'anhémie
chlorotique, ou dans les cachexies des phthisiques, on devra
préférer le succino-phosphate d'or et de fer.

SUCCINO-PHOSPHATE D'OR ET FER.

Ce composé se prépare exactement comme le précédent :
seulement, dans la base métallique, on retirera 2gr,50 d'or
pour les remplacer par double quantité d'hydrate de fer.
Son action est tonique ; mais elle nous a paru mieux caractérisée, dans le traitement des maladies, en l'associant à d'autres
médicaments.

Voici des pilules qui nous ont souvent réussi :

PILULES TONIQUES.

Pr. Poudre stomachico-céphalique......... 3,00 gr.
     Succino-phosphate d'or et de fer....... 1,20
     Extrait de centaurée.............. } $\overline{aa}$... 1,00
        — de gentiane .... }
Faites 60 pilules que dorerez.
Dose, de 1 à 2 le matin, à jeun.

Mais dans les cas assez fréquents où l'anhémie est compliquée
d'une tendance à ces irritations appelées passives par quelques
médecins, dans ces gastéro-entéralgies compliquées d'une petite
fièvre lente, ou bien quand il s'agira d'aider à digérer et à vivre,
des enfants chétifs et étiolés, on pourra administrer avec avantage la composition suivante :

POUDRE SÉDATIVE-CORROBORANTE.

Pr. Biphosphate calcique..... }
   Phosphate sodique....... } $\overline{aa}$... 4,00 gr.
      — magnésique ... }
      — ferrique (1).... }
   Extrait sec de pissenlit.......... 3,00
      — de centaurée... } $\overline{aa}$... 2,00
      — d'artichaut. ... }
   Feuilles d'orangers....... } $\overline{aa}$... 1,50
   Fleurs de camomilles..... }
   Thériaque de Venise (vieille)..... 5,00
   Gomme arabique.......... } $\overline{aa}$... 35,00
   Sucre de lait............ }
Pulvérisez sans laisser de résidu.
Dose, de 1 à 2 pincées par jour.

Mais alors qu'il s'agira de lutter contre des troubles profonds
de l'innervation, de rétablir les fonctions que la physiologie

____

(1) Les phosphates de fer ont été, jusqu'ici, assez peu étudiés en chimie.
Les auteurs n'en citent que deux. Le plus généralement usité est celui que
l'on obtient, sous forme d'une poudre bleu par double décomposition du phosphate de soude et du sulfate de fer du commerce; il est totalement insoluble. Nous sommes autorisé, par nos recherches, à croire que, lorsque la
science voudra s'occuper des combinaisons de l'acide phosphorique avec les
diverses bases ferriques, on reconnaîtra cinq phosphates, peut-être même

considère comme sous l'empire soit du cervelet, soit de la moelle épinière, soit du grand sympathique, on trouvera des ressources précieuses dans la combinaison dont suit le mode de préparation et qui peut être considérée comme spécifique des affections de ce genre.

CÉRÉBRATE D'OR.

Pr. Oxyde d'or.............. .... ⟩ $\overline{aa}$ .... 5 gr.
Soufre sublimé.................... ⟩

Triturez intimement dans un mortier de verre, introduisez dans un matras à long col et y versez :

Acide lactique récent.............. ⟩ $\overline{aa}$ 15
Acide phosphorique sirupeux....... ⟩

Il se manifeste une réaction chimique avec dégagement de chaleur; avant qu'elle soit terminée, vous placerez le matras dans un bain de sable, à l'abri de la lumière, et chauffez jusqu'à dissolution des paillettes d'or ; alors vous versez dans le matras encore chaud :

Alcool bouillant à 40°, additionné de 10 gouttes d'ammoniaque à 22°................................. 150

Il se manifeste une nouvelle et vive réaction. Après qu'elle est terminée, le liquide refroidi est filtré et laisse déposer, par évaporations successives, des cristaux terminés en biseau. Ce composé, assez stable, doit cependant être conservé à l'abri de la lumière ; il est soluble dans l'eau, l'alcool et l'éther.

Tel est le composé que nous avons nommé cérébrate d'or. Si quelque chimiste demandait, pourquoi ce nom, notre réponse est toute prête. Sans doute on ne trouvera pas, dans nos cristaux, des molécules cérébriques en combinaison avec de l'or ; mais les éléments chimiques sont les mêmes ; d'ailleurs

six. Cette question n'a d'intérêt qu'au point de vue des théories chimiques.

Voici la préparation dont nous nous servons, et qui est parfaitement suffisante pour l'usage médical :

Pr. Fer magnétique, sesquioxyde de fer, parties égales ; traitez à chaud par l'acide phosphorique sirupeux, dans une grande capsule. Quand la masse est arrivée à ébullition, ajoutez eau bouillante q. s., filtrez chaud.

La dissolution évaporée laisse déposer une poudre grisâtre, légèrement soluble dans l'eau froide, et qui est parfaitement tolérée par les intestins.

Les médecins allemands emploient, depuis bien des années, les phosphates ferriques.

il fallait un nom à ce composé qui a une action incontestable sur l'encéphale : celui de cérébrate convenait tout autant qu'un néologisme grec.

Mais on insistera ; on nous reprochera de ne pas donner les formules chimiques de ces combinaisons auriques.

Notre excuse est dans l'excessive difficulté d'arriver à une formule exacte ; ces combinaisons sont difficiles à obtenir à l'état neutre et tout à fait instables : on ne réussit à les conserver pour l'usage, qu'avec excès d'acide. Le but de nos travaux n'était point de faire des découvertes en chimie ; nous laissons cette gloire à d'autres ; nous nous sommes seulement efforcé d'enrichir la pharmacopée d'un certain nombre de médicaments de nature à combler les lacunes de la thérapeutique.

Quelques conseils seulement à ceux qui seraient tentés de compléter nos recherches sur les combinaisons d'or, travaux difficiles et fort dispendieux.

On croit assez généralement, sur la foi de certains traités de chimie, que l'or n'est soluble que dans l'eau régale : c'est une erreur. L'or peut entrer en combinaison avec plusieurs acides, même organiques, pourvu que, suivant les préceptes des alchimistes, on emploie toujours deux acides. Par exemple, on peut obtenir une combinaison d'or et d'acide paratartrique, en ajoutant de l'acide acétique ; mais, par une singulière anomalie, le métal résiste à toutes les tentatives, si l'on substitue l'acide tartrique au paratartrique. L'or, on le sait, n'est attaqué ni par l'acide sulfurique, ni par l'acide acétique ; mais si l'on chauffe de la poudre d'or avec un mélange des deux acides, l'acétique en grand excès, l'or se dissout et le liquide prend une belle couleur jaune ; cette combinaison est tout à fait instable : si l'on parvenait à la fixer, elle pourrait être utilisée dans les arts.

La science ne reconnaît qu'un seul iodure d'or, poudre vert-olive insoluble ; on pourra quand on le voudra, préparer un iodate soluble en triturant le métal avec l'acide iodique, versant sur le mélange un excès d'acide azotique, et chauffant. Enfin, nous avons obtenu, par des procédés de même nature, un benzoate d'or, très-instable et auquel nous n'avons pu reconnaître qu'une seule propriété, celle de teindre le papier en une belle couleur rose assez solide.

Nous ne pousserons pas plus loin cette digression. En ajoutant les composés auriques, dont nous avons expérimenté les effets, à ceux que déjà possédait la matière médicale, le chlorure, l'iodure et le cyanure, il nous semble qu'il y aura de quoi satisfaire à tous les besoins de la thérapeutique.

Revenons donc à notre cérébrate. Il peut être administré en dissolution, ou sous forme solide.

ÉLIXIR CÉRÉBRIQUE.

Pr. Essence de cajeput .... ⎫
     — de mélisse . ... ⎬ āā .... 40 gouttes.
     — de camomille .... ⎭
Alcool 3/6 .... 60 gr.
Eau 140
Distillez, pour retirer 100 gr. d'hydro-alcoolat, dans lequel vous dissoudrez :
     Cérébrate d'or 5

Cet élixir peut être donné à la dose de 5 à 10 gouttes, le matin à jeun, soit sur un morceau de sucre, soit dans une infusion aromatique. Son action est céphalique et tonique. Comme tous les excitants, ce médicament active la circulation sanguine, par conséquent, il est contre-indiqué, dans les cas de prédispositions aux congestions cérébrales ; il réussira toutes les fois qu'il y aura à combattre un état d'atonie et de langueur dans les mouvements vitaux ; mais il agit lentement et ses effets ne seront bien caractérisés qu'après quelques semaines d'usage quotidien. Quand le médecin voudra des effets plus prompts, ou quand il aura à lutter contre des paralysies des membres ou des intestins, il devra préférer les

PILULES CÉRÉBRIQUES.

Pr. Poudres stomachico-céphaliques .... 2,50 gr.
     Cérébrate d'or 0,30
     Extrait de pissenlit .... ⎫
     — de camomille .... ⎬ āā 0,50
     — de gentiane .... ⎭
     Extrait aqueux de noix vomique 0,03
Faites S. A. 30 pilules que dorerez.
A prendre, ante cibum, de 1 à 2 pilules au plus par jour.

Ces pilules sont très-actives ; elles réussiront dans les troubles fonctionnels indiqués plus haut, surtout dans les dyspepsies passives. Quand les désordres contre lesquels elles seront employées se compliqueront d'anhémie, on pourra y ajouter 1 à 2 centigrammes par pilule de lactate soluble de fer. Cette petite dose, grâce à l'association de l'or, agira mieux qu'une plus forte proportion de sel ferrique administrée isolément. Mais cet énergique médicament ne convient que dans les maladies ; son usage quotidien trop prolongé pourrait avoir des inconvénients, là où il s'agira seulement de lutter, sans secousses, contre des prédispositions et de venir en aide à la force vitale en favorisant le jeu régulier de toutes les fonctions.

Le médicament prophylactique et vital par excellence, nous l'avons déjà dit, est, pour nous, l'élixir stomachico-nervin que nous nommons or potable, parce que nous en avons puisé l'idée dans les manuscrits et les bouquins des alchimistes. En voici la formule, qui doit se rapprocher beaucoup de celle qu'employait Cagliostro.

OR POTABLE.

Pr. Éther phosphato-benzoïque............ .... 40 gr.
    Teinture d'osmazôme..... ⎱
    Alcoolat des Hespérides... ⎰ aā........... 20
    Alcoolat balsamique. 60
    Teinture de vanille, safran, valériane. ⎱
    Angélique, aloès et absinthe........ ⎰ aā........... 4
    Teinture de musc................. ⎱
    — d'ambre gris .... ⎰ aā.......... 2

Laissez reposer huit jours, décantez et ajoutez à la colature :

    Dissolution mère de succino-phosphate d'or (ut supra). 60

Dose de 5 à 10 gouttes sur un morceau de sucre, ou mieux encore dans une infusion aromatique chaude et sucrée.

Cet élixir, d'un parfum suave, d'une saveur agréable, se conserve parfaitement, pourvu qu'il soit à l'abri des rayons solaires. A la dose de 30 à 40 gouttes, il agit à la manière des diffusibles généraux, en stimulant toutes les fonctions et plus particulièrement celles des organes digestifs. Son action est surtout bien caractérisée à la fin d'une journée de grandes fatigues, ou à la suite de vives émotions. Dans ces occasions, il ne faudra pas craindre d'en prescrire 30 à 40 gouttes, dans une tasse de tilleul ou de mélisse, quelque temps avant le repas. Les nerfs se détendent, le pouls se régularise, l'appétit reparaît ; et, après le repas, un bien-être général prélude à un sommeil réparateur. Enfin on pourra l'ordonner à petites doses, dans les convalescences difficiles et dans les névralgies générales avec dyspepsies. Mais l'usage le plus précieux de cet élixir sera toujours le traitement méthodique de la décadence sénile des forces. Nous avons ailleurs exposé les motifs de notre confiance : l'expérience a confirmé nos convictions. Le sexagénaire qui trace ces lignes fait, depuis bien des années, un usage habituel de l'or potable. Si les 8 à 10 gouttes de chaque matin venaient à lui manquer, ses forces trahiraient sa volonté et il ne pourrait achever son œuvre. En citant d'autres exemples, nous arriverions sur le terrain exploité par les charlatans ; nous terminerons donc ce qui nous reste à dire de l'or potable, par quelques mots sur les cas où cet élixir pourrait être nuisible.

Il est bien évident que ce médicament serait contre-indiqué dans les inflammations franches et récentes de l'estomac ou des intestins ; il pourrait aussi être mal toléré par des personnes douées d'une invincible répugnance pour le musc. Dans ces cas très-rares et dont il ne nous a été donné d'observer qu'un seul exemple, on pourrait préparer exprès un élixir dans lequel on remplacerait le musc par double dose d'ambre gris. A cette occasion, nous consignerons ici une observation qui pourra être utile aux praticiens. L'ambre gris produit, sur les fonctions du système nerveux, des effets identiques à ceux du musc, sans apporter aucun trouble dans les fonctions digestives.

Passons au mode de préparation des liquides de notre composition qui servent de dissolvants aux bases de l'élixir, et qui, eux-mêmes, ne sont pas sans action.

ÉTHER PHOSPHATO-BENZOÏQUE.

Pr. Alcool à 40°.............................. 200 gr.
Acide benzoïque sublimé..... ⎫
Acide phosphorique sirupeux. ⎬ aa............... 30
Vinaigre à 10° ou 12°..................... 120

Introduisez l'alcool dans un appareil distillatoire, chauffez modérément, puis faites arriver dans la cornue le vinaigre bouillant, dans lequel vous aurez dissous les deux acides, et continuez à chauffer. Les premiers produits passeront acides et doivent être retirés ; mais, au bout de quelques minutes, on obtiendra un produit neutre, limpide et d'une odeur douce agréable, qui est le liquide cherché. Vers la fin de l'opération, la distillation recommencera à passer acide, et il faudra l'arrêter. On aura obtenu un peu plus de 150 grammes de produit neutre.

Ce liquide est-il réellement un éther ; existe-t-il des éthers composés ? Nous laissons ces questions à l'examen des chimistes.

TEINTURE D'OSMAZOME.

Pr. Chair musculaire de bœuf.......... 1,000 gr.
     —   de mouton. 2,000
     —   de vieux pigeons.. 500

Malaxez à froid ces chairs hachées et bien dépouillées de leurs graisses et de leurs aponévroses dans eau q. s. Réduisez, par évaporation, les eaux de lavage de manière à n'avoir plus qu'environ un demi-litre de fort bouillon filtré; étendez ce liquide d'un demi-litre d'alcool 3/6, dans lequel vous aurez dissous 20 gouttes d'essence de girofle et autant d'essence de canelle; chauffez encore jusqu'au point d'ébullition, laissez refroidir et reposer, puis filtrez une seconde fois et conservez en flacons bien bouchés.

Cette essence de bouillon peut être administrée dans les convalescences et les inappétences graves : quelques gouttes, ajoutées à une cuillerée de bouillon ordinaire, en augmentent la saveur et la puissance.

ALCOOLAT DES HESPÉRIDES.

Pr. Alcoolat de mélisse composé du Codex.......... 1 1/2 litre.
Essences de Portugal, de cédrat, de citrons. ⎫ āā. 150 gouttes.
Essences de Bergamotte et de Néroli...... ⎭
Essence de roses 50
Ammoniaque à 22°.................. 1

Distillez pour retirer 1 litre d'alcoolat.

Ce liquide, plus suave que les eaux de Cologne ordinaires, peut être utilisé dans la composition des potions anti-spasmodiques, dont il assure la conservation.

ALCOOLAT BALSAMIQUE.

Pr. Myrrhe......................		
Encens......................	āā....... 10 gr
Mastic......................		
Baume de Judée...............	āā....... 20
Calamus aromaticus...........		
Benjoin......................	āā 30
Baume de Tolu...............		
Alcool 3/6 bon goût	2 litres.

Distillez pour retirer 1 litre d'alcoolat.

Ce liquide, sur lequel nous aurons occasion de revenir, peut rendre quelques services dans certaines affections catarrhales et particulièrement dans les maladies des voies urinaires.

Dans les cas où la médication tonique et corroborante est indiquée, elle ne serait pas complète, si l'on n'agissait pas sur la peau de manière à faire pénétrer l'élément réparateur par toutes les voies de l'absorption. Voici une formule qui pourra rendre des services, surtout lorsqu'il s'agira de réparer l'épuisement des forces occasionné par des excès ou des fatigues.

LINIMENT PHOSPHORÉ.

Pr. Baume nerval du Codex........................	60 gr.
Pommade phosphorée du Codex.....................	30
Essences de cajeput, de thim, de romarin...... āā.	2
Essences de girofle, de canelle et de lavande.....	
Huile de camomille.................................	20
Teinture éthérée de myrrhe et de galbanum...........	30

Incorporez à froid en un liniment homogène.

Ce liniment n'offre aucun des inconvénients de la pommade phosphorée du Codex, mauvaise préparation dans laquelle le phosphore, au lieu d'être en dissolution, est simplement divisé et, par cela même, très-sujet à s'enflammer. Au contraire, dans notre liniment, les essences et l'éther achèvent la dissolution du phosphore, qui passe ainsi à l'état d'association avec les matières organiques qui forment la base du composé, et devient plus susceptible d'être assimilé. Ce liniment sera surtout d'un grand effet, si l'on l'emploie en frictions sur l'épigastre, et des deux côtés du rachis, après un bain légèrement aromatisé.

Passons maintenant à un autre ordre de médication.

TRAITEMENT NÉVRO-STHÉNIQUES.

POUDRE STOMACHICO-NERVINE.

Pr. Bi-phosphate calcique.... ⎫
    Phosphate sodique....... ⎬ aa............. 1,00 gr.
    Benzoate magnésique.... ⎪
    Benzoate potassique..... ⎭
    Gomme ammoniaque.................... 8,00
    Cyanure d'or........................ 0,20
    Rhubarbe............... ⎫ aa........... 2,00
    Racine de colombo....... ⎭
    Absinthe............. ⎫ aa........... 1,00
    Gingembre............. ⎭
    Angélique............. ⎫
    Coriandre............. ⎬ aa........... 3,00
    Vanille.. .... ⎭
    Racine de valériane...... ⎫ aa 4,00
    Feuilles d'oranger .... ⎭
    Musc............ ..... ⎫ aa......... ... 1,00
    Ambre gris .... ⎭
    Mannite............................. 40,00
    Lactine............................. 80,00
Porphyrisez sans laisser de résidu.

Ces poudres s'administrent, avant le repas, à la dose de 1 à
2 pincées au plus par jour. A cette dose, elles sont bien tolérées par les constitutions délicates, et, au bout de quelques
jours, elles agissent favorablement sur les fonctions du système
nerveux, en facilitant les digestions pénibles, et diminuent les
douleurs de tête qui les accompagnent ordinairement. A haute
dose, 30 à 40 centigrammes, elles semblent activer un peu trop
les digestions, et suivant toute probabilité, elles pourraient
troubler l'assimilation ; cependant leur action physiologique
sur l'homme sain nous a paru se résumer en un peu d'excitation des fonctions locomotrices et une plus grande activité dans
celles de l'encéphale. Mais l'essentiel est leur effet thérapeutique ; il est très-caractérisé dans certaines maladies nerveuses,
surtout l'hystérie : nous allons y revenir ; mais il nous reste
auparavant à indiquer quelques formules de même nature.

LINIMENT NERVIN CONTRE LES MIGRAINES.

Pr. Alcoolat des Hespérides (ut supra).. } —
    Éther sulfurique................. } āā........ 60 gr.
    Essence de cajeput............................. 20 gouttes.
     —   de lavande............... } —
     —   de serpolet...... .... } āā........ 10

Mélangez pour frictions.

Ces frictions, sur le front, ont quelquefois suffi pour dissiper des migraines légères ; sur l'épigastre, elles ont souvent fait disparaître des crampes et des coliques.

Mais quand la migraine est intense, quand elle est accompagnée de nausées et d'un abattement général, ce sera le cas de recourir aux aspirations oxygénées : voici le procédé auquel nous nous sommes arrêté, après bien des tâtonnements.

ASPÉRATIONS OXYGÉNÉES.

Versez dans un flacon bi-tubulé de capacité d'un litre :
    Eau commune........... 250 gr.
    Alcoolat des Hespérides ...   15
    Teinture de Tolu........   10
    Potasse caustique........   15
Puis faites arriver dans le liquide un fort courant d'oxygène
et aspirez les vapeurs par la tubulure demeurée libre.

Au bout d'une ou deux minutes, le malade respire plus librement, la tête se dégage ; un peu plus tard, la douleur disparaît totalement, ou bien n'est plus qu'un tiraillement très-supportable, qui achève de céder sous l'influence d'un repas léger, qui pourra être conseillé immédiatement. Au bout d'un quart d'heure de ces aspirations, le pouls est un peu plus fréquent ; mais toutes les fonctions vitales s'exécutent avec régularité et énergie, et l'appétit ne tarde pas à se faire sentir. Ces effets sont faciles à expliquer physiologiquement ; l'afflux du sang artériel vers le cerveau étant activé et augmenté, toutes les fonctions s'en ressentent. De là, une conséquence d'application médicale : c'est que ces aspirations seront contre-indiquées pour les personnes disposées aux congestions sanguines : elles peuvent aussi occasionner des irritations légères du larynx et du pharynx.

POUDRES ERRHINES.

```
Pr. Feuilles d'asarum........................ 60 gr.
       —    de bétoine....................... 30
    Racine de valériane............ |
    Sommités de mélisse............ | aa...... 15
    Feuilles de jusquiame.......... |
       —    de datura.............. | aa........ 5
    Café légèrement torréfié........ |
    Thé noir ...................... | aa........ 50
Réduisez S. A. en poudre impalpable.
A prendre en guise de tabac.
```

Les médecins de la vieille école prescrivaient souvent des poudres errhines; les modernes ont à peu près cessé de les ordonner: on ne sait pas trop pourquoi. Celles dont nous publions la formule ont une incontestable action sur le cerveau, elles pourront être utilement employées contre les coryza chroniques, et contre certains vertiges et pesanteur habituelle de la tête, surtout quand on aura à traiter des organisations molles et lymphatiques; enfin, elles peuvent être utiles dans les cas de céphalalgies habituelles.

Souvent, dans le cours des traitements qui nous occupent, les praticiens auront à conseiller des bains qui ne soient ni trop sédatifs, ni trop excitants: nous leur recommanderons la formule suivante.

BAINS NERVINS.

```
Pr. Fleurs de tilleul........... |
    Centaurée.................. | aa ........ 200 gr.
    Sauge ..................... |
    Camomille ................. | aa ........ 100
    Iris de Florence........... |
    Phosphate de soude......... |
       —    d'ammoniaque....... | aa ........ 30
Pour un bain d'une heure.
```

FORMULES ANTI-SPASMODIQUES.

POUDRES ANTI-SPASMODIQUES.

Pr. Biphosphate calcique.....		
Phosphate sodique		
— magnésique...	āā...............	2,00 gr.
— potassique. ...		
Gomme ammoniaque.......................		10,00
Valérianate de zinc........................		5,00
Absinthe................		
Sauge...	āā................	1,50
Gentiane		
Lichen d'Irlande.......................		2,00
Angélique..............		
Valériane...............	āā..............	6,00
Feuilles d'orangers...... .		
Vanille		
Coriandre............	āā..............	4,00
Badiane............		
Masse pilulaire de cynoglosse desséchée...... .		1,00
Musc.....................		
Ambre gris	āā............. ..	0,10
Castoreum.......		
Fécule de salep...........................		30,00
Mannite...................................		40,00
Lactine...................................		60,00

Porphyrisez sans laisser de résidu. Dose, 2 à 3 pincées par jour.

Ces poudres sont franchement anti-spasmodiques; elles n'apportent aucun trouble dans les fonctions digestives, souvent même elles les favorisent; par exemple, dans les dyspepsies caractérisées par des crampes épigastriques, on pourra les prescrire à la dose d'une pincée avant et une pincée après chaque repas. Cette association réussira, en général, beaucoup mieux que la plupart des drogues simples, employées aujour-d'hui, tour à tour, et souvent un peu à tâtons, dans les crises nerveuses. Cette association, ou, si l'on aime mieux, cette thériaque anti-spasmodique, est peut-être la meilleure démons-tration expérimentale des doctrines énoncées dans cet ouvrage, sur les médicaments composés.

Il est bien évident que ces poudres seulement antispasmodiques ne suffiront pas quand un narcotique sera indiqué ; dans
ces cas on pourra employer la formule suivante.

PILULES SÉDATIVES.

Pr. Poudre anti-spasmodique (ut supra).   2,40 gr.
    Extrait de thridace...............   0,40
    Extrait de jusquiame.............   0,20
Faites S. A. 20 pilules. Dose, 1 à 3 par nuit.

Ces pilules ne laissent pas, le lendemain, comme l'opium,
la bouche pâteuse et la langue salie : cependant, en général,
il sera nécessaire, dans le traitement des maladies nerveuses,
de faire suivre les pilules sédatives par l'anti-spasmodique digestif dont suit la formule, administré à la dose de 2 à 3 pilules, dans la matinée, et pour revenir le soir aux pilules
sédatives.

PILULES ANTI-SPASMODIQUES APÉRITIVES.

Pr. Poudre antispasmodique......................   2,00 gr.
    Extrait de valériane.............. } $\overline{\text{aa}}$........   0,50
      — de camomille.............. }
Faites 20 pilules.

Pour compléter les généralités du traitement anti-spasmodique, il ne nous reste plus qu'à indiquer une formule de
bain, qui est d'un usage agréable et d'une grande efficacité.

BAIN ANTI-SPASMODIQUE.

Pr. Feuilles de tilleul............. } $\overline{\text{aa}}$..... 100 gr.
      — d'orangers........... }
    Racine de valériane.....................   60
    Sulfate de zinc.......................   40
    Tourteau d'amandes...................   100

Réduisez en poudre grossière, introduisez dans un sachet, laissez infuser
quelques minutes dans l'eau bouillante, achevez de remplir le bain, et malaxez fortement le sachet.

TRAITEMENT DE L'ÉPILEPSIE.

L'idée thérapeutique du traitement de cette cruelle affection
est fort simple : tâcher d'obtenir une détente du système nerveux par des associations de stupéfiants et d'anti-spasmodiques ; ensuite réveiller l'énergie vitale par des névro-sthéniques. A cet effet, le matin on prescrira de 2 à 5 pilules apéri-
tives ; dans la journée, un bain de feuilles de laurier-cerise,
dont on prolongera graduellement la durée jusques à quatre
heures ; le soir et dans la nuit, 2 à 3 pilules sédatives, ut
supra, nourriture analeptique. Quand quinze à vingt jours
de ce traitement auront amené une sédation générale et un
peu de narcotisme, on remplacera les anti-spasmodiques par
les névro-sthéniques et les corroborants indiqués plus haut. Ce
traitement appliqué avec persévérance réussira souvent.

Mais dans les névralgies localisées, le tic douloureux, les
sciatiques, etc., tous les praticiens savent combien il est important
et difficile d'arrêter les douleurs intenses. Les traitements généraux n'agissent bien, que lorsque l'on aura obtenu une rémission
de la douleur locale. Nous espérons donc rendre un véritable
service à la thérapeutique en publiant la formule suivante.

TOPIQUE ANTI-NÉVRALGIQUE.

Pr. Éther sulfurique........................	āā. ..	60,00 gr.
Alcool à 40°...............................		
Acide butyrique..........................	āā....	30,00
Acide valérique...........................		
Acétate d'atropine........................	āā....	0,10
Acétate de morphine......................		
Essence de térébenthine....................		30　　gouttes.
Essences de cajeput et de girofle, āā....		20
Valériane en poudre......................	āā....	5,00 gr.
Galbanum, *id*............................		
Séve de figuier...........................		10,00

Laissez macérer dans un flacon à l'émeri, décantez pour l'usage et ajoutez, par once du
liquide, huile de croton tiglium (1)........ 10　　gouttes.

____

(1) Il est bon de prévenir que l'huile de croton conservée dans ce mélange

Ce topique s'applique avec un pinceau, en suivant sur la peau, le trajet du nerf douloureux, comme dans la cautérisation transcurrente ; son action est immédiate et des plus énergiques. Le premier effet est une sensation de refroidissement, bientôt suivie d'une vive cuisson, qui dure quinze à vingt minutes ; mais la douleur a disparu. Quand elle reprend, après quelques heures, on recommence une légère application du topique et le soulagement est tout aussi prompt. Il est donc rigoureusement possible d'obtenir la guérison des névralgies localisées par la seule application du topique longtemps continuée. Mais l'action rubéfiante de ce caustique en rend l'usage trop prolongé, assez pénible ; il faut alors, ou bien changer le lieu de la friction, ou bien alterner les applications du topique avec des frictions adoucissantes pour la peau ; par exemple, un mélange de cérat de Galien, de pommade de concombres et d'onguent populeum. Mais on trouvera, en général, plus rationnel d'ajouter aux frictions locales un traitement général ; là, les poudres et les pilules indiquées plus haut auront leur emploi, ainsi que les bains médicamenteux.

Les effets nettement caractérisés de ce topique font deviner son action thérapeutique. Le refroidissement, occasionné par l'évaporation rapide d'un liquide très-volatil, commence à agir sur l'élément douleur par voie de révulsion, l'irritation artificielle de la peau augmente cette tendance au déplacement ; enfin la dose infiniment petite du médicament qui est absorbée par la peau, agit par sa vertu propre sur les fibrilles nerveuses. Ce composé nous paraît donc, à tous égards, digne de l'attention des médecins.

On pourra aussi employer notre topique dans les névralgies maxillaires (*vulgò* maux de dents), en l'appliquant d'une apo-

perd ses propriétés rubéfiantes au bout de quelques semaines ; c'est pour cela qu'il convient de l'ajouter seulement pour l'usage. L'association des autres substances gagne, au contraire, à être conservée.

Si l'on avait lieu de redouter l'action drastique de l'huile de croton, on lui substituerait 30 à 40 gouttes de teinture de cantharides ; mais l'action révulsive sur la douleur ne serait ni aussi prompte ni aussi complète. Enfin, si la névralgie n'est pas très-intense, on peut supprimer l'huile de croton et la teinture de cantharides : l'action du topique sera moins prompte, mais assez caractérisée.

physe mastoïde à l'autre ; si la douleur est légère, elle cédera ; mais si elle est intense, il faut un spécifique local ; nous conseillons le suivant.

TOPIQUE DENTIFRICE.

Pr. Suie de cheminée (à feu de bois)... 40 gr.
Essence de menthe......... } —
   — de girofle.......... } āā... 10
Cresson de Para................... 30
Alcool 3/6..................... 500

Laissez macérer trois jours, puis distillez pour retirer 300 grammes d'alcoolat, auquel vous ajouterez égale quantité d'éther sulfurique ; faites infuser dans ce liquide :

Cresson de Para................... 40 gr.
Opium brut............... } —
Belladone................ } āā... 15
Menthe poivrée.................. 20

Laissez macérer plusieurs jours, et décantez pour l'usage.

On touche, avec un pinceau imbibé de ce topique, la dent douloureuse, et le malade est ordinairement soulagé dès la première application ; la seconde achève, après quelques minutes, de faire disparaître la douleur. Mais si l'on veut que ce médicament produise tout son effet, il faudra ajouter des gargarismes fréquents avec de l'eau tiède additionnée de quelques gouttes du topique. Il est bon de prévenir les malades qu'il se manifestera, sur la muqueuse de la cavité buccale une petite irritation sans aucune gravité.

Il nous reste, pour compléter ce rapide exposé de nos études sur le traitement des maladies nerveuses, à dire quelques mots de celui de l'hystérie ; commençons par les formules.

FORMULES ANTI-HYSTÉRIQUES.

TEINTURE ANTI-HYSTÉRIQUE.

Pr. Safran .... 10 gr.
Valériane................... } —
Petite centaurée.............. } āā...... 15
Aloès succotrin............... } —
Absinthe.................. } āā...... 1

Sommités de mélisse............ \
Feuilles d'orangers .... |
Angélique .... } āā ...... 2 gr.
Anis .... |
Armoise...................... /
Alcool 3/6........................... 1 litre.

Laissez macérer et décantez pour l'usage. Dose, 15 à 20 gouttes.

Cette teinture peut être prescrite le matin, soit dans une tasse d'infusion appropriée, soit dans une potion édulcorée avec le sirop de safran et d'écorces d'orangers; et l'on trouvera qu'elle agit mieux, sur les aménorrhées, ou les dysménorrhées, que chacun des médicaments qui la composent administrés isolément. Mais elle est surtout précieuse dans l'élixir dont suit la formule, en régularisant son action sédative spécifique dans les crises douloureuses et les insomnies des hystériques.

ÉLIXIR SÉDATIF ANTI-HYSTÉRIQUE.

Pr. Atropine.. .... }
Morphine....................... } āā........ 0,05 gr.

Dissolvez dans acide acétique q. s., et ajoutez à la dissolution :

Alcool 3/6............................... 40,00
Alcoolat des Hespérides.............. }
Teinture anti-hystérique............ } āā.. 30,00
Teinture d'ambre gris.... .... }
— de castoreum............ } āā......... 20 gouttes.

Conservez pour l'usage.

Cet élixir, administré d'heure en heure à la dose de 5 à 6 gouttes, à chaque prise, dans une infusion aromatique, aura, dans la plupart des cas, d'excellents résultats. Les crises diminueront de fréquence et d'intensité et les malades retrouveront le sommeil; mais cet élixir n'est qu'un palliatif et il dispensera bien rarement le médecin de recourir aux traitements connus, dans lesquels nous n'avons pas la prétention d'innover. Seulement nous recommanderons aux praticiens les pilules auricoferriques ci-après, toutes les fois que les désordres nerveux seront compliqués de chlorose et d'anhémie.

27

PILULES ANTI-HYSTÉRIQUES.

Pr. Poudre stomachico-nervine...................... 3,00 gr.
Cyanure d'or................................ 0,15
Cyanure de fer................................ 0,30
Extraits de houblon... ....
— de centaurée .... $\overline{aa}$....... 1,00
— de safran....................

Faites 60 pilules, que dorerez.
Ces pilules peuvent être prescrites à la dose de 1 à 2 par jour.

Nous avons ailleurs exposé les motifs qui nous ont amené à penser que l'or doit être associé au fer dans presque tous les cas où, aujourd'hui, on prescrit le fer seul. Les mêmes motifs nous ont conduit à diminuer beaucoup la dose des deux métaux. et l'expérience clinique semble, jusqu'ici, avoir justifié nos prévisions.

On a beaucoup vanté, il y a quelques années, l'utilité du manganèse dans les chloroses ; ce métal, employé seul, suivant les habitudes actuelles, avait d'abord réalisé des cures merveilleuses, puis, lorsqu'un grand nombre de médecins l'ont appliqué, on n'a cité que des insuccès et le manganèse est aujourd'hui à peu près oublié comme moyen thérapeutique. A notre avis, les sels manganiques ne méritent,

« Ni cet excès d'honneur, ni cette indignité. »

Il semble résulter de quelques expériences entreprises, par nos soins, longtemps avant qu'il fût question du manganèse à Lyon ou à Paris, que ce métal agirait mieux chez les blondes que chez les brunes, et qu'il est mieux toléré, comme adjuvant du fer, que ne le seraient le fer ou le manganèse administrés isolément. Cette opinion, si elle était confirmée par des expériences plus nombreuses , expliquerait l'efficacité des eaux d'Andabre qui contiennent du fer, du manganèse et des alcalis. *Ipsa medicina a natura composita est.* Quoi qu'il en soit, voici une formule qui a quelquefois réussi.

PILULES MANGANIQUES.

Pr. Poudres stomachico-céphaliques (ut supra)......... 3,00 gr.

Succino-phosphate d'or et de fer.........}
Phosphate de manganèse................} āā..... 0,60 (1)

Extrait de pissenlit ....}
    — de safran ....} āā..... 1,00
    — de camomille ....}

Faites 60 pilules que dorerez.

Ces pilules peuvent être prescrites à la dose de 1 à 3 par jour.

Pour en finir avec l'hystérie, quelques mots de la ciguë.

Ce médicament est indiqué toutes les fois que les affections de cette nature sont compliquées d'une altération organique de la matrice ou de ses appendices. Dans ces cas, on pourra, dans les pilules, dont nous venons d'indiquer les formules, ajouter l'extrait de ciguë, à la dose de 6 centigrammes pour 60 pilules; mais ces pilules ne dispenseront pas de l'usage quotidien des bains de siége dont suit la formule; nous les préférons aux injections.

Pr. Écorce de chêne pulvérisée.... 100 gr.
    Poudre de ciguë................ 60
    Sulfate de zinc................ 30
    Eau..................... 20 à 25 litres.
Pour un bain de siége.

Ces bains dispenseront souvent de recourir aux applications caustiques; et, dans tous les cas, ils pourront leur succéder avec avantage.

FORMULES DESTINÉES A RÉGULARISER LES FONCTIONS DES LIQUIDES VIVANTS.

Dans les idées de l'école organicienne, les diathèses hémorrhagiques et même quelques hydropisies, sont des conséquences d'une altération dans la composition du sang; pour le vitaliste,

______

(1) Le phosphate de manganèse est facile à préparer, en traitant le carbonate de manganèse par l'acide phosphorique.

au contraire, les affections de cette nature ont pour cause essentielle un trouble dans les fonctions de circulation; et c'est à ce point de vue, que doivent être envisagées les formules qui suivent.

POUDRE ANTI-HÉMORRHOÏDALE.

Pr. Biphosphate calcique, phosphate sodique... }
Benzoate magnésique, benzoate potassique.. } āā... 1,00 gr.

Racine de valériane.............................. 6,00

Racine de sedum telephum........... }
— de scrofularia aquatica .... } āā........ 4,00

Fleur de soufre................................ 5,00

Bitartrate de potasse.......................... 10,00

Aloès succotrin............ }
Scammonée............. } āā.................. 1,50

Muscade.......... }
Cannelle. ... . } āā. 1,00
Girofle............ }

Anis.......... }
Coriandre..... } āā........................... 3,00
Angélique..... }

Gomme arabique............................... 30,00

Mannite............... }
Lactine............. } āā.................. 40,00

Porphyrisez sans laisser de résidu.
Dose, de 2 à 4 pincées au plus par jour.

L'effet de ces poudres, administrées à petites doses pendant des semaines et des mois entiers, est de porter sur le tube intestinal une légère irritation qui s'étend d'abord aux parties voisines; mais bientôt les organes reprennent leur jeu régulier, la circulation sanguine devient plus régulière et l'hémorrhagie locale diminue peu à peu, pour disparaître tout à fait. Mais dans les cas malheureusement trop fréquents où la sortie du bourrelet hémorrhoïdal entraîne des souffrances graves, il faudra employer concurremment avec les poudres, le baume anti-hémorrhoïdal, dont l'usage, répété pendant quelques jours, dispensera de recourir aux moyens chirurgicaux.

BAUME ANTI-HÉMORRHOÏDAL.

```
Pr. Beurre de cacao.......................  20 gr.
    Cire vierge............................  20
    Huile de ciguë.........................  30
    Huile de jusquiame.....................  10
    Teinture alcoolique d'osmunda regalis...  40
    Eau hémostatique ci-après..............  20
```

Faites S. A. un liniment homogène.

L'effet de ce baume est remarquable. Après les premières embrocations, *loco dolenti*, le malade éprouve un soulagement : puis la tumeur se flétrit et il devient facile de la faire rentrer sous la pression du doigt. Il suffit ordinairement de quinze jours d'usage du liniment, pour ramener l'organe à l'état normal.

Mais si le flux hémorrhoïdal est trop abondant, il faudra recourir à un autre spécifique.

EAU HÉMOSTATIQUE.

```
Pr. Feuilles ou sommités de noyer, de chardon ⎫
    bénit, d'aigremoine, d'eupatoire, de ron- |
    ces, de mille-pertuis, de marum, de men- ⎬ āā......  250 gr.
    the, d'osmunda regalis, de basilic, de    |
    sauge, de romarin et de thym..........    ⎭
    Fleurs de roses...............⎰
      —   d'arnica et de muguet. ⎱ āā.............  60
    Ergot de seigle........................ ............  25
    Écorce de chêne..........⎰
      —    de grenade........⎱ āā..............  500
    Racines de ratanhia.................⎰
      —    de gentiane et de garance......⎱ āā.......  250
    Bourgeons de peupliers...........⎰
      —    de sapin..............⎱ āā.............  500
```

Versez 25 litres d'eau, laissez macérer deux jours, ajoutez encore 25 litres d'eau, laissez macérer trois jours et distillez pour retirer 50 litres d'hydrolat, dans lequel vous cohoberez mêmes quantités des mêmes substances; et, après nouvelle macération, distillez une seconde fois pour retirer 25 litres d'eau hémostatique.

Cette composition présente une grande analogie avec les formules publiées par les auteurs modernes, soit sous le nom d'eau composée de Binelli, soit sous celui de Léchelle, formules qui, du reste, se retrouvent dans plusieurs vieilles pharmacopées, notamment dans un bouquin italien imprimé à Venise en 1520. Cependant, si on les compare, on trouvera dans notre formule des différences essentielles. Quelques plantes à peu près inertes ont été remplacées par d'autres plus énergiques et on a ajouté une petite dose d'ergot de seigle. Nous ne prétendons pas que notre élixir réalise toutes les merveilles attribuées, dans les quatrièmes pages des journaux, à l'eau de Léchelle ; mais il a une incontestable action sur la diathèse hémorrhagique : nous l'avons vu souvent réussir dans des hémoptisies et des hématuries, et il n'apporte aucun trouble ni dans les fonctions digestives, ni dans celles du système nerveux.

Peut-être cette préparation, édulcorée avec le sirop de pointes d'asperges, pourrait-elle être utile dans certaines hydropisies, où, pour rétablir l'équilibre des fonctions, il ne s'agit que de régulariser la circulation du sang et de la lymphe ; mais, en général, dans les cas d'ascite ou d'anasarque, il faudra recourir à des moyens plus énergiques; nous considérons la formule suivante comme spécifique.

ÉLIXIR ANTI-HYDROPIQUE.

Pr. Fleurs de genêt odorant..............	1,600 gr.
Asperges..................... $\overline{aa}$..	500
Fleurs de sureau.............	
Racine de columbo pulvérisée.. $\overline{aa}$..	100
— de Camça.............	
Cloportes......................	250
Graines de genièvre..............	50
Aloès succotrin................	1
Alcool 3/6....................	5 litres.

Laissez macérer quinze à vingt jours, décantez, soumettez le marc à la presse, réunissez les liquides, et, après filtration, conservez pour l'usage.

Cet élixir peut être prescrit à la dose de 4 à 5 cuillerées par jour, et chaque cuillerée administrée dans un demi-verre de vin blanc : nous l'avons vu réussir, non-seulement dans des hydropisies essentielles, mais même dans des hydropisies consécutives d'affections graves des viscères. Cependant si l'on veut que l'action de ce spécifique soit prompte et énergique, on fera bien de prescrire en outre tous les jours, deux de nos pilules cérébriques dans lesquelles on aura remplacé l'extrait de noix vomique par quelques centigrammes de poudre de cloportes. Les anciens avaient une grande confiance dans la poudre de cloportes ; nos contemporains ont abandonné ce médicament, sous prétexte qu'il n'agissait que par le nitrate de potasse. C'est une erreur : les cloportes renferment une huile essentielle active, et leur action n'est pas seulement diurétique, mais légèrement diaphorétique et vitale.

FORMULES ANTI-CATARRHALES.

Nous comprendrons, sous cette dénomination un peu vague, des traitements, ou pour mieux dire, des idées de traitements applicables à plusieurs natures d'affections. Commençons par le traitement du catarrhe bronchique, aigu ou chronique.

POUDRE ANTI-CATARRHALE.

Pr. Biphosphate calcique, phosphate sodique. Phosphate ammonique	āā..... 2,00 gr.
Benzoate de potasse. — de magnésie	āā..... 4,00
Baume de Tolu. Thériaque de Venise (vieille)	āā..... 3,00
Angélique, coriandre, rhubarbe. Racine de columbo	āā..... 2,50
Lichen d'Islande	6,00
Racine de violettes	1,00
Racine d'ipécacuanha	0,50
Mannite. Lactine	āā..... 10,00
Gomme arabique	60,00

Porphyrisez sans résidu.

On voit, par les proportions des diverses substances associées pour composer ce médicament, que l'effet spécial d'aucun des composants ne peut dominer les autres ; cependant, à haute dose, c'est-à-dire une cuillerée administrée en une fois à un homme en état de santé, elles produisent quelques nausées, un peu de moiteur et une ou deux selles ; voilà tout ce que l'on peut dire de l'action physiologique.

Quant aux effets thérapeutiques, l'expérience clinique seule peut les constater ; et les faits nombreux dont nous avons été témoin depuis plus de douze ans, nous ont inspiré une telle confiance dans ce spécifique de presque toutes les affections des voies respiratoires, que nous craindrions, en exprimant toute notre pensée, de tomber dans des exagérations trop communes chez tous les inventeurs. Nous nous bornerons donc à indiquer les modes d'application de ces poudres.

On peut les administrer, dans les bronchites et catarrhes aigus à la dose d'une pincée dans un liquide approprié (infusion de violettes ou de sureau, tisane des quatre fleurs, etc., etc.). Si la fièvre oblige le malade à s'aliter, la poudre ainsi administrée de deux en deux heures facilite la diaphorèse critique qui s'établit plus complétement et plus vite qu'avec aucune autre préparation de la matière médicale. Il est bien entendu que si les poudres administrées dans l'infusion de violettes ou la tisane des quatre fleurs finissaient par occasionner quelques nausées, on ne les suspendrait pas, pour cela ; mais on changerait le véhicule, qui serait remplacé par une tasse de thé.

Mais s'il n'y a pas de fièvre et si les malades sont obligés de vaquer à leurs occupations malgré la toux, ou si la bronchite tend à devenir chronique, on devra préférer aux poudres et aux tisanes, les bonbons dont suit la formule.

TABLETTES PECTORALES.

Pr. Poudre anti-catarrhale (ut supra)...   2,00 gr.
Cachou.......   0,50
Saccharolé de vanille............   10,00
Sucre candi.....................   88,00
Mucilage de pepins de coings.......   Q. S.
Essence de roses................   5 gouttes.

Faites 100 tablettes et conservez en lieu sec.

Ces bonbons sont d'un usage commode, d'une saveur agréable ; on peut en donner 6 à 8 par jour aux enfants, sans craindre aucun inconvénient : double dose pour les adultes ; enfin, dans

tous les traitements d'affections chroniques des voies respiratoires, ces tablettes seront un utile adjuvant.

Mais lorsque la toux sera assez intense pour troubler le sommeil, il conviendra de remplacer, pendant la nuit, les poudres et
les tablettes, par les pilules suivantes.

PILULES ANTI-CATARRHALES.

Pr. Poudre anti-catarrhale (ut supra).... 2,00 gr.
    Extrait de thridace................ 0,80
    Extrait de jusquiame.............. 0,20

Faites 20 pilules.
De 1 à 3 par nuit.

Ces pilules seront efficaces toutes les fois que le pharmacien
aura pu se procurer du lactucarium de bonne qualité ; elles ne
laissent pas après elles ces embarras gastriques ou intestinaux
qui suivent l'usage des préparations opiacées ; et elles réussiront
souvent mieux que le sirop d'aconit.

Mais, dans la plupart des cas, le traitement des affections qui
nous occupent serait incomplet, si l'on n'opérait pas une révul-
tion vers la peau ; voici le spécifique destiné à répondre à cette
indication thérapeutique, et qui offre, en même temps, l'avantage de faire pénétrer l'élément balsamique par l'absorption
cutanée.

LINIMENT BALSAMIQUE.

Pr. Baume de copahu,............. 15,00 gr.
    Baume de Judée blanc.......... 25,00
    Térébenthine de Chio........ .. 30,00
    Essence de térébenthine........ 10,00
    Alcoolat balsamique (ut supra). 60,00
    Cérat sans eau............... 100,00

Incorporez à froid en un liniment homogène.
Pour frictions soir et matin sur l'épigastre et le thorax.

Cette préparation d'une odeur caractéristique, mais qui n'a
rien de désagréable, rendra des services essentiels toutes les
fois qu'il s'agira de régulariser les fonctions des voies respiratoires : on pourra aussi l'employer, en frictions sur le périnée,
dans plusieurs affections des voies urinaires ; elle pourra enfin

être utilisée dans le traitement des rétrécissements par la dilatation : une friction locale, immédiatement après avoir retiré le
cathéter, calme très-bien l'irritation interne.

C'est ici le lieu d'exposer rapidement quelques idées sur le
traitement des maladies des voies respiratoires : l'application
de nos formules y trouvera place.

Quand l'irritation est purement locale, compliquée tout au
plus d'un coryza, quand les autres fonctions sont intactes, quand
le mouvement fébrile, s'il en existe, est évidemment la conséquence de l'inflammation des bronches ; en un mot, quand le
médecin sera appelé au début de cette maladie si commune,
désignée aujourd'hui sous le nom de bronchite, il pourra par
l'emploi intelligent des poudres anti-catarrhales, du liniment
balsamique, et, le soir, de 1 ou 2 pilules anti-catarrhales, obtenir une guérison complète en vingt-quatre heures : quelquefois,
une journée de quinze heures nous a suffi.

Si le désordre bronchique est plus ancien, si l'on est en face de
ces toux fatigantes que les gens du monde appellent un rhume
négligé, 8 ou 10 de nos tablettes pectorales dans la journée,
1 ou 2 tasses d'infusion de lierre terrestre, avec une pincée
des poudres le matin et quelques frictions avec le liniment,
débarrasseront complétement le malade dans l'espace de trois à
quatre jours.

Il nous semble tout à fait impossible de produire des effets
aussi prompts, avec aucun des moyens thérapeutiques employés
aujourd'hui.

Mais s'il s'agit d'une véritable fièvre catarrhale, telle que
l'auraient définie Sauvage, Bordeu ou même Pinel, maladie
bien connue de tous les praticiens, et qui n'est pas la bronchite,
quoi qu'en prétendent certaines doctes dissertations ; en face,
disons-nous, d'une fièvre catarrhale, notre traitement obtien-
drait-il une guérison aussi prompte ?

Nous ne le pensons pas ; et il nous semble même qu'il y aurait témérité à l'essayer. La loi pathologique, qui assigne à certaines maladies un cours régulier, ne saurait être violée impunément ; là où la science médicale vous apprend avec certitude
qu'une maladie se juge en un ou deux septénaires, essayer de
la juguler, est une faute, presque un crime.

Mais, dans ces fièvres, quelques pincées des poudres anti-catarrhales, dans une tisane appropriée, faciliteront la réaction curatrice.

TRAITEMENT DE L'ASTHME.

L'asthme, avons-nous dit ailleurs, est une affection spasmodique localisée principalement sur l'appareil du grand sympathique qui a pour conséquence de troubler les fonctions de la respiration et qui, peu à peu, amène la désorganisation du parenchyme pulmonaire et l'emphysème.

De cette manière d'envisager la maladie, résulte l'idée thérapeutique de son traitement et l'application toute naturelle de nos spécifiques.

Agir en même temps sur les fonctions du système nerveux et sur celles de la respiration : diriger ce traitement de manière à calmer, le soir, et à exciter légèrement, le matin.

Voici nos moyens d'application.

PILULES CONTRE L'ASTHME (DU MATIN).

Pr. Poudre anti-spasmodique (ut supra)............. .. 6 gr.
Extrait de marrube..............)
    — d'hysope................ } āā............. 1
    — de valériane............)

Faites 60 pilules, à prendre de 1 à 3 chaque matin, chacune suivie d'une forte tasse d'infusion d'hysope.

PILULES CONTRE L'ASTHME (DU SOIR).

Pr. Poudre anti-catarrhale (ut supra) .... 6,00 gr.
Extrait d'aulnée....................)
    — de thridace................ } āā...... 1,00
Extrait de datura stramonium.................. 0,60

Faites 60 pilules, à prendre de 1 à 2 chaque soir, en répétant l'infusion d'hysope.

Il conviendra d'ajouter à ces spécifiques internes, les frictions, matin et soir, sur l'épigastre, avec notre liniment balsamique renforcé d'une once de notre alcoolat des Hespérides et de même quantité de teinture de datura stramonium. Enfin nous avons observé que les asthmatiques se trouvaient très-bien des aspirations oxygénées balsamiques indiquées plus haut, toutes les fois, bien entendu, que l'emphysème n'est pas déclaré.

Tel est le traitement, qui, souvent, nous a suffi pour amener une guérison, et qui a toujours soulagé. Mais il n'est pas besoin d'ajouter qu'il doit être suivi avec persévérance pendant des mois et même des années.

TRAITEMENT DE LA PHTHISIE.

Nous avons déjà consacré quelques pages à exposer, le plus succinctement possible, nos idées sur la nature de cette redoutable affection ; et tous ceux qui auront bien voulu prendre la peine de nous lire avec attention, auront dû arriver à des inductions qui nous semblent strictement logiques.

1° Le traitement de la phthisie doit être modifié suivant les périodes ou degrés de la maladie, états caractérisés par des symptômes très-différents.

2° A chaque période, les ravages de la maladie amènent des troubles fonctionnels et des désordres organiques, diversifiés suivant les climats, les saisons, les âges, les positions sociales et les idiosyncrasies individuelles ; par conséquent encore, nécessité pour le médecin de varier les agents thérapeutiques.

3° Les complications inhérentes à la phthisie imposent la nécessité d'une médication complexe ; le médecin ne doit pas craindre, dans ces cas extrêmes, de trop droguer; c'est peut-être, de toutes les maladies, celle où les médicaments sont le mieux tolérés.

4° Il ne serait donc pas rationnel de chercher un spécifique de la phthisie, dans aucune substance isolée ; mais, de tous les principes énergiques, celui qui semble le plus approprié aux phthisiques, c'est le phosphore combiné de manière à être facilement assimilé ; enfin, la nature des préparations phosphorées doit varier suivant les périodes de la maladie.

Au premier degré, ainsi que nous l'avons dit ailleurs, il suffira souvent pour obtenir une amélioration très-marquée, des poudres anti-catarrhales , données en pilules avec l'extrait de lierre terrestre à la dose de 30 à 40 centigrammes par jour, soit 3 à

4 pilules : après chaque pilule, on prescrira une tasse d'infusion de lierre terrestre et de feuilles de noyer, édulcorée
avec le sirop de Tolu et de bourgeons de sapin ; soir et matin,
des frictions avec notre liniment balsamique ; enfin on fera dégager continuellement, dans la chambre du malade, la vapeur
de la mixture qui suit :

MIXTURE POUR FUMIGATIONS.

Pr. Goudron de Norwége............................ 500 gr.
Baume du Pérou liquide.................. }
Térébenthine de Chio.................... } āā... 100
Potasse caustique................................ 30

Versez 4 à 5 cuillerées de ce mélange dans une capsule, maintenue au-
dessus d'une veilleuse, et renouvelez tous les jours.

Ce traitement, nous le répétons, accompagné d'une nourriture
appropriée (huîtres, escargots (1), cervelles) et d'un exercice modéré, suffira souvent pour faire disparaître les symptômes alarmants, et alors on achèvera la guérison avec nos poudres
sédatives corroborantes ; mieux encore, en conseillant un
voyage et les bains de mer, surtout ceux d'Arcachon, où les
émanations balsamiques des pins séculaires se combinent avec
les brises de mer pour former une atmosphère qui semble composée tout exprès pour les phthisiques (2).

Mais si ce traitement n'a apporté qu'un soulagement momentané, si la toux et la fièvre sont devenues plus intenses à mesure
que les forces diminuent, si les sueurs et la diarrhée achèvent
d'épuiser le malade, si la nature des expectorations et les signes
stéthoscopiques révèlent le travail de désorganisation des pou-

(1) Les escargots sont à la fois aliment et médicament pour beaucoup de
phthisiques : on connaît plusieurs modes de préparation ; mais ils sont mieux
assimilés, quand le malade se résigne à les avaler crus, roulés dans du sucre
en poudre.

(2) M. le docteur Hameau, l'éminent inspecteur des bains d'Arcachon, a
appelé, il y a quelques années, l'attention des médecins sur l'utilité de l'air
d'Arcachon dans le traitement de la phthisie. Le savant Mémoire publié par
lui à cette occasion a fait naître l'idée de créer dans la forêt d'Arcachon un
établissement spécial pour les phthisiques, idée que l'on ne saurait trop encourager.

mons, alors il faut recourir à des moyens plus énergiques ; et,
pour ces cas graves, nous indiquerons deux préparations qui
peuvent être considérées comme spécifiques.

POTION PHOSPHORÉE.

Pr. Eau dans laquelle ont séjourné des bâtons de phos-
  phore . . . . 200 gr.
  Acide phosphorique sirupeux. 10
  Sirop de violettes. 30
  Sirop de phellandrium 40
  Teintures alcooliques de cachou. . . . . }
      — de Tolu . . . . } āā... 25
  Teintures alcooliques de belladone. . . . . }
      — de jusquiame. . . . . } āā... 20 gouttes.

Mélangez, pour prendre de 1 à 4 cuillerées par jour.

Cette préparation de bonne conservation, d'une couleur rosée
et d'une saveur assez agréable est d'un effet puissant ; si elle
n'apporte pas, au bout de quelques jours, une amélioration bien
marquée de tous les symptômes, le pronostic est des plus graves.
Mais, chez certains malades prédisposés aux hémoptysies, elle
pourra, tout en améliorant l'état général, amener du sang dans
les expectorations. Dans ces cas, il faudra suspendre, pour
deux ou trois jours l'usage de la potion, la remplacer par 4
à 6 cuillerées par jour de notre eau hémostatique, et quand
l'hémoptysie sera arrêtée, on reprendra la potion phosphorée,
à laquelle on ajoutera 100 grammes d'eau hémostatique. Avec
cette addition, elle sera parfaitement tolérée.

Mais quand la potion aura réussi à améliorer les symptômes
les plus alarmants, il restera encore à relever les forces et à
faciliter les fonctions assimilatrices par un spécifique spécial ;
c'est alors qu'il faudra recourir aux poudres ci-après que l'on
administrera largement, sans interrompre tout à fait l'usage de
la potion phosphorée.

POUDRE ANTI-PHTHISIQUE.

Pr. Biphosphate calcique, phosphate magnésique... }
  Phosphate sodique, phosphate ammoniaque.... } āā. 5,00 gr.

Baume de Tolu	10,00 gr.
Cachou	5,00
Extraits secs de quinquina, de lierre terrestre, d'hysope et de marrube } āā.	2,00
Poudre d'agaric blanc	1,00
Thériaque de Venise	3,00
Poudre de phellandrium, — de belladone } āā...	0,60
Gomme arabique	40,00
Sucre de lait, Mannite } āā...	30,00

Porphyrisez sans résidu.

On peut administrer ces poudres à la dose de 30 à 40 centigrammes par jour, soit dans une tasse d'infusion de feuilles de noyers, soit préparées en tablettes, soit en pilules; mais nous leur préférons les poudres anti-catarrhales. Pour préparer des pilules à l'imitation de celles de Morton, voici notre formule.

PILULES AURICO-SULFURIQUES.

Pr. Poudre anti-catarrhale	3,00 gr.
Cérébrate d'or	0,40
Baume de soufre anisé	1,60
Thériaque de Venise	Q. S.

Faites 40 pilules, que vous recouvrirez d'une feuille d'or. Dose, de 2 à 3 par jour.

Ces pilules peuvent être considérées comme un succédané, ou bien comme un adjuvant des eaux de la Basserre et de Cauterets; elles seront donc utiles pour tous les malades qui auront besoin de l'élément sulfureux; mais quels sont les phthisiques auxquels il faut administrer le soufre? L'indication et la contre-indication thérapeutiques de ce médicament doivent-elles résulter des idiosyncrasies individuelles, ou bien des symptômes qui viennent à se manifester pendant le cours de la maladie?

Voilà des questions auxquelles la science ne saurait répondre avec certitude, même après les volumineux et savants ouvrages qui traitent spécialement de la phthisie. Nous avons aussi cherché la solution de ces difficiles problèmes; mais après de longues études, nous sommes arrivé à des doutes plutôt qu'à des certitudes. Il nous a semblé seulement que les préparations sulfurées ne réussissent pas dans les phthisies où dominent les troubles nerveux et les douleurs intenses, et qu'elles sont bien tolérées par les malades lymphatiques et dont le sang a été appauvri par les chagrins ou la misère.

Nous serons un peu plus explicite pour l'huile de foie de morue et les préparations d'iode.

Nos études nous ont conduit à cette conviction, que l'huile de foie de morue agit chez les phthisiques, comme aliment ; que par conséquent, il est possible de la remplacer par d'autres huiles ou d'autres corps gras moins nauséabonds. C'est ce qui explique les bons effets de l'huile de foie de morue dans le carreau, qui est une sorte de phthisie puérile ; par la même raison, on pourra employer l'huile de foie de morue, chez certains phthisiques adultes dont le tube intestinal est de bonne heure envahi par les tubercules (1).

Quant aux préparations iodurées, elles peuvent être un utile adjuvant du traitement de la phthisie ; mais elles ne sont bien tolérées que par les malades d'un tempérament lymphatique et chez lesquels on trouve le vice scrofuleux, presque toujours lié avec la tuberculisation. Dans ces cas, nous pouvons indiquer la formule suivante.

PILULES IODURÉES.

```
Pr. Poudre anti-phthisique.......  3,00 gr.
    Proto-iodure de fer..........  0,80
    Iodure d'or.................  0,10
    Extrait de feuilles de noyer...  2,00
```
Faites 40 pilules, à prendre de 1 à 2 par jour.

Avec ces pilules, on insistera sur l'usage de la tisane de feuilles de noyer, astringent amer, véritable panacée, pour les lymphatiques et les scrofuleux.

(1) Dans ce cas, nous avons vu souvent réussir une émulsion préparée par M. Piette, pharmacien à Toulouse ; l'huile de foie de morue y est combinée avec l'infusion de feuilles de noyer. Cette émulsion est prise avec plaisir par les enfants, et elle agit mieux que l'huile administrée pure.

Un mot encore sur les indications et contre-indications des balsamiques dans le traitement de la phthisie. En règle générale, ils seront presque toujours utiles : cependant, chez certains phthisiques ils pourraient avoir des dangers dans les périodes extrêmes de la maladie. Quand le médecin constatera une peau brûlante, une fréquence du pouls dépassant cent pulsations, il fera très-sagement de supprimer les vapeurs balsamiques, l'eau de goudron, ou les autres préparations de cette nature ; le baume de Tolu associé en petites doses aux phosphates, aux amers et aux astringents, sera cependant fort bien supporté, même dans ces cas extrêmes. Mais si, au contraire, la peau est encore fraîche, si le pouls ne dépasse pas 90 pulsations ; les balsamiques, sous toutes les formes, soulageront toujours, s'ils ne suffisent pas à la guérison (1).

Résumons enfin nos idées sur le traitement de la phthisie. Il est nécessairement compliqué ; il exige avec une connaissance profonde de la science de la vie, toute l'habileté d'un praticien consommé, qui emploiera, tour à tour, simultanément les phosphates, les benzoates, les amers, les astringents, les balsamiques, les narcotiques, le soufre, l'or, le fer et l'iode. C'est dans ce but, que nous avons indiqué un grand nombre de formules ; mais, nous ne saurions trop le répéter, ce sont les préparations phosphorées qui doivent dominer dans toutes les phases du traitement ; et, s'il existe un spécifique de la phthisie, c'est là qu'il faut le chercher.

TRAITEMENTS ANTI-PODAGRIQUES.

Nous réunissons, sous ce titre, un petit nombre de formules et quelques idées pratiques applicables au traitement de la goutte et du rhumatisme articulaire. En effet, nous sommes de ceux qui croient à une connexité entre ces maladies. Peut-être même, si l'on voulait bien chercher, pourrait-on rattacher

(1) Nous empruntons cette indication sur les balsamiques à une note sur les effets de l'air balsamique d'Arcachon dans le traitement de la phthisie, note que nous devons à l'obligeance de notre excellent ami le docteur Laffargue. Nos observations sont tout à fait d'accord avec celles de ce praticien distingué.

certaines formes de l'asthme à la diathèse podagrique, mais ce n'est pas ici le lieu d'entrer dans des discussions d'étiologie médicale : passons donc aux formules.

POUDRE ANTI-PODAGRIQUE.

Pr. Biphosphate calcique, phosphate sodique.... ⎫ aa̅ . . 5,00 gr.
Benzoate potassique, benzoate magnésique... ⎭

Phosphate ammonique (1) 10,00

Bitartrate potassique 4,00

Gomme ammoniaque 5,00

Lichen d'Islande .... ⎫ aa̅ ... 1,00
Aloès succotrin .... ⎭

Safran, gentiane. .... ⎫ aa̅ ... 2,00
Racine d'angélique. .... ⎭

Anis, vanille .... ⎫ aa̅ ... 3,00
Dictame blanc .... ⎭

Follicules de séné. 2,50

Asparagine 0,50

Musc, ambre gris, aa̅.. 0,20

Lactine 50,00

Mannite 30,00

Gomme arabique 20,00

Porphyrisez sans laisser de résidu.

L'action physiologique de cette poudre, à la dose de 15 à 20 centigrammes par jour, est diaphorétique, diurétique, et légèrement apéritive. A la dose d'une cuillerée à bouche, ce médicament occasionne un certain malaise et quelques coliques; troubles qui, du reste, ont cédé à un ou deux verres d'eau sucrée.

Quant à ses effets thérapeutiques, il est bien évident qu'ils doivent être modifiés par les conditions d'âges, de tempéraments, de milieux extérieurs, d'intensité de la diathèse podagrique et d'altération des organes. Mais, en tenant compte de toutes ces circonstances, après avoir apprécié impartialement un grand nombre d'observations, recueillies depuis plus de treize années,

(1) Un médecin anglais, qui avait eu connaissance de ma formule, a eu l'idée d'employer contre la goutte le phosphate d'ammoniaque seul : ce traitement a eu peu de succès.

contrôlées par plusieurs médecins, observations dont la première a eu pour sujet l'auteur de ce livre, nous n'hésitons pas à considérer cette poudre comme un spécifique antidote de la diathèse podagrique.

L'action curatrice de ce spécifique est lente, par sa nature, comme par celle de la maladie qu'il doit combattre ; elle n'est pas assez énergique pour que l'on puisse espérer d'en obtenir des guérisons immédiates, ni même de guérir complétement tous les goutteux ; mais ces réserves bien établies, nous n'hésitons pas à répéter nettement notre conviction :

La poudre dont nous publions la formule, soulagera toujours les goutteux qu'elle ne guérira pas ; son action spécifique sur la diathèse podagrique est plus efficace et a moins d'inconvénients que celle d'aucun des médicaments usités jusques à ce jour (1) ; nous espérons donc que les médecins l'expérimenteront consciencieusement et que leurs malades s'en trouveront bien.

Il nous reste à indiquer les doses et le mode d'application et, pour cela, à entrer, dans quelques détails, sur le traitement.

Le médecin aura à le conseiller, soit dans l'intervalle des attaques, soit pendant l'attaque même.

Les périodes de rémission sont le moment le plus favorable pour commencer le traitement, au point de vue de la guérison. Les poudres doivent être administrées tous les matins à la dose d'une pincée (12 à 15 centigrammes) et, immédiatement après, une forte tasse de l'infusion suivante, que nous considérons aussi comme légèrement spécifique.

> Pr. Conyza ambigua.......... 15 gr.
> Eau bouillante........... 1 litre.

Laissez infuser deux heures et administrez chaude ou froide et sucrée, au gré du malade.

Au bout de quelques jours il se manifestera une amélioration marquée dans la couleur et la composition des urines ; souvent aussi un peu plus d'abondance des selles, sans diarrhées ni

(1) Nous ne parlons pas des remèdes secrets, qui inspirent une sorte de répulsion à tous les cœurs honnêtes. C'est le plus triste des expédients auxquels puisse recourir un malheureux pour gagner de l'argent.

ténesmes. Après que ces symptômes auront disparu, quand les sécrétions seront revenues à l'état normal, alors le spécifique commencera à exercer son action régularisatrice des fonctions de l'assimilation ; et cet effet sera caractérisé, chez le malade, par le réveil de la vitalité, par un sentiment de force et de bien-être. C'est qu'en effet, la diathèse podagrique, quelle que soit la nature de son essence, se manifestant à nous par une perturbation de l'assimilation, le spécifique de cette maladie doit d'abord rétablir cette fonction.

Cette amélioration se maintiendra pendant des mois et même, chez quelques malades, pendant des années entières ; puis il surviendra une attaque ; mais elle sera courte et légère ; et si, ensuite, on recommence le traitement, les attaques finiront par disparaître tout à fait.

On reconnaîtra la guérison à une indication bien facile : quand le linge porté sur la peau cessera d'être tâché en jaune orangé, aux aisselles, par la transpiration : c'est alors seulement que l'on pourra cesser le traitement.

Voilà comment les choses se passeront chez le plus grand nombre des goutteux ; mais chez quelques-uns, il serait possible que le spécifique agît homœopathiquement et amenât une attaque, qui serait courte et légère, mais qu'il est plus prudent d'éviter ; on atteindra ce but en commençant l'usage des poudres par un centigramme seulement et augmentant journellement jusques à 10 ou 12.

Tel est notre traitement interne de la goutte ; nous le conseillons aussi contre le rhumatisme articulaire, mais avec cette réserve de remplacer, dans certains cas, l'infusion de conyza par celle de douce-amère. Les indications thérapeutiques de cette plante ont été si bien précisées par MM. Trousseau et Pidoux (1) dans leur savant ouvrage, que nous n'avons pas à les répéter ici.

Quant aux moyens d'usage externe, nous indiquerons le liniment dont suit la formule, qui peut être employé en frictions, soir et matin, sur les articulations malades. On lui reconnaîtra, à l'usage, une certaine efficacité pour rétablir le jeu des articulations et résoudre les engorgements.

____

(1) *Traité de matière médicale*, t. II, p. 111.

BAUME ANTI-RHUMATISMAL.

Pr. Huile de vers de terre (formulaire Lémery)....   120,00 gr.
    Beurre de muscades......................   40,00
    Camphre .... |¯¯
    Galbanum........................, | āā...   30,00
    Essence de lavande................ |¯āā
    Essence de cajeput................ | āā...   5,00

Incorporez S. A., pour frictions *loco dolenti*.

Cette préparation a quelques rapports avec le baume nerval
du Codex ; mais son action semble plus franchement résolutive
et anti-rhumatismale ; résultat qu'il faut probablement attribuer
à l'huile de vers de terre, qui soulageait les rhumatismes de nos
grands-pères et qui est aujourd'hui abandonnée : on ne sait pas
trop pourquoi.

Arrivons maintenant au traitement des attaques.

Ici s'élève, comme on dirait au Palais, une question pré-
judicielle.

Convient-il, en pareil cas, de recourir aux moyens thérapeutiques, et ne vaudrait-il pas mieux opposer l'inertie et laisser la
crise aiguë se juger naturellement ?

Cette opinion est assez généralement répandue, même chez
les médecins ; nous sommes d'un avis diamétralement opposé,
d'abord parce qu'il nous semble bien démontré que chaque
attaque de goutte laisse le malade un peu plus affaibli et plus
infirme que la précédente ; ensuite, parce que les douleurs sont
atroces et qu'il nous paraît du devoir d'un médecin et d'un
chrétien de soulager ceux qui souffrent. Tels sont nos motifs
pour penser que l'on doit traiter méthodiquement les crises ou
attaques de goutte et de rhumatisme articulaire. Nous les considérons comme de véritables maladies aiguës, implantées sur une
affection chronique qu'elles viennent aggraver, et auxquelles on
peut opposer les moyens indiqués par la science et appliqués
par l'art.

Voici le mode de traitement que nous indiquerons aux praticiens.

Avant tout, chercher à soulager les douleurs. Le meilleur
moyen, à notre avis, est l'application sur l'articulation endolorie,

de compresses imbibées du liniment dont suit la formule et qui
doivent être souvent renouvelées. Ces applications feront souvent disparaître la douleur instantanément, et lorsqu'elles ne
produiront pas immédiatement cet effet, elles apporteront toujours un soulagement bien caractérisé.

LINIMENT BROMURÉ.

<pre>
Pr. Bromure de potasse......   2,00 gr.
    Sulfate d'atropine.......   0,05
    Décoction de laitues......   100,00
    Blanc d'œuf..............   No 1.
Dissolvez à froid.
</pre>

L'idée première de cette formule est empruntée au savant
traité de MM. Trousseau et Pidoux ; ouvrage indispensable à tous
ceux qui veulent pratiquer la médecine, mais qui ne doit faire
oublier ni celui d'Alibert ni celui d'Hufeland.

Après avoir soulagé la douleur locale, il conviendra de s'occuper de l'état général du malade, et presque toujours la médication interne sera nécessaire.

Si la fièvre est peu intense, l'agitation générale médiocre, les
pilules suivantes suffiront.

<pre>
Pr. Poudre anti-podagrique.......   1 gr.
    Thériaque de Venise.........   2
Faites 20 pilules, à prendre de deux en deux heures.
</pre>

Si les symptômes indiquent l'utilité d'un calmant plus énergique, on substituerait, dans ces pilules, la masse pilulaire de
cynoglosse à la thériaque ; mais nous proscrivons, de toute l'é-
nergie de nos convictions, les préparations à base de colchique,
dont le moindre inconvénient est de prédisposer aux métastases
goutteuses.

Les opiacés n'offrent pas ce danger, et les embarras gastriques
qu'ils laissent après eux, céderont, dans les cas qui nous occupent, à quelques pincées de nos poudres administrées dans la
décoction de pissenlit ou de chiendent.

Il est bien entendu que si la fièvre est très-intense et si elle est
caractérisée par des redoublements périodiques, il faudra re-

courir au quinquina et, dans ces cas, nous indiquerons la formule suivante :

> Pr. Extrait alcoolique de quinquina....... 1 gr.
>   Poudre anti-podagrique............... 2
> Faites 20 pilules, à prendre toutes les deux heures.

Il ne nous reste plus qu'à dire quelques mots des métastases goutteuses sur les viscères; car il faut nous ranger parmi les petits esprits qui croient à l'existence de ces redoutables accidents.

Commençons d'abord par faire observer que l'usage de nos poudres ne peut contribuer à amener ces irritations. Leur composition en sera une garantie pour toutes les personnes un peu familières avec la matière médicale. Il y a plus, il semble, par la manière dont agissent ces poudres sur les goutteux, qu'elles doivent aider puissamment à prévenir les métastases viscérales. En effet, dans les cas mêmes où ces poudres ne réussissent pas à dégager les articulations ou à prévenir totalement le retour des attaques, au moins elles rétablissent les fonctions dont le trouble amène les irritations organiques qui constituent ces graves accidents.

Mais si le cas venait à se présenter, que faire ?

Ici nous pensons que notre thérapeutique pourrait être fort utile.

On ferait immédiatement, sur l'épigastre et des deux côtés du rachis, des frictions avec notre topique anti-névralgique, et l'on administrerait à l'intérieur quelques tasses de tilleul édulcoré avec le sirop d'éther et aromatisé avec 8 à 10 gouttes de notre or potable.

Enfin nous terminerons ces conseils sur le traitement des affections podagriques, par la formule d'un liniment résolutif qui pourra être utile dans les cas où notre baume anti-rhumatismal serait insuffisant à rétablir le jeu des articulations.

LINIMENT RÉSOLUTIF.

> Pr. Bromure de potasse........... 5 gr.
>   Teinture alcoolique de ciguë.... 60
>   Alcoolat balsamique (ut supra).. 30
> Pour frictions *loco dolenti*.

FORMULES DIVERSES.

On considère assez généralement les hypertrophies de la rate et du foie comme incurables, et on ne les traite que par des palliatifs. L'ancienne médecine se flattait de guérir ces affections par des préparations prises dans la classe des médicaments, qu'à tort ou à raison on appelait fondants. M. Liebig, parmi les modernes, a signalé, il y a plusieurs années, à l'attention des médecins une création de la chimie, l'alloxane qu'il indiquait comme pouvant être utilisée dans le traitement des maladies du foie. Malgré toute l'autorité de l'illustre professeur de Giessen, personne jusqu'ici ne paraît avoir essayé l'alloxane. Nous avons été plus persévérant, et des expériences continuées pendant plusieurs années nous autorisent à publier une formule dans laquelle figure l'alloxane et qui a guéri des hypertrophies graves de la rate et du foie.

L'alloxane seule aurait-elle produit les mêmes effets ? Nous avons quelques motifs d'en douter. De quelle nature est l'action physiologique de l'alloxane sur l'homme sain ; quels effets produit cette substance sur les fonctions de la rate et du foie ? Voilà des questions à peu près insolubles aussi longtemps que la science demeurera dans l'ignorance de la nature même de ces fonctions. Mais l'expérience clinique permet de constater l'action thérapeutique des médicaments ; et elle nous encourage à conseiller aux médecins qui auront à traiter des malades atteints d'hypertrophies de la rate ou du foie, les pilules suivantes :

PILULES RÉSOLUTIVES.

Pr. Poudre stomachico-céphalique.................. 3,00 gr.
Alloxane. 0,60
Extrait de ciguë. 0,15
Extrait de pissenlit . . . . }
Extrait de fumeterre . . . . } aa... 2,00

Faites 60 pilules, que dorerez ; à prendre de 1 à 2 par jour.

Ces pilules sont bien tolérées, leur effet est assez prompt ; mais si les douleurs sont vives, on pourra les calmer avec des

applications *loco dolenti*, de bromure de potasse et de ciguë,
qui ne feront qu'aider l'effet du traitement interne.

POUDRE VÉSICALE.

Pr. Baume de copahu.......... 3   gouttes.
    Benzoate de magnésie...... 0,15 centigr.
    Térébenthine de Chio..... 0,10
    Baume de Tolu............. 0,30
Incorporez à froid ces substances
    dans l'ordre indiqué, et ajou-
    tez peu à peu :
        Sucre candi............... 16,00 gr.
Porphyrisez S. A.

Ce saccharolé agit dans les cystites et dans les uréthrites avec
une énergie qui ne peut s'expliquer que par la porphyrisation
qui doit modifier l'état moléculaire des substances médicamenteuses et en développer les propriétés. Il suffira de le prescrire
à la dose de 1 à **2** pincées par jour, dans une tisane appropriée ou même un peu d'eau sucrée. Sa solubilité pourra aussi
le rendre précieux pour faire arriver aux organes le principe
balsamique.

Par exemple, dans les cas d'extrême susceptibilité des organes digestifs, on pourra administrer cette poudre en lavement :
voici une formule qui est en général bien tolérée.

Pr. Poudre vésicale (ut supra)............... 0,50 gr.
    Eau de laitue........................... 100,00
    Faites dissoudre et émulsionnez avec jaune d'œuf.   N° 1.
A administrer le soir, pour être gardé.

Dans ces cas, ainsi que nous l'avons déjà dit, on emploiera
aussi les frictions sur le périnée et le pénis avec notre liniment
balsamique.

LINIMENT SÉDATIF CONTRE LES ÉRÉSIPÈLES.

Pr. Décoction mucilagineuse de guimauve..... 100 gr.
    Blanc d'œuf............................. N° 1.

Mélangez à froid, pour imbiber des compresses à appliquer sur la peau
enflammée.

Cette préparation, à laquelle on ne reprochera pas d'être trop compliquée, pourra rendre des services. Quant au traitement interne des érésipèles, il nous a semblé que l'usage des poudres anti-hémorrhoïdales et surtout de l'eau hémostatique agissait favorablement sur cette diathèse ; c'est sans doute en vertu de l'axiome : SANGUIS NERVORUM MODERATOR.

Mais il est un autre reproche adressé à nos formules et qui nous a péniblement affecté, parce que nous n'avons pas de réponse victorieuse à cette objection. On nous a dit : « Votre médication est trop chère, elle ne peut être généralement appliquée aux maladies des pauvres. »

Il est malheureusement très-vrai que nous n'avons pu découvrir aucune substance qui, dans certaines maladies, puisse remplacer l'or, l'ambre ou le musc ; mais, dans cette impuissance, nous nous sommes efforcé de donner à nos préparations assez d'énergie pour pouvoir agir à très-petites doses. L'économie sur la quantité est la seule compensation qu'il nous soit possible d'offrir au prix nécessairement un peu élevé de ces préparations.

Cependant voici une formule qui nous semble appelée à rendre des services dans le traitement des fièvres d'accès et qui n'est pas chère : chaque pilule revient de 8 à 10 centimes et vingt-cinq suffisent pour un traitement.

PILULES FÉBRIFUGES.

Pr. Aubier de saule...............................	1000 gr.
Capsules de lilas, feuilles ou tiges d'artichaut) āā.	200
Gentiane, centaurée, pissenlit..............)	

Traitez par l'eau bouillante, aiguisée d'alcool, et la lixiviation ; filtrez chaud et ramenez la solution à consistance de sirop ; épaississez, jusqu'à consistance pilulaire, avec :

Poudre de quinquina..........................	30 gr.
Poudre de racine de columbo........	Q. S.

Divisez la masse en pilules de 15 centigrammes.

A prendre en doses croissantes de 1 à 5 par jour, jusqu'à cessation des accès, et ensuite, pendant quelques jours, 1 seulement.

Ces pilules ont parfaitement réussi, à diverses reprises, dans le

Languedoc, contre des fièvres épidémiques d'origine palu-
déenne, même dans un cas de fièvre rémittente grave. Cependant, essayées en 1857 en Bretagne, elles n'eurent pas le même
succès. Pourquoi? Il nous a été impossible de le découvrir. Nous
désirons sincèrement que des expériences plus multipliées puissent démontrer l'efficacité de ce médicament. Il est très-bien
toléré à tous les âges, il ne produit sur les viscères abdominaux
aucun des troubles que l'on reproche au sulfate de quinine, et il
est beaucoup meilleur marché que les pilules préparées avec cet
alcaloïde. Ce serait donc une précieuse acquisition pour les hôpitaux et les dispensaires.

Il nous serait facile de multiplier ces formules ; mais nous
avons voulu nous borner à celles qui nous ont semblé les plus
utiles; nous avons surtout cherché, dans le choix que nous en
avons fait, celles qui nous ont paru les plus propres à démontrer la possibilité d'application des idées développées dans ce
livre. Si ces idées réussissent à faire leur chemin, d'autres, nous
l'avons déjà dit, sauront se les assimiler; ils ouvriront à la
science de la vie des horizons nouveaux ; ils recueilleront des
riches moissons dans le champ où nous avons essayé de tracer
un modeste sillon : c'est notre vœu le plus cher, c'est le but de
tous nos travaux.

Enfin, en terminant, nous devons expliquer une lacune de
notre formulaire; il n'indique aucun traitement contre le cancer.

Depuis plusieurs années déjà, nous cherchons un spécifique
contre cette terrible maladie, et nous avons quelque espoir d'y
avoir réussi ; mais les expériences cliniques ne sont pas encore
assez complètes pour avoir transformé l'espérance en conviction.
Nous attendrons donc des résultats bien positifs avant de publier notre formule, et nous nous bornons aujourd'hui à prendre date.

OBSERVATIONS CLINIQUES

En choisissant, dans les volumineux recueils de nos notes, un petit nombre d'observations, notre intention n'a pas été de les présenter comme une démonstration absolue de l'efficacité des formules qui précèdent; un volume tout entier eût été insuffisant et personne n'aurait eu la patience de le lire ! Nous avons cherché seulement à donner aux médecins une idée de l'effet thérapeutique de nos préparations; et, pour cela, nous n'avons pas choisi exclusivement parmi les cas suivis de guérisons confirmées; souvent nous avons préféré publier des insuccès, quand ils nous ont semblé offrir quelque intérêt pour la science.

Ces observations seront donc rapides, souvent même incomplètes ; mais les difficultés qu'il a fallu vaincre pour en réunir les éléments, méritent peut-être un peu d'indulgence.

L'auteur de ce livre, quand il a entrepris ses travaux scientifiques, touchait à la cinquantaine, il était attaqué de plusieurs affections chroniques très-graves, et il avait sa part des soucis et des devoirs imposés par la famille et la société; enfin, privé de l'honneur du bonnet doctoral, il ne pouvait appliquer pratiquement ses idées thérapeutiques, qu'à l'aide du concours bienveillant des médecins. Partout où il a transporté son laboratoire ambulant, à Palerme, à Naples, à Rome, à Paris, à Montpellier, en Bretagne et en Languedoc, il a sollicité ce concours.

Quelques-uns l'ont dédaigneusement repoussé ; de ceux-là, il s'efforce d'oublier les noms; d'autres, et c'étaient les plus savants, l'ont encouragé et aidé dans ses travaux; il voudrait pouvoir ici leur adresser à chacun nominalement l'expression de sa vive reconnaissance, mais ils sont trop nombreux : à chaque nom, il faudrait ajouter une louange méritée. Cette nomenclature ressemblerait à de la camaraderie ; et l'amitié a aussi ses pudeurs.

C'est donc avec le concours de plusieurs médecins qu'ont été recueillis les éléments des observations qui vont suivre ; mais la rédaction appartient presque en entier à l'auteur, et c'est sur lui seul que doivent retomber les critiques ; il les subira avec résignation si elles sont motivées, mais il est au moins bien certain que personne ne mettra en doute ni la sincérité de ses convictions, ni l'exactitude des faits qu'il affirme.

PREMIÈRE OBSERVATION. — Le nommé Jean-Pierre la Hille, laboureur, est âgé de 82 ans. Sa santé, qui n'a jamais été très-remarquable, est fort affaiblie depuis deux ou trois ans ; il nous est amené, le 18 avril 1851, par M. Dedieu, médecin au Puy-de-Touges, et nous constatons, avec ce praticien, les symptômes ci-après. Affaiblissement de la vue, de l'intelligence et de la mémoire : pesanteur habituelle de tête et étourdissements ; quintes de toux le matin et le soir, bronchorrhée abondante : un peu de dyspnée ; grande difficulté de se livrer au travail, malgré la bonne volonté de ce brave homme.

Traitement prescrit : le matin et le soir, une pincée des poudres stomachico-céphaliques, infusion de lierre terrestre ; avant le dîner, 10 à 12 gouttes d'élixir cérébrique : soir et matin, frictions sur le thorax et l'épigastre avec notre liniment balsamique.

Le 18 juillet suivant, la Hille revient nous trouver ; tous les symptômes décrits plus haut ont disparu, mais il s'est déclaré à la jambe gauche un ulcère d'assez mauvais aspect. Prescription : recommencer l'usage quotidien des poudres stomachico-céphaliques, panser la plaie avec un cérat aiguisé d'un peu d'acide phosphorique.

Le 22 octobre nous rencontrons aux champs le malade travaillant de tout son cœur ; il nous assure être guéri et se refuse à tout traitement.

Le 21 mars 1852, la Hille a bien passé l'hiver, mais depuis plusieurs jours il a été repris de douleurs de tête constantes, toux catarrhale, suffocations, inappétence et dyspepsie: impossibilité de travailler, affaiblissement général. Prescription : les pilules cérébriques avec addition de lactate de fer, tisane de lichen ; liniment balsamique.

Ce bon vieillard s'est assez bien rétabli : deux ans plus tard, nous avons eu occasion de lui faire prendre, pendant quelques semaines, un peu d'or potable, et puis nous l'avons perdu de vue ; il est mort en 1858, d'une pneumonie, à l'âge de 90 ans.

Deuxième observation. — Mademoiselle Marie L..... est âgée de 19 ans; c'est une grande et belle personne d'un visage très-agréable, mais entièrement défigurée par une hideuse blépharite purulente, qui entoure ses yeux de deux plaies toujours enflammées; la conjonctive est souvent injectée de sang : les douleurs de tête et celles de l'épigastre et des hypocondres sont fréquentes ; la suppression des menstrues n'est pas totale, mais il y a eu, depuis trois ans, alternatives de dysménorrhée et d'aménorrhée. Tel était l'état de cette intéressante malade quand elle nous fut adressée le 10 mai 1851 par un praticien de Saint-Frajou. Elle avait consulté plusieurs habiles médecins, entre autres MM. les professeurs Estévenet et Dieulafoy qui lui avaient fait suivre les traitements indiqués par la science : à l'intérieur, l'iodure de potasse et l'huile de foie de morue, sur les paupières, des pommades tantôt avec le minium, tantôt avec l'extrait de Saturne ; enfin des cautérisations fréquentes avec le nitrate d'argent : le mal n'avait fait qu'empirer.

Prescription : 2 pincées par jour des poudres stomachico-nervines dans une tasse de petite centaurée; trois fois par semaine, un bain avec feuilles de noyer et iodure de potasse, sur les yeux, lotions d'eau fraîche.

Le 4 juillet suivant, amélioration marquée de l'état général, plus de douleurs; les règles sont revenues exactement et plus abondantes, il y a eu, en outre, un léger flux hémorrhoïdal; mais les paupières sont rouges, un peu douloureuses, et la conjonctive est encore légèrement injectée. Prescrit : les pilules anti-hystériques avec le cyanure d'or et de fer, collyre avec feuilles de noyer et sulfate de zinc.

28 juillet. — La santé continue passable, sauf un peu d'amé-

norrhée ; il y a eu quelques hémorrhagies nasales, mais l'état des yeux demeure stationnaire. Prescrit, pour toute médication, les pilules toniques au succino-phosphate d'or et de fer : aux yeux eau fraîche.

18 août. — L'état des yeux est fort amélioré ; épistaxis fréquente ; continuer le même traitement.

22 juin 1852. — Les yeux sont revenus à l'état à peu près normal, seulement ils sont sujets à s'injecter de sang à l'époque des menstrues, qui sont peu abondantes. Prescrit : les mêmes pilules (une par jour) dans lesquelles le succino-phosphate d'or et de fer est remplacé par l'iodure de fer et d'or ; tisane de houblon et de safran : avant le principal repas, quelques gouttes d'or potable.

Quelques mois de ce traitement ont suffi au rétablissement complet, et, depuis plusieurs années, la santé s'est maintenue excellente.

Nous supprimerons les commentaires que pourrait suggérer cette observation, nous bornant à ajouter un fait assez remarquable au point de vue étiologique. En 1853 mademoiselle Marie L..... m'adressa son frère âgé de 24 ans, atteint de phthisie au premier degré, que notre traitement du reste a complétement guéri. Il y avait eu, dans la famille, d'autres phthisiques : toutes ces affections héréditaires se touchent.

TROISIÈME OBSERVATION. — La fille Jeanne Gabarrot âgée de 19 ans, nous a été adressée, au mois de septembre 1851, par M. Bayonne, médecin à Gimont, pour dysménorrhée et chlorose, qui avaient résisté aux traitements ordinaires. Son état offrait des symptômes qui simulaient la phthisie : la base du poumon gauche rendait à la percussion un son mat caractérisé. Les poudres stomachico-céphaliques le matin, les pilules sédatives le soir, ont calmé les douleurs et rétabli les fonctions. La guérison a été achevée par les poudres sédatives corroborantes.

Ce cas n'offre rien de remarquable ; le suivant est plus curieux.

QUATRIÈME OBSERVATION. — Louise Martin, âgée de 20 ans,

m'a été adressée le 9 juillet 1853, par M. Bouzin père, médecin à Montpezat. Elle est, depuis trois ans, attaquée d'une surdité assez intense, accompagnée d'une céphalalgie constante et intolérable : cette affection locale s'est déclarée à la suite d'une aménorrhée presque complète. Prescrit : la poudre stomachico-céphalique, additionnée d'une petite dose de poudre sédative corroborante : user fréquemment de la poudre errhine en guise de tabac.

Le 22 juillet, les douleurs de tête ont presque totalement disparu : l'état général est meilleur, mais la surdité des deux oreilles a peu diminué. Persévérer dans le traitement.

Le 30 août, la malade, se trouvant mieux, a repris les travaux des champs, et n'a pas suivi exactement le traitement : depuis quelques jours, la céphalalgie a reparu avec plus d'intensité que jamais, la surdité persiste. L'application du topique anti-névralgique, sur les tempes, à la nuque et derrière les oreilles, fait disparaître immédiatement les douleurs. Prescrit : les pilules anti-hystériques, tout en persévérant dans l'usage de la poudre errhine.

Le 17 septembre, les douleurs de tête ont tout à fait cédé, le flux menstruel est assez abondant, la surdité a un peu diminué. Prescrit : l'usage des poudres stomachico-nervines, en continuant les poudres errhines : mais il serait indispensable d'employer un traitement local contre la maladie des oreilles; la malade s'y refuse, elle se borne à user des poudres pendant quelques semaines. Sa santé s'est tout à fait rétablie; mais elle est demeurée un peu sourde : eût-il été possible de la guérir complétement ? C'est probable; mais il est fâcheux d'être obligé de terminer, par un doute, cette observation qui nous semble intéressante. Celle qui suit n'est curieuse qu'au point de vue de l'action des pilules cérébriques, aussi en abrégerons-nous les détails.

CINQUIÈME OBSERVATION. — M. de *** est âgé de 40 ans : sanguin et très-impressionnable, il a été sujet, dans sa jeunesse, à des affections de la peau et plus tard à quelques douleurs pour lesquelles on lui a souvent prescrit les eaux de Luchon qui lui réussirent; mais en avril 1855, à la suite de fatigues, de chagrins, et peut-être aussi d'un peu d'abus des plaisirs, il est tombé dans un état qui l'inquiète. Céphalalgie presque continuelle et souvent insupportable; éblouissements fréquents, troubles dans les fonctions digestives, inappétence; alternatives d'insomnies totales et de somnolences diurnes, fatigues inusitées au moindre exercice; impossibilité de supporter ni le vin pur, ni aucun aliment épicé; marche un peu flagellante, enfin quelques fourmillements du rachis.

Ses médecins ordinaires lui conseillèrent un régime doux, quelques tempérants et des évacuants légers ; ce traitement n'avait amené aucune amélioration. Il essaya alors les pilules cérébriques, à la dose d'une par jour et *antecibum*. Cette médication produisit un effet tellement rapide, qu'au bout de très-peu de jours, il avait pu reprendre toutes ses habitudes ; 30 pilules suffirent à son complet rétablissement.

Un an plus tard, ces pilules cérébriques, avec une légère addition de la dose d'ambre gris, ont tout aussi bien réussi chez un autre malade appartenant à la classe supérieure de la société et qui, avec les apparences extérieures de la force, était devenu incapable des fonctions viriles. Le seul trouble fonctionnel qui coexistât avec ce fâcheux état, était une constipation habituelle liée à quelques difficultés de la seconde digestion. 10 pilules cérébriques amenèrent une telle amélioration, que le ci-devant malade voulut les continuer par reconnaissance ; il en prit encore 25 qui furent très-bien tolérées ; il n'y a pas eu de rechutes, et sa santé est parfaite.

L'observation suivante offre un résultat incomplet ; mais elle a peut-être plus de valeur médicale.

SixiÈme observation. — J...... teinturier à Toulouse, âgé de 44 ans, à la suite d'une myélite, est demeuré paralysé des membres inférieurs ; la vessie et le rectum ne fonctionnent plus, la station est impossible, les évacuations ne s'opèrent qu'à l'aide des lavements et de la sonde : fourmillement insupportable dans les membres et la colonne vertébrale, insomnie constante et presque totale. Tel était l'état de ce malade lorsqu'il nous a été abandonné, en avril 1855, par M. le professeur Estévenet, qui le considère comme tout à fait incurable et qui soupçonne une étiologie syphilitique. Depuis trois ans, divers moyens ont été essayés sans aucun succès, entre autres des cautères, des deux côtés du rachis ; le seul traitement qui ait semblé produire un léger soulagement a été l'iodure potassique, ce qui confirmerait l'opinion de M. Estévenet. M. le docteur de Montesquiou a bien voulu consentir à suivre ce traitement ; d'accord avec lui nous prescrivons : frictions des deux côtés du rachis, alternativement avec le chlorure acide d'or et le baume anti-rhumatismal, tous les matins, 1 à 2 pilules cérébriques ; tous les soirs, les poudres stomachico-nervines ; avant le repas, quelques gouttes d'or potable.

Quinze jours de cette médication ont amené une amélioration bien caractérisée, la station est devenue possible, les mouvements sont plus libres ; le malade peut faire quelques pas à l'aide d'une canne. L'appétit se rétablit, la constipation est moins intense, il y a eu des selles naturelles ; mais les fourmillements des membres pelviens persistent, ainsi que l'insomnie et les douleurs ; les forces laissent beaucoup à désirer. Nous prescrivons le même traitement, en renforçant les pilules cérébriques d'une double dose de cérébrate d'or et ajoutant au liniment gras un peu d'ammoniaque et quelques essences.

Après deux autres septénaires, nous constatons, avec M. de Montesquiou, les résultats suivants. L'état général n'a pas empiré, au contraire, il y a une légère amélioration ; les fonctions de sécrétion et de nutrition tendent à se rétablir, et le malade a pu, avec une canne, faire le tour d'une promenade publique à quelque distance de sa maison. Il y a eu un peu de sommeil et le pouls est plus plein, mais le fourmillement et les douleurs persistent ; le malade est découragé. Nous sommes d'accord à proposer de persévérer dans le traitement en le rendant plus énergique encore par des préparations phosphorées plus actives ; mais le malade s'y refuse ; il ne veut plus entendre parler d'aucun médicament. Nous sommes forcés d'abandonner ce malheureux qui, en effet, passe quelques mois sans suivre aucun traitement et retombe bientôt dans l'état le plus triste.

Si le traitement eût été suivi avec persévérance et énergie, aurait-on obtenu une guérison complète, ou bien aurait-on

seulement amélioré l'état et prolongé la vie? On ne peut que conjecturer ; mais les premiers résultats obtenus permettaient d'espérer : et ces espérances étaient confirmées par l'action des
médicaments qui formaient la base de ce traitement, dans des
affections moins graves, mais de même nature.

Nous pourrions citer des cas nombreux d'affections nerveuses, hystériques, ou hypocondriaques, d'une intensité légère
qui ont été guéries complétement au moyen de la poudre stomachico-céphalique le matin ; le soir, de la poudre anti-spasmodique ou de la poudre stomachico-nervine ; mais ces observations présenteraient peu d'intérêt ; peut-être en trouvera-t-on
davantage dans la suivante, qui a exigé l'emploi de plusieurs
de nos préparations.

SEPTIÈME OBSERVATION. -- Mélanie Galian est âgée de 16 ans
révolus ; on lui en donnerait à peine 10, à sa taille et à son
aspect : maigreur extrême, visage défiguré par la perte d'une
partie des dents déjà cariées : gencives scorbutiques, teint plombé,
cachectique, presque cancéreux : inappétence et dyspepsies
constantes ; constipation rebelle, aménorrhée totale depuis trois
ans, époque où les menstrues se sont manifestées par une crise
violente et puis ont totalement disparu ; insomnies habituelles ; attaques hystériques fréquentes, et, dans l'intervalle, douleurs insupportables à la tête, aux membres et à l'épigastre : enfin, palpitations ; la cage thoracique est tellement étroite qu'elle com-
prime les viscères.

Tel était l'ensemble des symptômes qu'offrait cette malade,
quand elle nous fut recommandée en décembre 1856 ; son
état était grave sans doute ; mais, au dire de la mère, on
ne devait lui assigner aucune cause héréditaire ; tout au plus
pouvait-on le faire remonter à un accident de grossesse. L'enfant cependant était venu à terme, mais tellement chétif et
souffreteux, qu'il fallut l'ondoyer dès sa naissance. Pendant
toute son enfance, cette pauvre petite fut continuellement
maladive. Elle était cependant arrivée à sa douzième année,
quand le père, honnête artisan, vint à mourir laissant sa veuve
et sa fille sans ressources. La cause première nous semble donc
une lésion traumatique, intra-utérine, qui a occasionné un

état cachectique mal soigné pendant l'enfance et aggravé, à l'époque de puberté, par les chagrins et la misère.

Plusieurs médecins du bureau de bienfaisance ont donné successivement quelques soins à cette infortunée; mais, depuis un mois, ils ont cessé de rien prescrire, jugeant toute médication inutile. M. le docteur Atoche, qui assistait à notre première exploration de la malade, et M. le docteur Lafon-Gouz, qui a eu la charité de nous aider à lui donner des soins, s'étonnent tous les deux de la témérité de notre espoir. Cependant nous avions entrevu un point d'appui sur lequel on pouvait baser un traitement méthodique. La jeune malade est douée d'une énergie qui indique une vitalité oppressée par des causes morbifiques, mais qui se révèle encore; le pouls est fébrile, mais plein; la peau se prête aux diaphorèses, les reins et la vessie remplissent leurs fonctions: il est donc possible de stimuler la vie, par des corroborants, et d'essayer la méthode révulsive, en stimulant les fonctions encore intactes.

Voici quelle fut notre première prescription: le matin, les poudres stomachico-céphaliques; avant et après le repas, une potion, dont l'or potable formait la base; dans la journée, quelques verres d'infusion légère de chiendent et de fleurs de sureau; le soir les poudres stomachico-nervines; matin et soir, un lavement de décoction de guimauve et de laitues additionnée d'une forte poignée de sel marin.

Au bout de quinze jours de ce traitement, on constate une légère amélioration; l'appétit commence à se manifester, les digestions s'opèrent assez facilement; un seul lavement de laitues, administré le soir, suffit pour assurer les selles du lendemain; il n'y a eu ni crise ni boule hystérique, la malade a retrouvé un peu de sommeil malgré les douleurs qui persistent, mais elle se sent plus forte à les supporter; elle marche beaucoup. Prescription: le matin, les pilules anti-hystériques; le soir, les pilules sédatives; continuer la potion avec l'or potable: dans la journée tisane de safran, édulcorée avec le sirop anti-scorbutique de M. Piette plus actif que celui du Codex.

Sous l'empire de cette médication, et le huitième jour, les menstrues reparurent enfin à la suite d'une légère colique. Depuis ce moment, l'amélioration de l'état général a été constante et assez rapide ; la croissance surtout, qui avait été si longtemps arrêtée, s'est développée avec une promptitude qui nous étonnait nous-même.

Ce n'est pas à dire cependant que les secours de la médecine n'aient pas été indispensables pendant longtemps encore ; comme il arrive toujours dans ces états compliqués, l'élément morbide reparaissait continuellement, tantôt sous une forme, tantôt sous une autre. C'étaient des céphalalgies atroces, des névralgies maxillaires, des entéralgies rebelles, des alternatives de constipations et de diarrhées, des symptômes de congestions sanguines, suivis de périodes d'anhémie, des pertes utérines suivies des dysménorrhées. Toutes les préparations des premières pages de notre formulaire ont été tour à tour appliquées à cette pauvre enfant et toujours avec succès. Après chaque crise, l'état général se trouvait meilleur qu'auparavant, et l'on revenait à l'usage quotidien des poudres stomachico-céphaliques le matin, et anti-spasmodiques le soir. Pendant ce long traitement il est survenu deux maladies aiguës ; l'une était une fièvre assez intense avec des accidents nerveux : elle fut combattue par des pilules de thériaque avec partie égale de nos poudres anti-spasmodiques, et une potion de valériane et de quinquina ; l'autre, une pneumonie avec symptômes bilieux, fut traitée par nos poudres anti-catarrhales et un peu de kermès, les quatrième et sixième jours.

Enfin, depuis six mois, aucun médicament n'a été nécessaire, et Mélanie Galian, rendue à la santé, est une des plus laborieuses ouvrières d'un magasin de lingerie.

HUITIÈME OBSERVATION. — M. de C... est âgé de 70 ans, père d'une nombreuse et belle famille. Il a joui d'une bonne santé pendant presque toute sa vie ; mais, depuis environ deux ans, il est sujet à des coliques et des embarras intestinaux ; dans les derniers trois mois, les souffrances sont devenues insupportables et ont résisté à tous les traitements.

Voici l'état constaté le 4 mai 1856 par M. le docteur Lafont-Gouzi, qui a bien voulu nous aider de ses lumières dans ce traitement ; nous copions ses notes.

« Douleurs atroces dans la région épigastrique ; si l'on essaye

« quelques aliments dans les moments de rémission, ils sont,
« en général, rejetés presque immédiatement. Le peu qui est
« toléré est toujours mal digéré ; aussi l'amaigrissement est
« extrême, le facies presque grippé, la prostration des forces,
« complète. Cependant l'examen de la région épigastrique et
« de l'abdomen ne fournit aucune indication pathologique : le
« ventre est souple, indolent et n'offre aucun point d'obstruc-
« tion. »

Nous prescrivîmes : frictions sur l'épigastre avec le topique
anti-névralgique ; le matin et, dans la journée, quelques cuillerées d'un opiat composé avec la poudre anti-spasmodique, et
le sirop de fleurs d'orangers et le miel ; le soir, et pendant la
nuit, un autre opiat avec les poudres stomachico-nervines associées au miel et au sirop de jusquiame.

Au bout de quelques heures, il y eut assez de calme pour
pouvoir conseiller quelques huîtres et un potage qui furent
bien tolérés ; trois jours plus tard, le malade supportait les aliments solides. Il y eut encore une ou deux crises avec douleurs
gastriques et lombaires ; mais elles cédèrent assez facilement aux
anti-spasmodiques. Le complet rétablissement fut assuré par l'u-
sage quotidien de l'or potable : et, à la fin du mois, M. de C...
put repartir pour son château et reprendre ses habitudes.

Neuvième observation. — Pour abréger, nous réunirons,
sous ce titre, trois cas d'affections utérines, dont nous supprimerons les détails, nous bornant à reproduire les traits principaux :

Isabeau G....., âgée de 29 ans, mère de deux enfants, a
fait, il y a trois ans, une fausse couche, à la suite de laquelle,
s'est déclarée une maladie de matrice. A subi un traitement de
14 mois par la cautérisation et les moyens usités, qui avait
apporté un peu de soulagement ; mais depuis quelques semaines,
tous les désordres locaux ont reparu et l'état général empire
tous les jours. Quand elle vint nous consulter, le 10 mai 1851,
l'hypogastre était douloureux, les ovaires résistaient à la pression ; le museau de tanche offrait des points d'excoriation ; il
existait un écoulement leucorrhéique abondant et fétide ; enfin
la malade se plaint de dyspepsies, de dyspnées et de palpitations.

Tel était l'état qui a été guéri par l'usage continuel des poudres stomachico-céphaliques, des pilules anti-hystériques, de la teinture anti-hystérique et des bains de siége avec la ciguë et l'écorce de chêne. Mais ce traitement a été fort long ; plusieurs rechutes ont eu lieu ; il a fallu user, à deux reprises différentes, de nos pilules toniques au succino-phosphate d'or et de fer et du liniment balsamique. Ce n'est que le 14 mars 1853, que nous avons pu constater une véritable guérison. Depuis cette époque, la malade a joui d'une bonne santé.

Le cas de Marie T... âgée de 31 ans, célibataire, est à peu près semblable ; elle a suivi, en 1852, notre traitement contre l'hystérie pour une affection de matrice, qui présentait des symptômes assez graves du côté des ovaires. Les pilules anti-hystériques, avec les bains de ciguë et d'écorce de chêne les a fait disparaître ; mais il s'est bientôt manifesté une toux hectique avec une petite fièvre et une matité inquiétante à la base des deux poumons. Ces symptômes ont cédé après quelques mois d'usage des poudres anti-catarrhales et du liniment balsamique ; mais quand les poumons eurent recommencé leurs fonctions, les désordres du côté de la matrice reparurent de plus belle. Le traitement anti-hystérique les fit de nouveau disparaître, mais le poumon recommença à donner des inquiétudes. Dans cet embarras, nous eûmes l'idée peut-être un peu bizarre de lui administrer simultanément nos spécifiques contre les deux affections, une sorte de thériaque avec nos poudres stomachico-nervines et anti-catarrhales, le succino-phosphate d'or et de fer, la ciguë et le phellandrium. Toutes ces drogues furent bien tolérées, le rétablissement fut lent, mais graduel ; et, depuis deux ans, cette brave fille a pu se placer comme gouvernante chez un respectable curé, et sa santé résiste à toutes les exigences de ce service.

La femme Laveran nous a été amenée, en 1850, par M. Bouzin père, médecin à Montpezat ; elle est attaquée de douleurs lombaires qui ont résisté à plusieurs moyens appropriés et qui sont compliquées d'un grave prolapsus de matrice ; cet état a cédé assez facilement à notre traitement anti-hystérique ; mais aussitôt qu'il était suspendu, le mal reparaissait. Il a fallu trois ans d'usage à peu près constant des poudres stomachico-cépha-

liques le matin ; le soir, des stomachico-nervines, pour obtenir
un complet rétablissement.

Nous terminerons ces cas de chloroses et d'hystéries, par une
observation qui nous paraît intéressante, par cela même que ce
n'est pas nous qui l'avons recueillie ; elle nous a été communiquée par M. le docteur de Montesquiou qui, seul, a dirigé le
traitement : nous copions ses notes.

DIXIÈME OBSERVATION. — « Madame X., âgée de 34 ans,
« bien constituée, d'un tempérament lymphatique, au système
« nerveux fort sensible, est sujette depuis longues années à une
« perte blanche qui ne s'arrête que par des intervalles très-
« courts. Ses règles suivent rarement leur cours ordinaire ;
« elles apparaissent sous forme de matières glaireuses mêlées
« de stries sanguinolentes, ou simplement d'un liquide visqueux
« légèrement rosé.

« Madame X. se plaint de faiblesse d'estomac, de douleurs
« de poitrine suivies d'une toux sèche, d'insomnie, d'un senti-
« ment de douleur dans le bas-ventre, et de douleurs qui
« semblent avoir leur siége dans les ovaires.

« Elle a déjà suivi plusieurs traitements pour combattre cet
« état ; mais leucorrhée, dysménorrhée, chloro-anhémie per-
« sistent toujours. Après un examen attentif de la malade, au
« mois de février 1857, je lui ai ordonné le traitement qui suit :
« pilules anti-hystériques de 1 à 3 par jour ; tisane de mélisse
« avec 2 gouttes d'élixir cérébrique ; fumigations balsamiques,
« tous les jours ; bains de siége avec écorce de chêne et sulfate
« de zinc. Régime tonique. De temps en temps, interruption du
« traitement pendant quatre ou cinq jours. Au bout de quelques
« mois, ce traitement a produit les plus heureux résultats ; la
« perte blanche a sensiblement diminué, les règles semblent
« vouloir prendre leur cours régulier et donnent du sang vive-
« ment coloré. L'appétit est revenu avec le sommeil, les dou-
« leurs de poitrine et de bas-ventre sont moins vives et moins
« fréquentes.

« Le 11 mai, je modifie le traitement, en substituant aux pi-
« lules anti-hystériques les pilules toniques du même formulaire
« additionnées d'un peu de ciguë en poudre. L'amélioration

« générale marche rapidement : la perte blanche est presque
« insignifiante et la dysménorrhée a cessé. La médication est
« interrompue pendant quelques jours pour être reprise ensuite.
« (Juillet 1857.)

« Pendant que madame X... suit ce traitement, une violente
« secousse morale, la mort de son mari, vient interrompre la
« médication et ramener le désordre dans son organisation.
« Bien que la perte blanche ne reparaisse guère, des douleurs
« vagues se font ressentir dans tout le corps, et tous les soirs
« madame X. est fatiguée par une toux petite, sèche, avec
« agitation fébrile.

« Le 11 décembre 1857, je prescris : pilules avec valérate
« de quinine et extrait de valériane, à prendre de 1 à 3 par
« jour. Lavements fréquents avec mercuriale et miel, bains de
« siége avec feuilles de noyer et ciguë. Régime et tisane névro-
« sthéniques.

« Au mois de février 1858, madame X... se trouve en bonne
« santé et n'accuse plus aucun des symptômes précités, si ce
« n'est un peu d'inappétence et encore un peu de lourdeur dans
« le bas-ventre. Je lui conseille de continuer son traitement, en
« supprimant les lavements et revenant aux pilules anti-hystéri-
« ques, 2 par jour.

« L'affection de madame X... a cédé complétement à cette
« médication, elle se porte fort bien à présent ; mais je lui ai
« conseillé de ne pas interrompre tout à fait ses remèdes Quel-
« ques bains de siége avec feuilles de noyer et, de temps en
« temps, les mêmes pilules, ont maintenu l'équilibre de ses
« fonctions. »

Nos lecteurs auront peut-être remarqué, dans les observations qui précèdent, l'utilité qu'on peut retirer du topique anti-
névralgique contre les affections nerveuses caractérisées par des
douleurs intenses. Voici deux observations qui nous semblent
préciser encore mieux l'action de ce médicament ; elles ont été
recueillies, en 1856, par M. le docteur Béni-Barde, aujourd'hui
établi à Paris, alors interne à l'Hôtel-Dieu de Toulouse.

ONZIÈME OBSERVATION. — « Le nommé X., âgé de 20 ans,
« à la suite d'un bain de rivière imprudent, ressentit des dou-

« leurs vives sur tout le trajet du grand nerf sciatique. Brisé par
« la souffrance, il se décida enfin à recourir aux secours de la
« médecine.

« Dès la première visite, je reconnus, en effet, une névralgie
« sciatique bien caractérisée. En poussant plus loin mes inves-
« tigations, il me fut facile de diagnostiquer la concomitance
« d'une lésion de la moelle épinière ; mais, comme la sciatique
« faisait éprouver des douleurs atroces, je résolus d'attaquer
« d'abord cette complication. Le malade avait déjà essayé les
« moyens usités en pareil cas, sans éprouver aucun soulage-
« ment, j'essayai alors le topique anti-névralgique du formulaire
« de M. de Lapasse. Après quelques frictions, sur le trajet du
« nerf douloureux, le malade fut très-soulagé ; en persistant
« dans l'emploi du remède, il obtint assez rapidement une gué-
« rison complète. »

Cette observation est du mois de janvier 1856 ; il est à regretter que M. le docteur Béni-Barde ne l'ait pas complétée, en
indiquant le traitement employé contre l'affection principale ; il
est vrai qu'il quitta Toulouse peu de temps après.

Douzième observation. — « Le nommé ***, âgé de 50 ans,
« d'un tempérament robuste, fut, à la suite d'une sueur réper-
« cutée, atteint de douleurs très-vives dans la cuisse et la jambe
« et, principalement, le long du trajet du nerf sciatique. Appelé
« peu de jours après l'accident et me basant sur les antécédents
« et les symptômes présents, je diagnostiquai une sciatique rhu-
« matismale et songeai alors à employer le topique anti-névral-
« gique ; mais comme le malade présentait un état inflamma-
« toire bien caractérisé, je commençai par faire appliquer
« quelques sangsues, *loco dolenti.*

« Deux jours après, le malade fut frictionné trois fois par
« jour avec le topique ; et, en même temps, il prit, matin et
« soir, deux pincées des poudres anti-podagriques dans une
« tasse de tisane de salsepareille. Huit jours de cette médica-
« tion amenèrent une diaphorèse, à la suite de laquelle le malade
« put se lever ; il continua, pendant vingt-cinq jours, l'usage
« des poudres ; et, au bout de ce temps, sa santé était revenue à
« l'état normal. »

Cette observation est aussi datée de janvier 1856 ; elle nous suggère une seule remarque. Nous avons essayé le topique anti-névralgique contre les douleurs rhumatismales, mais avec moins de succès ; nous préférons, dans ces cas, le liniment bromuré.

Encore deux exemples de l'efficacité du topique anti-névralgique contre l'élément douleur.

TREIZIÈME OBSERVATION. — M. de C... est âgé de 37 ans, d'un tempérament nerveux et délicat. Pendant toute sa jeunesse et depuis une chute grave qu'il fit à l'âge de 10 ans, il a été sujet à diverses maladies ou indispositions, toujours avec un caractère nerveux. Vers le commencement de 1851, toutes ses souffrances se tournèrent du côté des yeux ; sa vue s'affaiblissait et il commençait à se manifester quelques symptômes d'épaississement des humeurs de l'œil gauche. Mais cet état était surtout caractérisé par des douleurs atroces des deux yeux et de tous les nerfs de la cinquième paire. Ces douleurs intolérables, qui duraient depuis plusieurs semaines, avaient amené des dérangements dans toutes les fonctions, souvent des accès de fièvre, et aucun des moyens employés par les médecins n'avait apporté le moindre soulagement. Les frictions avec le topique anti-névralgique sur les tempes, derrière les oreilles et sur la nuque, dès le premier jour, amenèrent un peu de calme. On ajoute aux frictions les poudres anti-spasmodiques, le matin ; le soir, les pilules sédatives et quelques bains anti-spasmodiques. En peu de semaines, toutes les douleurs avaient disparu et l'état général était fort amélioré. Cependant, les apparences de glaucome commençant étaient encore évidentes. Il y avait lieu de se confier aux soins d'un habile oculiste. Mais des affaires de famille détournèrent le malade des préoccupations de son état ; un an plus tard, le glaucome était confirmé.

Madame la comtesse de *** est âgée de 29 ans, d'une forte constitution, mais d'une famille sujette aux névroses. A la suite d'une grossesse rendue pénible par des émotions morales, elle est demeurée sujette à une violente névralgie trifaciale. Le tic douloureux se déclare par accès assez réguliers. Son médecin a essayé le sulfate de quinine, qui n'a produit d'autre effet que de troubler les fonctions digestives. L'application du topique anti-névralgique sur le trajet du nerf fit disparaître la douleur instantanément ; elle reparut à diverses reprises, mais de plus en plus faible, et chaque fois cédant à l'application du topique. Le complet rétablissement fut assuré, au bout de quelques semaines, par l'usage des poudres stomachico-céphaliques le matin, anti-spasmodiques, le soir.

Nous nous bornerons, comme exemple du traitement anti-épileptique, à deux observations très-courtes.

QUATORZIÈME OBSERVATION. — Éliacin Laborie, d'une famille de cultivateurs de la Haute-Garonne, est âgé de 6 ans ; maigreur extrême, pouls petit, filiforme ; trouble constant dans les fonctions digestives, yeux ternes, regard effaré. Dès l'âge de 3 ans, il a été sujet à des attaques épileptiformes presque continuelles dans les premiers temps ; depuis un an, elles ne reparaissent que tous les deux ou trois mois, mais elles sont d'une violence extrême. L'hérédité morbifique n'a pu être constatée avec certitude.

Au mois d'avril 1852, notre traitement anti-épileptique est commencé à faibles doses : poudre anti-spasmodique le matin et dans la journée ; le soir, les pilules sédatives ; bains anti-spasmodiques, avec feuilles de laurier-cerise trois fois par semaine. Au bout de quinze jours, il se manifesta une attaque assez faible ; le traitement fut repris, en augmentant un peu les doses, et il s'écoula un mois, avant qu'on pût constater aucun symptôme de narcotisme. Dès qu'ils se manifestèrent, on remplaça les bains anti-spasmodiques par des bains toniques, les pilules sédatives par nos pilules toniques, et on usa du liniment phosphoré. Les attaques devinrent de plus en plus faibles, la santé se raffermit, la croissance se développa ; et, au bout de deux ans, l'enfant put être considéré comme guéri. Il jouit aujourd'hui d'une parfaite santé.

QUINZIÈME OBSERVATION. — M. D***, âgé de 21 ans, est attaqué, depuis plus de trois ans, d'une affection diagnostiquée *épilepsie* par les médecins qui l'ont soigné ; elle s'est déclarée à la suite d'une jeunesse maladive, et d'une croissance trop rapide. Les crises sont d'une violence extrême et se répètent deux ou trois fois par semaine; toutes les fonctions sont troublées, et l'affaiblissement général est arrivé à ce point, que le malade ne peut plus quitter son lit. Tel est le rapport qui nous a été fait, au mois d'avril 1854, par les parents et le médecin. Cet état avait fait exempter le malade du service militaire.

Notre traitement anti-épileptique amena d'abord une certaine amélioration; puis lorsque l'on en vint à essayer les toniques et les nervins, il se manifesta une ou deux rechutes. Mais l'on persévéra dans l'emploi de nos préparations corroborantes et nervines; et, au bout d'un an, M. D*** complétement rétabli, offrant, avec une grande taille, toutes les apparences d'une constitution athlétique, s'est engagé dans un régiment d'artillerie, où son service n'a jamais été interrompu pour cause de maladie.

Nous supprimons quelques observations qui seraient à peu près semblables aux deux qui précèdent, et nous nous bornerons à noter un cas d'insuccès.

Un épileptique confirmé qui se trouvait, en 1851, à l'hôpital général de Montpellier, nous fut confié par M. le professeur Rech. C'était un jeune homme très-intelligent et qui appartenait à une famille chez laquelle on avait constaté des cas de manie. Les poudres et les bains anti-spasmodiques n'amenèrent ni soulagement ni narcotisme; les toniques semblaient produire une légère amélioration, mais nos médicaments ne furent pas administrés avec exactitude, et le traitement fut abandonné au bout de trois mois.

SEIZIÈME OBSERVATION. — Le nommé L..., âgé de 25 ans, a été réformé, le 30 juillet 1850, du service militaire, ainsi que le constatent son congé et le certificat de visite et de contre-visite des savants professeurs du Val-de-Grâce, pour carie du premier métacarpien de la main gauche. La plaie est profonde, livide, le suintement abondant, les douleurs assez vives pour empêcher l'usage de la main. Le malade est bien constitué et ne présente d'autres troubles fonctionnels qu'une diarrhée assez légère.

Les poudres stomachico-céphaliques furent prescrites matin et soir dans une limonade phosphorée, la plaie fut pansée avec la décoction de feuilles de noyer.

Au bout de quinze jours de ce traitement, la diarrhée était arrêtée, la plaie avait repris une couleur vermeille, mais l'écoulement sanieux restait abondant, et les douleurs qui, de la main, remontent jusqu'à l'épaule persistent encore. Les pilules cérébriques furent administrées à la dose de deux par jour, avec la tisane de feuilles de noyer, et la plaie fut pansée avec le cérat de Galien additionné de quelques gouttes d'acide phosphorique.

Sous l'empire de ce traitement, l'amélioration marcha rapidement vers une guérison qui fut complète au bout de trois mois; et L... put se placer comme valet de ferme dans une exploitation agricole. Il n'a pas cessé de se bien porter.

DIX-SEPTIÈME OBSERVATION. — M. C..., mécanicien, âgé de 29 ans, est atteint depuis quinze ans, d'une carie du tibia de la jambe gauche. Cette affection grave s'est manifestée à la suite d'une tumeur blanche du genou, et a débuté par l'apparition d'une plaie purulente, laissant échapper parfois des petites esquilles d'os nécrosés; on fut même obligé d'enlever un fragment assez volumineux de la crête du tibia. Un cautère, à la partie interne du mollet, ne modifia en rien l'état du malade et plusieurs foyers purulents s'ouvrirent successivement jusqu'au tiers inférieur de la jambe. Ces foyers ont paru et disparu tour à tour; le premier a constamment persisté. Le malade, envoyé une première fois aux eaux de Baréges, en rapporta un léger soulagement; l'année d'après, il y revint sans aucun succès; l'iodure de potassium et l'huile de foie de morue n'eurent pas de meilleur résultat.

Le 9 mars 1858, M. le docteur L. de Montesquiou voulut bien m'accompagner chez ce malade. — Nous fûmes frappés de l'état d'affaiblissement général : la station est presque impossible; les mouvements de la jambe sont très-douloureux; les digestions difficiles, fréquemment accompagnées de diarrhée; le pouls est petit, fébrile, l'amaigrissement complet. Le facies exprime la souffrance, une pâleur mate envahit le corps.

Le malade est d'un tempérament très-lymphatique et il y a eu, dans sa famille, des affections scrofuleuses; il se plaint de gonflements fréquents des gencives qui, en effet, sont légèrement engorgées et décolorées. Nous constatons, à la jambe, une déformation et un gonflement considérables vers la portion supérieure et à la tête du tibia. Le foyer purulent est assez restreint, et laisse écouler avec abondance un pus sanieux et fétide.

Nous prescrivîmes la potion phosphorée édulcorée avec le sirop anti-scorbutique; la tisane de feuilles de noyer avec une pincée de poudre stomachico-céphalique, et, trois fois par jour, des lotions locales, avec décoction de feuilles de noyer.

Sous l'empire de ce traitement, l'état général s'améliora un peu; mais les forces laissaient encore à désirer, les douleurs étaient vives, l'aspect de la plaie restait le même. - - Nous prescrivons alors les pilules cérébriques additionnées de 1 centigramme d'acide phosphorique vitrifié par pilule; on continua le reste du traitement. Un mois plus tard, il se déclara une crise générale avec fièvre assez intense qui dura un peu plus de deux septénaires; mais quand il fut possible de reprendre le traitement, l'amélioration de tous les symptômes était bien caractérisée et s'est toujours maintenue. Bientôt, le malade a pu se servir de sa jambe pour les travaux du tour; il marche sans douleurs, et toutes les fonctions s'accomplissent régulièrement.

M. le docteur Lafont-Gouzi dont nous avons sollicité le concours, en l'absence de M. de Montesquiou, est frappé de la constance avec laquelle la nature reprend peu à peu ses droits. Cependant, il a observé, comme nous, que l'on ne peut, sans inconvénient, permettre de trop longues périodes d'interruption du traitement. Au mois de juin 1859, le rétablissement de la santé ne s'est pas démenti, la plaie ne présente plus qu'une très-petite ouverture par laquelle s'échappe, de temps en temps, un liquide séreux. Il y a tout lieu d'espérer que la continuation du traitement consolidera la guérison.

Nous aurions désiré compléter ces exemples de l'application de nos formules corroborantes et nervines par un petit nombre d'observations sur les effets de l'or potable administré comme agent prophylactique et dans le seul but de maintenir l'équilibre général des fonctions. Mais jusqu'à ce que les idées thérapeutiques développées dans cet ouvrage aient fait des prosélytes, il nous était bien difficile de persuader à des personnes en bon état de santé, qu'il pouvait être utile de lutter contre cette maladie qui consiste à vieillir tous les jours. Il nous aurait donc fallu prendre nos exemples sur nous-même, ou parmi nos vénérables ascendants, et il nous répugnait de faire entrer le public dans le sanctuaire intime de la famille. — Nous nous bornerons donc à une seule observation : en la rapprochant des applications de l'or potable dans les cas relatés plus haut, on pourra se faire une idée de l'action de ce médicament comme alexipharmaque.

DIX - HUITIÈME OBSERVATION. — Madame de... a dépassé la quarantaine ; elle a été traitée, pendant plusieurs années, par M. le professeur Dieulafoy, pour une affection de matrice qui a exigé de fréquentes cautérisations et un traitement médical long et compliqué. Depuis que l'organe est à peu près rétabli, madame de... éprouve souvent des dyspepsies et divers autres troubles fonctionnels.

En 1851 M. Dieulafoy l'engagea à essayer l'or potable pour mettre fin à ce fâcheux état de santé. Au bout d'un mois, madame de.... se trouvait tellement mieux, qu'elle se décida à faire un usage à peu près habituel de ce médicament, qu'elle continue à prendre par reconnaissance, et nous l'avons encouragée à y persévérer.

DIX-NEUVIÈME OBSERVATION. —Madame D... nous a été adressée en 1852 par M. Sarrade, médecin à Noé, pour affection hémorrhoïdale très-grave. Elle est bien constituée, d'un tempérament lymphatico-sanguin avec tendance aux congestions. Depuis trois ans, elle est attaquée d'hémorrhoïdes, qui, dès le début, ont abondamment flué, sans que le flux menstruel fût sensiblement diminué ; peu à peu le bourrelet hémorrhoïdal s'est montré au dehors, et il a été de plus en plus difficile d'en obtenir la réduction ; enfin, depuis quelques semaines, le gonflement est devenu si considérable qu'il est impossible de le faire rentrer. L'irritation locale était extrême, plusieurs points étaient ulcérés, et les douleurs constantes acquéraient une intensité effrayante toutes les fois qu'une selle devenait indispensable ; inutile d'ajouter que ces douleurs avaient profondément affecté l'état général ; les digestions ne s'opéraient qu'avec des laxatifs et des lavements ; l'inappétence, du reste, était à peu près complète, et à l'insomnie habituelle, se joignaient souvent des accès de fièvre.

Deux habiles médecins, consultés séparément, furent d'avis qu'une opération était indispensable ; la malade redoutait cette extrémité, et nous voulûmes essayer notre traitement anti-hémorrhoïdal pour prévenir, s'il était possible, l'emploi de cette dernière ressource.

La malade prit tous les matins 3 à 4 pincées des poudres anti-hémorrhoïdales, d'abord dans de la limonade tartrique, puis au bout de quelques jours, dans de la tisane de valériane : le soir, 2 à 3 de nos pilules sédatives ; quatre à cinq fois par jour on appliquait, *loco dolenti*, des pinceaux de charpie imbibés du baume anti-hémorrhoïdal.

Pendant les premiers jours, ce traitement ne produisit aucun effet appréciable sur la tumeur ; les douleurs continuaient ; la seule amélioration était un peu de calme et de sommeil et plus de régularité dans l'ensemble des fonctions... La malade eut la constance de persévérer dans le traitement. Enfin, au bout d'un mois, la tumeur était entièrement cicatrisée, moins volumineuse, et les souffrances tolérables. Nous administrâmes des pilules avec la poudre anti-hémorrhoïdale, l'extrait de valériane et la thériaque qui furent encore continués pendant quinze jours. A cette époque, l'amélioration fut assez marquée, pour essayer la réduction de la tumeur. Une de ces tentatives occasionna un flux hémorrhoïdal abondant, après lequel la réduction du bourrelet fut facile ; et, depuis ce moment, cette petite opération est toujours faite par la malade elle-même.

Après quelques jours de repos, les douleurs étant tolérables, nous suspendîmes les poudres et les pilules qui furent remplacées par quelques pincées des poudres stomachico-céphaliques ; le liniment spécifique fut continué.

Cette modification dans le traitement fut suivie d'une nouvelle hémorrhagie anale sans gravité.

Au bout de deux mois de traitement, la malade se retrouvait donc dans l'état qui avait caractérisé le début de l'affection.

Nous prescrivîmes alors le traitement anti-hémorrhoïdal tel qu'il est indiqué dans notre formulaire : en y ajoutant seulement une cuillerée par jour d'eau hémostatique, il fut suivi

pendant quelques mois, et assura un complet rétablissement.

Vingtième observation. — Le nommé X..., âgé de 64 ans,
nous fut adressé en 1855 par un médecin de la localité, pour
cystites fréquentes, compliquées d'hématuries. Pendant les inter
valles de ces attaques, le malade souffrait de coliques et d'embarras
gastriques. Un mois seulement d'usage quotidien de l'eau hémostatique fit disparaître ces accidents et son rétablissement fut
achevé par les poudres stomachico-céphaliques et le liniment
balsamique sur le périnée et l'hypogastre. Nous citons ce cas en
en supprimant les détails, dans le seul but d'attirer l'attention
sur les effets de l'eau hémostatique.

Vingt et unième observation. — Hilaire Dangla, âgé de 22 ans,
né à Lussan (Haute-Garonne), soldat au 5ᵐᵉ régiment d'artillerie, a été réformé; le 20 août 1857 pour *hépatite chronique et
hypertrophie concentrique du cœur, suivie d'ascite et anasarque.*
(Congé de réforme du 5ᵐᵉ d'artillerie avec certificat de visite et
de contre-visite.)

Dangla est grand, bien constitué et d'un tempérament
lymphatico-sanguin ; avant la maladie actuelle, il avait toujours
joui d'une bonne santé ; il n'y a pas d'hérédité morbifique dans
sa famille. M. le docteur L. de Montesquiou qui a vu ce malade
à son retour du corps, constata, le 15 septembre 1857, les
symptômes suivants : face livide, yeux hagards, respiration difficile, prostration complète des forces, infiltration des membres
inférieurs, marche presque impossible ; tel est l'état que le retour
à l'air natal n'a pu améliorer, et à ces symptômes, sont venus
s'ajouter, depuis quelques jours, une fièvre lente avec toux,
vomissements fréquents, et une grande difficulté de déglutition.

Ordonné : élixir anti-hydropique, deux cuillerées par jour ;
tisane d'asperges édulcorée avec sirop d'asperge et de digitale,
frictions avec liniment balsamique additionné de teinture de
digitale.

Le 25 septembre suivant, le malade semblait éprouver quel.
que soulagement ; mais il prétendit ne pouvoir supporter le
sirop qui fut administré en lavements et bien toléré ; les autres

médicaments furent continués. Le 20 octobre, l'amélioration générale est tout à fait déclarée ; le malade a quitté le lit, il peut faire d'assez longues courses sans fatigue. L'ascite et l'anasarque ont disparu, il n'existe plus qu'un peu d'œdème aux jambes et aux pieds, mais la fièvre et la toux persistent encore. Nous prescrivons, deux fois par jour, les poudres anti-catarrhales, la tisane de racine de violettes édulcorée avec le sirop de quinquina et de Tolu ; on continue le liniment balsamique.

Le 5 novembre, l'amélioration générale est de plus en plus marquée, la fièvre et la toux diminuent d'intensité ; nous remplaçons les poudres anti-catarrhales par les pilules résolutives. Le malade suivait ce traitement depuis deux ou trois semaines, lorsqu'il se déclara une fièvre caractérisée typhoïde par le médecin qui, pendant notre absence, surveillait son traitement. Cette maladie fut traitée par des préparations de quinquina. La convalescence laissa le malade sans autre symptôme morbide qu'une faiblesse générale et un peu d'œdème des extrémités inférieures. Sur le rapport qui nous fut adressé, nous nous bornâmes à prescrire pendant quelques semaines l'usage de l'élixir anti-hydropique, et le malade se rétablit complétement. L'été suivant, il avait repris les pénibles travaux des champs, et l'exploration que nous fîmes, avec le concours de M. le docteur Atoche, ne nous offrit aucun signe d'altération morbide. Dangla présentait, au contraire, tous les caractères de la force et de la santé.

Nous pourrions citer encore quelques cas d'hydropisie traités avec succès, tantôt par le seul emploi de l'élixir anti-hydropique et des pilules résolutives, tantôt en associant à l'élixir des pilules cérébriques additionnées de cloportes ; mais il nous semble plus intéressant de terminer ces exemples de traitements d'hydropisie par un cas d'insuccès. Il s'agit d'un jeune homme de 19 ans atteint d'une ascite consécutive à une affection du foie. La maladie, qui durait depuis longtemps, avait résisté à un traitement par les mercuriaux, l'aloès, la digitale, etc., etc. Le ventre était distendu outre mesure, toutes les fonctions troublées, et une fièvre lente avait occasionné une telle prostration des forces que le malade pouvait à peine quitter son lit.

Nous prescrivîmes alternativement l'élixir anti-hydropique,

les pilules résolutives et les pilules cérébriques additionnées de
poudre de cloportes ; ce traitement agit sur l'ensemble des
fonctions, qui se rétablirent ; la fièvre disparut et le malade put
se livrer à quelques travaux des champs ; mais l'ascite persista.

Dans l'impatience d'arriver à une guérison, le malade voulut
essayer des bains de vapeur ; ils lui furent administrés par les
soins d'un habile praticien de Toulouse, M. le docteur Cany, qui,
après avoir inutilement essayé ce moyen thérapeutique, fut
d'avis d'un traitement par l'aloès, le camphre et la digitale.

Nous avons perdu de vue ce malade ; et il nous est revenu
qu'il avait succombé au bout de quelques mois.

Si l'on eût persévéré dans notre traitement, le résultat au-
rait-il été plus heureux ? Il faudrait des expériences plus générales pour oser l'affirmer.

VINGT-DEUXIÈME OBSERVATION. — Au mois de mai 1848, on
nous adressa le sieur Laveran, cultivateur, âgé de 64 ans, atteint, depuis plus de dix ans, d'un asthme suffocant, qui avait
résisté à tous les traitements. Ces crises de suffocation se renou-
vellent toutes les nuits ; il lui est devenu impossible de coucher
dans un lit. Pendant la journée, il est fatigué par une toux
sèche et incessante ; la maigreur est extrême, le teint plombé ;
la digestion s'opère imparfaitement ; le pouls est petit et fébrile ; les signes stéthoscopiques indiquent un état grave des
poumons.

Le traitement employé a consisté uniquement dans la médication suivante : poudre anti-spasmodique le matin, anti-catarrhale le soir, tisane d'hysope, liniment balsamique soir et
matin. L'amélioration fut lente, mais progressive ; les fonctions
digestives furent les premières à se rétablir ; peu à peu les nuits
furent plus calmes, le décubitus devint possible et les forces se
rétablirent. Mais la toux et la dyspepsie ne cédèrent totalement
qu'après avoir persévéré pendant plus de deux ans dans ce
traitement.

Au moment où nous écrivons ces lignes, le sieur Laveran
continue à jouir d'une santé satisfaisante pour un homme de son
âge.

Vingt-troisième observation. — Le sieur A...., âgé de
45 ans, chantre à la cathédrale de Toulouse, est doué d'une
voix de basse remarquable. Il est d'un tempérament sanguin,
et sa constitution paraît assez bonne. Depuis dix ans, il est
atteint de suffocations qui ont fini par dégénérer en asthme
bien caractérisé; depuis quinze mois, il est obligé de dormir
dans un fauteuil. Chaque fois qu'il essaye de chanter, il éprouve
immédiatement après, une crise de suffocation et de toux; ces
crises se représentent aussi après une digestion pénible; il ne peut
plus supporter un repas régulier ; dans l'intervalle des crises,
la toux est fréquente; il n'a pas de bronchorrhée habituelle,
mais il est sujet à des bronchites qui aggravent son état. — Nous
prescrivons le 1er février 1854, les poudres anti-catarrhales
le matin ; le soir, les pilules sédatives, la tisane d'hysope et le
liniment balsamique soir et matin.

Le 8 mai suivant, l'état général est amélioré, le malade a
repris ses habitudes; mais il a éprouvé, peu de jours auparavant, une forte crise de suffocation et de toux ; il prétend que
les poudres du matin lui occasionnent des nausées : elles sont
remplacées par un opiat dans lequel nous associons aux poudres,
le sirop de cachou, un peu de vanille et quelques centigrammes
d'extrait de datura, avec une forte dose de miel; on continue
le reste du traitement. — Le 2 mars 1855, la guérison est
complète. A... recommence à chanter au lutrin et, depuis cette
époque, sa bonne santé ne s'est pas démentie.

Vingt-quatrième observation. — Le sieur Chauffepied,
porteur de contraintes, âgé de 46 ans, nous est recommandé par
M. le docteur Lécussan ; il a suivi, sans aucun succès, plusieurs
traitements contre un asthme à forme grave. Au mois de
mai 1853, nous constatons une dyspnée constante, des quintes
de toux fréquentes et opiniâtres, des expectorations jaunâtres,
quelquefois rouillées. L'examen stéthoscopique révèle un emphysème confirmé. Le malade a été obligé d'interrompre l'exercice de son emploi et il craint de ne pouvoir le continuer : nous
prescrivons, soir et matin, les pilules anti-asthmatiques ; dans
la journée, l'usage fréquent de nos tablettes pectorales. La tisane
d'hysope édulcorée avec le sirop de bourgeons de sapin et de

Tolu; enfin soir et matin, liniment balsamique renforcé de teinture de datura stramonium. Un mois plus tard, cet homme vint nous trouver tellement soulagé, qu'il nous suffit de continuer le traitement, avec les poudres anti-catarrhales le matin; anti-spasmodiques le soir, sans interrompre l'usage du liniment.

Pendant tout le cours de ce traitement, le malade n'a ressenti que deux crises de suffocation qui ont eu lieu pendant la nuit; au bout de trois mois il avait repris ses occupations, et une période totale de six mois suffit pour faire disparaître tous les symptômes morbides. Nous l'engageâmes à user de temps en temps de la tisane d'hysope; et il n'a pas éprouvé de rechute.

Nous pourrions citer encore quelques observations sur le traitement de l'asthme; mais elles se ressembleraient toutes. Passons donc à un ordre d'affections plus graves encore.

Vingt-cinquième observation. — Le sieur X..... dit Cadet, portier de l'hôtel du Midi, à Toulouse, âgé de 34 ans, atteint de phthisie tuberculeuse au deuxième degré, nous fut recommandé au mois de février 1849, par M. le docteur Vignes. Cet éminent praticien a suivi avec intérêt toutes les phases du traitement que nous allons résumer, et il veut bien nous autoriser à nous servir de ses notes.

Le malade, d'une constitution faible, d'un tempérament lymphatique, a éprouvé, depuis plus d'un an, les premières atteintes de sa cruelle maladie. La prostration des forces est complète, les sueurs abondantes, la fièvre hectique assez intense; la toux continuelle empêche le sommeil; la diarrhée s'est déclarée déjà depuis quelques mois, ainsi qu'une fistule à l'anus. La fonte tuberculeuse a occasionné des cavernes dans les deux poumons.

Nous prescrivîmes d'abord les poudres anti-catarrhales, à la dose de 5 à 6 pincées par jour, dans une infusion de lierre terrestre édulcorée avec le sirop de bourgeons de sapin; le soir 2 à 3 pilules anti-catarrhales; soir et matin, le liniment balsamique; pour nourriture, le lait coupé avec du bouillon et du pain de gluten.

Au bout de huit jours, la toux était un peu calmée et les forces tendaient à revenir. Nous remplaçâmes, pendant la journée, la poudre anti-catarrhale par celle que nous avons nommée anti-phthisique, et l'usage des viandes toniques fut permis au malade ainsi que le vin. Il fallut quinze jours seulement de cette médication pour présenter une amélioration bien caractérisée de tous les symptômes. Ce fut alors que la potion phosphorée fut essayée et parfaitement tolérée ; nous y ajoutâmes l'usage du liniment phosphoré. Sous l'influence de cette médication, la santé revint avec les forces ; la fistule, qui avait résisté plus longtemps que les autres symptômes, se cicatrisa naturellement au bout d'environ trois mois. Il ne restait plus qu'une toux légère, sans expectoration. Cette dernière trace du mal céda à l'usage de la poudre corroborante avec la tisane de lichen et de lierre terrestre. Au bout de six mois, M. le docteur Vignes put constater la guérison complète, dont cet excellent ami m'a souvent félicité. Dix ans se sont écoulés, et le nommé Cadet n'a pas cessé de jouir d'une bonne santé.

VINGT-SIXIÈME OBSERVATION. — Le sieur Masse (Jean), coiffeur, est atteint d'une hémoptysie grave. Nous trouvons, le 28 janvier 1855, le malade presque entièrement épuisé par l'abondance de l'hémorrhagie. Il a rempli une cuvette de sang et, d'après ce qui nous est rapporté, le même phénomène morbide se reproduit chaque jour depuis plus d'une semaine. Cet état avait résisté aux soins éclairés de plusieurs médecins.

Avant tout, il fallait arrêter l'hémoptysie. Nous ordonnâmes donc l'eau hémostatique par cuillerées toutes les quatre heures ; quelques pincées de poudres anti-catarrhales dans la tisane de consoude, et le liniment balsamique. Au troisième jour de ce traitement, le malade se sent plus fort, l'hémorrhagie semble avoir augmenté et il a éprouvé la sensation d'un poids qui descendrait de la poitrine au bas-ventre ; le lendemain, la même sensation du bas-ventre vers les membres inférieurs. Dès ce moment, l'hémorrhagie diminue et tous les symptômes s'améliorent.

Il était temps d'attaquer la maladie dans son essence ; et avant de commencer le traitement, nous désirions recourir aux lumières de M. le professeur Dieulafoy. Ce savant, aussi charitable qu'il est zélé pour les progrès de la science, voulut bien examiner le malade, et nous copions les notes qu'il recueillit après l'avoir exploré :

« Au mois de février 1855, M. de Lapasse m'envoya le nom-
« mé Masse pour constater son état de maladie. Il est âgé de
« 31 ans, teint brun, peau mate, les yeux caves. Il me raconta
« qu'il avait été atteint, il y a déjà trois ans, d'une hémoptysie
« grave. Je ne puis évaluer la quantité de sang rendu. Cette hé-
« moptysie s'était renouvelée plusieurs fois ; et, depuis long-
« temps, le malade se plaignait d'une toux fréquente, accom-
« pagnée de crachats épais, mêlés de sang et de matières
« brunes ; insomnie, amaigrissement considérable, perte de l'ap-
« pétit, oppression assez grande ; sous la clavicule gauche,
« respiration trachéale, pectoriloquie parfaite, matité dans un
« espace de 12 centimètres, en avant et en arrière à la même
« hauteur ; gargouillement en avant ; à droite, la respiration
« semblait être naturelle ; pouls faible, accéléré ; douleurs de
« poitrine, augmentant par la pression dans les espaces inter-
« costaux. Je déclarai Masse phthisique, et le renvoyai à M. de
« Lapasse. »

L'indication thérapeutique était double : achever d'arrêter
l'hémorrhagie, rétablir graduellement les forces en agissant sur
les fonctions du poumon.

Les vapeurs balsamiques, suivant notre procédé, furent dégagées dans la chambre du malade. Il prit quatre fois par jour
une potion d'eau hémostatique édulcorée de sirop de bourgeons
de sapin et de consoude ; quelques-unes de nos tablettes pectorales et les frictions avec le liniment balsamique furent prescrites sur toute la cage thoracique.

Le 24 février, l'amélioration de tous les symptômes est bien
caractérisée ; mais il y a encore du sang dans les expectorations
du matin. Le traitement est continué ; seulement, dans la potion, le sirop de bourgeons de sapin est remplacé par celui de
phellandrium.

1er mars. — Toute apparence de sang a disparu des expectorations. La même médication est continuée en y ajoutant les
poudres anti-catarrhales.

14 mars. — A la suite d'un écart de régime et d'un refroidissement, il y a eu une légère hémoptysie. Elle est arrêtée, en
augmentant les doses d'eau hémostatique pendant quelques
jours.

14 mai. — L'état général continue bon, toutes les fonctions sont régulières, le matin seulement quelques crachats sanguinolents, très-peu de toux. Nous essayons de remplacer notre traitement par l'huile de foie de morue et la tisane de feuilles de noyer coupée avec du lait.

25 mai. — L'huile de foie de morue a mal réussi. La toux reparaît ainsi que les désordres intestinaux. Nous prescrivons le matin les pilules toniques, avec le succino-phosphate d'or et de fer ; dans la journée, les poudres anti-phthisiques ; le soir, les pilules anti-catarrhales ; liniment balsamique soir et matin.

15 juin. — Cette médication a pleinement répondu à nos espérances. Prescrit : les poudres anti-phthisiques le matin, anti-catarrhales le soir, pour tout traitement.

Dans les premiers jours d'août, il n'existait plus aucun symptôme extérieur de phthisie. Masse fut appelé en Espagne pour un voyage fatigant qu'il supporta parfaitement. A son retour et pendant trois mois, nous lui conseillâmes l'usage quotidien de 2 pincées des poudres anti-catarrhales ; et au mois de janvier, il se présenta à M. le professeur Dieulafoy pour constater sa guérison.

Nous achevons de transcrire les notes de cet éminent professeur :

« Au mois de janvier 1856, j'ai revu ledit Masse ; il avait de
« l'embonpoint, sa peau n'était plus bistrée ; il m'a dit qu'il
« ne crachait plus, que l'hémoptysie était arrêtée et que son ap-
« pétit était bon. Très-étonné d'un pareil résultat, je voulus
« m'assurer par l'auscultation de la réalité de cette guérison.
« Sous la clavicule gauche, il y avait encore un peu de matité,
« mais plus de pectoriloquie ; la santé est rétablie, et depuis
« cette époque, Masse n'a pas cessé de se bien porter. »

L'observation qui va suivre, recueillie à Montpellier en 1850 et 1851, présente un insuccès, puisque le malade a malheureusement succombé, malgré tous nos efforts ; mais elle nous semble offrir un certain intérêt pathologique.

VINGT-SEPTIÈME OBSERVATION. — M. L., avocat, âgé de 43 ans, marié depuis quatre ans et père de deux enfants, d'une famille phthisique, est atteint, depuis dix-huit mois, d'une phthisie tuberculeuse arrivée au dernier période. Il a été inutilement aux Eaux-

Bonnes ; il a suivi, sans plus de succès, divers traitements ; et, en dernier lieu, il a été soigné par M. le docteur Bertrand, professeur agrégé, qui a cessé de rien prescrire, regardant le malade comme perdu. L'état était en effet des plus alarmants ; le facies hippocratique, la voix caverneuse, la parole souvent impossible, la toux constante ; matité complète dans tout le poumon gauche et à la base du poumon droit ; râle sous-crépitant, gargouillement, pectoriloquie ; le désordre pulmonaire était complet ; la diarrhée constante depuis longtemps ; une fistule douloureuse ouverte à l'anus ; les extrémités inférieures œdématiées ; la prostration des forces est totale, la fièvre ardente et continue.

Tel était le triste ensemble des symptômes constatés avec M. le docteur Ducel, qui avait bien voulu m'accorder son concours éclairé pour suivre ce traitement, dont voici le résumé succinct. Dans les premières semaines, nous prescrivîmes seulement les poudres et les pilules anti-catarrhales avec le liniment balsamique. Cette médication fut bien tolérée et il s'était déclaré une amélioration satisfaisante dans l'état général ; mais l'appétit ne revenait pas et les poudres anti-catarrhales provoquaient quelques nausées.

Nous eûmes alors recours à la potion phosphorée le matin ; dans la journée, les poudres anti-phthisiques avec la tisane de lichen et lierre terrestre ; et, le soir, nos pilules corroborantes additionnées d'un peu de jusquiame et de belladone.

Dès ce moment, tout sembla marcher vers une guérison ; les digestions revenaient à l'état normal, et la fistule était cicatrisée. M. Ducel fut heureux de constater que : « Le poumon, sans « avoir repris ses fonctions normales dans toute leur intégrité, « était cependant revenu tel qu'il n'hésiterait pas à garantir la « possibilité d'une guérison complète seulement avec l'aide des « moyens ordinaires. » Cependant il fut d'avis, avec nous, de continuer le traitement qui avait si bien réussi.

Le malade commençait à reprendre ses habitudes, quand au mois d'avril, il éprouva un grave accident. Il conduisait lui-même ses deux enfants dans une voiture. Le cheval s'emporte, se dirige vers un précipice effrayant, et ce fut à une sorte de miracle qu'ils durent de ne pas y être précipités. On ramena à Montpellier M. L., dans un état d'agitation difficile à décrire.

Dès cet instant, tous les symptômes de la phthisie reprirent avec
une redoutable intensité ; une hémoptysie eut lieu le lendemain ;
elle fut arrêtée par l'eau hémostatique, mais la persistance des
autres symptômes annonçait une fin prochaine, qui eut en effet
lieu au bout de quelques semaines.

VINGT-HUITIÈME OBSERVATION. — M. F., sous-officier dans un
régiment de cavalerie, âgé de 24 ans et issu d'une famille où la
phthisie est héréditaire, a été réformé le 30 décembre 1849, pour
cause de phthisie tuberculeuse, ainsi qu'il est constaté par le
certificat de visite des médecins militaires de son corps : celui de
contre-visite est signé par M. Michel Lévy et les autres savants
professeurs du Val-de-Grâce.

Il est donc revenu au sein de sa famille ; mais l'air natal, dont
on avait espéré un soulagement, ne put arrêter les progrès de sa
maladie : il fut obligé de s'aliter. Il nous fut impossible de visiter
ce malade ; sa famille et le médecin qui le soignait nous rensei-
gnaient sur son état. Nous conseillâmes, dans la journée, les
poudres anti-phthisiques, dans une infusion de lierre terrestre ;
le soir, les pilules anti-catarrhales, et le liniment balsamique soir
et matin.

Après un mois de ce traitement, le malade se sentait tellement mieux, qu'il commit l'imprudence d'aller à la chasse ; une
rechute se déclara presque immédiatement, et l'on vint encore
réclamer nos conseils. Nous recommandâmes de reprendre le
même traitement, en y ajoutant la potion phosphorée, et le
liniment balsamique fut remplacé par un liniment phosphoré.

Le rétablissement fut assez prompt ; on prévint une nouvelle
rechute par l'usage de nos pilules toniques d'or et de fer, qui
furent continuées pendant plusieurs semaines. Après que la
toux eut totalement disparu, il restait un peu de difficulté dans
les digestions ; elle fut combattue par les pilules cérébriques.

Six mois après le commencement de notre traitement, M. F...,
parfaitement rétabli, partait pour contracter un nouvel engage-
ment dans son ancien régiment, dont il est aujourd'hui un des
officiers les plus distingués.

L'observation suivante a été recueillie par M. le docteur Sala-
mon, qui a bien voulu prendre connaissance de notre formu-

laire et en essayer l'application. Nous copions textuellement le résumé que nous devons à son obligeance, et nous garderons d'y rien changer.

VINGT-NEUVIÈME OBSERVATION. — « La nommée X..., blan-
« chisseuse, âgée de 29 ans, mariée et mère d'un enfant de
« 6 ans, vint réclamer nos soins au mois de novembre 1858.
« Voici le résultat de mon interrogatoire et de mon examen :
« au dire de cette femme, elle avait considérablement dépéri
« depuis deux ans, époque à laquelle elle avait, disait-elle, pris
« un rhume de poitrine qu'elle avait négligé, et qui, depuis un
« an, lui faisait cracher le sang très-souvent. Elle se plaignit de
« sueurs nocturnes abondantes, qui, comme le prétendu rhume,
« ne l'avaient plus quittée. Depuis quelque temps, la toux était
« devenue très-fréquente, surtout la nuit, ce qui la privait de
« sommeil ; ses crachats étaient abondants, légèrement puru-
« lents, parfois sanglants. Elle ajoutait que depuis qu'elle avait
« nourri son enfant, qui tetait encore à l'âge de 30 mois, elle
« sentait des douleurs en plusieurs points de la poitrine, et
« surtout de la région postérieure. Depuis huit mois seulement,
« elle avait peu d'appétit, et parfois de la diarrhée. Ses parents
« sont vivants et bien portants.
    « Examen. — Face blafarde et bouffie, extrémités inférieures
« légèrement œdématiées au niveau des malléoles ; corps très-
« amaigri. — *Percussion.* — Matité au sommet des deux pou-
« mons, plus prononcée à droite qu'à gauche. — *Auscultation.*
« — Craquements humides avec râle sous-crépitant au niveau
« des fosses sous-épineuses et sous-claviculaires surtout ; bron-
« chophonie et respiration légèrement caverneuse avec gar-
« gouillement à droite.
    « Diagnostic. — Phthisie pulmonaire à la seconde période.
    « Traitement. — Pauvre de ressources contre cette terrible
« affection, et ayant entendu vanter beaucoup un traitement
« institué par M. le vicomte de Lapasse, qui m'avait déjà lui-
« même montré des cas de guérison, en m'indiquant son trai-
« tement, je me décidai à en faire usage chez cette malade. Je
« lui prescrivis donc l'eau phosphorée et l'eau hémostatique
« contre l'hémoptysie, qui, au reste, n'était pas très-abondante ;

« en second lieu, les poudres anti-catarrhales, et enfin le lini-
« ment balsamique, employé en frictions sur la région thora-
« cique ; une nourriture succulente. Je revis la malade un mois
« après : l'hémoptysie avait complétement cessé ; l'état général
« et l'état local étaient à peu près les mêmes, sauf un peu de
« calme dans la toux. Même traitement, avec addition de
« 40 centigrammes d'hypophosphite de soude par jour. Deux
« mois après, légère amélioration dans l'état général, crachats
« moins abondants, non sanglants ; pas d'amélioration locale
« notable, si ce n'est une légère diminution dans l'étendue du
« râle sous-crépitant. Même traitement, avec lavements ami-
« donnés, additionnés de 12 gouttes de laudanum de Sydenham
« contre la diarrhée, qui, quoique moins fréquente, se montrait
« encore quelquefois. Au bout de trois mois, amélioration no-
« table : les râles et les craquements ont disparu à gauche et
« ont fait place à une respiration un peu rude et un peu ob-
« scure. A droite, absence de râles caverneux, mais respiration
« nulle, craquements humides. État général légèrement amé-
« lioré ; presque plus de diarrhée. Même traitement. — Au 25
« septembre, grande amélioration : plus de toux la nuit, plus
« de sueurs ; très-rares crachats muqueux. Respiration bonne à
« gauche, encore un peu rude et un peu obscure à droite, mais
« pas de râles, si ce n'est quelques râles sibilants. État général
« bon, mais laissant cependant à désirer. La malade, qui se
« dit entièrement guérie, est encore chloro-anémique : elle a
« des flueurs blanches très-abondantes, avec des palpitations de
« cœur. Elle a cessé le traitement premier pour prendre un
« médicament reconstituant, recommandé aussi par M. le vi-
« comte de Lapasse : c'est l'iodure d'or et de fer donnée en
« pilules.

« Je n'oserais assurer avoir obtenu une guérison complète,
« sachant bien qu'après une amélioration qu'on pourrait presque
« appeler guérison, il arrive parfois que tout à coup la phthisie
« reparaît avec une intensité et une marche très-rapide, qui
« emportent les malades. Le temps seul en décidera. Quoi qu'il
« en soit, cependant, l'amélioration est très-grande, et un pareil
« résultat est presque un succès. »

Trentième observation. — M. D..., âgé de 29 ans, propriétaire, d'un tempérament lymphatico-nerveux, est attaqué depuis cinq ans d'une affection de la rate, consécutive d'une fièvre intermittente très-prolongée.

Vers la fin de 1851, la rate avait pris un développement considérable, appréciable au toucher et même à la vue; elle était dure, résistante, douloureuse à la pression. Toutes les fonctions se ressentaient de cet état morbide, qui était accompagné parfois de douleurs très-vives. Plusieurs traitements avaient été inutilement essayés. L'usage quotidien de nos pilules résolutives combiné avec un emplâtre de thériaque et de ciguë, fit disparaître au bout de quelques mois les douleurs et l'hypertrophie de l'organe. La guérison complète se réalisa après un délai de quelques mois, pendant lesquels M. D... alternait l'usage des pilules résolutives avec l'or potable administré *ante cibum*. Depuis lors, la maladie a quelquefois menacé de reparaître; mais elle a toujours cédé à l'usage des pilules.

Trente-unième observation. — Jean Lajoux, cultivateur, nous a été recommandé par M. Bouzin père, médecin à Montpezat, comme atteint d'une affection de la rate et du foie. Il est âgé de 17 ans, d'un tempérament bilieux-sanguin, et souffre de douleurs assez vives et constantes dans les régions de la rate et du foie. Cette affection dure depuis plus d'un an et présente une tuméfaction de la rate appréciable au toucher. Il a suivi un traitement par les amers et la ciguë, qui a amélioré l'état du foie sans avoir eu d'action sur la rate. Nous essayâmes d'abord les poudres stomachico-céphaliques, combinées avec l'iodure d'or et de fer. Ce traitement calma les douleurs, mais la tumeur ne diminuait pas. Nous passâmes alors aux pilules résolutives, et l'amélioration fut sensible. Il fallut huit mois de cette médication pour faire disparaître tous les symptômes morbides. Il y eut une interruption de quelques semaines dans le traitement, qui fut suivi d'une rechute, et, dès ce moment, le malade fut exact à suivre les prescriptions. La croissance s'acheva, la santé se rétablit, et depuis 1853, elle n'a pas été troublée.

Il nous resterait encore bien des observations d'affections diverses; mais nous voulons éviter de trop grossir ce volume, et aussi de fatiguer nos lecteurs. Nous nous bornerons donc à un petit nombre de cas de goutte, regrettant de ne pouvoir publier des observations bien complètes. La nature de cette maladie exige des traitements suivis pendant de longues années.

TRENTE-DEUXIÈME OBSERVATION. — L'auteur de ce livre est obligé de se mettre en scène. Il est d'une famille où la goutte passe de père en fils depuis des siècles. Il en a éprouvé les premières atteintes, sous forme de rhumatisme, avant l'âge de 30 ans; dix ans plus tard, la goutte était bien caractérisée et passait alternativement du coude et du poignet aux genoux et aux orteils. Il fut soumis à ce martyre jusques en 1843 et pendant les cinq années de la maladie, les attaques devenaient de plus en plus douloureuses et rapprochées. L'avant-dernière crise l'avait trouvé en 1841, aux Néothermes, où M. le docteur Briau, le savant et aimable inspecteur des eaux de Cauterèts fut témoin compatissant de la violence de l'attaque. Les eaux de Vichy furent essayées par le conseil de M. le docteur Petit ; mais elles amenèrent une fâcheuse aggravation. Les articulations du poignet et du pied demeurèrent roides et douloureuses, la marche difficile, et l'irritation podagrique avait envahi la région lombaire; les intestins, les reins et la vessie étaient troublés dans leurs fonctions.

Ces souffrances, passées à l'état chronique, furent le motif des premières études de l'auteur pour arriver à découvrir un spécifique contre la goutte : en 1843, le premiere ssai eut lieu. Après quelques semaines d'usage des poudres, le sentiment de bienêtre et de retour à la santé était tellement caractérisé, qu'il autorisait l'espérance. Cependant, il fallait s'assurer de la spécificité du médicament. Et à cet effet, il fut interrompu et remplacé par le régime le plus irritant et le plus contraire à la goutte. Peu de jours de cette manière de vivre suffirent pour faire reparaître tous les symptômes de la maladie ; et alors le traitement régulier fut repris avec un régime sagement tonique, et ramena la santé.

Il fallut cinq ans de l'usage quotidien des poudres, du baume, et souvent de quelques autres préparations corroborantes du formulaire, pour faire disparaître totalement les légers symptômes qui indiquaient l'existence de la diathèse podagrique à l'état d'incubation. Depuis lors, l'auteur de ce livre a eu quelquefois sa part des infirmités humaines, mais n'a ressenti aucune douleur goutteuse, et il est encore aujourd'hui assez ingambe, pour soutenir des promenades alpestres de plusieurs lieues.

TRENTE-TROISIÈME OBSERVATION. — M. le vicomte de C... âgé de 45 ans, était atteint d'une goutte héréditaire dont les premiers accès remontaient à dix ou douze ans, quand il se décida au printemps de 1853 à suivre notre traitement. Le malade est d'un tempérament sanguin; sa jeunesse a été orageuse, et, dès le début de sa maladie, il a été forcé, par l'intensité et la fréquence des attaques, de se soumettre à un régime d'anachorète. Dans l'intervalle des crises qui se répètent trois à quatre fois par an, les produitstophacés qui encroûtaient les articulations et l'engorgement des ligaments voisins, avaient rendu la marche excessivement difficile. Plusieurs fois déjà il y avait eu des menaces d'irritation des viscères abdominaux.

Nous lui prescrivîmes deux pincées par jour de nos poudres anti-podagriques; mais, par une erreur de pharmacien, au lieu de lui envoyer ce médicament, on lui remit des poudres de la formule de Sydenham. Il les prit pendant environ six mois, et il éprouva une amélioration, dont il s'empressa de nous remercier. Mais il se déclara une attaque plus violente que les précédentes, et qui dura plusieurs semaines. Ce fait, en opposition flagrante avec nos observations antérieures, excita notre surprise : on alla aux informations, et le remplacement des poudres fut bien établi.

Ce ne fut donc que vers la fin de 1853, que M. de C... commença notre traitement avec les poudres anti-podagriques et l'infusion de conyza à l'intérieur ; le baume anti-rhumatismal sur les articulations.

Cette fois, l'amélioration fut prompte et beaucoup plus complète; six mois n'étaient pas écoulés, que M. de C... venait nous voir. Toutes ses fonctions s'accomplissaient régulièrement; il jouissait modérément des plaisirs de la bonne chère, et il pouvait faire, sans fatigue, des marches de plusieurs kilomètres. Les articulations du pied et du genou ne fonctionnent pas complé-

tement, mais cette raideur ne lui fait éprouver ni douleur ni
fatigue.

Il s'était écoulé près de cinq ans sans aucune attaque, lorsqu'au mois d'août 1858, M. de C... fut obligé de garder la chambre pendant quelques jours ; cette crise, qui fut très-légère, ne
s'est pas reproduite; mais depuis 1853, notre traitement a été
exactement suivi.

Trente-quatrième observation. M. le comte de R..... âgé de
42 ans, d'un tempérament lymphatico-nerveux, d'une constitution délicate, est atteint, depuis cinq ans, d'une goutte héréditaire.
Au moment où il essaya notre traitement au mois d'avril 1857,
il éprouvait les prodromes d'une attaque imminente. Les premières doses de nos poudres anti-podagriques semblaient d'a-
bord avoir rétabli toutes les fonctions ; mais au bout d'environ
dix jours, l'attaque se manifesta avec violence. Les diverses articulations des avant-bras et des jambes furent successivement le
siége de l'irritation podagrique ; la fièvre se manifesta avec une
certaine intensité, et quelques accidents nerveux survinrent.
Ces divers symptômes furent, tour à tour, combattus ; les douleurs, par l'application du liniment bromuré, la fièvre et les
spasmes par des pilules dont la base était toujours la poudre
anti-podagrique, mais qui étaient additionnées tantôt de masse
pilulaire de cynoglosse, tantôt de thériaque. L'attaque ne dura
que 15 à 18 jours ; cependant la convalescence fut longue et
compliquée de troubles spasmodiques ; nous prescrivîmes l'usage
quotidien des poudres anti-podagriques et anti-spasmodiques
mélangées par égales parties. Il fallut encore quelques semaines
de cette médication complexe pour ramener toutes les apparences de la santé.

Depuis cette époque, M. de R... fait un usage habituel des
poudres anti-podagriques, et a éprouvé une ou deux menaces
d'attaques ; mais il n'a pas cessé un seul jour de vaquer à ses
affaires.

Nous pourrions encore grossir ce volume d'autres extraits
empruntés aux nombreuses notes qui, depuis bien des années,
encombrent nos tiroirs ; mais ces observations deviendraient

monotones par les répétitions; et nous craindrions, en les multipliant outre mesure, d'abuser de la patience de nos lecteurs, sans avoir enrichi la science d'aucun fait nouveau et réellement utile. Ceux que nous venons de soumettre à l'appréciation des juges compétents, suffisent, si ce n'est pour démontrer d'une manière absolue l'efficacité de nos formules, au moins, pour établir un commencement de preuve de leur spécificité, et par conséquent, de la possibilité de guérir presque toutes les maladies réputées incurables. Nous n'avions pas d'autre ambition et nous n'irons pas plus loin.

Mais, en prenant congé de nos lecteurs, nous regrettons sincèrement de ne pouvoir terminer notre œuvre par une pieuse invocation qui l'eût clôturé, s'il eût été écrit, il y a seulement deux ou trois siècles.

Un adepte ne manquait jamais, en achevant ses travaux, de les recommander à la protection de l'Esprit-Saint, de l'auguste Mère du Sauveur, à l'intervention des anges et des saints protecteurs; et il rendait grâces à Dieu qui lui avait permis de les mener à bonne fin. Mais aujourd'hui, ces formes obsolètes soulèveraient des risées ; nous resterons donc dans les habitudes de notre époque, en nous bornant à solliciter l'indulgente bienveillance de la critique.

FIN DE L'APPENDICE.

TABLE DES MATIÈRES.

LIVRE III.

APPENDICE.